JN441463

WORK ENVIRONMENT MANAGEMENT PRACTICE

작업환경관리 실무

원정일 이승길 송영호 공저

지우북스

머리말

우리나라는 급속한 경제성장과 산업구조의 고도화에 따라 사업장에서 화학물질의 사용이 급격히 증가되어 왔으나 기업의 비용부담 능력의 부족 및 직업병 예방 기술의 낙후 등으로 인하여 많은 사업장에서 유기화합물·중금속 등 화학적 요인과 소음·고열 등 물리적 요인, 단순반복 작업이나 중량물취급 등 인간공학적 요인에 의한 직업병 발생이 심각한 사회 문제로 대두되고 있을 뿐만 아니라, 경제적·사회적 변천에 따른 근로자 자신의 건강보호에 대한 욕구가 증대됨으로써 최근 산업위생에 관한 관심이 매우 높아지고 있는 실정에 있습니다.

또한, 고용노동부에서는 전문 인력 활성화를 위해 산업안전보건법상의 보건관리자 자격제도의 변화 및 건설업의 보건관리자로 산업위생관리사 고용의무화, 병원 등 서비스업종에 산업위생관리사의 보건관리자 채용 확대 등 수요의 급속한 증가로 취업기회가 확대될 것으로 전망됩니다.

본 교재의 개발목적은 국가직무능력표준(NCS) 분류체계인 대분류 23. 환경·에너지·안전, 중분류 6. 산업안전, 소분류 2. 산업보건관리의 세분류 01. 산업보건관리의 전문인력 양성을 위한 능력단위인 보건관리계획수립평가, 산업보건관리 제제 확립, 산업보건정보소통 및 관리, 작업환경관리, 작업관리 및 02. 근로자작업환경관리의 전문 인력 양성을 위한 능력단위인 유해요인관리로 물리적 유해요인관리, 화학적 유해요인관리, 생물학적 유해요인관리의 능력단위요소별 수행준거에 따른 교육을 위해 산업체들의 요구 강화 및 기초 실무부터 응용실무까지 정리한 교재로서 학생들의 요구, 그리고 수요자인 학생들의 수준에 적합한 교재 개발을 위해 편집되었습니다.

본 교재의 특징은 저자가 대학에서 다년 간 학생들의 강의를 통해 단원별 필요한 내용의 강의노트 형식으로 요약 정리하였고, 각 단원별 학습목표를 정하고 학습목표의 순서대로 내용 및 실전문제를 정리하여 학습효과를 극대화하였습니다.

또한, 산업보건 분야에 첫발을 내고자 하는 수험생들에게 체계적인 학습을 통한 지식을 함양하고 더 나아가 국가기술자격 시험을 대비하는 수험자의 입장에서 기 출제되었거나 출제빈도가 높은 문제에 따라 별표 1개부터 별표 3개로 중요도를 구분하여 제시하였으며, 반복적으로 출제 문제를 풀면 자연적으로 이론이 이해되도록 하는 「문제 접근식 이론 이해 법」을 적용하였습니다.

끝으로 이 교재를 학습함으로써 산업보건 분야의 현장맞춤형 전문 인력으로서의 자질을 함양하고 전문 지식과 기술을 습득하는데 좋은 밑거름이 되길 바랍니다.

2019년 8월

저자 원정일

E-mail : wonji@cpu.ac.kr

목차

15 화학물질과 독성 343

16 유기화합물(Organic Compound)의 관리 371

01 산업보건관리 개념

학습목표

1. 산업보건의 중요성
2. 산업보건의 정의
3. 산업보건의 목표
4. 산업보건업무의 영역
5. 산업보건의 학문 영역 구분
6. 산업보건 관리 체계

1. 산업보건의 중요성

① 국가적으로 경제 규모와 산업규모의 증가 : 국가 경제 및 기술이 발달

② 노동력과 근로자에 대한 새로운 개념의 정립 : 노동은 인간능력의 한계로 작용하여 근로자의 건강보호가 중요하게 됨

③ 작업과 건강장해에 대한 새로운 인식증가 : 근로자의 건강보호 및 건강증진이 노동력을 향상시킴

2. 산업보건의 정의

1950년 WHO(세계보건기구)와 ILO(국제노동기구)의 산업보건 합동 위원회 규정

「모든 작업에 종사하는 근로자의 육체적, 정신적 사회복지를 최고도로 유지·증진시키고 작업조건에 의한 질병을 예방하고 건강에 위험을 주는 작업에 취업시키지 않도록 하여 작업자를 생리적으로나 심리적으로 적합한 작업환경에 배치하여 취업시키는 일」

☞ 작업을 사람에게 적합하게 하여 각 개인을 그 직무에 적응시키는 일 : 적정한 배치

☞ 생리(생활하는 습성이나 본능, 심리) 마음의 작용과 의식상태, 주/야간 교대제, 작업/휴식시간, 고용불안 등

3. 산업보건의 목표

① 모든 근로자의 신체적, 정신적, 사회적 안녕 상태를 최고도로 유지·증진(건강관리)

② 작업조건으로 인한 건강 위해 예방(작업관리)

③ 유해인자의 폭로로부터 근로자의 건강 보호(작업환경관리)

④ 생리적, 심리적으로 적성에 맞는 작업환경에서 일하도록 배치하는 것(재생산성 확보 : 기업관리)

산업보건관리의 원칙

- 근로자를 작업환경 또는 유해물질로부터 보호
- 적정 배치를 돕고 근로자들의 건강과 안전에 위험이 없이 효용성을 발휘할 수 있도록 신체적, 정신적, 심리적 능력을 보전
- 적당한 의료 혜택과 직업성 질환 및 부상에 대한 재활
- 건강을 유지하도록 지도

4. 산업보건업무의 영역

① 건강관리 : 육체적, 정신적, 사회적 안녕 유지

② 작업관리 : 작업조건으로 인한 질병발생 예방

③ 환경관리 : 유해한 작업환경의 취업방지

④ 기업관리 : 근로자를 생리적, 심리적으로 적합한 적성배치(생산성 향상)

5. 산업보건의 학문 영역 구분

① 산업의학(Industrial Medicine) : 직업환경의학 전공 의사
- 근로자의 건강 증진, 질병의 진단, 재활을 하는 학문

② 산업위생(Industrial Hygiene) : 공학 전공자
- 근로자의 건강 보호를 위해 쾌적한 작업환경을 공학적으로 연구하는 학문

③ 산업간호(Industrial nurse) : 간호사
- 근로자의 건강 증진을 위해 1차 보건관리를 제공하는 학문

④ 인간공학(Ergonomic) : 인간공학 전공자
- 인간과 직업, 기계, 환경, 노동(work)의 관계를 과학적으로 연구하는 학문
- 최근에 직업병자의 다량 발생에 따라 사회적으로 문제화되고 있음

6. 산업보건 관리 체계

① 고용노동부 보건감독관 : 6개 지방청, 41개 지청, 산업안전보건법 집행 및 관리 감독

② 한국산업안전보건공단 : 본부, 연구원, 교육원, 6개 지역본부, 29개 지사, 산업재해 예방기금으로 사업장의 안전보건 기술 지원

③ 대한산업보건협회 : 본부, 연구소, 6개 지역본부, 16개 센터

④ 의과대학(연구소), 대학병원, 종합병원, 민간 법인 등 정부지정 기관 180여 개소

1) 산업안전보건법에서의 산업보건관리

(1) 사업장 내에서의 산업보건 관리체제

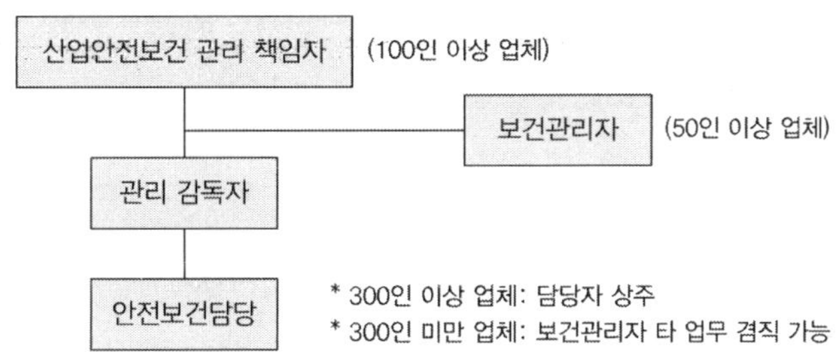

(2) 산업안전보건법 상의 보건관리자

① 산업안전보건법은 산업재해를 예방하고 쾌적한 작업환경을 조성함으로써 근로자의 안전과 보건을 유지·증진함을 목적으로 함

- 산업재해예방활동이 원활하게 이루어지려면 1차적으로 업무를 수행하는 관련 인력의 역할이 중요하며 주요 분야별 자격기준과 인력기준을 명시하고 있음

② 보건관리자 제도 및 자격기준

- 산업안전보건법 제 16조는 보건관리자 등 규정에서 사업주로 하여금 사업장에 보건관리자를 선임하도록 규정하고 있음
- 자격기준 : 의료법에 의한 의사, 의료법에 의한 간호사, 산업보건 지도사, 국가기술 자격법에 의한 산업위생관리기사 또는 환경관리기사(대기분야 가능) 이상의 자격을 취득한 사람, 국가기술 자격법에 의한 산업위생관리 산업기사 또는 환경관리 산업기사(대기분야가능) 이상의 자격을 취득한 사람, 고등교육법에 의한 전문대학 또는 이와 동등 이상의 학교에서 산업보건 또는 산업위생관련학과를 졸업한 사람, 고등교육법에 의한 전문

대학 또는 이와 같은 수준 이상의 학교에서 보건위생 관련학과를 졸업한 사람으로서 산업보건위생에 관한 학과목을 12학점 이상 수료한 사람

③ 보건관리자의 직무내용

- 산업안전보건위원회 심의 의결한 직무, 안전보건관리규정 및 취업규칙에서 정한 직무
- 보호구 중 보건에 관련되는 보호구의 구입 시 적격품의 선정
- 물질안전보건자료(Material Safety Data Sheets : MSDS)의 게시 또는 비치
- 산업보건의의 직무(의료법에 의한 의사에 한한다)
  가. 건강진단 실시 결과의 검토 및 그 결과에 따른 작업배치, 작업 전환, 근로시간의 단축 등 근로자의 건강보호 조치
  나. 근로자의 건강장해의 원인조사와 재발방지를 위한 의학적 조치
  다. 기타 근로자의 건강유지와 증진을 위하여 필요한 의학적 조치에 관하여 노동부장관이 정하는 사항
- 근로자의 건강 상담·보건교육 및 건강증진 지도
- 당해 사업장의 근로자 보호를 위한 다음 항목의 조치에 해당하는 의료행위(의료법에 의한 의사 및 간호사에 한한다)
  가. 외상 등 흔히 볼 수 있는 환자의 치료
  나. 응급을 요하는 자에 대한 응급처치
  다. 상병의 악화방지를 위한 처치
  라. 건강진단 결과 발견된 질병자의 요양지도 및 관리
  마. 가목 내지 라목의 의료행위에 따르는 의약품의 투여
- 작업장에서 사용되는 전체 환기장치 및 국소배기 장치 등에 관한 설비의 점검과 작업방법의 공학적 개선·지도
- 사업장 순회점검·지도 및 조치의 건의
- 직업병 발생의 원인조사 및 대책수립
- 법 또는 법에 의한 명령이나 안전보건관리규정 및 취업 규칙 중 보건에 관한 사항을 위반한 근로자에 대한 조치의 건의
- 기타 근로자의 건강관리 또는 작업환경의 개선 및 유지·관리에 관하여 고용노동부장관이 정하는 사항

02 안전보건관리 계획수립 평가

* 산업안전보건과 작업조건들, 훈련교본 인용

학습목표

1. 작업에서의 안전, 보건 및 안녕을 위한 목표
2. 작업장 점검 절차
3. 유용한 참고사항

안전, 보건 및 안녕을 위한 일상적 활동

"당신 자신과 작업장 동료들에 대하여 관심을 기울여라. 관심 없이 지내면서 시간이 지나가도록 놓아두지 말라. 작업장이 적정수준에 이르렀는지 그리고 당신의 안전과 일치하는지를 확인하라."

쾌적한 작업환경은 모든 사람의 관심거리이다. 좋은 작업환경이란 사업주와 근로자 간의 공동협력에 의하여서만 가능하다. 작업장이나 생산체계를 새롭게 설계하거나 낡은 것을 개량하는 경우에는 심리적인 요인들과 작업자의 반응상태가 고려되어야만 한다.

- 사업장 보건관리자의 주요 활동 : 작업현장에 익숙, 작업공정의 이해, 작업자와 친숙해야 한다.

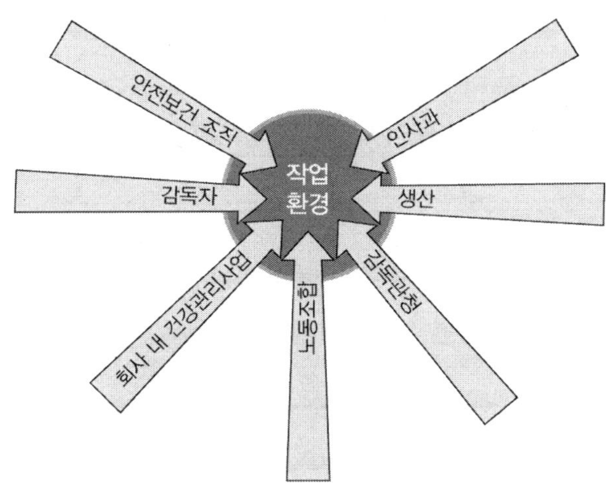

안전, 보건 활동과 작업조건의 개선이 생산성을 향상시킨다.

안전, 보건 그리고 작업조건과 환경의 개선은 오늘날 많은 나라에서 관심을 모으고 있다. 이런 개선방안을 실현하려면 변화를 위한 확고한 수단이 강구된 행동계획이 요청된다. 사업주와 근로자의 참여는 실질적인 해답을 얻는 데 필수적이다.

산업안전과 보건 그리고 작업조직의 개선은 제조공정의 중단회수를 감소시키고 결근과 사고 횟수를 줄이며 작업능률을 향상시킴으로써 생산성을 증가시킨다. 부상이나 질병의 위험을 감소시킴으로써 작업자에게는 심리적 안정과 동시에 직무보장과 복지 면에서도 이롭다.

이 장에서는 작업에서의 안전, 보건 및 복지활동의 여러 목표에 관하여 다루고 실제로 이들이 어떻게 조직화될 수 있는 지에 대하여 다루고자 한다.

이 장은 다음과 같이 구성되어 있다.

- 작업장에서의 안전, 보건, 및 안녕을 위한 목표
- 작업장 조건을 검사하기 위한 일상적인 점검
- 기업체에서의 보건사업
- 바람직한 안전, 위생의 수행
- 복지시설
- 정보
- 안전보건위원회
- 국내법과 국제법 및 규정들
- 더 나은 안전, 보건 및 작업조건을 위한 행동계획

1. 작업에서의 안전, 보건 및 안녕을 위한 목표

작업에서의 안전, 보건 및 안녕의 기본적인 목표는 다음과 같다.

- 작업장에서의 부상, 질병 그리고 불만족스러운 작업조건을 야기시킬 수 있는 위험요인을 찾아낸다.
- 위험요인의 본질을 분석하고 결정한다 : 이러한 요인들이 작업자에게 어떻게 영향을 미치며 취해야 할 대책은 무엇인가?
- 상황을 수정하고 개선안을 도입한다.
- 채택된 개선책이 적절하게 수행되었고 의도한 효과를 나타냈는지를 추적 검토한다.

이로 인하여 작업장에서 새로운 문제가 야기되지 않았는지 확인한다.

안전은 예방에 그 본질이 있다 : 목표는 위험요인 및 불만족스러운 작업조건이 생겨나는 것은 중지시키고 더 나은 작업조건을 만드는데 있다. 이를 위해서는 근로자와 사업주 상호 간의 협조가 무엇보다도 중요하다.

- 목표수립의 기본 순서
  - 개선 계획의 수립 : 문제점 파악, 문제에 대한 원인 분석, 해결대책 수립
  - 실행계획 : 구체적, 담당부서, 책임자, 실행시기, 예산 등을 고려
  - 개선의 실행과 개선효과 판정

토의사항
- 작업자의 안전, 보건 및 복지는 누가 책임지는가?
- 당신은 정부 감독관의 정기적인 방문을 받고 있는가?
- 근로자들은 사업주가 합리적인 보호대책을 제공하리라고 생각하고 있는가?

2. 작업장 점검 절차

1) 체계적인 점검

산업재해의 위험과 인간공학적, 조직적인 문제는 작업장을 체계적으로 조사하고 점검함으로써 발견될 수 있다.

안전점검은 안전한 작업장을 확보하는 데 취할 수 있는 가장 중요한 예방대책 중의 하나이며, 작업의 성격에 따라서 안전점검을 얼마나 자주 할 것인가가 결정된다. 만약 재해의 위험성이 높으면 점검은 자주 정기적으로 시행되어져야 한다.

매 3개월에 한 번씩 감독 책임자, 생산관리 담당자, 안전보건관리 담당자, 노조위원 그리고 안전보건위원회 전체가 참여한 가운데 안전점검을 실시하는 것은 좋은 방법이다.

안전보건에 관한 조치사항이 지시대로 이루어졌는지 확인, 점검하는 것 이외에도 새로운 화학물질 및 기계, 설비가 사용될 경우에 이로 인하여 발생할지도 모르는 위험요인을 찾아내야만 한다.

안전보건위원회나 이와 유사한 위원회가 기존에 설립되어 있으면 이들 위원회에 작업장 점검을 맡길 수도 있다. 안전보건위원회가 구성되어 있지 않으면 근로자와 사업주 간의 상호 충분한 협력으로 위원회를 조직할 수도 있다.

작업장점검을 할 때 다음 사항을 우선적으로 결정하여야 한다.

- 점검의 범위와 주요내용
- 점검 실시 방법과 보고서의 형태
- 안전관리자나 대표자 외에 누구를 검사위원회에 포함시킬 것인가?
- 제시된 개선안이 사업주에게 보고되고, 이행되는지를 감시할 책임자는 누구인가?
- 합의된 조치의 실제 시행 여부를 확인하기 위한 점검사항

작업장의 안전점검은 회사의 규모에 따라 약간 다르다. 생산과정이 여러 부서로 나누어지는 대기업에 하나의 개괄적인 점검방법을 적용하기는 어렵다. 중소기업에서는 전체의 생산과정이 대기업보다는 좁은 지역에 밀집되어 있는 것이 대부분이다.

2) 점검의 실시

작업장의 점검은 점검위원회의 구성에 따라 분류될 수 있다. 점검목적에 따른 분류는

① 일반 점검법

전체 사나 공장 내(內) 작업장의 일반적 표준상태를 점검하기 위한 것으로 적어도 일 년에 한 번 실시된다.

② 정밀 점검법

특정 분야에서 실시되며 정규적으로(예를 들어 한 달에 한 번) 실시될 수도 있다.

점검표(체크리스트)에 따라 개별항목을 점검해 가는 동안 작업자에게 안전, 보건 그리고 작업조건에 관련된 문제나 제안을 갖고 있는지의 여부를 질문한다.

한 번에 전체 작업장을 점검할 수도 있고(점검항목에 따라) 사고위험, 인간 공학적 조건, 소음등과 같은 특정문제 분야만을 조사할 수도 있다.

③ 특정 점검법

이는 계획되어진 일정에 구애받지 않는다. 점검대상으로서 화학물질의 취급 상 위험 또는 기중기(리프트)의 개선 등과 같은 다양한 특정 안전보건문제를 담당한다. 특별 안전보건 점검은 하나의 특정한 작업장이나 특정문제를 갖고 있는 공정에 대해 실시될 수도 있다.

검사와 규칙적인 점검은 설비를 더욱 안전하게 한다.

특별 검사자는 수송용 차량, 크레인, 압력용기 등의 검사를 일 년에 한 번씩 실행할 필요가 있다. 책임 있는 감독자나 작업자는 그들 스스로 기구에 대한 자체 검사를 실시해야 한다. 작업자는 안전사고 예방을 위하여 기계를 가동시킬 때마다 매일 기계에 이상이 없는지 안전점검을 실시하여야 한다.

각 작업장에 대한 검사 중에 체크하여야 할 모든 것을 기억한다는 것은 불가능하다. 따라서 점검표(checklist)가 도움이 된다. 각 안전검사 관리요원은 검사를 시행할 때 점검표를 반드시 사용하여야 한다.

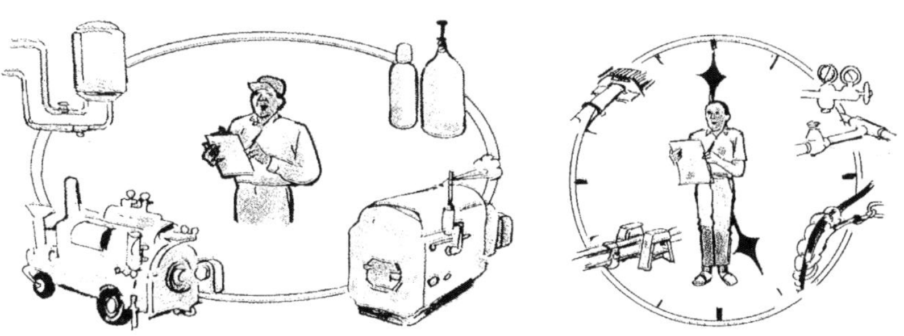

3) 작업장 점검 분야

작업장 검사를 실시하는 동안 검사자는 다음 항목들을 점검하여야 한다.

- 점검기록, 연장 근무 일지, 작업장과 통로정비(청결상태, 장애물이 없는 출구 등)
- 소방 설비, 폐기물 처리, 전기 설비, 용접 설비, 기중기 설비, 밧줄, 체인 및 부속물 점검
- 안전대, 압축공기 라인, 기후 및 환기, 조명, 소음, 먼지, 흄(fume), 가스 점검, 연료/기름 페인트 저장창고, 사용 중인 페인트와 용제, 폭발물 또는 기타 화학약품, 개인보호구, 인간공학적 문제, 개인별 작업장, 트럭과 운송차량, 작업조직 문제, 복지 시설, 안전 교육, 건강관리, 응급조치 등

4) 작업장 점검기록

작업장 점검 중에 관찰된 사실을 기록하여 두는 것이 중요하다. 그렇게 함으로써 문제점을 찾아내거나 새로운 대책이 보고될 수가 있다. 확실한 제안은 기록에 근거를 두어야 한다. 작업장 점검기록은 개선안을 계획하고 실행하는 데 유용한 도움을 주며, 항목들과 그에 대한 올바른 대안이 계속 기록된 점으로 작업일지에 비유할 수가 있다. 기록은 단순히 체크리스트만이어

서는 안 되며 개선을 위한 대안이 제시되어 있어야 한다.

제안을 하는 데 전문가의 조언을 받도록 노력하라. 기술자, 안전관리자, 숙련된 조장 또는 회사 밖의 전문가들이 도움이 될 수도 있다.

작업장 검사기록의 책임이 누구에게 있으며 그것을 어디에 보관할 것인지를 알아두는 것도 중요하다.

> **토의사항**
> - 작업장 점검이 실행되는가?
> - 작업장 점검에는 누가 참가해야 한다고 생각하는가?
>
> 일반 점검의 경우 및 정밀 점검의 경우
> - 당신 작업장에 점검표가 정기적으로 사용되는 것이 좋은 방안이라고 생각하는가?
> - 작업장 점검에 대한 종전 기록이 있는가? 경영자나 근로자에게 그 기록이 알려져 있는가?
> - 규칙적으로 점검을 계획하고 실행하기 위한 조치들은 무엇이라고 생각하는가?
> - 당신이 점검을 하고 그에 대한 문제점을 보고하는 것을 경영자는 격려하리라고 생각하는가?

제안된 조치사항은 관련된 요원이 받아들일 수 있도록 구성되어져야 한다. 안전검사 결과와 그에 대한 대책을 함께 알려라. 구매담당자, 설비보전 담당자, 교육 담당자들에게도 조치사항을 알려 줌으로써 이를 보다 더 효과적이며, 실천 가능하며, 경제적인 것으로 만들 수 있다.

5) 건강관리 사업

(1) 기업체의 건강관리 사업 업무

기업체의 건강관리 사업은 많은 나라에서 기술 및 의학적인 측면에서 예방사업과 병원의료 및 재활을 다루고 있다. 기업체의 건강관리는 조직과 생산시스템에 적합하도록 마련되어져야 하는 전문적인 업무이다.

작업장에서 건강관리 사업의 우선적인 과제는 예방대책을 세우고 안전, 보건 그리고 작업조건을 개선하는데 사업주, 근로자 그리고 안전보건위원회가 상호 협조하는 것이다. 여기에 재활 업무가 추가될 수 있다. 건강치 못한 근로자에게 의학적인 치료(medical care)를 제공하는 것은 2차적인 기능이다.

총 노동인력이 2～3,000명 정도 되는 곳의 산업보건센타(occupational health center)에는 의사 1명, 간호사 2～3명, 안전 및 위생공학사 1명 그리고 사무직 요원 몇 명을 둘 수 있다. 또한 직업관리사(occupational therapist)나 사회사업가를 충원하는 것이 바람직하다.

회사 내의 건강 관리실(의무실)의 기본적인 과제는 다음과 같다.

- 작업자에게 육체적 및 정신적 질환을 야기시킬 수 있는 작업장 상태에 대한 자료를 기초로 이들에 대한 서술, 평가와 정보를 제공하는 것
- 안전, 보건 및 작업조건의 개선에 참여하고 사업주와 근로자가 생산공정과 작업방법을 새롭게 계획하거나 낡은 작업지침을 정리할 때 참여해서 조언하는 것
- 안전사고 예방대책에 대한 정보 및 조언을 줌으로써 사업주, 기술자 그리고 근로자에게 도움을 주는 것
- 질병과 작업능력 감소의 경우 신속하고 합리적인 대책을 강구하는 것

효과적인 건강관리 사업을 제공하기 위하여서는 모든 대규모 작업장에 건강 관리실을 설치하는 것이 중요하다.

중소규모이거나 작은 기업은 외부 또는 보건관리 대행기관에 협조를 요청할 수 있다. 보건관리 대행기관에 소속된 의사, 간호사, 그리고 안전관리 담당자나 검사자는 전문가로서의 공정한 충고자 역할을 할 수 있어야 한다.

기업체에 근거를 둔 건강 관리실은 보건관계기관, 병원, 안전조직기관, 재활조직 등과 같은 공공 관계당국이나 기타 기관과 공동 협력해야 한다.

6) 건강진단 및 조사

건강진단은 예방적인 보건업무를 수행하는 데 효과적이고 중요한 방법이다. 건강진단 계획

은 현지의 작업조건을 고려해야만 한다. 건강진단은 인간공학과 정신건강문제뿐만 아니라 소음, 기후조건, 방사능, 화학약품 등 근로자가 여러 가지 작업환경에 노출될 수 있다는 것을 염두에 두고 실시하여야 한다. 이렇게 실시되는 건강진단은 사업주나 안전보건관리자 또는 안전보건위원회가 작업장 검사와 작업환경 상태를 평가하는 데에 도움을 줄 수 있어야 한다. 또한 작업장에서의 물리적, 화학적, 생물학적 위험을 감시하기 위한 기술적 도움이 될 수도 있다.

근로자와 그들의 요구에 맞는 작업환경이 되기 위해서는 인간공학적 요소, 작업시간과 심리적 요인들이 조사되어야 한다. 이들 요인은 예를 들면 작업 자세, 업무스트레스, 교대작업 등이다.

건강진단과 조사 보고서에는 개선을 위한 대안이 제시되어 있어야 한다. 건강진단을 담당하는 건강관리 담당부서는 사고나 갑작스러운 질환의 경우를 대비한 응급조치를 할 책임이 있다. 건강관리 담당부서는 인사계획뿐 아니라 설비구매와 작업장을 재조직하는 데에도 충고자로서의 역할을 해야 한다.

회사 내의 건강관리실이 담당해야 하는 일은 신입사원의 건강진단, 특정한 위험에 노출되는 집단, 예를 들면 납, 소음, 방사능 등에 노출되는 근로자들에게 정기적 건강진단을 수행하는 것을 포함한다. 한 가지 더 중요한 일은 새로운 건강관리 사업을 계획하고 작업도구와 화학약품 등을 구입하는 데 참여하는 것이다.

- 건강진단의 종류
  - 채용 시 건강진단, 배치형 건강진단, 일반 건강진단, 특수 건강진단, 수시 건강진단

토의사항

- 보건사업을 담당하는 의사나 간호사가 있는가? 그들을 언제 만나볼 수 있는지 아는가?
- 의사, 간호사 또는 기타 건강담당 부서가 작업장 여건 개선에 관해 사업주에게 조언을 하여 주는가?
- 안전보건위원회와 건강에 관한 조언을 책임지는 의사, 간호사 및 기타 건강담당 부서 간의 정기적인 접촉이 있는가?
- 작업장 문제를 의사나 간호사에게 논의해 본 경험이 있는가?
- 건강관리 담당자의 조언에 기초를 두고 제안되거나 실제로 이행된 개선안이 있었는가? 없다면 그 이유는 무엇인가?

7) 안전과 위생의 실천

작업장 내에서의 안전과 위생은 참으로 중요하다. 왜냐하면 사고를 방지하고 근로자의 건강을 증진시키는 데 가장 중요하기 때문이다. 안전규칙을 제대로 수행하지 못하면 이는 곧 작업자를 위험에 노출시키게 된다.

안전에 대한 실천은 작업조건의 개선과 병행되어야만 한다. 각 근로자가 불안전한 작업 상태를 발견하고 개선방안을 제시하는 것은 필수적이다. 모든 사람이 작업장 안전점검을 위한 공동의 참여자가 되어야 한다. 이러한 참여정신은 안전규칙을 모두가 준수할 때 가속화된다.

"사고내기 쉬운 작업자"란 개념은 어떤 작업자는 일정기간에 사고가 없는 반면 어떤 사람은 몇 차례 사고를 일으킨다는 관찰에 근거를 둔 것이다. 다시 말해서 어떤 작업자는 다른 사람보다 쉽게 사고를 당하고, 또한 사고를 일으키기 쉽고 특히 주의력이 부족하다는 것을 의미하기도 한다. 이러한 개념이 과거에는 어느 정도 지지를 받기도 했으나 최근에는 대체로 부정하고 있다. 그것은 몇몇 작업자가 단순히 확률에 의하여 더 많은 종류의 사고를 당했거나 더 많은 종류의 작업조건에 처해있었기 때문에 더 많은 사고가 발생한다고 보는 관점이다.

사고위험에 대하여 과소평가를 하게 되면 실제 안전하지도 못한데 안전하다고 느끼는 잘못을 범하게 되고 아예 무관심하게 되기도 한다. 모든 사업주나 관리자, 감독자, 근로자 그리고 정부 관리까지도 안전의 중요성을 일상적인 일의 한 부분으로써 계속 강조해야 한다. 안전문제를 지속적으로 강화하기 위하여 모든 부서가 안전에 대한 나름대로의 대책을 마련하여야 한다.

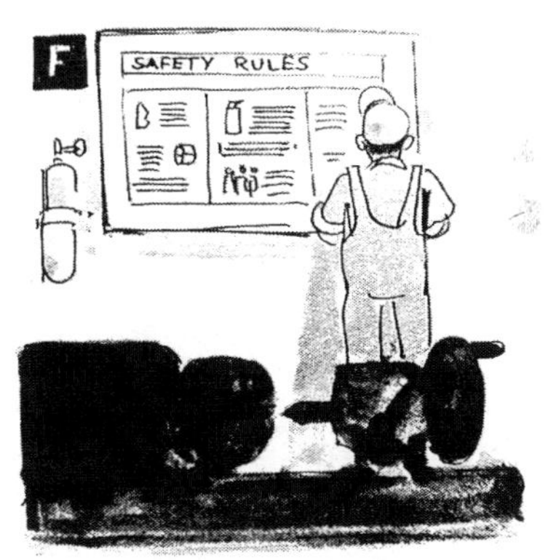

작업장에서는 당해 작업 장소에 적합하게 작성된 안전수칙이 벽에 부착되어 있어야 한다.

이러한 안전수칙을 몸에 익혀야 한다.

재해빈발 소지자
- 주의력이 부족하다.
- 신체 형태 및 기능 이상자 : 사지질환, 난청, 색맹, 시력 부족 등
- 체질 이상자 : 혈우병, 과민성 체질
- 잠재성 질환 : 간질, 고혈압, 심장병 환자
- 근속연수가 짧은 미숙련자
- 정신적 결함자

(1) 안전

안전을 유지하는 데는 모든 작업자가 다음과 같은 일을 준수하여야만 한다.

- 자신의 안전을 돌본다.
- 자신의 행위나 태만으로 영향을 받게 될지도 모를 타인의 안전에 대하여서도 책임감을 갖는다.
- 안전 지시사항을 준수한다.
- 안전장치와 보호구를 정확하게 사용한다.
- 자신의 힘으로 수정할 수 없는 안전사고의 위험상황을 감독자에게 보고한다.
- 작업과 관련해서 발생되는 사고나 질병을 보고한다.

에폭시(epoxy), 이소시아나이드(isocyanides), 또는 살충제 등과 같은 화학제품을 사용하는 경우의 개인위생은 건강장해의 가능성을 감소시킨다는 측면에서 특히 중요하다. 오염된 옷에 묻은 위험물질을 가정이나 가족에게 옮겨서는 안 된다.

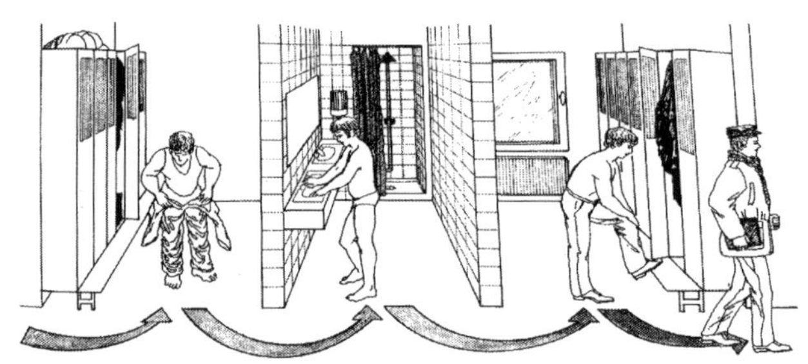

(2) 위생

좋은 위생 상태는 항상 필요하다. 적절한 위생설비가 되어 있지 않은 곳에서 양질의 개인위생을 실천하기는 어려우며 동시에 각 작업자는 제공된 설비를 최대로 사용하여야 할 책임도 있다.

좋은 위생 상태는 유독성 화학약품(특히 알레르기를 일으키거나 피부로 흡수되는 약품), 고열, 불결한 작업에 폭로되는 근로자에게는 필수적인 것이다. 철저한 개인위생을 실천하는 데 명심해야 할 점은 다음과 같다.

- 깨끗한(마실 수 있는) 음료수를 마실 것
- 탈의실, 세면장 그리고 위험한 물질이 사용되는 장소에서는 음식물을 섭취하지 말 것
- 손이나 노출되는 신체부위는 정기적으로 씻고 매일 목욕할 것

- 치아와 입을 매일 닦고 주기적으로 치과검사를 받을 것
- 적절한 옷과 신발을 착용할 것
- 작업복과 평상복을 혼용하지 말 것
- 작업복과 수건 등은 항상 깨끗이 할 것, 특히 그것이 오염되었을 때에는 특수세탁을 할 것
- 규정대로 보호마스크, 안경, 장갑, 귀마개 등을 착용할 것
- 규칙적 운동으로 육체적 건강을 유지할 것

위험한 분진 환경에서 일하는 사람은 작업 후에 샤워하고 반드시 머리를 감아야 한다. 지저분한 작업복은 주기적으로 바꿔야 하며 작업 중에 입는 옷과 작업 후에 입는 옷은 다른 것이어야 한다. 대부분의 산업체에서는 작업복과 평상복에 대한 별도의 옷장이 필요하다.

화장실, 세면장 등의 위생시설은 작업장 가까이에 두고 규칙적으로 청소해야 한다. 작업자는 이러한 시설을 청결하게 유지하는 데에 협력하여야 한다.

유행성 감기나 장질환은 작업자 간에 신속하게 전염될 우려가 있다. 그래서 감기 또는 장질환이나 전염될 우려가 있는 피부염증이 있는 사람은 의사의 치료가 끝날 때까지 작업에 참여시키지 말아야 한다.

기억하여야 할 사항

철저한 개인위생을 위해 중요한 것은 식사 전, 화장실 이용 후, 그리고 작업이 끝났을 때 적어도 손을 씻는 것이다. 손을 씻을 때 용제(solvent), 알카리 용액, 기계기름 등의 물질을 결코 사용해서는 안 된다.

토의사항

- 아침회의나 다른 기회에 안전에 관해 토의가 이루어지고 있는가?
- 모든 사람이 안전수칙을 제대로 지키는가? 그렇지 않다면 무슨 이유 때문인가?
- 작업자가 식사 전이나 담배 피우기 전에 손을 씻는가?
- 당신은 작업복을 적당한 방법으로 갈아입는가?
- 작업장의 청결은 어떻게 해서 이루어지고 있는가?

8) 복지시설

기업은 근로자에게 다양한 복지시설과 서비스를 제공하여야 한다. 이들은 좋은 작업조건의 필수적인 요건이며 작업 중에는 물론 더 나은 생활여건을 확보하기 위하여서도 중요하다.

복지시설의 형태와 질은 기업에 따라 다양할 것이다. 좋은 이용시설들은 작업자의 복지뿐만

아니라 생산과 더 나은 인간관계에까지도 공헌을 한다. 적절하고 깨끗한 위생시설, 시원한 마실 수 있는 물, 그리고 저렴한 영양식은 건강, 영양과 노동의 질에 영향을 미치게 된다.

(1) 작업 중의 근로자를 위한 복지시설

- 개인 위생설비(화장실, 세면시설, 휴대품 보관소와 탈의실 또는 작업복을 건조하거나 보관할 장소)는 작업장 가까이에 있어야 한다.
- 음료수, 기타 음료, 매점 그 외의 음식 서비스를 쉽게 이용할 수 있어야 한다.
- 의자, 휴게실, 오락시설 등과 같은 피로를 풀 수 있는 시설이 있어야 한다.

작업장은 양호한 위생시설을 갖고 있어야 한다(화장실, 세면시설, 샤워실). 화장실과 세면장은 박테리아의 확산을 막는 이유에서라도 떨어져 있어야 한다. 사업주는 화장실을 청결하게 유지할 책임 있는 사람을 고용해서 매일 청소가 행하여지도록 한다. 음료수, 적절한 수의 위생적인 화장실, 세면시설은 작업장 위생을 위한 기본적인 사항이다. 고장이 난 경우 이들의 수리에 우선 순위가 주어져야 한다.

(2) 구내식당 서비스

근로자의 영양이 빈약하거나 불충분할 때 특히, 개발도상국인 경우 구내식당 서비스는 매우 유용하다. 충분히 먹지 않고 작업장에 나온 작업자가 구내식당이 없어서 작업시간 내내 굶고 작업을 한다는 보고가 있다. 이러한 경우에 생산 실적은 낮아지고 결근율이 높아진다. 근로자를 위한 식사계획에는 양(충분한 칼로리)과 질(영양의 균형)이 모두 중요하다. 가능한 한 구내식당에서는 충분하고 균형 잡힌 식사가 제공되어져야 한다.

구내식당 시설을 설치하기 어려운 사업장에서는 스낵코너 또는 음식을 조리할 수 있는 방이 제공되어야 한다. 그러나 먹기에 위험하거나 해로운 공정이 있는 작업장에 음식 배달차가 들어오거나 먹는 것이 허용되어서는 안 된다.

교대 작업자에게는 특별한 배려를 해야 한다. 그들은 적절한 시간에 식사하고 음료를 마실 수 있어야 한다.

중소기업에서도 작업자가 적절한 식사를 할 수 있도록 배려가 있어야 한다. 이러한 배려는 예를 들면, 요리된 음식 또는 반 조리된 음식을 배달해서 들게 하거나 근로자에게 식사쿠폰을 주어 근처 식당이나 음식물 판매자에게 식사를 제공받게 한 다음 음식 값을 지불하는 것 등이다.

> **기억하여야 할 사항**
> 복지시설은 기업에 대해 이익이 되며 근로자뿐만 아니라 사업주에게도 이익을 준다. 위생시설과 음료수는 필수적이며 이후에 식사, 휴식, 통근수단 등이 차례로 고려되어야 한다.

(3) 생활여건 개선을 위한 복지시설

- 주택 또는 아파트의 소유나 임대를 장려함으로써 근로자들이 좋은 집을 갖도록 지원한다.
- 필요한 경우 통근시설을 제공한다.
- 음식물과 기타 필수품의 정기적 공급을 확보하기 위한 염가매장이나 기타 설비를 준비하여 준다.
- 질병이나 사고의 경우 의료혜택이 용이하여야 한다.
- 교육수준을 향상하기 위한 설비가 갖추어져야 한다.
- 스포츠와 오락시설이 있어야 한다.
- 어린이 보호시설 및 사회적 활동을 지원하기 위한 시설이 있어야 한다.

짧은 휴식을 취할 수 있는 장소가 작업장 근처에 있어야 한다. 즐거운 분위기 속에서 영양가 높은 음식물을 제공하는 구내식당은 근로자의 복지에 큰 효과를 미친다. 고온 작업장에서는 일하는 사람은 많은 양의 물을 필요로 하므로 음료수의 섭취가 쉬워야 한다.

주택과 생활여건의 문제는 도시화와 관련이 되어 있으며 급속한 산업화에 의해 악화된다. 생활조건은 계획단계에서 충분히 배려되어야 한다. 각 기업에 의한 노력에는 한계가 있으므로 공공 계획사업에 의한 지원이라든가 사업주의 모임과 근로자 모임의 조직적인 참여가 중요하다.

주택의 경우에는, 주택부금 및 특별융자를 해주거나 적은 비용으로도 들어갈 수 있는 서민용 주택계획에 가입하도록 도와줄 수도 있고, 건축자재를 싼 값에 제공하는 방법 등으로 주택건축 및 주택임대에 도움을 줄 수가 있다. 회사가 너무 멀리 있거나 급히 처리해야 할 업무가 있는 경우를 제외하고는 사업주는 좀처럼 주택을 직접적으로 제공하지 않는다. 따라서 좋은 도시계획과 장기적 주택계획이 필요하다.

통근거리가 멀고 시간이 오래 걸리면 작업에 대한 상당한 피로를 더하게 된다. 많은 나라에서 신도시나 대규모 공업단지는 통근시간의 증가를 가져오고 있다. 즉, 단축된 작업시간에서 가질 수 있었던 길어진 여가와 휴식의 기쁨이 출퇴근의 시간소모 때문에 사라져 버릴 수도 있다. 매일 지출해야 되는 교통비도 상당할 것이다.

이런 상황을 개선하기 위해 여러 가지 대책이 취해질 수 있다. 즉, 대중 교통수단의 개선요청, 출근시간과 작업시간의 합리적 조정, 시차출근제 및 이동작업 시간제의 도입, 회사버스의 운영, 오토바이나 자전거 구입을 위한 융자 등을 들 수 있다.

공장 내의 염가매장이 많은 나라에서 점차 설치되고 있다. 이런 상점은 적정가격으로 기본상품을 판다. 그들의 목적은 영리가 아니다. 소비자조합 매장으로 발전될 수도 있다. 매장운영을 위한 훈련은 크게 도움이 된다.

건강관리 서비스 및 교육시설의 설치 그리고 육아시설 또한 매우 중요하다. 기억할 만한 것은 몇몇 지역 특히 개발도상국에서는 이런 제도나 시설을 위한 적절한 하부조직이 없다는 점이다. 회사가 근로자에게 이런 시설을 직접 제공하지 못할 때는 독립적인 공공시설 또는 개인시설을 이용할 수 있도록 지원을 해주어야 한다. 그 예로써 대출이나 저리융자 알선, 건강보험이나 저축의 장려, 공공 혹은 개인 건강관리 시설과 기업 간의 협정 등이 여기에 포함된다.

기억하여야 할 사항

복지시설 개선에는 사업주와 근로자의 공동노력이 중요하다. 여러 가지 형태의 복지시설 개선방안이 있는데 실질적인 조치가 취해져야 하고 일정기간 후에 평가될 수 있어야 한다.

토의사항

- 작업시간 중에 근로자가 이용할 수 있는 복지시설을 열거하라. 그 수는 충분한가?
- 화장실, 세면시설, 음료수 공급 등 기본적 위생설비는 쉽게 이용가능하며 잘 보전되고 신속하게 수리가 되는가?
- 균형 잡힌 식사를 제공하는 구내식당이 설치되어 있는가?
- 주택과 출퇴근 문제 개선을 위한 조치는 어떤 것이 있는가?

9) 안전, 보건과 작업조건들을 향상시키기 위한 노력

사람들이 힘을 합해 일한다면 안전보건과 작업조건에 광범위한 개선이 이루어질 수 있다. 정부와 사업주 그리고 근로자의 능동적인 참여가 이들 개선의 근간을 이룬다.

더 많은 일과 일에 대한 확고한 자세를 심어주기 위하여서는 사업주나 근로자 모두에게 안전, 보건 및 작업조건에 대한 개선이 반드시 있어야 한다. 모든 사람은 자신의 작업장 조건이 좋은지 나쁜지를 스스로 결정할 수 있으며 자신의 안전과 작업수준을 끌어올리기 위한 대안을 제시할 수도 있다. 이렇게 이루어진 상호 노력의 결과는 곧 드러나게 된다.

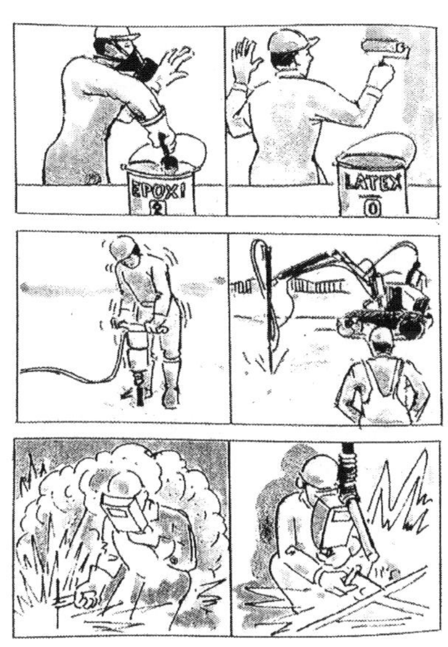

덜 유해한 물질과 작업방법을 선택함으로써 오염을 줄인다.

(1) 정보

정보는 작업의 안전, 보건 및 안녕(well-being)을 위한 활동에 중요한 요소이다. 사업주가 근로자에게 제공하는 것뿐만 아니라 동료들 간에 오가는 정보도 포함된다.

그것은 단순히 사업주나 감독자에 의해 제기된 지시나 지침만으로 구성되지는 않는다. 만약에 어떤 정보가 안전, 보건 및 작업조건의 향상에 효율적이려면 그 정보는 모든 근로자와 감독자가 직장에서의 건강과 안전 활동에 적극 참여하게끔 만드는 정보이어야 한다. 적절한 정보는 직무만족감과 기업의 사기양양에 공헌한다.

정보는 여러 가지 방법으로 제공될 수 있다. 정보는 구두로 전해지는 방법 외에도 특별한 안전 캠페인의 조직에 의할 수도 있다. 투고함이 제공될 수도 있다(근로자가 안전, 보건 및 작업조건 개선안을 제시할 수 있도록 하여주고 채택된 의견에는 보상을 주는 방법도 있다). 또 다른 방법은 재해요인과 사고에 대한 정보 또는 기업이 도입할 예정인 새로운 작업방법이나 새로 선보인 신제품에 대한 정보를 제공하는 방법이다.

- 잘 설계된 작업장에서 일하려는 분위기를 조성하려면 모든 감독자와 작업자에게 무엇을 어떻게 해주어야 되겠는가?
- 인쇄물이나 기타의 정보자료를 근로자에게 충분한 횟수로, 그리고 충분한 양으로 배포하는가?
- 포스터와 기타 전시물이 당신과 다른 작업자의 주의를 얻고자 자주 바뀌어 제작되는가?
- 안전, 보건 및 작업조건 그리고 작업 만족에 중요하다고 생각되는 정보는 어떤 것들이 있는가?

감독자나 동료들은 신입사원에게 충분한 정보를 주어야 한다. 또한 새로운 기계 및 화학약품, 그리고 새로운 생산 방법 등이 도입될 때에도 충분한 사전지식을 제공함으로써 작업이 안전하게 수행될 수 있도록 하여야 한다.

토의사항
안전, 보건 및 작업조건들의 문제는 사업주 및 근로자가 서로 상의하고 협동하기에 이상적인 분야라는 데 동의하는가?

(2) 활동적인 안전보건위원회

더 나은 안전, 보건 및 작업조건에 대한 사업주와 근로자의 노력을 결집하기 위한 필수적 요소로 활동적인 안전보건위원회의 설치를 들 수 있다. 이런 위원회의 설치를 위한 법적, 사회적 환경은 나라마다 다르며 위원회는 안전보건위원회, 안전 및 보건위원회 또는 연합노사 협의체계의 특별위원회 등 여러 가지로 불리고 있다. 소규모 회사에서는 위원회라 하지 않고 단순하게 안전부, 복지부 등으로 불린다. 노사 모두가 대표가 되어 행동을 조정하는 집단으로 설치하는 것이 중요하다.

안전위원회의 1차적 목적은 사고 방지에 있지만 직업상의 안전과 보건, 회사의 적절한 복지시설 등을 검토하는 것도 포함한다. 그래서 이 위원회가 전에 언급한 작업장 점검 외에 산업안전 및 보건에 영향을 미치는 영역에도 포함된다.

안전보건위원회는 주로 작업환경 개선을 위한 대안을 계획, 제안할 책임을 갖고 있다. 여기에는 작업환경 문제에 관한 교육과정을 만드는 것, 기존 방침의 계획변경, 현재의 생산 및 작업방법의 변경, 산업재해의 추세분석과 필요한 경우 산업보건에 대한 조사 실시 등이 포함된다.

- 안전보건위원회의 구성
  - 근로자 대표, 명예 산업안전보건 감독관, 근로자 대표가 지명하는 9인 이내
  - 사업장 최고 책임자, 안전관리자, 보건관리자, 산업보건의, 사업주가 지명하는 9인 이내

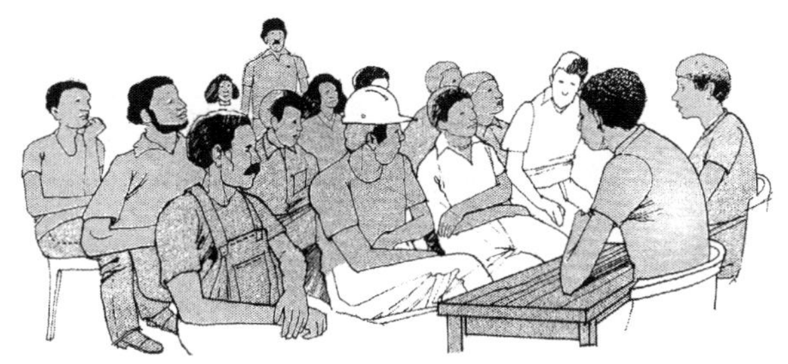

안전보건위원회에는 다음과 같은 의무가 위임된다.

- 회사의 안전 보건 계획을 토의하기 위하여 정기적으로 만나고 사업주에게 건의할 것
- 불안전하고 불만족한 여건을 발견, 보고, 조치하기 위하여 정기적으로 작업장 여건을 체계적으로 점검할 것
- 사고나 업무로 인한 질병의 상황 및 원인을 검토하고 그 개선방안을 제시할 것
- 안전하지 못하고 여건이 좋지 않은 작업 상태에 대하여 논의할 것
- 안전에 관한 근로자의 제안을 검토할 것
- 안전 및 관련분야에 대한 교육을 계획하고 감독할 것

근로자에 의하여 주어진 정보는 안전보건위원회에 필요한 자료일 경우가 많으므로 위원회의 위원은 작업장 검사 중일 때나 일상적으로 만나는 경우라도 근로자의 의견을 들어야 하고 위원회 모임에 그 제안들을 상정하여야 한다. 위원회는 독립적인 위치를 유지하여야 하며 자체조사와 주의 깊은 토론을 근거로 하여 개선안을 제시하여야 한다.

사고조사가 안전보건위원회의 본질적인 직무는 아니지만 안전보건위원회의 구성원으로서 사고 상황을 검토하고 사고원인을 발견하지 않을 수는 없다. 위원회는 요령 있게 정확한 정보를 수집해야 한다. 기억하여야 할 사항으로서는 사고검토의 목적이 다시 발생할지도 모를 비슷한 사고의 예방대책을 찾아내는 데 있다는 것이다. 위원회는 결코 안전사고를 고발하는 데 개입하여서는 안 된다.

위원회는 실제 상황에 관한 정보를 제시하고 토론이 조직되도록 도와야 하며, 자발적으로 보고하고 개선책을 제시하며 불평을 하지 않을 때만이 효과적으로 운영될 수가 있다.

10) 법률과 규칙 - 국내법과 국제 법

많은 나라가 노동 여건을 규제하는 법률이나 규칙을 갖고 있다. 이런 법률이나 규칙은 작업장 환경 개선이 노사 간의 공동협력으로 조직, 수행되어야 한다는 생각에 기초를 두고 있다. 안전, 보건 및 작업조건의 개선과업이 협동정신으로 수행되어야 하지만 이를 위한 여러 대안들이 실제로 수행되는지의 여부를 확인할 책임은 원칙적으로 사업주에게 있다. 산업안전보건을 포함한 작업환경 개선비용은 본질적으로 생산비의 일부이지 개별 근로자가 부담하여야 되는 것은 아니다.

안전, 보건 및 작업조건의 개선은 통찰력과 장기적 계획을 필요로 한다. 계획 작업에는 기존 건물 및 장비의 보전과 새로이 구입된 건물이나 기계류 또는 장비구입 시 적용시켜야 하는 작업환경 기준에 관한 토론까지도 포함된다.

모든 작업장 환경개선을 위한 개선조치는 사업주, 근로자 및 노동조합에서 그 개선조치를 바람직한 것으로 생각하여야만 효과적이며 높은 수준으로 성취될 수 있다.

사업주, 근로자 및 노동조합이 협동할 수 있도록 법률과 규칙을 세심하게 연구해서 사용하는 것이 중요하다. 노사 간의 단체협약과 안전보건위원회의 능동적인 역할은 이와 같은 협동에 커다란 도움을 줄 것이다. 하지만 이들 법률과 규칙을 시행하는 사람들은 그 일로 모든 필요한 일을 다 했다고 생각해서는 안 된다. 자발적인 참여가 작업장의 환경개선 작업에 기본적인 요구조건이기 때문이다.

토의사항

- 국가의 전반적인 작업장 안전상황은 어떠한가? 작업조건을 규제하는 법률이 있는가?
- 사업주와의 협약 가운데 안전, 보건 및 작업조건을 다루는 항목이 있는가? 있다면 이들 규정에 의해 보호받을 수 있는 가장 중요한 점은 무엇인가?
- 당신은 산업재해로부터 안전한가?
- 안전기관이나 안전보건위원회는 있는가?
- 있다면 실제 그들이 어떻게 일하고 있는가?
- 없다면 안전기관과 안전보건위원회를 도입할 수 있는 기회는 무엇인가?

① 국제협약

국내법과 협약 외에도 여러 가지의 국제협약, 선언 그리고 작업조건에 관한 프로그램들이 있다. 이들은 국제노동기구와 세계보건기구를 포함한 각기 다른 세계 유엔기구 조직들에 의해서 제정되었고, 많은 나라에서 채택되었다.

특히 중요한 것은 작업조건, 작업상의 안전과 건강복지시설에 관련된 국제노동기구의 조약

과 권장사항들이다. 이런 사항들은 회원국들이 작업환경 개선을 위한 목표를 설정하도록 장려하고 있다.

통합된 접근의 필요성이 국제노동기구에 의하여 강조되었고 이로 인하여 작업환경 개선을 위한 국제적인 프로그램(일명 PIACT)이 1976년부터 시작되었다. 이 전 세계적인 계획은 다음의 원칙을 제일 기본적인 것으로 한다.

- 작업은 안전하고 건전한 작업환경에서 해야 한다.
- 작업조건은 근로자의 안녕 및 인간존엄성과 일치되어야 한다.
- 작업은 개인적 성취감, 자아실현, 사회에 대한 봉사를 위한 진정한 기회를 제공하여야 한다.

이 프로그램은 작업조건과 관련된 여러 문제에 대처하도록 많은 나라들이 지원하고 있다. 예를 들어 이 계획은 산업안전 및 보건에 대한 노력은 작업시간, 직무내용 그리고 근로자 복지와 결합되어 이루어져야 함을 강조한다. 국제적 견지에서는 정부, 사업주와 근로자 3자의 협동을 특히 강조한다.

또 다른 유명한 예는 '건강'에 대한 세계보건기구의 정의이다.

"건강이란 단순히 질병이나 질환이 없는 상태가 아니라 육체적, 정신적 그리고 사회적으로 완전한 안녕 상태를 말한다."

다시 말하면 산업보건은 단순히 육체적 위험이나 사고를 방지하는 데 관련된 일만이 아니라 더 나아가서 작업장에서의 개인의 총괄적인 안녕상태에 그 목표를 두어야 한다는 것이다.

② 근로자에게 청력보호구를 착용시키는 대신 기계에 흡음기를 부착하라.

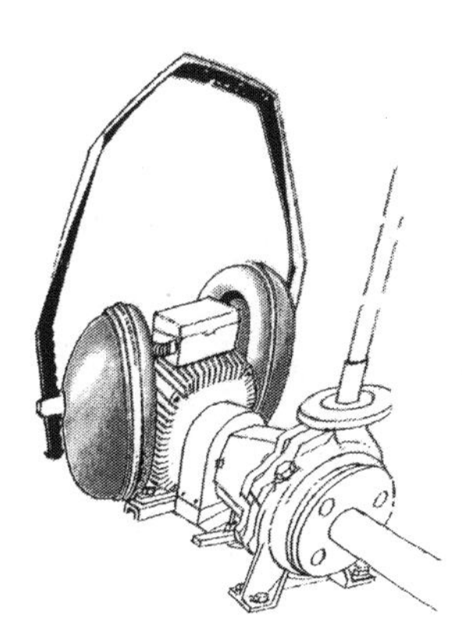

안전, 보건 및 작업조건들에 관련된 문제들은 근원적인 해결책을 찾아야 한다. 안전, 보건 및 작업조건에 관련된 문제를 다루는 최선의 방법은 그들의 근본적인 원인을 따져보는 것이다.

기계에 소음이 있다면 작업자의 귀에 보호구를 착용하기 보다는 기계의 소음을 줄이는 것이 더 좋은 방법이다. 또한 근로자에게 보호 마스크를 착용하게 하는 대신에 대기오염원을 제거하거나 한 지역에 국한시키는 것이 좋다.

근로자가 특정 형태의 보호구를 착용하는 것은 보호구 착용이 유일한 방법이며 최후의 수단일 때이어야만 한다. 우리가 안전, 보건 및 작업조건을 만족한 수준까지 이룩하기 위해서는 건강에 대한 위험요인들을 가능한 한 줄여야 한다. 그래서 개인 보호장비 없이도 작업을 수행할 수 있도록 하는 데에 그 목적을 두어야 한다.

③ 당신의 적극적인 참여로 안전, 보건 및 작업조건들이 표준수준으로 올라오도록 하라.

이상에서 우리는 여러 가지의 안전, 보건 및 작업조건의 문제를 열거하고 토론하였다. 모든 문제가 한 작업장에 모두 존재한다거나 한 산업분야에 집중적으로 몰려있는 경우는 드물다. 다음 세 가지 이유에서 이러한 문제를 제기하였다. 즉,

- 작업장에서 일어날 수 있는 문제들을 알고 있어야 한다.
- 작업장에서 발생하는 거의 모든 문제는 해결 가능한 것임을 기억해야 한다.
- 당신은 자신의 건강을 보호하여야 하고, 당신이 일하고 있는 작업조건이 표준에 이르고 있는지 확인하여야 한다.

모든 사람은 각자 자기 나름대로의 작업경력이 있다. 당신이 현재 일하고 있거나 장래에 일하고자 하는 작업장이 당신 인생의 일부라는 것을 인식하는가? 인생의 1/3 정도를 작업장에서 보내야 하기 때문에 작업장과 작업조건은 근로자에게 어떠한 형태의 표식을 남길 것이다.

따라서 당신도 작업환경을 계속 개선하고 개발하여 작업장과 작업조건에 표식을 남기는 것은 매우 중요하다. 작업장과 작업조건이 당신이 바라는 상태가 되었는지를 확인하라. 기술적인 발전과 함께 법률과 국제협약은 보다 나은 작업조건을 창조하고 개발하도록 장려하고 있다. 우리는 계속 전진해야 하며 세계 모든 나라의 모든 작업장에서 필요한 변화가 일어날 수 있도록 근로자들이 다짐하여야 한다.

기억하여야 할 사항

작업환경이 표준에 도달하도록 하기 위하여서는 초기부터 계획하는 것이 언제나 효과적이다.
따라서 근로자는 초기부터실천 계획을 세워야 한다.
좋은 작업장은 장기적으로 볼 때 사업주와 국가 모두에게 유리하다. 근로자는 자기가 하는 일에 만족을 느끼게 되고 생산성도 증가하게 된다.

토의사항

- 안전, 보건 및 작업조건 중에서 바라는 변화들을 우선순위별 목록을 만들어라.
- 근로 생활분야에서 국제노동기구와 기타 국제협약에 따라 행동하고 있는가?

3. 유용한 참고사항

(1) 작업장 점검

- 작업장 점검은 위임받은 사람들에 의하여 정기적으로 그리고 체계적으로 모든 사업장을 대상으로 실시되어야 한다.
- 필요한 경우에는 특정 점검이 계획되고 실행되어야 한다.
- 작업장 점검결과는 개선을 위한 제안과 함께 보고서의 형태로 제출되어야 한다.
- 작업장 점검결과는 책임자에 의해서 보관되어야 한다.
- 점검은 종전의 점검보고서를 검토하는 것에서부터 시작한다.
- 작업장 점검을 수행하는 데 적절한 점검표를 사용한다.
- 근로자의 의견을 점검보고서에 반영한다.
- 전문가의 조언과 지원이 필요할 때마다 신속히 제공되어야 한다.

(2) 건강관리 사업

- 근로자를 위한 건강관리 사업에는 전문가적 견지에서 본 작업장에 대한 평가가 포함된다.
- 일정한 시간에 유해 작업조건을 고려한 각 근로자의 건강을 진단한다.
- 모든 근로자의 건강은 작업조건에 대하여 알고 있는 건강 관리팀에 의하여 주기적으로 진단되어야 한다.
- 특정 위험에 노출된 근로자는 건강 변화여부를 주기적으로 검사한다.
- 근로자에게 건강 진단의 결과를 알려준다.
- 건강 진단의 검사결과에 대한 개인적인 비밀은 존중되고 보호되어야 한다.
- 근로자는 필요에 따라 의학적인 도움을 받을 수 있어야 한다.
- 건강관리 사업팀은 사업주, 안전보건위원회 그리고 노동조합대표에게 개선대책을 권고한다.

(3) 안전과 보건

- 작업자는 자신과 동료의 안전에 대해 책임을 갖고 공동 협조한다.
- 모든 작업자는 안전장치나 보호 장비의 적절한 사용법을 포함하는 안전수칙을 준수하도록 교육받는다.
- 위험, 사고 및 질병에 대해 보고하는 체계를 갖춘다.

- 적절한 시설을 갖추어 손과 노출된 신체부위를 근로자들이 정기적으로 씻을 수 있도록 한다.
- 작업 시 손에 묻은 오염물을 제거하기 위하여 용제, 알카리성 용액제, 기계기름 같은 물질을 사용을 금지한다.
- 작업복과 평상복은 함께 보관하지 않는다.
- 작업복을 정기적으로 세탁한다.

(4) 복지시설

- 작업장 근처에 적절한 화장실 시설을 설치한다.
- 화장실과는 별도의 세면시설도 작업장 근처에서 이용할 수 있게 한다.
- 충분한 샤워실을 제공한다.
- 화장실과 세면시설은 청소담당자로 하여금 매일 청소하여 청결하도록 한다.
- 모든 작업자는 깨끗한 갱의실 내에 자신의 보관함을 갖는다.
- 휴식을 위한 별도의 방이 있어야 한다.
- 안전하고 시원한 물 및 기타 음료수를 작업장 근처에서 마실 수 있도록 한다.
- 작업장과는 별도로 안락하고 위생적인 방에서 식사를 할 수 있도록 한다.
- 영양식을 섭취하고 염가의 제품을 구매할 수 있도록 배려한다.
- 통근시간을 절약할 수 있도록 교통수단을 제공한다.
- 근로자들이 좋은 주택을 가질 수 있도록 지원한다.
- 근로자들이 필요한 경우에 어린이 탁아시설을 이용할 수 있도록 한다.
- 스포츠와 오락시설을 이용할 수 있도록 한다.

(5) 안전보건위원회

- 안전보건위원회는 적절하게 조직되고, 일정 간격으로 그 구성원을 재편성한다.
- 안전보건위원회는 규칙적으로 최소 월 1회 회의를 개최한다.
- 안전보건위원회는 실질적인 권장사항이 포함된 회의록을 사업주에게 제출한다.
- 안전보건위원회는 회사 내에서의 안전과 보건에 관한 장·단기 계획안에 대해 논의를 가지도록 한다.
- 안전보건위원회 또는 그 대표자는 작업장 점검에 참여한다.
- 안전보건위원회는 사고조사 보고서와 작업장 점검보고서를 검토한다.

- 안전보건위원회는 근로자에 대한 안전 및 보건교육을 계획하고 감독한다.

(6) 교육과 정보

- 모든 신규 채용된 근로자는 자신의 작업장에서의 안전과 보건 그리고 안녕상태에 대한 일반적인 원칙과 특별한 재해위험에 대한 교육을 받는다.
- 작업시간 중에 안전과 보건에 대한 재훈련을 실시한다.
- 작업자는 소방훈련에 참가하고 화재 발생 시 필요한 행동에 대하여 교육을 받는다.
- 개인적 보호 장비가 필요한 작업자는 장비의 적절한 사용법에 대하여 교육을 받는다.
- 안전보건위원이나 응급처치 요원은 특별 교육을 받는다.
- 안전보건위원회의 활동은(예를 들어 최근의 위험사고에 대한보고 등) 기업 내 모든 근로자에게 알려져야 한다.
- 특별 안전보건수칙은 관련된 모든 작업자에게 교육하고 또한 문서형식으로도 배부한다.
- 안전보건 포스터는 일정한 간격으로 교체한다.
- 안전, 보건 및 복지에 관한 인쇄물 및 기타 정보자료는 충분한 양으로 배포한다.

03 작업조직과 작업시간

학습목표

1. 보다 나은 근로생활
2. 작업조직과 직무내용
3. 휴식과 여가시간
4. 교대작업
5. 새로운 형태의 작업시간
6. 유용한 참고사항

"각 개인의 일에 대한 경험은 총 작업시간 수, 작업의 속도, 어떠한 작업을 수행하여 왔는가에 따라서 매우 다르다. 작업 그 자체와, 작업이 어떻게 구성되어야 할것인가에 대한 관심이 점차 증가되고 있다."

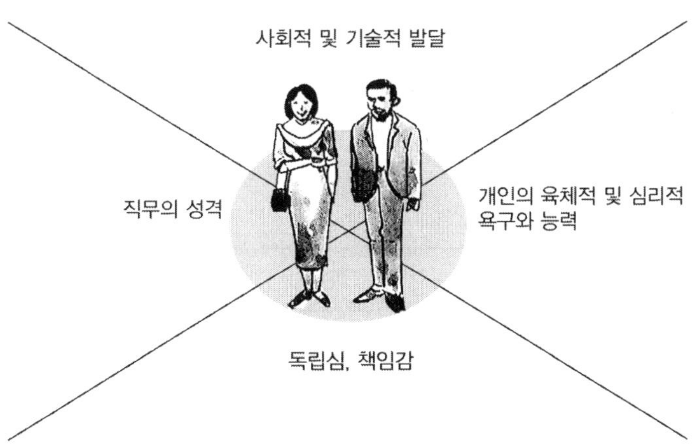

만족스런 작업환경이란 사고의 위험 및 육체적, 정신적 스트레스로부터 자유로운 환경이어야 하며 인간의 욕구와 한계에 적합하게 변화해 온 환경을 의미한다. 또한 근로자들이 자신들의 작업공간에 대한 계획과 부여된 임무에 대한 수행계획을 수립하는 데에 적극적으로 참여하는 것이 허용되어야 한다.

이러한 면에서 볼 때 근로자들이 자신들의 작업을 통하여 자신을 발전시키고 즐거움을 얻을 수 있게끔 분위기가 조성되어야 한다.

1. 보다 나은 근로생활

작업장에서와 일상생활 중에서 가장 근본적인 것 중의 하나는 작업이 계획되고 수행되는 방법이다. 작업자의 숙련도와 능력이 직무와 맞지 않거나, 작업계획에 휴식과 여가시간이 충분하게 할애되어 있지 않을 때에는 작업자나 경영자 모두에 중대한 문제가 발생한다.

내가 하는 일이 매우 의미 있는 일이라고 느낀다든가, 내가 영향력을 행사하고 있고, 내 능력을 개발할 수 있는 기회가 있고, 사회에 봉사하는 기회가 있다고 생각하는 것은 아주 중요한 일이다. 업무내용에 직접적인 영향을 주는 작업조직의 형태는, 지금 하고 있는 작업이 재미없고 힘이 드는지 아니면 활기찬 것인지, 불쾌한 지 아니면 만족스러운 지를 결정짓게 한다.

이 장에서 토의할 내용은 다음과 같다.

- 작업조직과 직무내용
- 작업조직의 개선방법
- 작업시간
- 휴식과 여가시간
- 교대작업
- 새로운 형태의 작업시간

2. 작업조직과 직무내용

1) 직무의 변화

현대사회의 기술적인 변화는 이 일을 수행하는 방법도 변화시켜 왔다. 작업에 대한 통제, 의사소통 등의 개념을 포함하는 '작업조직'은 고도화된 분업에 의하여 크게 영향을 받아 왔다. 최근까지만 해도, 어떠한 업무의 특징은 기술적인 그리고 경제적인 사항들에 의하여 미리 결정되어 진다고 간주되어 왔다. 관리자들의 관심은 전체적인 일을 몇 가지 세부적인 업무로 나누어 개개인의 근로자에게 가장 단순한 형태로 임무를 부과하는 것에 집중되어 있었다.

어떠한 근로자가 일을 제대로 수행할 수 있도록 하기 위해서는 가능한 한 제일 낮은 기술수준으로도 할 수 있게끔 일을 고안하는 것이 중요하다고 종종 생각되어져 왔다. 그러나 만약 우리의 일이 유용한 기술이나 자긍심을 개발할 기회를 제공하지 못한다고 하면, 우리는 자기존재의 값어치를 잃게 될 수도 있다. 이러한 작업은 전혀 생산적이지 못한 것이다.

우리는 개선된 작업조직에 의하여 보다 나은 업무가 제공될 수 있음을 알게 되었다. 작업자의 관점에서 보면 이런 방법은 직무를 개선하는 원인이 될 뿐만 아니라 더 높은 생산성을 기대하고 기술을 유익하게 활용할 수 있기 때문에 중요하다.

2) 조직이 잘 안된 작업

직무를 어떻게 개선시킬 수 있을 것인지를 생각하기 전에 우리는 빈약하게 조직된 작업의 몇 가지 불리한 점을 생각하지 않으면 안 된다.

예를 들면:

- 지나치게 단순화된 작업은 숙련도를 거의 요구하지 않으며 어떠한 것을 배울 기회도 거의 제공하지 않는다. 이 경우에 근로자는 제 기능을 충분히 발휘하지 못하게 된다.
- 반복적인 작업은 단조롭고 지루하다.
- 협동의 가능성이 없는 작업은 고립된다.
- 배움이나 성장에 도움이 안 되는 직장의 근로자는 직장에서의 성공 가능성이 제한된다.
- 실질적인 책임이 없는 작업은 계속적인 감독이 요구된다.
- 단순작업의 반복에 의해 성과가 측정되는 작업은 좌절감과 스트레스를 준다.

근로자의 숙련도가 별로 활용되지 않고, 지나치게 감독을 받으며, 피로해 하고, 지루해 하며 좌절감을 갖는 근로자는 생산에 관하여서도 확실히 세심한 주의를 기울이지 않는다. 그들은 오히려 실수를 저지르고 사고를 유발하며, 결근도 자주하고 기회만 있으면 떠나려고 한다.

사회심리학적 작업조건은 우리에게 악영향을 미칠 수 있다. 빈약한 경영관리는 나쁜 분위기를 만들 수 있고 작업에 대한 만족감에 상당한 손상을 주게 된다. 우리가 작업에 대한 만족과 작업에서의 행복감을 보장하는 작업환경을 만들고자 한다면 변화가 필요하다. 이와 같은 작업할당계획은 작업을 명확히 파악한 후에 이를 기초로 계획되어져야 한다.

물리적인 환경 조건들에 대한 관심은 반드시 작업장 내에서의 사회적 및 심리적인 분위기, 그리고 이들이 작업자 개개인의 안정감 및 건강과 생활의 질에 미치는 영향들에 대한 관심과 함께 강조되어져야 한다.

업무의 내용, 작업조직 그리고 상호협동의 형태 등은 업무에 대한 만족도라는 면에서 특히 중요한 요인들이다.

> **기억하여야 할 사항**
> 조직이 잘 안 된 작업은 근로자나 기업 모두에 좋지 않다. 근로자는 그들의 기술을 개발하고 발전할 수 있어야 하며, 생산목표에 공헌할 수 있어야 한다. 기계처럼 근로자를 다루는 것은 그들의 잠재력을 무시하는 것이며 불만족스럽고 비생산적인 작업분위기를 만들어낸다.

3) 바람직한 직무

작업조직과 일의 내용을 개선하기 위해서는 우선 지나친 스트레스, 피로 또는 심리적 압박을 받지 않는 좋은 작업의 특징을 고려하는 것이 바람직하다. 좋은 작업을 하기 위해서는 올바른 기구설비, 물품공급 및 지원, 충분한 시간이 필요하며 또한 좋은 직무는 다음 사항을 갖추어야 한다.

- 다양성과 합리적인 작업주기가 있어야 한다.
- 결과를 알고 이를 책임지며 주어진 작업에 대한 의사결정을 할 수 있어야 한다.
- 의사전달과 동료 작업자의 지원을 위한 기회가 있어야 한다.
- 자기존중과 타인의 존중을 위한 분위기 조성과 노력이 뒤따라야 한다.
- 계속적인 현장교육을 위한 배려가 있어야 한다.
- 장차 더 나은 업무를 가질 기회가 주어져야 한다.

이들 사항들은 하고 있는 업무를 보다 도전해 볼 만한 것으로 만들 것이다. 대부분의 경우에 이러한 사항들은 현장조직, 의사소통, 장비의 배치 그리고 업무 상호관계 등에서의 변화를 요구한다. 여기에는 또한 작업의 강도를 과도하게 증가시킬 위험이 존재한다.

경험상으로 보아 지루하고, 기계중심의 업무일수록 정신적으로 도전적인 업무보다 훨씬 많은 스트레스가 있음을 알 수 있고, 이러한 이유로 엄격하게 통제받는 작업자들이 광범하게 자율성을 갖는 작업자들보다 더 큰 스트레스 징후를 보이는 것으로 보여진다.

그렇다고 여기서 제시된 '바람직한 작업조건'이 모든 작업자에게 동일하게 적용된다는 것을 의미하는 것은 아니다. 그들은 각기 다른 배경 및 일의 숙련도를 가지고 있을 뿐 아니라 좋아하는 것이 각기 다르기 때문이다. 그들의 개인적인 강점이나 약점 그리고 작업에 임하는 태도 또한 다르다.

예를 들어 한 작업자는 임금을 강조하고, 다른 사람은 동료의식 그리고 또 다른 사람은 책임과 높은 숙련도를 강조할 수 있다. 그러므로 업무는 개인적인 욕구와 선호도에 부응하도록 배려가 되어야 한다.

> **기억하여야 할 사항**
> 우리들 모두는 작업이 가치를 지니고 있으며 우리의 타고난 능력을 키우고 개발할 수 있다는 느낌을 필요로 한다.

4) 작업조직의 개선방법

(1) 개인적 업무내용의 재배치

다음과 같은 방법이 작업조직과 업무내용을 개선하기 위해 자주 사용된다.

- 기계화(기계화는 인간중심의 작업보다는 바람직하지 않은 작업환경을 야기할 수 있으므로 유의하여야 한다)
- 적당한 설비와 작업 연속수행의 관점에서 본 인간공학적인 개선
- 보다 용이한 의사소통과 협동을 위한 작업장의 배치 변경 (예 : 원형테이블 이용)
  분리된 작업을 한데 묶음으로써 업무내용을 극대화시킨다. 예를 들면 부분 생산라인은 짧으나 각각의 생산라인이 연결되어 있어 총 생산주기는 좀 더 길어지게 한다.
- 미완성제품의 완충재고 : 작업을 빨리하고자 원할 경우에는 공정의 앞 단계의 완충재고를 사용할 수 있고, 휴식을 취하거나 작업속도를 느리게 하는 경우에는 공정의 뒷 단계의 완충재고를 뒷 공정의 작업에 이용할 수 있다.
- 반제품과 기계의 점검, 설비보전과 수리 등과 같은 보다 책임을 부여하는 업무를 추가하여 줌으로써 업무의 충실화를 꾀한다.

> **기억하여야 할 사항**
> 좋은 작업조직은 개인이나 집단에 독창력을 발휘할 동기를 제공한다. 새로운 제안은 감독자와 근로자들 모두에게서 나와야 한다. 작업조직의 문제는 간단히 해결할 수가 없기 때문에 우리는 이들 제안을 활용하여야 하고 타인의 경험도 중시하여야 한다.

층층이 쌓아올리는 형태의 완충재고

완충 생산라인(트랙)

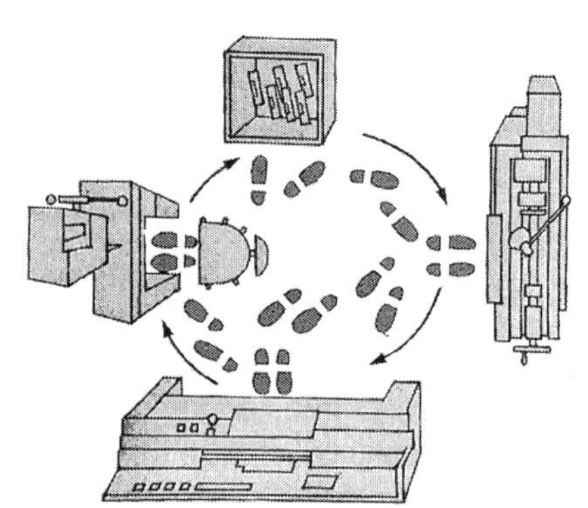

한 근로자가 연속작업을 할 수 있도록 조직된 작업부서

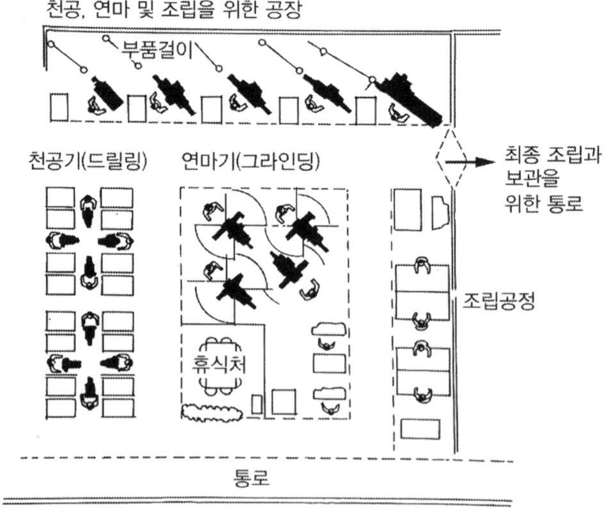

산업공정이 연속적으로 수행될 수 있도록 설계된 공정의 흐름

(2) 집단작업

경영자와 작업자 양자에게 많은 유익한 점을 주면서 작업조직과 업무내용을 개선하는 데 아주 신축성 있는 방법이 집단작업이다. 대부분의 사람은 함께 일하면서 협동하기를 좋아한다. 더욱이 협동적인 작업에서는 한 작업자의 취약점이 다른 사람의 장점에 의해 보완될 수가 있다. 선호도의 차이나 결근 등의 일시적인 문제도 동일하게 조정될 수가 있다.

효과적인 집단작업을 구성하는 데에는 여러 가지 방법이 있다. 많은 전통적 작업형태에서는 집단작업이 장점으로 고려되었다. 새로운 형태의 작업형태로서 제시되고 있는 것은 작업방법, 작업 기획, 작업할당 및 문제해결을 상당한 정도까지 결정할 수 있도록 하는 준 자율적인 집단작업체제이다. 또 다른 새로운 형태의 작업형태로는 기술의 내용이 서로 중복이 많이 되는 숙련공들을 모아서 일하도록 하는 방법이다.

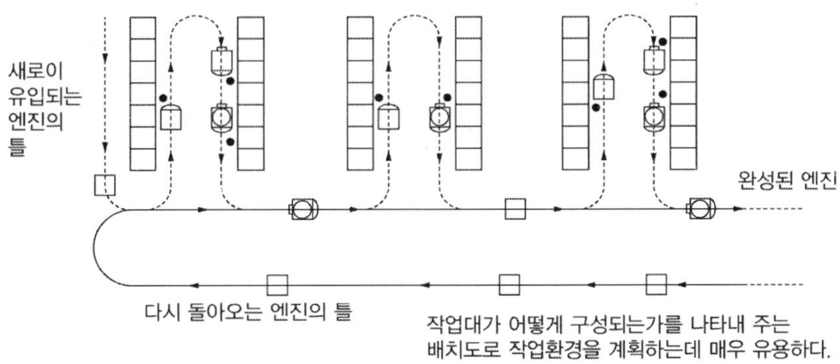

작업대가 어떻게 구성되는가를 나타내 주는 배치도로 작업환경을 계획하는데 매우 유용하다.

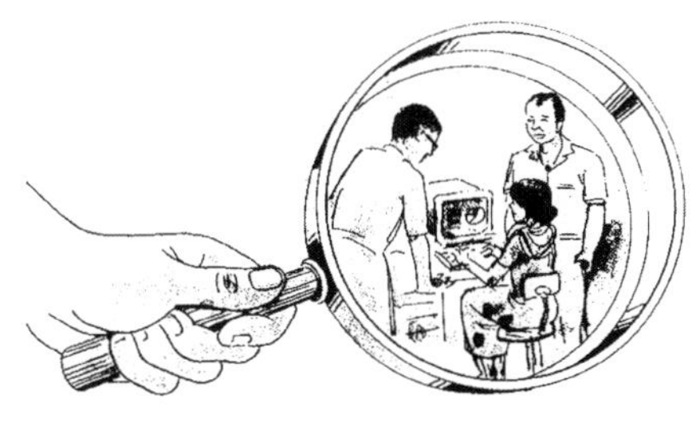

작업조직의 개선을 촉진하기 위하여는 모든 부서가 참가하여 조기계획을 작성하는 것이 필수적이다. 작업조직의 개선은 작업조건을 개선하여 줄 뿐만 아니라 보다 능률적인 작업을 할 수 있도록 하여 준다. 또한 이러한 개선은 작업운영을 보다 신축성 있게 하여 주고 생산절차와 전환에도 적응력이 있도록 하여 준다. 작업자에서 직업적인 스트레스의 감소, 보다 큰 협동의 기회, 더 나은 기술의 사용 그리고 근로자의 직업경력에 도움이 될 수 있다는 생각들은 보다 생산적인 기업의 이익과 연결된다. 현대적인 경영관리 기술 중의 하나인 품질관리 분임조 또는 목표에 의한 관리 등은 관계된 부서의 작업자들이 작업계획에 참여하도록 하는 방법들이다.

대부분의 회사나 조직들은 작업을 계획하는 기능을 지니고 있는데, 이것은 전체적인 목표를

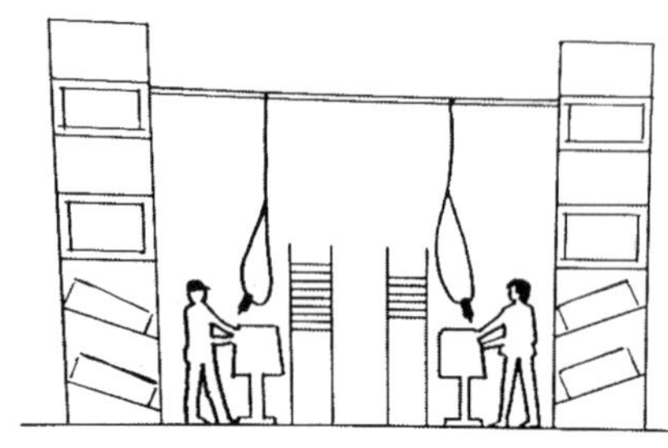

위해서 각 부서들이 어떠한 일들을 담당하고 상호간에 어떻게 연결되는 지를 기획하는 기능을 말한다. 책임과 권한이 분리되고, 의사가 어떻게 전달되며, 상호협동이 어떻게 이루어지는가 하는 점 등이 규정되어진다.

각 조립 작업원은 그 팀 내에서 작업이 어떻게 분담될 것인가를 결정할 수 있다. 기계작동에 의하여 일이 강제적으로 부과되지는 않는다.

5) 작업시간

국제적인 추세는 점점 작업시간이 짧아지고 있다.

토의사항

- 심한 압박감을 주는 작업에 대한 사례들이 있는가?
- 반복적이고 지루한 동작을 요하는 업무는 어떠한 것들이 있는가?
- 당신의 작업장 내에는 당신이 생각하기에 적당한 책임이 부과되어 있고 동시에 그 업무가 좋은 작업분위기 속에서 행하여지고 있다고 생각되는 업무가 있는가?
- 당신의 작업장 내에서 정신적인 스트레스와 문제를 야기할 수 있는 기타 다른 형태의 작업은 무엇인가?
- 문제를 발생시킬 수 있는 업무에 대하여 작업조직을 개선하기 위한 당신의 의견은 무엇인가?
- 감독자나 작업 동료들로부터 작업에 도움이 될 제안을 얻어내기에는 어떤 방법이 적당한가?

(1) 작업에 소비되는 시간

작업시간수와 이들 작업시간을 어떻게 활용하느냐 하는 것은 작업자의 하루하루의 생활에 상당한 영향을 미칠 수 있다. 작업자가 휴식과 여가를 위한 자유 시간을 갖는 것은 필수적이다.

작업 시간 수는 작업의 원칙적인 요구사항 중의 하나이다. 작업시간의 제한이나 단축은 수많은 국제노동기구의 조약과 권고의 주제가 되고 있다. 교대근무나 야간근무를 포함하는 근무시간의 배치, 계절에 따른 근무시간의 조정, 가족에 대한 의무, 훈련, 통근의 문제 등도 모두 중요한 문제들이다.

기본 작업시간은 보통 법률로 정해진다. 이런 작업 시간은 고용주와 종업원 간의 협약에 의하여 보다 제한되기도 한다. 실질적인 작업시간은 종종 연장근무가 추가될 수 있으므로 규정된 시간과는 다르게 된다. 작업시간이 너무 길거나 근무시간의 배치가 부적절하다면 이것은 일반적으로 건강과 안전, 과로 및 피로의 정도, 그리고 일반적인 작업생활의 질적 수준에까지 영향을 미칠 수 있다.

(2) 정규 작업시간

정규작업 시간은 날짜에 따라 또는 주당으로 결정된다. 정규작업시간 이외에 더 일한 작업시간은 연장근무 또는 예외 사항으로 분류된다. 대부분의 경우에 하루를 단위로 하면 정규 작업시간의 제한은 법률과 규약으로 정해진다. 전통적인 작업제한 시간은 법적으로 하루에 8시간이고 주당 48시간이다. 현재 많은 나라에서 더 낮아진 작업제한 시간을 규정하고 있다. 1962년의 국제노동기구의 권장사항 제 116조는 주당 48시간으로 재규정하고 사회적 목표로 작업제한 시간을 주당 40시간으로 하여 노동시간을 점진적으로 단축시킬 것을 요구하고 있다. 이런 정규노동시간의 점진적인 단축은 일반적으로 주당 시간 수에 초점을 맞춘 것이다.

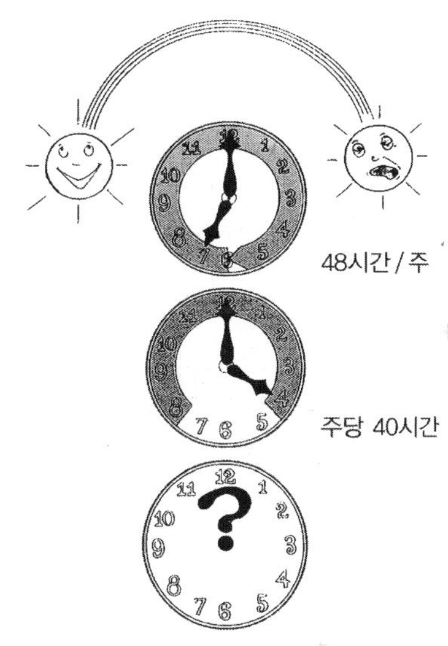

대부분의 나라에서는 작업일로 기준을 정하여 정규 8시간 또는 그보다 적은 시간으로 작업제한시간이 정하여져 있다. 교대작업, 호텔관광업, 운수업 등의 특별한 경우라든지 어느 특정한 날에 작업하는 시간이나 작업일일 경우는 8시간의 한계를 초과할 수가 있다. 주 5일제 도입은 때때로 적어도 며칠 정도는 8시간 이상 작업하는 것을 피할 수 없게 만들기도 한다. 문제는 작업일은 축소되었으나 매일의 작업시간 수가 실제로 8시간의 표준작업시간보다 더 긴 작업형태가 긍정적으로 받아들일 만한 것인가 아닌가 하는 데 있다, 이 문제는 이러한 작업 일정이 악영향을 가져오지 않는 한계 내에서 개인의 요구에 어떻게 부응하는 지를 파악한 후에야 대답을 구할 수가 있다.

(3)연장근무(잔업)

연장근무란 정규노동시간을 초과해서 일하는 것을 말한다. 주당 정규시간이 초과되지 않아도 정상적인 하루의 평균노동시간을 초과한 작업시간인 경우에는 초과업무로 간주한다. 연장근무가 빈번하면 실제 연장근무로 인해 근로자의 건강, 안전 그리고 복지상태가 영향을 받을 수 있다.

연장근무는 일반적으로 더 긴 시간뿐 아니라 더 높은 임금을 의미한다. 기업에 있어서 연장근무는 기업이 물품을 준비한다거나, 계절적인 이유 등으로 인하여 긴급히 끝내야 될 작업이 있을 수 있기 때문에 혹은 경제적 이유 때문에 필요하게 된다. 문제는 초과 근무가 예외라기보다는 규칙처럼 될 때 발생하는데 이때는 임금에 대한 실질적인 인상이 있을 수 있다. 이런 높은 수입은 개별 작업자에게 유리하지만 장시간의 연장근무로 얻은 수입은 휴식은 물론 가족생활과 여가를 희생한 대가이다. 빈번한 연장근무는 다른 나쁜 점도 가지고 있는데, 연장근무를 하는 때가 정하여져 있지 않다는 것과 건강과 안전을 해칠 수 있다는 것이다. 그래서 연장근무시간을 단축시키거나 제한할 필요가 있다.

(4) 장시간 일하는 직무

지나치게 긴 작업시간을 야기시키는 원인으로는

- 작업이 계절적으로 집중되는 경우
- 도로 운송과 같이 단속적 작업이 여러 날 걸쳐 계속되는 경우
- 노동력 부족, 특히 숙련되거나 전문화된 작업자가 부족한 경우
- 집중관리가 안 되거나 어려운 경우

작업시간이 지나친 지의 여부는 상대적인 문제이지만 통상 긴 작업시간은 근로자에게 다음과 같은 영향을 미친다.

- 육체적 및 정신적으로 과다한 긴장과 피로
- 작업의 수준 저하와 실수의 증가
- 사고의 증가
- 수면부족과 수면장해 및 이로 인한 약물복용 가능성의 증가
- 병에 대한 저항력의 감소, 때로는 쉽게 늙어 버리는 경향
- 가정생활이나 사회활동에 지장

이와 같이 장시간으로 인한 부정적인 효과는 극심한 기후조건, 열악한 위생상태 및 안전조건, 영양부진, 좋지 않은 건강상태, 열악한 주택조건, 공공을 위한 사회복지의 부재, 먼 통근거리와 지나치게 부담을 주는 운송수단 등과 함께 복합적으로 나타난다.

기억하여야 할 사항

정규작업시간은 점차 감소하여 왔지만 실제 작업시간은 종종 중요한 문제로 남는다. 지나치게 긴 작업시간은 현실적인 문제를 야기시킨다. 즉 심각한 피로, 사고 건강악화 그리고 생활의 질을 악화시킨다.

토의사항

- 당신은 긴 하루작업이 끝난 뒤에 기진맥진하는 경우가 빈번히 있는가?
- 현재 당신이 하는 것처럼 연장근무는 계속되어야 하는가?
- 당신 가족은 당신이 여가와 가족문제에 소비하는 시간에 대해 무엇이라고 말하는가?
- 5년 또는 10년 전과 비교해서 작업시간에 중요한 변화가 있는가? 그것을 어떻게 평가하는가?
- 바람직한 작업시간이 되기 위해서는 어떠한 변화가 있어야 한다고 생각하는가?

3. 휴식과 여가시간

1) 휴식시간과 주중에 갖는 휴식

충분한 여가와 휴식은 근로자의 건강과 안전 및 복지를 위해 필수적이다. 이와 같은 휴식이라 함은 다음 사항을 말한다.

- 작업시간 중에 간간이 갖는 휴식
- 식사시간을 이용한 긴 휴식
- 밤 시간에 갖는 매일의 휴식
- 주간의 휴식

작업시간 중에 갖는 짧은 휴식은 피로를 방지하기 위해 필요하다. 이런 휴식은 기계에 속도를 맞추어 바쁘게 돌아가는 작업이나 계속적인 밤샘이 요구되는 작업에서는 특히 중요하다.

식사시간은 항상 제공되어야 한다. 식사시간이 제공되어야 한다는 것은 가끔 법률로 규정되기도 한다. 30분 또는 그 이상의 식사시간이 통상 8시간 작업하는 곳에서는 절대 필요한 것이다. 식사시간이 한 시간 이하일 때는 근로자가 식사를 하기 위해 작업장을 떠나기가 어렵다. 이러한 이유 때문에 작업장 안에 식당이 생기게 되었다.

휴식시간이 너무 길어서 작업이 중단(예를 들어 오전 7~9시, 오전 11~오후 2시, 오후 7~9시 등)되어도 작업자들은 불편을 느끼게 될 것이다.

밤(경우에 따라서는 낮)에 갖는 매일의 휴식은 충분한 수면과 적당한 여가 그리고 가정생활을 위해 충분해야 한다. 일일 작업한계 시간의 규정은 최소한의 휴식 시간을 제공한다. 불규칙한 작업시간이나 교대작업인 경우에는 주, 야간 휴식시간을 보장받기 위해 사전조치가 특히 필요하다.

주간에 갖게 되는 휴식은 작업자의 건강과 행복을 위한 기본적인 것이다. 주간 최소 휴식시간은 국제노동기구의 주간휴식조약(Weekly Rest : Industry-No 14,Commerce and Offices-No 106)에 의하여 7일 중의 하루 즉, 24시간이다. 주 5일 근무제의 적용으로 많은 나라에서는 일주일에 쉴 수 있는 날이 이틀로 되어 있다. 주간 휴식의 특수한 문제는 다음과 같다.

- 주간 휴식일이 관습적인 휴식일(예 : 일요일)과 항상 일치하지 않는다는 것이다.
- 작업관리가 잘 되고 있지 않는 분야에서는 주당 7일 일하는 것이 여전히 통상적인 것으로 되어 있다.

식사시간과 작업 간의 짧은 휴식은 집중력 상실을 예방한다.
동료작업자와의 접촉은 좋은 작업분위기를 만드는 데 필수적이다.

2) 휴가

대부분의 나라에서 연중 유급휴가의 규정이 법률에 의해 정해진다. 법으로 정해진 최소한의 유급휴가의 기간은 나라마다 다르다. 국제노동기구의 유급휴가 조약(No. 132)은 연간 적어도 3주를 휴가로 규정한다. 장기간 일을 했다거나 긴장되고 위험한 작업조건 아래서 일한 사람에게는 특별히 긴 휴가를 주는 것이 관례이다. 게다가 대부분의 나라들이 종교적, 역사적, 문화적 의미를 갖는 날을 공휴일로 준수한다. 휴가라는 것은 규정을 정확하게 만드는 것이 중요하며, 휴가를 실제로 보장받는 것이 중요하다. 휴가를 대신해서 받는 임금은 실제로 쉰 것과 똑같은 효과를 갖지 못한다.

이와 다른 형태의 휴가는 각 나라의 문화 및 생활방식과 관계가 깊다. 임시휴가, 보상휴가, 교육휴가 등이 이에 포함된다. 질병이나 부상으로 인한 결근기간을 원칙적으로 연간휴가의 일부로 계산하여서는 안 된다. 비록 이런 원칙의 적용이 나라마다 다르기는 하지만 질병휴가는 많은 나라에서 사회보장제도에 의해 보상된다. 그러나 어떤 나라에서는 고용주가 질병휴가를 주기도 한다. 교육휴가는 회사에 몇 년간 봉사한 뒤 지식이나 기술의 습득을 위해 주어지는 것으로 이 또한 중요한 것이다.

주간 휴식은 필수적이며 육체적, 정신적으로 생활의 재충전이라는 면에서 큰 의미를 갖는다. 또한 가족과 함께 보내는 시간은 직장에서, 그리고 작업성과로 얻어지는 업무만족에 대해 간접적 효과를 주기도 한다.

4. 교대작업

1) 교대제

여러 산업에서 불규칙적인 작업시간이 보편화되면서 사회생활 및 건강상태에 영향을 미치는 등 문제점들이 대두되고 있다. 규칙적이지 못한 작업시간으로 오는 생리학적 리듬과 일상생활상의 저해요인 때문에, 교대작업과 불규칙적인 작업형태에 완벽하게 적응할 수 있는 사람은 거의 없다.

교대작업을 채택하는 이유는 여러 가지가 있다. 첫째, 기술적인 이유 때문에 생산을 중단할 수 없을 때 교대작업이 필요해진다. 둘째, 교대작업은 철도, 소방서, 병원 그리고 공공 서비스 분야에서 채택된다. 셋째, 값비싼 기계들을 더 많이 사용하고자 하는 경제적 이유 때문에 도입된다. 어떤 형태의 교대작업에서든지 교대로 별도의 작업 조를 편성하여 작업시간의 중단이 없게끔 하고 있다. 교대작업의 효과는 우선적으로 교대체계에 의존한다.

그 효과는 교대체계가 야간작업을 포함하고 있거나 주간 휴식을 인정하지 않을 때 더욱 의미가 있다. 주된 교대체계 형태는 다음과 같다.

• 불연속 교대체제(the discontinuous shift system) : 하루 간격으로 하루 24시간 이하로 운

영되는 형태로 보통 주말휴식을 취한다(예 : 오전, 오후 교대).

- 준 연속 교대체제(the semi-continuous shif system) : 하루 24시간으로 운영되는 형태이지만 주말휴식을 취한다.
- 연속 교대체제(the continuous shift system) : 하루 24시간 주당 7일을 운영한다.
- 교정교대 : 각조는 영구히 같은 교대시간에 할당된다.
- 순환교대제

순환교대제의 경우 한번 교대근무를 하고 나서 얼마나 지난 후에야 다음 차례의 교대근무를 하게 될지에 대한(예를 들어 얼마 동안이나 낮 근무를 하고 그 후에 밤 근무를 하는지에 대한) 기간의 선정이 중요하다. 각조는 매주 또는 더 짧거나 긴 간격(예를 들어 매달)으로 교대시간을 변경한다. 특히, 연속 교대체계에서는 다양한 방법이 있을 수 있다. 기관사이거나 방송국에 근무하는 경우에는 불규칙적인 교대근무에 임하게 된다.

교대작업자는 수면방해, 위장병 등으로 고통받게 된다. 작업자가 사회적으로 고립되지 않도록 교대작업은 조절되어져야 한다. 출퇴근 시 대중교통을 이용하는 점도 고려해서 작업을 계획하여야 한다.

2) 교대작업의 문제

각기 다른 교대체계에 따른 작업은 정상적인 생체리듬을 저해한다. 체온은 하루 중에도 몇 번씩 변화한다. 예를 들면 정상적인 경우 이른 아침에는 최저상태에 있다가 저녁에는 최고상태에 달한다. 이러한 변화는 낮에 일하고 밤에 자는 형태에 맞추어진 혈액, 세포조직, 호르몬과 두뇌활동에서의 변화와 일치한다. 그러나 작업이 야간 교대체계로 바뀌어져서 밤에 작업하고 낮에 수면을 취한다고 해서 생체리듬도 이와 맞게 바뀌어지지는 않는다. 수주일 동안 계속해서 낮에 자고 밤에 일한다 해도 완전한 적응은 되지 않는 것으로 알려져 있다. 이것은 야간작업이 왜 힘이 들며 낮잠이 왜 정상적인 잠보다 더 짧고 회복력이 떨어지는가 하는 이유 중의 하나이다.

• 교대작업의 2가지 불이익
  - 근로자 건강에 대한 영향 : 정상적인 생체리듬의 저해는 건강문제를 야기시킨다. 즉, 소화불량, 피로, 수면방해 등이다. 이로 인해 건강치 못한 상태가 계속될 수도 있다. 더욱이 수면부족은 여러 가지 신경질환을 야기하기도 한다.
  - 가족과 사회생활에 대한 영향 : 교대작업자는 종종 가족활동과 배우자, 부모, 자녀들과의 정상적인 접촉을 유지하는데 어려움을 갖는다. 사회적 활동도 방해받는다. 친구와의 접촉, 클럽에의 참여, 협회와 노조활동, 공적인 사교모임이 여기에 포함된다.

3) 교대 작업조건 개선을 위한 실질적인 방안

교대작업자의 조건을 개선하고자 두 가지 분야에서 조치가 요구된다.

(1) 교대 일정의 개선방안

• 작업시간의 단축(주당 작업시간의 단축, 추가로 휴가인정, 교대작업으로 보내는 노동생활의 비중을 제한) : 작업시간의 절감은 교대작업으로 생기는 부담을 경감시켜 준다.
• 고정 교대제의 경우 근로자가 자신에 맞는 교대시간에 근무할 수 있도록 배치한다.
• 순환교대의 빈도와 방법 : 교대 조를 더 많이 편성하여 자주 교대를 해줌으로써 야간 교대 수와 조정의 필요성을 감소시킨다.
• 교대시간 사이에 충분한 휴식시간을 갖게 한다.
• 충분한 휴식 일을(특히 주간휴식) 갖게 한다.
• 필요한 경우 순환 교대시간을 변경한다.

(2) 작업 및 생활조건의 개선방안

• 교대시간 중의 고정된 식사(휴식)시간을 가질 수 있게 하며, 쉬면서 작업할 수 있도록 하여 준다.
• 매점 또는 뜨거운 음식과 음료를 제공해 주는 이용시설이 갖추어져야 한다.
• 교통수단을 제공한다.

- 구급 의약품을 준비하고, 건강에 대한 지도감독을 하여 준다.
- 휴식 공간 및 오락설비를 제공하여 준다.
- 주택조건을 개선하여 준다.
- 교육과 사회활동이 용이하도록 하여 준다.

교대작업의 어려움이 야간작업에서 증가하므로 작업자의 부담을 덜어주기 위하여 체계적인 노력이 특히 필요하다.

업무 중에 또는 업무를 벗어났을 때에 닥칠 수 있는 여러 상황들 즉, 작업시간이나 여가시간은 긴밀하게 연계되어 있어서 우리의 안녕상태에도 영향을 주게 된다. 사람과 그를 둘러싼 환경 간의 상호작용은 스트레스에 대처하는 우리의 능력에 영향을 미친다.

사회 및 여가생활, 흡연습관, 휴식과 안락, 이들 모든 요소가 건강 및 질병의 면에서 우리에게 영향을 미친다.

(3) 바람직한 교대제와 관리 방법

교대제도는 야근 근속 일수, 각 작업반에 따른 작업시간의 배정, 각 반의 교대 순서와 교대 수 및 조 편성, 각 반의 교대 시 휴일 수 등 여러 가지 문제점이 발생할 수 있는데 이것은 휴식과 수면에 중점을 두어 고려되어야 한다.

바람직한 교대제는

- 야근 근무의 연속은 2～3일 정도가 좋다.
- 각 반의 근무시간은 8시간씩으로 한다.
- 2교대면 최저 3조의 정원을, 그리고 3교대면 4조로 편성한다.
- 야근 후 다음 반으로 가는 간격은 최저 48시간을 가지도록 한다.
- 평균 주 작업시간은 40시간을 기준으로 갑반 → 을반 → 병반으로 순환하게 한다.

토의사항

- 당신이 갖는 중간휴식과 주간휴식은 당신의 피로회복에 충분하다고 생각하는가?
- 5～10년 전과 현재의 작업일정을 비교해 봤을 때 인정할 만한 변화가 있는가?
- 당신의 가족생활, 사회생활(출근시간, 휴식, 단축된 초과근무, 주간휴식)을 개선하기 위해 어떤 작업 일정이 도움이 되겠는가?
- 당신이 교대근무를 한다면, 교대근무를 하면서 제기되는 문제점들에 대처하는데 어떤 종류의 서비스와 이용시설이 도움이 되겠는가?

5. 새로운 형태의 작업시간

최근의 기술적, 사회적인 변화에 따라 개인의 요구를 고려한 새로운 형태의 작업시간제가 확산되고 있다. 이들은 나라마다 다르다. 예를 들면 융통성 있는 시간조정, 시간제근무, 시차제 근무 등이다.

- 융통성 있는 근무 시간대 조정 : 일정한 한계 내에서 작업자가 매일 자신의 작업일정을 정한다(일반적으로 모든 작업자는 주요 시간대에는 모두 출근하여야 한다).
- 시간제(part-time) 근무 : 일부 작업자는 다른 사람들보다 더 적은 시간을 일한다.
- 시차제 근무 : 회사 간 혹은 부서 간 출퇴근 시간을 달리 채택한다.

새로운 형태의 작업시간은 근로생활에 유연성을 제공하지만 작업시간을 지키는 문제, 연장근무 문제, 작업자 집단 상호간의 마찰문제, 노조 또는 다른 집단 활동 참여 등에 불편함을 야기하기도 한다. 그래서 이런 새로운 형태를 도입할 때는 주의가 필요하다. 또한 작업자와 그들 조직의 충분한 협의를 거친 후에 도입되어져야만 한다.

- Flex-time제
  - 작업의 기계화와 생산의 조직화 그리고 기업의 경제성, 생산성의 최대 효과를 추구하는 등 관리 하에서 근로자들의 작업이 기계화되고 있는 오늘날 경제 사회 생활 속에 있어서 개인의 자유 시간을 고려한 flex-time제가 유럽을 중심으로 활용되고 있다.
    이 제도는 작업 상 전 근로자들이 일을 하지 않으면 안 되는 중추시간(core time)을 제외한 전·후 시간에 있어서 주 40시간의 작업조건 하에서 자유롭게 출퇴근을 인정하는 것으로, 개인 생활에 편의를 줄 뿐만 아니라 피로의 경감, 출퇴근 시 교통량의 완화 등 정신적인 면에서 좋은 효과를 보이고 있다.

토의사항

- 당신 작업장에서의 연간 최대, 최소 유급휴가는 며칠인가? 당신과 동료들은 유급휴가를 잘 활용하고 있는가?
- 당신이 연간휴가 계획을 작성하는 데에 문제가 있는가?
- 당신에게 부여된 휴가를 잘 사용하기 위해선 어떤 조치들이 필요한가?
- 새로운 형태의 작업시간이 작업장에 어떤 영향을 미칠 것으로 생각되는가?

기억하여야 할 사항
규칙적인 오전 작업, 점심, 오후작업 형태가 허락되지 않을 때 작업자는 심각하게 영향을 받게 된다. 추가 급여로는 수면부족과 기타 부정적 영향을 보상할 수가 없다. 넓은 의미에서 교대 일정계획 뿐 아니라 작업조건도 개선하기 위한 방안이 필요하다.

6. 유용한 참고사항

1) 작업조직과 직무내용

- 격심하고 고된 작업은 기계화시키도록 한다.
- 표준 작업계획에 차질을 빚지 않으면서 잠깐의 휴식을 가질 기회를 많이 인정한다.
- 기계속도에 맞춘 작업형태에서 벗어나기 위하여 재고를 완충제로 이용한다.
- 작업이 다양해지고 전 공정시간이 충분히 길어지도록 업무를 조정한다.
- 단순하고 반복적인 업무는 다른 형태의 작업방법으로 대체한다.
- 쉬 피로해지거나 곧 지루해지는 작업에 특별히 순환제도를 사용한다.
- 작업 중이라도 다른 작업자와의 의사소통이 가능하도록 한다.
- 고립된 작업은 피한다.
- 작업자는 작업방법에 대하여 선택권을 가질 수 있도록 한다.
- 개인과 집단이 임무를 수행하는데 여유를 가질 수 있도록 집단조직을 구성한다.

2) 작업시간과 휴식시간

- 일일 작업근무제인 경우에는 충분한 휴식과 여가시간을 갖게 한다.
- 주당 실제 작업시간이 노동한계 시간에 맞도록 한다.
- 충분한 식사(휴식)시간을 제공한다.
- 짧은 중간휴식을 제공한다.
- 주간휴식과 공휴일에 쉴 수 있도록 함이 적절하다.
- 연간 유급휴가를 제공하고 작업자가 이를 이용할 수 있도록 한다.
- 작업자 개인의 요구에 부응하도록 기타 형태의 휴가도 제공한다.
- 작업시간의 유연성을 충분히 고려한다.

3) 교대작업

- 교대근무 체계 조정 시에 실제로 작업하게 되는 시간 수의 제한을 고려한다.
- 연속적으로 야간작업을 몇 회 이상을 하지 못한다는 제한을 규정한다.
- 짧은 교대간격을 피한다.
- 지역적 관습과 이용 가능한 교통수단을 고려해서 교대시간을 조정한다.
- 모든 교대 근무시간 중에 구급의약과 앰뷸런스 이용이 가능하도록 한다.
- 모든 교대 근무시간 중에 매점이나 음식 또는 음료를 제공할 수 있는 시설이용이 가능하도록 한다.
- 버스 등 운송수단을 이용 가능하도록 한다.
- 교대 작업자들을 위한 적당한 휴식공간을 제공한다.
- 교대작업자의 교육과 사회활동의 참가를 지원한다.

04 산업안전보건관리 체계 확립

* 산업위생 핸드북, 안전보건공단 인용

학습목표

1. 산업안전보건관리의 효율적 방법
2. 산업안전보건정책, 계획의 수립
3. 기업 내에서 산업안전보건과 관련된 사람들의 역할
4. 위험요인의 확인과 보고 및 평가
5. 외국사례의 소개 : 산업안전보건경영 체계
6. 현장에서 산업안전보건관리 체계가 정착되지 못하는 이유
7. 해결 방안
8. 도움이 될 수 있는 책과 자료

1. 산업안전보건관리의 효율적 방법

1) 건강한 작업장을 만들기 위한 계획수립과 역할분담

현대의 작업환경은 수많은 다양한 위험요인이 있기 때문에 노동자의 건강이 보호될 수 있는 높은 기준들이 마련되어야 한다. 그러나 이러한 기준은 하나의 작업장에서 체계적인 역할 분담과 이러한 역할이 유기적인 관계를 맺을 때 달성될 수 있는 것이다. 사업현장에서 위험요인을 예방하고 발생된 위험요인을 통제하는 데 가장 중요한 것은 산업안전보건관리 체계라는 인식이 점차 확산되고 있으며, 정부의 지원과 규제가 제대로 실행되는 것과 함께 현장의 직접적이고도 자율적인 관리가 가능할 때 노동자의 건강은 보호될 수 있다.

2) 노사가 함께 하는 계획수립과 각 담당자의 역할분담

산업안전보건관리를 어떻게 할 것인지, 산업안전보건관리 체계에서 가장 중요한 것은 노사

가 함께하는 계획의 수립과 정확한 역할분담이다. 따라서 먼저 기업 내에서 산업안전보건관리의 계획(정책과 프로그램)을 어떻게 만들 것인지가 중요하다.

그 다음에는 산업안전보건관리 체계의 틀에서 각각의 담당자들이 무엇을 해야 할 것인지를 생각해 볼 것이다. 이것은 매우 중요하다. 기업주로부터 현장의 노동자에 이르기까지 각자의 역할이 무엇이고, 책임이 무엇인지를 정확히 알고 있어야 관리체계를 세우는 것이 의미가 있고, 수립한 관리계획을 실행에 옮기고 평가할 수 있기 때문이다.

그러나 이러한 좋은 틀에 대해 부정적인 시각이 있다. 우리나라는 안 된다는 것이다. 하지만, 언제까지나 안 된다고 생각만 하고 있을 수는 없다. 안 된다면 무엇이 문제인지 알아야 한다. 따라서 노동자 건강의 보호 차원에서 왜 보건관리가 제대로 되기가 힘든지를 살펴보며 우리가 어디서부터 무엇을 해야 할 것인가를 생각해 보았다.

다음에는 구체적인 사례를 통하여, 사업장 안에서 문제를 발견하고, 그에 대한 대책을 어떻게 세워 문제를 해결하였는지 살펴볼 수 있을 것이다.

나머지 장에서는 작업별로 위험한 요인들을 찾아내고 어떻게 관리해야 하는지 그 방법과 체크리스트를 중심으로 한 실행 방법, 관리의 계획을 세우기 위한 방법을 논의하는 데 도움이 되도록 구성되어 있다.

2. 산업안전보건정책, 계획의 수립

안전보건경영시스템은 이를테면, 보건관리자와 현장의 노동자가 문제점을 찾아내어 활동하는 현재의 방식이 아닌 다른 방식의 안전보건관리 체계라고 볼 수 있다. 경영시스템에 안전과 보건이 결합되어 있어야 한다는 점을 강조한 것이다.

따라서 보건관리가 사업장의 우선순위가 되고 이에 맞는 정책의 입안과 실행의 지원 하에서 이루어지는 것을 말한다. 이것은 뒤에서 외국사례를 검토하면서 설명할 것이며, 여기에서는 정책, 계획, 책임과 조직 등에 관해 간단히 소개하겠다.

1) 산업안전보건정책

- 정책 : 프로그램을 운영하는 규칙과 원칙
- 산업안전보건 프로그램 : 현장에서 사고와 직업병을 예방하기 위한 모든 방안과 사업

정책이란 프로그램 방안을 위한 규칙과 일반적인 원칙이다. 그리고 산업안전보건 프로그램

이란, 현장에서 사고와 직업병을 예방하기 위해 고안된 방안을 총칭하는 용어이다. 예를 들면 산업안전보건 프로그램은 소음으로부터 청력을 보호하기 위한 청력보호 프로그램, 공장의 환기시설을 정기적으로 점검하여 문제가 없도록 하는 환기시설관리 프로그램 등 구체적인 프로그램으로부터 교육, 정보제공 등에 이르는 모든 산업안전보건 사업이 해당된다.

따라서 산업안전보건 프로그램은 모호하지 않고 명확해야 모든 사람들이 이해할 수 있다. 또한 기업의 최고 책임자가 결재하여 작성된 것으로 실행에 힘이 실려 있어야 한다. 명목상 작성한 것이 아니라는 것이다. 이 프로그램은 사업장의 개별 노동자에게 알려지고, 모든 작업 활동에 적용되며, 수시로 바뀌는 현장상황에 맞추어 갱신되어야 한다.

산업안전보건 프로그램

- 안전보건정책의 문서화
- 최고책임자의 결재
- 쉬운 용어로, 명확하게 작성
- 정책의 실행과 평가에 대한 책임자 명확히 알림

- 각 담당자 / 노동자가 무엇을 해야 하는지 잘 알고 실행되는 정책.
- 끝나고 나서 목표가 달성되었는지 평가할 수 있는 정책.

안전보건정책은 문서화되는 것이 매우 중요하다. 왜냐하면 기록이 남아 있는 정책은 나중에 평가할 수 있기 때문이다. 따라서 정책을 입안할 때 개별 사업들의 담당자가 누구이고, 고위직 매니저로부터 현장의 노동자까지 각자의 역할이 무엇인지 명확히 밝혀야 한다. 나중에 정책이 제대로 목적을 달성했는지 평가할 때, 각자의 책임을 다 했는지에 대해 평가되어야 하기 때문이다.

2) 산업안전보건정책의 수립

정책은 먼저 기업 전체적인 차원에서 수립되어야 한다. 이를테면 100 ppm 운동처럼 불량률을 낮추기 위한 정책이 수립될 수 있듯이, 그리고 전 직원이 그에 매진하듯이 안전보건정책도 그렇게 기업 전체 차원에서 수립되고 시행되어야 힘이 실리게 된다. 전체 조직차원에서 안전보건전략이 세워지고 시행되어야 한다. 그리고, 그에 맞는 여러 가지 사업들이 구체적으로 계획되고 실행되어야 한다. 이러한 계획은 사업의 목표와 우선순위를 정하고 자원을 배분하는 과정이며, 한 번에 모든 문제를 해결할 수 있는 것이 아니기 때문에 사업의 우선순위를 목적에 맞게 정하고, 그에

걸맞게 인력과 자금을 투입하는 것이다. 그림에서 보듯 한 단계 한 단계 올라가는 것이다.

그렇다면 우리 사업장에서 어떠한 문제에 대해 어떻게 우선순위를 정할 수 있을까?

재해율이 높은 사업장이라면 가장 사고가 많이 발생하는 작업이 어떤 것인지 찾아내어 그 작업의 재해율을 줄이는 것이 중요하다.

매우 위험한 물질을 취급하는 작업이 있는 사업장에서는 특별한 관리계획을 세워 이 작업을 관리하는 것이 중요하며, 위험에 대한 발견, 보고, 대처방안수립, 실행의 체계가 갖추어져 있지 않은 사업장에서는 체계를 세우는 것이 가장 시급한 사업일 수 있다. 이처럼 작업장에 따라 정책과 각종 사업계획의 내용은 달라진다.

그렇지만, 이러한 계획은 위험요인과 사고에 관한 데이터나 기타 안전보건 기록에 기반해서 만들어지게 된다. 우리 사업장의 가장 큰 문제는 무엇인지를 판단할 수 있는 자료는 각종 사고기록, 병원기록, 노동자들의 불평에 대한 기록, 안전보건관리자의 기록 등이 있다.

계획수립의 근거가 되는 자료

- 사고기록
- 병원기록
- 노동자들의 불평이 접수된 기록
- 안전보건관리자의 현장 관리기록
- 유해물질 목록과 위해성에 대한 자료
- 정부의 정책자료

계획의 입안과 발전은 매니저, 관리자, 안전보건위원회 위원과 대표가 참가한 상태에서 이루어져야 한다. 고위직 매니저부터 안전보건계획을 수립하고, 목적을 달성하는데 노력하는 모습을 보여야 효과적일 수 있다.

안전보건관리의 계획은 노동자에게 홍보하고 계획은 모니터링되고 검토되며 단점은 보완해야 한다.

3) 산업안전보건의 책임과 조직

산업안전보건에 관한 회사정책과 방향이 수립되었으면, 직무내용과 안전보건경영체계의 매뉴얼을 만들어야 한다. 이것에는 반드시 경영주의 책임이 들어가 있어야 한다. 또한 경영자뿐 아니라 기업조직의 말단부위까지 조직의 모든 담당자의 관계를 정립하고, 문제를 보고하고 접수하는 관계 및 문제의 해결을 위한 사업을 실행하기 위한 책임, 권한이 누구에게 있는지 명확히 규정되고 모든 직원이 이해하고 있어야 한다. 그렇게 함으로써 문제가 발생되었을 때 머뭇거리지 않고 즉시 보고되어 대책이 수립되고 개선되기 때문이다. 여기에서 문제란 위험한 상황의 발생, 산업재해의 발생뿐 아니라 수립된 정책을 위반하는 상황까지 포함하여 큰 사고를 예방할 수 있도록 해야 한다.

산업보건관리체계에서 각 담당자의 책임이 명확히 규정되어 있고 담당자는 직무를 잘 수행하고 있는지, 직무수행에 필요한 권한은 부여됐는지가 검토되어야 한다. 경영진은 노동자와 작업장에 들어오는 모든 사람에게 그들의 책임이 무엇인지 윤곽을 잡아주는 정보를 제공해야 한다. 안전과 보건에 관한 문제가 다른 항목과 똑같이 조직의 평가 항목에 들어가 있어야 하며, 좋은 실적은 보상을 하고 좋지 않은 결과는 어떻게 다루어야 할지 방안을 세워야 한다.

4) 산업안전보건에 관한 경영진의 노력

사업장의 전체 체제(생산체제, 지원체제, 관리체제)를 모두 포함하는 보건관리체계가 구축되어 실제 운용되고 있는가가 중요하다.

산업보건관리매뉴얼이 문서화되었으며 매년 검토하는가, 이는 부서에 배치되어 있으며 효율적으로 사용되는가를 살펴보아야 한다. 활발한 경영 측의 참여, 예를 들면 현장의 매니저와 안전보건담당자와의 매일 직접적 만남이나 작업시설의 디자인, 장비의 변동에 있어 필요한 안전보건담당자의 승인, 새로운 장비 구입에 있어 안전에 관한 특별한 사항에 대한 검토 등이 체계적으로 자리 잡아야 하며, 경영주는 안전보건에 관한 재정과 인력을 풍부히 제공하도록 노력해야 한다. 가장 중요한 것은 산업안전보건체계가 기업주의 관심과 지원 속에 자리 잡혀 있어야 한다는 것이다.

5) 산업안전보건경영의 효율성을 높이는 길

회사에서 노동자가 위험요인에 대해 확인하는 것을 장려하여야 한다. 깨끗하고 청결한 작업환경이 주어지고 사용하는 장비를 위한 예방적 관리 프로그램이 존재해야 한다. 필요할 때마다 개인 보호구가 사용되어야 하며, 경영자 측과 노동자 팀이 함께한 공식적, 비공식적 작업장의 감시가 필요하며 이는 매년 이루어지는 안전보건에 관한 감사를 포함하는 것이다. 그리고, 안전과 보건에 관한 수행 실적이 정기적인 실적 등급의 한 요소로 들어가야만 한다.

또한 여러 가지 동기유발 방법이 있다. 안전보건에 관한 노동자와 경영진의 대화는 인간적인 바탕 위에서 행해지는 것이 중요하며, 안전보건에 관한 노동자의 의견이 산업보건 담당 부서 또는 임원급 이상에게 전달될 통로가 있어야 하며, 이것을 통해 제기했을 때 효과가 있어야 한다. 작업장 감시와 위험요인 확인에 있어 노동자의 참여가 중요하며 안전보건위원회가 존재하여 적극적인 활동을 할 수 있어야 한다. 현장의 관리자가 산업안전보건 프로그램과 실행에 관한 의사결정 과정에 참여하고 있는지도 중요하다.

3. 기업 내에서 산업안전보건과 관련된 사람들의 역할

사업장의 안전보건관리가 노동자의 건강을 보호하기 위한 중요한 요소라면 바람직한 안전보건관리가 되기 위해서 사업장 내에 있는 사람들이 각자 무엇을 어떻게 해야 하는지가 명확해야 한다. 한 사업장에는 산업안전보건과 관련한 다양한 사람이 존재한다. 고위직의 경영진을 포함해 현장 관리자, 노동자, 노동조합, 산업안전보건위원회, 산업안전보건전문가가 포함된다.

현장의 안전보건관리는 하나의 시스템을 구성하게 되며, 각각의 담당자들이 안전보건관리의 측면에서 해야 할 역할이 있는 것이다. 이러한 역할이 유기적이고도 체계적으로 수행될 때, 효율적 관리가 실현되는 '자율관리'라고 할 수 있을 것이다. 각각의 담당자에게는 의무가 명확히 설정되고, 건전한 안전보건의 원칙과 실행을 할 수 있고, 각자의 역할과 책임에 맞는 훈련이 주어져야 한다.

1) 기업주의 역할

기업주는 안전보건정책을 입안하는 책임자이며, 안전보건정책에는 기업주와 관련하여 다음과 같은 사항이 명시되어야 한다.

- 기업주가 노동자의 산업안전보건을 보호하기 위한 책임과 헌신하여야 함을 명시
- 사업장의 기본적인 안전보건에 관한 철학이 무엇인지 명시
- 기업주의 의지가 무엇보다 중요하며 산업안전보건을 향상시키기 위해서는 산업안전보건사안이 다른 이유로 희생이 되어서는 안 된다는 것을 명시
- 다른 여타 이유로 인하여 안전보건계획이 불이행되어서는 안 됨을 명시
- 노사가 함께 세운 산업안전보건 프로그램이 달성하려는 목표가 무엇인지 명시
- 산업안전보건 프로그램에 관한 책임소재와 역할분담(노동자의 일반적인 책임도 기재)

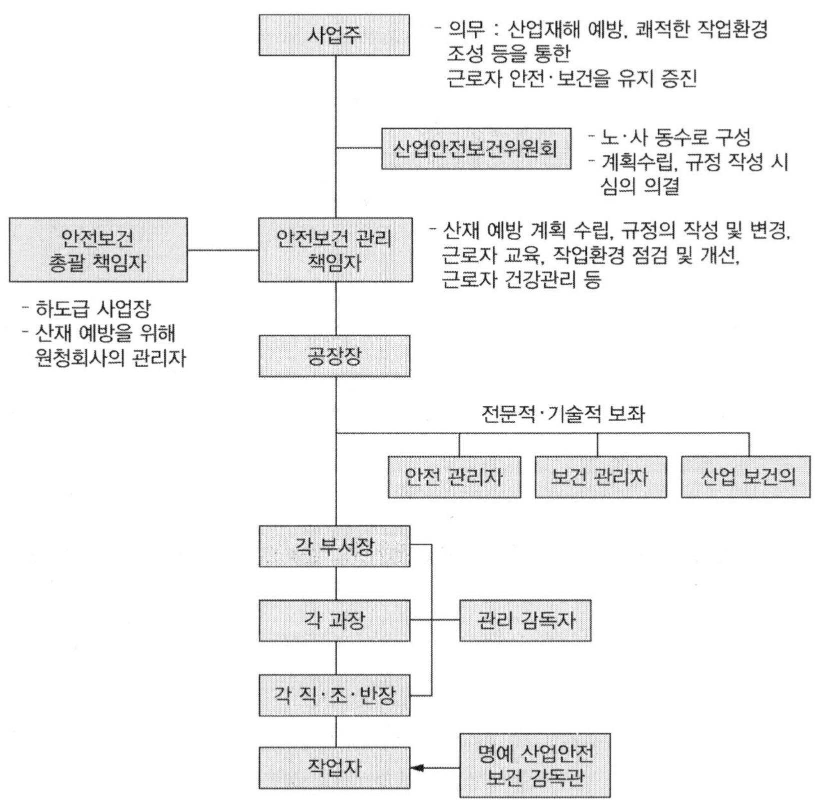

산업안전보건법상의 안전보건관리 조직 체계

기업주는 다음과 같은 역할을 해야 하며, 이러한 역할은 직접 수행하는 것보다는 궁극적인 책임이 기업주에 있음을 의미하는 것이다.

- 안전하고 건강한 작업장을 제공하며 기업의 안전보건 프로그램을 수립하고 유지해야 한다.
- 잠재적인 위험과 위험물질을 안전하게 사용, 취급, 저장, 폐기하는 법, 비상사태에 대비하는 방법에 관해 노동자를 훈련하여 자격을 갖추도록 해야 한다.
- 노동자에게 보호 장비를 지급하고 그 장비를 바르고 안전하게 사용하도록 해야 한다.
- 바람직한 작업표준을 설정하고 안전한 작업조건이 항시적으로 유지되도록 하는 능력 있는 관리자를 임명해야 한다.
- 산업안전보건위원회나 유사한 기구를 창설, 유지시켜야 한다.
- 사업장 내의 모든 담당자들이 적절한 교육과 훈련을 받을 기회와 자원을 제공하고 안전보건에 관한 사항이 개방적으로 이야기되고 논의된 내용은 조치할 수 있는 구조를 만들어야 한다.

2) 고위직 매니저의 역할

고위직 매니저는 안전보건관리시스템이 이행되고 지속적으로 이행되는 데 대한 전체적인 책임을 가지고 있는 사람이며, 고위직 매니저는 현장의 관리자에게 안전보건의 목표와 책임을 성취하기 위한 방법이나 수단에 관해 안내를 제공해야 한다.

고위직 매너저가 산업안전보건에 노력하는 것은 여러 가지 방법이 있겠지만, 이들이 안전보건문제에 참여하고 가시적으로 적극성을 보임으로써 신뢰를 얻을 수 있다. 예를 들면 안전보건에 관한 조직의 목적 정하기, 경영진 측의 모임에 안전보건문제를 우선성을 두고 정기적으로 이야기하기, 산업안전보건위원회에 참여하기 등이다. 고위직 매니저는 결국 기업주를 대신하여 책임과 권한을 이행하는 사람이 되며, 고위직 매니저가 할 일은 다음과 같다.

- 고위직 매니저는 안전보건 감사와 감시에 참여하고 위험요인의 확인, 평가, 통제에 관련된 활동에 참여해야 한다.
- 작업장의 안전보건을 진단하기 위해 현장순회를 실시한다.
- 심각한 상해나 직업병의 조사에 참여하고 각종 조사의 진행상황과 결과를 검토한다.
- 작업장 안전과 보건의 중요성에 관한 서류에 기업의 대표로서 서명한다.
- 작업장의 소식지나 알림판에 안전과 보건에 관한 사안에 대해 적극적으로 글을 실어야 한다.
- 안전보건에 관련한 세미나나 회의에 참가하며, 직급 상 밑에 있는 매니저들이 산업안전보건 사업을 수행하여 만들어낸 실적을 검토한다.
- 비공식적으로 안전보건 활동에 관해 각 매니저의 활동을 점검한다.
- 작업장의 산업안전보건 훈련과정에 참가하며, 안전보건사업의 원활한 수행을 위한 적절한 지원을 제공하도록 노력해야 한다.

3) 현장 관리자의 역할

노동자와 직접적으로 대면하면서 안전보건문제를 다루는 사람은 현장의 관리자이며. 무엇보다 현장 관리자는 자신의 영역에서 위험요인의 통제와 관리의 원칙에 관해 훈련되어야 한다. 현장 관리자는 작업이 안전하게 수행되고 작업의 지침과 절차가 이에 따르도록 되어 있는지 검토해야 한다. 현장 관리자는 위험요인의 확인과 통제방식의 발전에 참가해야 하며, 산업안전보건에 관련된 협의, 자문과정에 참여해야 하는데 이러한 책임은 공식적인 규정에 의해 실천되어야 한다.

현장 관리자가 할 일은 다음과 같다.

- 전체 기업의 안전보건정책과 프로그램이 수립되고, 집행될 때 자신의 담당부서에 대한 의견을 개진하고, 책임자가 되어 평가할 수 있어야 한다.
- 현장 관리자는 사고를 보고하고 조사하는 데 참여해야 하고 상부의 매니저에게 보고서와 권고사항을 제출해야 한다.
- 관할 영역을 감독하고 위험을 최소화하거나 제거하기 위한 예방적인 행동을 취한다.
- 위험요인의 이행 기준을 노동자가 이해하게 한다.
- 일상의 작업환경에서 노동자가 안전한 작업방식을 따르도록 교육하고 안전하지 못한 법이나 작업조건을 수정한다.
- 자격이 있고 훈련이 된 노동자만 장비를 사용하도록 하며 노동자가 규정된 안전장비를 사용, 유지하도록 해야 한다.
- 모든 사고나 사건을 보고하고 조사하며 실질적, 잠재적인 위험요인에 관해 노동자에게 통보하고 조언한다.
- 안전보건의 위험이 없는 작업을 수행하도록 새로운 노동자나 전출되어 온 노동자를 포함하여 훈련을 제공해야 한다.
- 공식적인 모니터링과 평가활동에 참여하고 문제의 해결에 참여해야 한다.

현장 관리자는 자신이 속한 현장의 책임자이며, 감독, 보고, 의견수렴, 교육, 모니터링, 개선의 책임자이다.

4) 노조(산안부장)의 역할

노동조합의 활동영역에서 산업안전보건문제가 주요한 이슈로 자리 잡도록 하는 노력이 필요하다. 산업안전보건위원회와 유기적인 관련을 맺어 이들의 활동을 지원하는 역할을 최대한 해야 하며, 노동자의 안전보건에 관한 훈련을 조직하는 것을 측면에서 돕는다. 안전보건이슈에 대한 정보를 갱신하고 노동자나 대표의 요구에 따라 특수한 이슈에 관해 정보를 제공할 수도 잇고 특수한 안전보건문제를 다루는 것을 돕기 위해 작업장에 동행해야 하며, 단체협상에 안전보건문제를 다른 사안과 동등하게 다룰 수 있어야 한다. 노동조합은 산업안전보건위원회의 역할이 노조의 활동과 분리되지 않도록 주의를 기울여야 하며, 특별히 산업안전보건위원회의 실질적인 활동이 여러 가지 이유로 제대로 실행되지 못할 때 노동조합의 역할은 더욱 중요하다.

5) 노동자의 역할

노동자가 안전보건관리에 심도 있게 다양한 방식으로 참여하는 것이 바람직한 안전보건관리의 주요한 측면이 되고 있다. 이를 위해서 노동자는 권리와 책임이 함께 부여되며, 노동자는 작업장의 실질적, 잠재적인 위험에 대해 정보를 받거나 알 권리가 있다. 산업안전위원회나 유사한 기구를 통하여 작업장 내의 산업안전보건 문제에 참여할 권리가 주어진다. 또한 안전하지 못한 작업조건이나 작업방법을 해당기관에 보고하고 이의 시정을 위해 산업안전보건위원회나 노동자의 대표와 협력할 수 있으며, 건강에 위협이 되는 작업환경에서 작업을 거부할 권리도 주어진다.

노동자의 책임으로는 산업안전보건에 관한 규칙과 규제에 맞게 작업하는 것이 요구되며, 기업주에 의해 제공된 안전한 보호 장비와 의복을 착용하고 안전한 작업과정과 절차를 따라야 하며, 작업장의 위험요인이나 위험상황은 보고하여야 한다.

노동자의 참여를 확대하기 위한 방안은 여러 가지가 있을 수 있는데 다음의 순서대로 참여가 확보될 수 있다고 볼 수 있다.

1. 노동자가 위험요인의 확인, 평가, 통제에 직접적으로 참가(데이터 수거 활동, 특수한 위험요인 프로그램 만들 때, 문제해결집단의 활동을 통해서)
2. 노동자가 자신의 생각을 투입할 수 있고 안전보건 대표자에게 피드백을 받을 수 있는 공식적인 기제를 통해서
3. 노동자가 안전보건 대표자와 함께 그 문제에 관해 문제제기를 하거나 제시를 할 수 있는 기회를 통해서
4. 노동자에게 안전하고 건강한 방식으로 일을 하도록 유도하면서 안전과 보건에 관한 훈련과 정보의 제공

6) 안전보건전문가의 역할

사업장은 자격이 있는 안전보건전문가로부터 조언이나 권고를 받을 수 있어야 하며, 안전보건전문가는 우선적으로 지원하는 역할을 갖는다. 전문가는 조직 내에서 상층 경영진에 접근이 가능하여 필요한 정보와 지원을 받을 수 있어야 하며, 각각의 특수한 작업환경에 맞춘 전문지식과 경험이 전달되어야 한다.

7) 산업안전보건위원회의 역할

노동자를 대표하여 산업안전보건문제를 다루는 곳이 산업안전보건위원회이며, 위원회의 구성은 경영 측과 노동자가 동수가 되게 해야 한다. 경영자 측과 노동자는 항시 미팅을 공동으로 주재하고 정기적으로 만나 산업안전보건 문제에 관해 토론해야 한다. 노동자 대표는 노동자나 노조에 의해 선출되도록 해야 하며, 노동자와 이들을 대표하는 사람 간에는 공식적인 피드백 체계를 만들어 노동자의 의견이 받아들여질 수 있는 통로를 만들어야 한다. 경영 측의 대표는 위원회에서 논의된 내용이 고위 경영모임에서 논의되도록 하는 구조를 갖추어야 한다.

노동자 대표는 3가지 차원에서 안전보건관리에 참가해야 한다.

① 조직의 전반적인 정책과 프로그램의 발전과 검토
② 각 자의 작업영역에서의 특수한 프로그램과 절차의 발전과 실행
③ 자신들이 대표하는 노동자에 의해 확인된 문제를 일상에서 풀어나가는 것

이런 활동을 위해서 안전보건에 관한 정보(작업장의 위험요인, 작업장 사고에 대한 자세한 사항, 적절한 기술적 과정에 대한 구체적 사항, 제조업자나 공급자에 의해 제공되는 안전보건 정보, 감사 보고서)가 대표에게 제공되어야 하며, 적절한 안전보건정보에의 접근이 보장되고 자신의 의무를 수행하고 훈련을 받을 수 있도록 유급으로 활동할 수 있는 시간이 제공되어야 한다. 그리고 의무수행을 위한 각종 설비와 도움이 지원되어야 한다.

산업안전보건위원회 활동의 내용은 다음과 같은 것을 포함한다.

- 자문기관으로 활동하고, 위험요인을 확인하고 이에 관한 정보를 입수한다.
- 건강한 작업환경을 만들기 위한 대안이나 수정안을 제시할 수 있어야 한다.
- 안전보건에 즉각적으로 위협이 되는 상황에서 발생하는 작업 중단에 대해 협의하고 참여한다.
- 사고의 조사나 작업장 감독에 참여하여 안전과 보건에 관한 사항을 해결하기 위해 요구되는 방안을 경영 측에 추천한다.
- 위험요인에 대해 확인하고 평가하며 위험요인 통제를 위해 경영주와 함께 협조하며, 안전보건감독을 실시하고, 상해, 질병을 조사하여 문제를 해결한다.
- 사업수정이나 계획 시 또는 신규장비, 물질, 공정도입시 안전보건위원회의 심의를 거치고 결정사항은 반드시 진행되어 이를 사후 평가해야 한다.
- 안전보건에 영향을 미치는 변동사항에 관해 경영주와 상담하고 노동자가 최대한 상해와 질병의 예방에 협조하도록 유도한다.

위원회는 정기적으로 만나고 모임의 회의록은 기업의 모든 사람들에게 보고되어야 하며, 효과적인 위원회의 운영을 위하여 위원회의 경영자 측과 노동자 측의 대표는 안전보건훈련코스를 참가할 수 있다.

해결해야 할 구체적인 안건을 만들어 문제를 다루고, 해결된 문제는 폐기하는 방식으로 성공을 거둘 수 있으며 안전보건문제의 해결을 위해 감시하고 산업안전보건문제의 절차를 발전시키는 역할이 주어져야 한다.

효과적인 산업안전보건위원회의 협의와 자문 기능을 수행하는 곳은 일정한 특징을 갖고 있는 것으로 나타났다. 스코틀랜드의 52개 공장의 산업안전보건 담당자와 인터뷰한 결과 다음과 같은 사항이 수행된 직장은 다른 직장에 비해 그 효율성이 높은 것으로 나타났다.

- 안전보건 회의가 정기적으로 열렸다.
- 고위경영대표가 위원회에서 사안에 대한 결정을 내릴 수 있어야 한다.
- 안전보건담당자는 직권에 의해 조언하는 역할을 해야 한다.
- 위원회는 단단하게 구성된 구조로 회사 내의 큰 구조 속에서 하나의 층을 이루어야 한다.
- 모든 위원이 동등하게 논의하는 사항을 정하는데 기회를 가질 수 있어야 한다.
- 위원은 헌신적이어야 하고 정기적으로 모임에 참가해야 한다.
- 대표는 이미 설립된 노조의 채널을 통해서 조직되어 있다.
- 노동자에서 위원회로 위원회에서 노동자에게 정보가 전달되고 있다.
- 위원들을 위한 특별 훈련 프로그램이 실시되었다.

4. 위험요인의 확인과 보고 및 평가

그렇다면, 이러한 과정은 구체적으로 어떻게 나타날까? 사업장의 위험요인들에 대하여 구체적으로 어떠한 경로를 밟아서 문제를 해결할 수 있을까? 본문에서 다루게 될 핸드북이 존재하고 작업장에서 안전보건관리를 담당하는 사람이 정해지면 위험요인에 대한 확인, 보고와 평가가 이루어질 수 있다.

1) 위험요인의 확인

현장의 작업과정에서 발생하는 위험요인을 확인하고 평가하는 시스템이 있어야 한다. 이것은 다양한 방식이 사용될 수 있으며, 상해 / 직업병 사고에 대한 기록, 상해 / 직업병 사고에 대한 조사, 감독, 작업위험 요인분석(작업수행, 지침, 감시, 사고조사를 위한 가장 안전한 방식이다. 작업의 선택, 작업을 일련의 단계로 나누기, 위험요소의 확인, 예방적인 조치 규정 등의 과정이 작업위험 요인분석으로 위해도 평가라는 용어로도 사용되고 있다), 매니저와 노동자의 개인적 경험과 지식, 노동자의 위험요인에 대한 보고, 정기적인 절차나 작업체계의 분석, 법규의 사용, 생산품에 대한 정보, 전문가의 충고와 견해 등을 사용할 수 있으며, 다시 말해 노동자, 전문가, 경영주로부터의 의견과 조사들이 총동원될 수 있다.

- 상해 / 직업병 사고에 대한 기록
- 상해 / 직업병 사고에 대한 조사, 감독
- 작업위험요인분석(위해도 평가)
- 매니저와 노동자의 개인적 경험과 지식
- 법규의 적용
- 생산품에 대한 정보
- 전문가의 충고와 견해
- 노동자의 위험요인에 대한 보고, 정기적인 절차나 작업체계의 분석

위험요인의 확인은 단순한 관찰에 의해 끝날 수 있는 것도 있고, 복잡한 상황이라 확인이 까다로운 것일 수도 있다. 복잡한 상황에는 위해도 평가를 사용하며, 위해도 평가에 사용되는 여러 가지 평가항목들은 다음과 같다.

- 건강에 대한 영향
- 상해의 심각도
- 위험요인에 대해 노출된 노동자의 수
- 작업조직
- 작업환경의 일반적인 조건
- 작업환경에서 안전하게 일하는 데 필요한 훈련과 지식

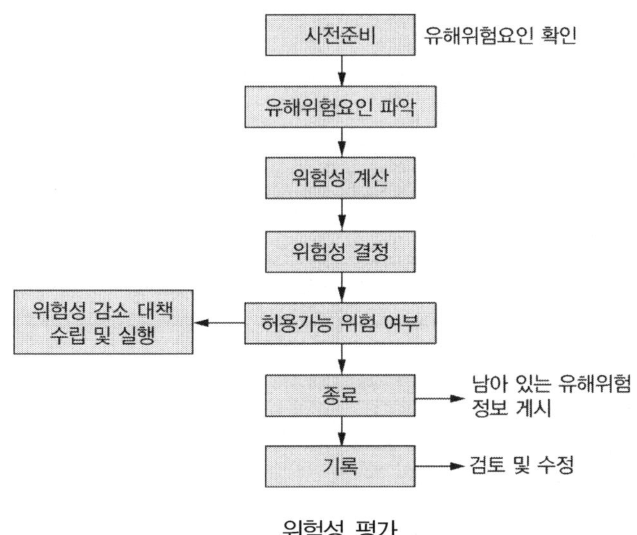

위험성 평가

위험요인의 확인을 위해서는 작업장의 정기적인 감독이 수행되어야 한다. 감독은 경영자 측과 노동자 측이 함께 하며, 감독은 지속적인 위험요인 확인, 평가, 통제의 한 요소이다. 작업장 감독에 의해 도출된 문제가 되었던 것이 제대로 보완됐는지를 알 수 있는 체계가 있어야 한다. 또한 새로운 위험요인을 확인하고 통제하는 효율성을 평가하기 위한 정기적인 안전보건 분석에 관한 검토를 해야 한다.

기업은 위험요인을 평가하기 위한 체계를 고안해야 한다. 평가는 다음 장부터 기술하는 핸드북처럼 기술적인 수준에서, 그리고 여러 가지 문화적, 기업조직 구조적인 문제까지 포함될 수 있다.

위험요인분석은 위험요인에 대한 새로운 정보가 가능해야 한다. 그리고, 작업장의 변화에 따라 지속적으로 행해야 하는 작업이다. 작업체계를 수정하거나 발전시킬 때 법 규제나 표준에 맞게 지켜지고 있는지가 검토되어야 하며, 개인적인 보호구는 필요할 때 제공되고 개인의 요구에 맞는 형태로 제대로 사용되고 지속되고 있는가를 살펴보아야 한다. 그러나 개인적인 보호구는 위험요인을 통제하기 위한 대안이 다른 어떤 수단으로도 실행되기 힘든 경우에만 제공되어야 한다. 이는 보호구는 환경의 변화를 시도한 다음에 고려되어야 하기 때문이다.

2) 위험요인의 보고

모든 작업장의 상해와 질병이 보고될 수 있는 시스템이 문서로 정리되어 있어야 한다. 일단 위험요인이 보고되면, 안전보건과 관련된 회의에서 중요한 사안으로 다루어져야 하며, 노동자들이나 현장의 관리자들은 위험요인이 발견되었을 경우 즉각적으로 현장의 관리자나 안전보건 대표에게 보고하도록 교육받아야 한다. 매년 정기적으로 치러지는 감독이나 산업안전보건위원회의 모임을 기다릴 필요는 없다. 신속한 보고는 적절한 조직 내의 구조만 존재한다면, 행동으로 즉각 옮겨지기 때문이다.

위험요인의 보고는 말이나 간단한 양식(이름, 날짜, 장소, 사용도구, 공정, 위험의 내용, 수정해야 할 내용을 포함)으로 할 수 있다. 하지만 이러한 행정적이고 문서화된 조치가 보고율을 낮추지는 않을 것이다. 만약 그럴 소지가 있다면 경영자는 신경을 써서 적극적인 분위기를 만들어야 한다. 무엇보다 중요한 것은 구조적으로 조직문화적인 차원에서 안전보건관리 담당자와 노동자가 문제 사안을 보고할 수 있도록 만들어 나가는 것이기 때문이다.

가능하다면 상해나 사건이 보고되지 않는 이유를 연구하고 보고를 조장하기 위한 전략을 세워야 한다. 예를 들면 보고를 해서 직책에 불리하게 작용하는 현실이라면 공식적으로 이를 금지하는 문서화를 통해 보고를 하도록 조장하고 사고나 사건을 예방하기 힘든 사항을 고쳐야 한다.

3) 감사

보고된 사건이나 위험요인에 관해 조사하기 위한 절차가 있어야 한다. 사건 발생 시 조사는 안전보건체계에서 왜 이 기준이 이행되지 않았는지의 이유를 찾기 위한 것이지 노동자 개인의 실수를 찾기 위한 것이어서는 안 된다.

조사는 관련된 노동자, 안전보건대표, 관리자와 매니저가 함께 하며, 사건조사와 보완적 행위를 취할 수 있는 책임자급의 적절한 사람이 있어야 할 것이다. 조사보고서의 권고사항을 이행하는 담당자가 책임 있게 집행할 수 있도록 분명히 책임을 알려주어야 한다. 새로운 정책이 시행될 경우, 관련된 노동자들과 상의하여 이해를 구해야 하며, 고위직의 경영주는 안전보건의 모든 면을 포함하여 감사를 실시하고 그 결과를 검토해야 한다. 모든 검토에 대한 기록이 유지되고, 감사의 결과는 경영진과 모든 담당자에게 배포되어야 하며, 감사에 의해 지적된 단점은 우선순위별로 정리하고, 보완조치가 제대로 실행이 되었는지 평가(모니터링)해야 한다.

4) 모니터링

작업장의 사고 발생율이나 심각성에 관한 자료는 평가 자료로써 적절하지 않다. 이러한 자료에는 부상을 야기한 사고만 나타날 뿐이며, 직업병의 보고는 실제 발생율보다 훨씬 낮기 때문이다. 사고율이나 사고 후의 측정에 의존할 것이 아니라 지속적으로 사고 발생 전에 작업장의 안전을 심사할 수 있는 방안이 필요한 것이다.

감시 자료는 체크리스트를 만들어 할 수 있는데 여러 가지 질문을 넣어 세부사항을 작성한다. 각각의 질문은 중요도에 따라 점수를 달리 배정할 수 있으며, 각종 기록, 관찰, 인터뷰나 설문지를 통해 감시안의 세부사항을 점검할 수 있다.

매년 정기적인 모니터링은 기본이고, 중요한 사항에 관해서는 수시로 점검해야 한다. 모니터링은 산업안전보건위원회의 대표도 참가시켜야 하고 모니터링을 할 수 있도록 필요한 사항을 훈련받아야 한다. 모니터링은 산업안전보건 프로그램의 약점을 지적하는데 도움이 될 것이며, 모니터링이 성공적이 되기 위해서는 모니터링에서 발견된 사안들이 즉각적으로 해결이 되거나 보완 조치가 따라야 한다. 실제로 효과가 있다는 것에 대한 신뢰가 있어야하기 때문이다. 고위직 매니저는 주기별로, 일정에 맞게 안전보건경영시스템이 적절하고 효과적으로 수행되고 있는지를 평가해야 한다.

5. 외국사례의 소개 : 산업안전보건경영 체계

사업장에서의 안전보건관리의 수립과 실행을 위한 하나의 이해를 돕기 위해 첫째, 전통적인 안전보건관리 방식에 대해 간략하게 알아보고 최근 미국과 호주 등에서 실행되고 있는 안전건관리경영체계에 관해 보고자 한다.

외국의 사례를 드는 것은 선진국에서 행해졌던 안전보건관리의 틀과 내용을 우리의 현실에 바로 적용하자는 것이 아니며, 외국에서 이러한 안전보건관리가 자리를 잡게 된 것은 오랜 시간이 걸렸다. 각 나라마다 자신의 현실을 진단하고 바람직한 방향으로 나아가기 위한 노력과 시행착오를 거친 후에 이루어진 결과이다.

따라서 외국의 예는 한 예로써 이미 시행된 안전보건관리를 이해하고 검토하면서 효과적인 안전보건관리의 원칙을 확인하는 데 그 의의가 있다고 볼 수 있다. 본 장에서 기술하는 내용은 주로 미국의 산업안전보건 프로그램 담당기구인 NIOSH의 기준과 호주의 안전지도(Safety-Map)의 방식을 참조한 것이다.

1) 전통적 안전보건관리 : 인간실수 모델과 기술적 모델

안전보건관리의 접근 방식은 다양한데 역사적으로, 노동자 요구의 증대와 경영의 합리성이라는 측면에서 변천을 겪어 왔다. 크게 3가지 방식 - 인간실수적 접근, 기술적 접근, 경영체계로의 통합된 접근 - 이 사용되어 왔으며 경영체계로의 통합된 방식이 가장 효과적인 방식으로 인정되고 있다.

인간실수(human-error)적 접근은 산업안전보건문제의 발생이 사람에게 있기 때문에 사람 즉, 노동자의 행위를 변화시키는 데 그 전략의 초점이 맞추어져 있다. 이 모델에서는 산업안전보건의 목표는 노동자의 안전한 행위를 향상시키는 것이 되며, 주로 직무수행표준을 통해 향상시키게 되고 낮은 안전보건 수준은 노동자의 잘못된 행위에 근거한다는 판단아래 노동자의 태도, 욕구, 사기 문제 등의 교정에 강조점을 두게 되었다. 따라서 노동자의 동기 유발이나 교육에 자원과 인력이 동원된다.

반면 기술적 접근은 직무로부터 위험요인을 확인하고, 직무와 공정의 구체화와 안전보건 표준화를 만드는 방식이 중요하게 작용한다. 안전보건의 낮은 수준은 엔지니어링의 문제이고 사고의 원인은 안전하지 못한 조건이라고 보게 된다. 그렇기 때문에 우선적으로 기계, 도구, 공간 문제 등에 초점을 두며, 또한 이미 존재하고 있는 법적 표준을 지키는 것이 관리의 목표가 되는 것이다.

기술적 접근에서는 인간실수의 여지도 남겨 두지만 보다 중요하게는 작업의 디자인과 방식의 변화, 향상된 훈련 등에 초점을 두고 있다.

단적으로 이야기해서 '안전한 인간' 모델은 인간행동의 통제에 강조를 두고 '안전한 장소' 모델은 위험요인 통제와 디자인에 그 초점을 맞추고 있다. 접근 방식의 차이에도 불구하고 이 두 가지 접근은 현장 관리자와 안전보건담당자의 책임을 효율적인 안전보건에 관련된 가장 중요한 사항으로 보고 있다.

두 접근은 노동자 참여를 포함시키나 –'안전한 인간 모델'에서는 노동자는 관리되어야 할 대상이며 '안전한 장소' 모델은 노동자는 부차적인 중요성만 갖게 된다– 노동자가 안전보건경영체계에 중심으로 서 있지는 않는다.

예방의 차원에 있어서도 '안전한 사람' 모델에서의 예방은 노동자의 행위를 통제하는 데 초점을 두고 있다. '안전한 장소' 모델은 디자인 과정에 있어서 주의를 통해 원천적으로 위험요인 통제에 초점을 두고 위험요인 확인, 평가와 통제의 원칙에 강조점을 두고 있는 것이다.

역사적으로 여러 나라는 인간 에러에 의한 접근에서 탈피하여 기술적 접근에 기반하여 안전보건관리를 하고 있지만 최근에는 이 접근의 문제점 또한 지적되면서 통합된 관리체계로 나가고 있다. 이러한 인식의 전환은 조직에서 안전보건문제를 해결해 나가는 데 있어서 사람이 가장 중요한 자산이라는 사실 때문이며 경영주의 의지가 중요하고 특히, 산업안전보건 프로그램은 사업장의 여타 정책과 똑같은 비중으로 다루어져야 한다고 보고 있기 때문인 것이다. 따라서 안전보건문제의 경영시스템으로의 통합이 강조되었다.

2) 안전보건경영시스템

사업장에서의 안전보건관리의 수립과 실행을 위한 하나의 이해를 돕기 위해 미국과 호주에서 실행되고 있는 안전보건관리경영체계에 관해 서술하였다.

미국의 산업안전보건기구인 NIOSH는 안전보건 프로그램의 실행을 평가하기 위해 몇 개 회사를 선택하여 조사하였으며, 이들 회사는 노동시간 손실일수가 지속적으로 낮았던 회사를 미국 전역에서 뽑은 것이다. 다른 회사보다 안전보건에 관해서 뛰어난 결과를 보여주고 있는 이들 회사에서 공통적인 특징이 발견되었다.

- 각 회사는 산업안전보건 프로그램이 마련되어 있으며 산업안전보건 문제가 회사정책과 사업에 있어서 일차적인 관심사로 되어 있다.
- 전체 회사의 정책 결정과정에 있어서 산업안전보건이 따로 떨어진 것이 아니라 통합이 되어 있었으며

- 이들 회사가 채택하고 있는 프로그램은 목적, 각자의 책임이 명확하게 구분되어 있고, 적절한 자원이 제공되고 위험요인이 확인되고 적절한 방식으로 다루어지고 있었으며 노동자가 안전보건 문제에 대해 동기유발이 되고 참여하고 있었다.

이러한 사실은 전통적인 방식인 안전보건이 현장 관리자나 안전보건담당자의 역할에만 제한되고 노동자가 참여하기는 하나 안전보건체계에 있어서 중요하지는 않은 것과 대조적이다. 전통적인 안전보건위원회만 주요 역할을 하거나 보건관리의 내용이 안전한 사람이나 위험요인을 확인하거나 감소시키기 위한 기술적 / 프로그램적 / 법률적 기제의 수준에서 벗어난 것이기 때문이다. 새로운 방식의 혁신적인 안전보건관리는 경영이 안전보건 노력에 있어서 주요한 역할을 하고, 높은 수준의 안전보건이 광범위한 경영체계와 실행에 통합되어 있으며 노동자의 참여가 안전보건체계의 작동에 있어서 중요한 요소이며 높은 수준의 참여를 줄 수 있는 기제가 존재한다는 것을 의미하고 있다.

또한 호주에서 최근에 실시한 연구에 의하면 안전보건체계가 효과적으로 수행된 곳의 특징은 다음과 같은 공통점이 있다.

- 안전보건의 책임이 법에 따라 규정된 책임을 포함해 확인되고 알려진다.
- 고위경영진이 안전보건에 적극적인 역할을 한다.
- 안전과 보건에 대한 관리자의 참여를 조장한다.
- 안전보건 경영활동에 적극적이고 광범위한 참여를 할 수 있도록 안전보건 대표가 있다.
- 효과적인 안전보건위원회가 있다.
- 위험요인 확인과 평가에 관한 계획된 접근이 있다.
- 근원으로부터 위험요인 통제에 우선순위를 두고 일관된 관심을 갖는다.
- 작업장 감독과 사건조사에 관한 포괄적인 접근이 있다.
- 발전된 구매체계에 있다.

반면, 효과적인 안전보건이 제대로 되지 못하는 장애요인은 다음과 같다.

- 고위직 경영층이 안전보건의 원칙, 법과 경영체계에 대해 지식이 부족하다.
- 산업안전보건에 투자하는 시간, 자원, 지원이 제한되어 안전보건관리자가 제한적이고 제기된 문제에만 반응하는 역할을 한다.
- 충분한 경영층의 참여와 지원이 없이 안전보건활동을 추진하기 위해 전문가에게 지나치게 의존한다.
- 생산성의 목표에만 지나친 강조를 두는 문화가 존재하여 안전보건에 관한 협의가 부족하고 안전보건관리에 참가할 시간이 절대적으로 부족하다.

6. 현장에서 산업안전보건관리 체계가 정착되지 못하는 이유

많은 분들이 이야기 합니다. 우리나라에서는 안 된다고 말입니다. 왜 그럴까요?

안전보건관리의 중요성을 짚어보고, 우리의 현실에 맞는 안전보건관리 체계를 만들기 위해 먼저 그 이유를 살펴봅시다. 대략 4가지로 나누어 볼 수 있다. 이러한 현실 진단을 통해 앞으로 바람직한 안전보건관리 체계를 만들어 나가기 위한 방향을 잡아보았다.

현장에 효율적인 안전보건관리 체계가 정립되지 못하는 이유

- 경제성장과 생산성위주의 사고
- 노동자의 알 권리와 참여할 권리 미흡
- 권위주의적 조직문화
- 노동조합의 전략부재

1) 경제성장과 생산성위주의 사고

한국은 60, 70년에 고도성장이 전 국가적 목표로 설정되면서 경제성장이라는 이름 하에 노동자의 건강과 단체협약, 노동조건에 관한 문제제기는 무시되어 왔다. 물론 지난 10년간 산업안전보건 분야의 문제제기로 어느 정도 그 수준이 회복되고, 제도적, 법적 장치가 마련되었다. 그러나 대부분의 경우는 기술적 차원에 제한되었고, 이미 마련된 법조차도 기업에서 실행되지 않고 있거나, 위반 시에도 이에 대한 처벌이 부족하고 감시도 약한 편이다.

더욱이 90년대 말 IMF가 시작되면서 새로운 경제적, 정치적 상황이 시작되었으며, 경기가 후퇴국면에 들어서고, 기업은 생존에 사활을 걸고 있고 정부는 외환위기의 탈출과 국제 경쟁력 강화라는 이유로 산업안전보건의 문제는 더욱 제기하기 힘들게 된 것이다. 정부정책은 규제를 감소시키는 방향으로 가고 있으며 기업은 생산성 향상이라는 기치를 더욱 내걸고 있으며, 정규직 노동자수는 감소되고 생산성 향상을 위한 생산속도는 더욱 증가하였다. 노동자는 일자리도 찾기 힘든 상황이므로, 안전보건의 문제를 제기하기도 힘든 현실에 부딪히고 있는 것이다.

단적으로 말해 사업주는 생산성에 대해 더욱 주력하고 노동자의 건강을 보장하기 위한 의지가 부족해지고, 안전보건관리에는 그 관심이 감소되어 가고 있다고 볼 수 있다. 그 한 예가 IMF이후로 작업장의 산업안전보건담당자의 48%가 감소되었다는 사실이다.

그렇다면, 산업안전보건을 희생하는 것이 기업의 생산성을 높이고, 국가의 경제가 성장하는 길일까?

하지만 외국의 역사에서 보듯이 이러한 사업주의 생산성 위주의 사고방식은 단기적인 생산성을 향상시킬 수는 있지만 장기적인 면에서는 오히려 기업에 도움이 되지 않는다. 또한 노동자의 건강을 악화시키고 노동력 재생산을 심각하게 손상시켜 사회가 부담해야 하는 비용을 증가시키기 때문에 국가적 차원에서도 도움이 되지 못하는 것이다.

이미 외국에서는 산업안전보건문제가 기업차원에서 노동자의 직장에 대한 헌신을 감소시키며 종국에는 생산품의 질 저하와 기업이윤에도 부정적인 결과를 초래한다는 것이 증명되어 노동자 보호를 위한 적극적인 조치를 취하고 있다.

2) 노동자의 알 권리와 참여할 권리 미흡

산업안전보건이 효과적으로 운영되고 실효를 거두기 위해서는 당사자인 노동자가 자신이 어떠한 환경에서 일하고 있는지를 알고 있어야 하며 자신의 작업환경에 대한 정보를 제공받을 수 있어야 한다. 또한 작업환경의 모든 사항에 관해 공동으로 결정할 수 있는 권리가 주어져야 한다.

하지만 한국의 현실은 많은 경우에 있어 안전보건이 사업주가 시혜적으로 베푸는 것으로 많은 경우 이해되고 있다. 위험요인이나 유해한 화학성분에 관한 자료도 만들도록 정부가 권하고 있고 만들어져 있으나 사업장의 노동자에게는 알려지지 않고 있는 것이 현실이다. 노동자가 위험한 환경에 대해 알 수 있는 구조가 되어 있지 않은 것이며, 더욱이 노동자가 자신이 위험한 환경에 노출되었다고 판하더라도 이를 상사나 기업주에게 보고하여 시정조치를 받을 수 있는 여건이 좋은 것도 아니다.

산업안전보건위원회나 기타의 기구를 통하여 노동자 건강을 보장받기 위한 건의사항은 종종 무시되거나 참고 일하라는 방식으로 진행되는 경우가 많다.

국제노동기구(ILO)는 산업안전보건에서 노동자의 알 권리 보호를 위한 권고사항을 마련하였다. 이에 따르면 노사공동의 안전보건위원회에서 노동자는 사용자 대표와 동등한 대표권을 가져야 하고 노동자 대표에게 정보 청구권, 감독권, 의사결정 참여권 등의 제반 권리를 주도록 되어 있다.

이러한 알 권리와 참여권의 확장으로서 생명이나 건강에 심각한 위험이 있는 작업을 거부할 수 있고 그로 인한 어떠한 부당한 대우를 받지 않을 권리가 있는 것이다. 노동자는 건강상의 위험에 대한 정보를 제공받을 권리가 있고 알 권리가 있음을 규정하고 있다.

3) 권위주의적 조직문화

한국의 경영방식이나 위계관계는 뿌리 깊은 유교적 생각과 권위주의가 결합되어 전반적인 경영방식이 밑으로부터의 아이디어와 다양한 실행 방식에 대해 유연성이 부족한 명령 하달 식으로 진행되어 왔다. 최근 국제적 생산력 강화에 따라 이전의 경영방식이 바뀌어 가고는 있지만 아직도 상사와 부하라는 인식으로 '시키면 말없이 해야 한다'는 식이다. 다시 말해 직장에서 발생한 일에 대해 합리적으로 이성적인 판단과 행동을 할 수 있는 구조가 마련되어 있지 않아 회사에서 갖고 있는 문제점이 확인되고 해결되는 구조가 부재하다. 이러한 이유로 노동자들이 수동적인 태도를 강요받고 있고 산업안전보건의 문제가 발생해도 침묵이나 조용한 처리 방식을 선택하는 경우가 많다.

따라서 법적, 제도적 장치가 부족한 상황에서 현장에서는 노동자가 자신의 건강에 해로운 사안을 현장에서 발견하고 이에 대한 시정조치를 원하는 수준조차도 이러한 조직문화에 의해 무시되거나 제한당하고 있다.

이러한 이유 때문에 아무리 좋은 산업안전보건관련 정보나 구조화되고 따라야 할 안전보건관리 체계의 방식이 제시된다 하더라도 이러한 것은 한 순간에 무시될 수 있는 것이다.

4) 노동조합의 전략부재

한국의 노동자의 대표기구라고 할 수 있는 노동조합은 지난 세월 동안 임금인상과 같은 경제적 이슈를 두고 기업주와의 협상에 임해 왔다. 노조의 중심활동에서 안전보건문제나 사회보장과 같은 이슈는 상대적으로 그 중요도가 무시되는 경향이 있었다.

안전·보건이 노동운동영역에서 발전하고, 법적으로도 기본적인 부분이 보장이 되어 안전보건위원회의 활동이 안착된 곳도 있으나 이러한 곳에서조차 대다수 노동조합에서는 안전보건위원회가 노동조합의 활동영역에서 지원을 받고 있는 형편은 아니다.

조직적으로도 유기적인 관계를 갖고 있지 못하고 있으며 안전보건의 문제가 집단교섭에서 다루어지지 않고 그 자체가 고립되어 있는 형편이다. 이로 인하여 안전·보건은 임금, 수당과 각종 혜택처럼 조직이나 집단교섭의 주요한 이슈가 더 이상 되지 못하였다.

임금인상이 분명히 중요한 사안이긴 하지만 노조는 장기적 비전을 가지고 노조의 고전적인 이슈와 산업안전보건과 사회보장제와 같은 노동자의 삶의 질을 향상시킬 수 있는 체계적이고 장기적인 전략이 필요하다. 기업에 산업안전보건 담당자가 있음에도 노조와 유기적으로 관련을 갖지 못하고 있으며, 산업안전보건의 중요성과 이를 어떻게 풀어나가야 할지에 대한 노조의 대안 마련이 시급하다.

이러한 노조의 태도는 노동조합의 구조와도 관계가 있으며, 노동조합의 집행부는 선거에 따라 매년 2~3년 만에 바뀌게 되고 다음의 선거에서 선출되기 위해서는 일정 수준의 실적을 보여줄 것을 요구받고 있다.

따라서 가시적으로 보여줄 수 있는 임금인상이 주요 이슈로 제기되고 다른 문제는 뒷전으로 물러나는 경우가 많은 것이다. 하지만 노조는 반드시 노조원의 건강과 안전을 보호하기 위해 무엇을 하고 있는지를 생각해야 한다. 노동자의 건강을 고양시키기 위해 성취 가능한 장·단기적 목표를 세우고, 이에 초점을 맞춘 전략이 없는 한 우리는 단편적이고 사건 중심적인 방식으로 문제를 풀어 나갈 수밖에 없는 것이다. 이것은 절대 좋은 방향이 아니며, 안전보건위원회나 중소기업의 지역별, 산업별 조직을 만들어 더욱 효과적이고 적극적으로, 그리고 단위 노조 조직의 한 부분으로 만들 필요가 있다.

한국은 전반적인 보건관리에 관해 제안하고 방향을 제시할 수 있는 공간으로 산업안전보건위원회가 있다. 위원회는 구성될 수 있도록 되어졌지만 이의 활동은 많은 이유 때문에 제한되어 있다. 이름만의 위원회가 법적인 절차 때문에 세워지긴 했지만 구조적으로 활동하기 힘든 상황이며, 대부분의 경우에 있어 경영방침이나 노동조합의 활동에서 어떠한 위치를 차지하는지 구체적으로 명시되지 않고 분리되어 재정적, 인적 자원의 면에서 소외되어 있는 경우가 많다. 앞으로는 노조가 산업안전보건위원회의 위치를 다지고, 기업주와의 단체협상에서 노조의 여타 이슈와 함께 동등한 우선순위를 두고 산업안전보건 문제를 풀어나가야 하며 전반적인 관리체계에서 안전보건 문제를 해결해 나가기 위한 노력이 필요하다.

7. 해결 방안

앞에서 우리는 한국에서 산업안전보건이 제대로 시행되기 힘든 이유를 사회적 배경과 조직의 차원을 중심으로 살펴보았다. 위에 열거한 이유 때문에 사업장에서 노동자의 건강보호를 위해 보건관리를 담당하고 있는 소명감을 가지고 있는 많은 사람들이 어려운 처지에 놓여 있는 것이 사실이다.

노조의 산업안전 부장과 보건관리자 모두 그렇다. 그렇다면 우리는 이러한 현실에서 무엇을 해야 할까? 물론 이것에 대한 대답은 어렵지만 사업장의 노조 산업안전 부장과 보건관리 담당자들이 모여 현실을 다시 한번 진단하고, 변화를 위한 첫 걸음을 어디서부터 시작해야 할 것인가를 논의하고 실천해야 하기 때문에 표준적인 모델이나 구체적인 방향을 제시하기는 힘들지만 그럼에도 불구하고 최소한의 방향은 우리가 생각해 볼 수 있을 것이다.

1) 국가, 법, 제도적 측면

무엇보다도 중요한 것은 이제까지 어려운 현실에서 쌓아 온 법적, 제도적인 규제가 완화되는 것은 막아야 한다. 법적으로 규정되어 있는 감독조차도 기업주의 처벌이나 감시가 아니라 자율적인 방식으로 맡겨야 한다는 일부의 주장은 우리의 현실이 안전보건에 관한 사업주의 의지가 부족하고 노동자가 참여하여 자신의 목소리를 내기 힘든 곳에서 건강한 작업환경을 만들어 나가기 위해 적용하기 힘든 대안이다.

법에 규정된 안전보건 사항을 이행하지 않은 기업주를 감시, 규제하는 것이 우선적으로 행해져야 하며, 사업주의 책임이 강화되면서 자율적인 관리로 이행되어야 한다.

현행 산업안전보건법 하에서 근로감독관의 역할은 사법권을 가지고 사업장을 방문하여 안전보건과 관련된 제반 사항을 점검하며 유해 위험작업에 대한 판단, 중지 권한을 가지고 있다. 한 근로감독관이 담당해야 할 사업장의 수가 많은 것도 문제지만 근로감독관이 제대로 교육을 받고 있지 못하고 있는 것이 현실이다.

따라서 전문성이 높은 감독관의 배출이 교육과 훈련을 통하여 우선적으로 시행되어야 하며 감독관의 본연의 의무인 사업장의 작업환경조사와 사업주의 감시, 처벌 기능을 강화하고, 노동자가 판단한 위험요인을 공식적인 통로를 통하여 반영할 수 있는 여지를 확보하는 것이 중요할 것이다. 또한 사업장의 특성에 맞는 감독관의 역할이 교육을 통해 이루어질 수 있도록 해야 할 것이다.

2) 사업장의 지원

제도적인 측면의 강화와 근로감독관의 역할 강화가 중요하지만 이러한 것이 바로 작업장의 보건관리로 이어지리라는 보장은 없다. 사업주가 여러 가지 이유로 안전보건에 관심이나 자원을 쏟기가 힘들다고 판단할 경우, 서류를 일정 기준 이상으로 조정하면서 법적인 조치를 받지 않을 수 있는 가능성이 크기 때문이다. 그렇기 때문에 산업안전보건위원회나 안전보건담당자가 작업장 내에서 보건관리의 중요성을 부각시키고 자신의 작업장에 맞는 보건관리시스템을 구축할 것을 요구하는 것이 일차적인 과제가 된다.

사건의 폭로 중심으로 안전보건문제를 대응하는 방식은 여론이 안전보건에 관심을 갖게 하고 노동자의 건강을 지키는 중요한 기제로 작용할 수 있지만 그것으로는 안 된다. 지속적으로 작업장에서 보건관리가 되도록 하기 위해서는 노동자대표와 경영진이 함께 보건관리 체계를 수립하고 향상시켜 나가는 방향이 되도록 노력해야 한다.

이를 위해서는 보건관리 정책을 개발하고, 그에 맞는 계획을 수립하여 지속적으로 적용함으로써, 시행착오를 겪어야 한다. 작업장에서 경영자, 관리자, 노조산안부장, 노동자 각자가 맡을 역할을 분명히 하고 사업장의 상황에 맞는 보건관리 체계를 설립하는 것을 목표로 삼는 것이 한국의 현실에서 나아가야 할 방향이 아닐까 생각한다.

8. 도움이 될 수 있는 책과 자료

- 노동부, 「알기 쉬운 산업보건관리」, 1999.
- 전국민주노동조합총연맹, 「노동과 건강연구회 개정산업안전보건법 해설」, 1998.
- 전국민주노동조합총연맹, 「산업안전보건에 관한 노동자대표의 권리 국제 비교」, 1996.
- 직업병연구소, 「노동조합의 산업안전보건활동에 관한 실태 조사」, 1990.
- 한국노동조합총연맹, 「산업안전보건담당자교육」, 1998.
- 한국산업안전공단 산업보건연구원, 「사업장 산업안전보건위원회의 활동실태에 관한 조사 연구」, 1994.
- 한국산업안전공단 산업안전보건연구원, 「21세기 산업보건 정책 방향에 관한 연구」, 1999.
- 한국산업안전공단 산업안전보건연구원, 「산업보건감사 모델 개발에 관한 연구」, 1996.

- http://www.cdc.gov/niosh/sitemap.html 미국의 안전보건에 관한 사이트
- http://www.unimelb.edu.au/rmo/safety 호주의 안전보건에 관한 사이트

학습문제

01 다음의 내용 중에서 산업보건관리의 목적에 해당되지 않는 것은?

① 직업병 및 산업재해의 치료　② 산업피로 예방 및 작업능률 향상
③ 직업병 및 산업재해 예방　④ 근로 작업환경의 개선

02 1985년 국제노동기구(ILO)에서 제시된 산업보건관리 업무를 크게 4가지로 구분하고 있다. 다음 중 해당되지 않는 것은?

① 작업관리　② 환경관리　③ 건강관리　④ 환자관리

03 다음 중 산업보건관리의 업무내용과 밀접한 관계가 있는 것은?

① 외상이나 질병을 예방하는 것
② 응급의료 조치를 취하는 것
③ 효율적인 적성배치와 교대근무를 하는 것
④ 건강증진과 보건교육을 통해서 근로자의 건강을 유지시키는 것

04 다음 중 산업보건관리의 업무 범위(대상)와 거리가 먼 것은?

① 연소·부녀자 보호　② 작업장 내·외의 환경관리
③ 피로와 재해방지　④ 보호구 개발과 착용

05 산업안전보건법상 작업장에서 작업환경측정과 개선을 담당하는 전문가는?

① 배출관리담당자　② 보건관리자　③ 산업보건의　④ 안전관리자

06 사업장 보건관리자의 임무가 아닌 것은?

① 환경관리　② 신체검사 및 보건감사
③ 생산설비의 변경　④ 직업병의 진단 및 치료

07 산업위생관리기사인 보건관리자가 사업장관리를 위해 고려해야 할 사항과 거리가 먼 것은 다음 중 어느 것인가?

① 작업공정에 대해 파악
② 작업환경측정 및 평가
③ 원동기 및 동력 전도장치의 안전에 관한 사항을 점검
④ 근로조건이나 시설의 개선 등을 조언

08 우리나라에서 근로자 건강관리에 대한 책임은 누구에게 있는가?

① 보건관리자 ② 고용주 ③ 근로자 자신 ④ 고용노동부 근로감독관

09 안전보건관리규정에 포함할 사항이 아닌 것은?

① 안전보건관리 조직과 직무사항
② 안전보건교육 사항
③ 작업장의 사고조사 및 대책수립에 관한 사항
④ 안전계획실시 보완에 관한 사항

10 다음 중 산업안전보건법에서 근로자 건강관리를 위한 건강진단의 종류에 해당되지 않는 것은?

① 배치 전 건강진단 ② 특수 건강진단
③ 수시 건강진단 ④ 환경 개선 전 건강진단

11 다음 중 산업안전보건위원회의 구성에 포함되지 않는 사람은 누구인가?

① 노무사 ② 명예산업안전보건감독관
③ 보건관리자 ④ 산업보건의

12 다음 중 개인보호구의 사용 조건에 해당되지 않는 것은?

① 공학적 대책으로 근로자 건강보호를 위한 최초의 수단으로 사용할 때
② 공학적 대책 수립이 기술적, 경제적으로 불가능할 때
③ 공학적 대책으로도 작업환경 개선이 되지 않을 때
④ 공학적 대책이 세워지고 있는 도중일 때

13 피로를 가장 최소화하고 생산량을 최고로 올릴 수 있는 경제적인 작업속도를 무엇이라 하는 가?

① 지적 속도 ② 작업 속도 ③ 완속 속도 ④ 민감 속도

14 다음은 교대제 근무에 관한 설명이다 옳지 못한 것은?

① 야간 근무의 연속은 2～3일이 좋다
② 2교대면 최저 3조로, 3교대면 4조로 편성한다.
③ 야근 후 다음 반으로 가는 간격은 최저 48시간을 유지한다.
④ 평균 주당 작업시간은 48시간으로 하며, 갑→을→병반의 순으로 활용한다.

15 다음 중 야근에 부적격한 자가 아닌 사람은?

① 쉽게 피로를 느끼는 사람
② 왜소자
③ 신경질적인 사람
④ 위장장해가 있는 사람

16 Flex-time제를 바르게 설명한 것은?

① 주 40시간 노동제를 기준으로 주휴 2일제의 노동시간
② 연중 3주간의 연차휴가를 정하여 근로자가 원하는 시기에 휴가를 갖는 제도
③ 작업상 전 근로자들이 일하는 중추시간(core time)을 제외한 전후 시간에 있어서 주 40시간의 노동조건 하에서 자유 출퇴근하는 제도
④ 근로자들이 하루 중 자기가 편리한 시간을 정하여 자유 출퇴근하는 제도

17 다음 중 작업능률을 올리기 위한 방법이 아닌 것은?

① 근로자의 적정배치
② 합리적인 작업방법
③ 알맞은 작업 자세
④ 작업시간의 연장

18 산업위생관리사가 사업장보건관리자로 취업한 경우 반드시 해야 할 중요한 사항과 먼 것은?

① 작업현장에 익숙해라
② 작업공정에 익숙해라
③ 작업내용에 익숙해라
④ 작업자와 친숙해라

05 작업환경관리의 기본

학습목표

1. 산업보건관리의 분류 및 개념
2. 작업환경관리가 필요한 유해요인
3. 산업위생 전문가의 역할
4. 효율적인 작업환경관리를 위한 산업보건 관리자의 역할
5. 작업환경관리의 기본적 원칙
6. 작업환경관리 방법 및 효과 판정

1. 산업보건관리의 분류 및 개념

산업보건관리는 ① 작업환경관리 ② 작업관리 ③ 건강관리를 중심으로 관리되어야 하며, 3가지의 관리를 원활하고 효과적으로 추진하기 위해서는 ④ 산업보건교육의 실시 ⑤ 산업보건관리 체제의 확립이 필요함

1) 작업환경관리

건강에 나쁜 영향을 미치게 되는 유해요인을 제거 또는 감소시킴으로써 근로자에게 안전하고, 쾌적한 작업환경을 유지하도록 하는 것으로

- 작업장에 설치되어있는 시설, 설비 등의 점검(국소배기장치, 전체환기장치 등)과 사용상태의 확인
- 수시, 정기적으로 작업환경측정을 포함한 작업환경의 점검이 필요하며 문제가 있거나 개선이 필요한 작업공정을 찾아내어 필요한 조치를 취해야 한다.

2) 작업관리

유해물질의 취급방법, 작업 자세, 작업의 특수성과 작업행동에 주의를 기울여 근로자 개개인의 유해요인으로부터 폭로를 억제하는 것

3) 건강관리

근로자 개개인의 건강을 감시하고, 유지하기 위해 실시하는 작업 배치 시, 일반 및 특수 건강진단이 건강관리의 항목이 됨

4) 안전보건 교육

신규 채용자 및 보수 교육자에 대한 정기적인 안전보건교육을 통해 근로자의 부주의에 의한 질병발생을 사전에 예방

5) 산업안전보건관리 체제

사업장 내에 산업안전보건위원회 등을 구성하여 근로자 안전 보건에 대한 문제 및 개선방향을 심도 있게 토의

- 보건관리자의 주요업무에 해당됨

2. 작업환경관리가 필요한 유해요인

- 물리적 요인 : 에너지가 인체에 영향
- 화학적 요인 : 화학물질의 제조, 사용, 취급, 발생에 의해 호흡기, 소화기, 피부로 노출되어 인체에 영향
- 생물학적 요인 : 바이러스, 세균 등 미생물이 호흡기로 노출되어 인체에 영향
- 인간공학적(작업적)요인 : 부적절한 작업, 단순 반복작업, 중량물취급 등 근골격계 위험 작업에 의해 인체에 영향
- 사회 심리적 요인 : 감정노동, 고용불안 등에 의한 스트레스가 인체에 영향

3. 산업위생 전문가의 역할

1) Recognition(인지)

- 작업장에서 사용하는 재료 : 물질의 독성, 물리화학적 성질, 인체에 미치는 영향, 노출기준 등을 파악
  - 물질안전보건자료(MSDS : Material Safety Data Sheets) 활용 : 56,000여 종 개발

• 폭로되는 근로자 : Human Body System, 즉 폭로기전 파악을 위해 인체의 반응, 흡수 및 대사, 배설 관계 등을 파악, Dose-response(양 - 반응관계) 파악

> 유기물질의 중독과정 : 폭로기전
> • 흡수(폭로) : 폭로된 장기의 세포막을 경과, 혈류 내로 침입
> • 반응 : 혈액 / 체액을 통해 운반, 각 조직에 분포 → 축척저장소
> • 대사 : 간장 등에서 효소에 의해 해독화 → 정상
> 활성화 → 발암
> • 배설 : 신장의 역할 → 소변, 땀, 눈물, 침 등

• 공정 : 원재료, 부산물, 최종 생산물, 쓰레기 등

2) Evolution(평가)

① 환경측정

• 화학적 요인의 발생 : aerosol, fume, dust, mist, smoke, gas, vapor

• 물리적 요인의 발생 : noise, vibration, radiation 등

② 생물학적 모니터링(Biological Monitering) : 호기, urine, blood, hair, feces(배설물), nail (손톱, 발톱)

• 벤젠 : 소변 중 총 페놀, 뮤콘산, S-페닐 멀캅토산

• CO_2 : 혈 중 카르복실헤모그로빈

• 트리클로로에틸렌 : 소변 중 트리클로로 초산

• 크실렌 : 소변 중 메틸 마뇨산

• 톨루엔 : 소변 중 마뇨산

• 스틸렌 : 소변 중 만델릭산

• 납 : 혈 중 납

• 수은 : 소변 중 수은

• 카드뮴 : 소변 중 카드뮴

☞ ACGIH(American Conference of Governmental Industrial Hygienists)의 BEI(Biological Exposure Indices) 참고

• 육체적 모니터링(Physical Monitering) : EMG(심전도 검사), fatigue(피로도 측정) 등

☞ CMI(Cornell Medical Index) : 주관적 평가의 도구로 사용(설문증상 조사)

3) Control(제어)

① Engineering(공학적 대책) : 발생원에서 오염물질을 직접 제거
- Substitution(대치), isolation(격리), ventilation(환기)

② Administative(행정적 관리)
- Job Rotation(작업변경), 작업시간 단축

③ Personal Protective Equipment(개인 보호 장비)
- 호흡마스크 : 방진, 방독마스크
- 차음보호구 : 귀마개, 귀덮개
- 피부보호구 : 보호용 크림, 보호의 등

④ Education(교육)

4. 효율적인 작업환경관리를 위한 산업보건 관리자의 역할

- 작업환경 관리의 대상 파악
  - 대상 : 근로자의 건강에 영향을 미칠 수 있는 모든 유해요인을 파악
- 작업환경 측정 평가
- 작업환경의 유지 및 개선
- 작업장 순회 및 정기적 자체 검사

이러한 4가지 과정을 작업환경관리라고 말함

5. 작업환경관리의 기본적 원칙

- 생산품과 서비스의 창출은 근로자, 작업환경, 설비의 3가지가 상호 유기적인 관계를 유지해야만 가능
  - 한 요소의 결함으로 사고 및 직업병이 발생됨
  - 직업병 발생을 사전에 예방하기 위해서는 다음과 같은 기본적 원칙을 갖고 작업환경관리를 수립, 시행해야 함

1) 공학적 대책 : 유해요인을 발생원에서 직접 제거

- 대치(Substitution) : 공정, 시설, 물질, 사람(단순반복 작업) 등의 변경
- 격리(Isolation) : 위험물로부터 격리

- 환기(Ventilation) : 공학적인 대책
- 교육(Education) : 경험에 의한 지식을 보완

(1) 대치(Substitution)

① 공정의 변경

- 위험한 공정을 위험하지 않은 공정으로 변경

예 휘발유엔진 → 알코올, 디젤, 전기력, 원자력을 이용한 연구
페인트분무 → 페인트 dipping, 흡착식 분무방법(Electrostatic paintspraying)으로 변경

② 시설의 변경

- 공정의 변경이 어려운 경우 시설이나 기구를 변경
- 저비용, 단기간 내에 효과 : 사업장에서 자주 이용되는 방법

예 가연성물질 저장 : 유리병보다 철재통이 안전
염화탄화수소 취급 : 네오프렌(neoprene) 장갑은 못쓰고 폴리비닐알코올 장갑 사용

③ 유해물질의 변경

- 가격이 제일 저렴, 가장 흔히 쓰이는 대책
- 원료를 유사한 화학구조를 가진 독성이 낮은 물질로 대치

예 성냥제조 : 황인(黃燐) → 적인(赤燐)Benzene : Toluene, Xylene
야광시계의 자판 : Radium → 인(燐)
석면(Asbestos) : 유리섬유(glass fiber), 암면(rock wool)
dry cleaning : 석유나프타(petroleum naphtha) → 퍼클로로에틸렌(perchlor-ethylene) → 사염화탄소 → 트리클로로에틸렌(TCE : trichloroethylene) →1,1,1-트리클로로에탄 (TCA : trichloroethane) → 프레온

☞ 주의사항 : 독성이 낮다는 것만으로 선택 시는 지금까지 알려지지 않은 다른 장애 발생 가능

예 일본, 1964년 sandle 제조 작업시 접착제에 Benzene 사용을 n-Hexane으로 대체한 결과 17명의 여공에게서 다발성 말초신경병 발생

예 한국 1995년 LG전자의 텍트 스위치 제조공정에서 세척제로 프레온 사용을 2-브로모프로판이 주성분인 solvent 5200으로 대체한 결과 생식기능 장해 발생

(2) 격리(Isolation) : 작업자와 유해인자 사이에 장벽(barrier)이 놓여있는 상태

- 장벽은 거리, 시간, 물리적인 물체일 수 있다.
- 유해인자로부터 작업자를 격리

① 저장물질 : 인화성 물질, 흡입독성이 강한 물질 : 보관 장소 격리, 환기장치 부착
   예 석유회사 : 탱크와 탱크 사이에 도랑, 제방 설치

② 시설 : 고압, 고속회전기계 : 방호벽 설치
   예 제철, 제강 : 용광로에서 열차단 → 원격조정, 자동화

③ 공정 : 비용이 많이 드나 유용한 대책
   예 방사선 동위원소 취급 : 격리, 밀폐, 원격장치
   정유공장, 화학공장 : 원격자동조정
   자동차 산업 : 도장, 전기도금, 용접공정의 격리 → 로봇 사용

④ 작업자 : 밀폐, 격리시킴

(3) 환기(Ventilation) : 공학적 대책 중 작업장에서 가장 많이 사용

목적 : 환기시설을 이용하여 고열이나 유해물질의 농도를 노출기준치 이하로 낮추어 유해작용을 예방

- 공기정화의 기준을 높여서 작업환경을 고도로 개선

① 전체환기(General Ventilation) : 배기량과 급기량을 적절하게 조절하는 것이 중요
- 작업장의 유해물질을 희석 : 희석환기(Dilution Ventilation)
- 고온(高溫)과 다습(多濕)을 조절하는 데 이용
- 분진, 냄새, 유해증기를 희석하는 데 이용
  ㉠ 조건 : 소량의 오염물질 발생, 오염물질의 독성이 작은 경우, 오염원과 근로자가 떨어져 있을 때, 발생량의 속도가 일정할 때
  ㉡ 단점 : 오염물질의 희석이 늦다. 독성이 높을 경우 다량의 공기 필요, 고온, 다습 시의 환기에 적합

② 국소환기(Local Exhaust Ventilation) : 오염원에서 오염물질이 작업장 내부로 확산되기

전에 발생원에서 포집하여 외부로 배출시키는 장치

- 공정이나 시설을 가능한 한 밀폐
- 개구부의 기류방향은 밀폐된 후드 안쪽으로 흘러야 하며 속도가 충분해야 한다.

㉠ 국소배기장치의 문제점 : 잘못된 설계, 부족한 배기, 부족한 흡기

㉡ 국소배기장치 설치 시 주의할 점

- 배기관의 성능 유지 : 유해물질 발산 부위의 공기를 모두 배기할 수 있도록 함
- 후드모양, 크기, 위치를 효과적으로 설치
- 후드 내의 속도조절 : 먼지가 발생하지 않도록 함
- 오염물질이 근로자의 호흡기를 통과해서는 안 됨
- 오염물질 배출 시 제거 후 배출 : 환경오염 방지

㉢ 후드의 유형

- 포위식 후드(Enclosure type) : 독성이 비교적 강한 화학물질 제거
- 외부식 후드(Exterior type) : 발생원과 후드와의 일정한 거리를 유지하고 설치
- 슬로트형 후드(Slot type) : 도금조 등의 측방에 설치, 장방형 후드와 구별
- 외부식 캐노피형 후드(Canopy type) : 화학물질 저장 탱크의 상방에 설치
- 레시바식 캐노피형 후드(Receiver type): 용해로 등 열원이 있는 발생원의 상방에 설치, 연마기 등 회전체의 회전 방향에 설치

2) 행정적 관리

- 발생원과 근로자 사이의 유해요인이 통과하는 과정을 "통제"하는 방법
  - 작업장의 정리, 정돈 및 청소(House keeping)
  - 작업 장소 및 방법 변경(Jop Rotation)
  - 작업시간 단축(2교대 → 3교대 등 교대 근무) : 노출기준은 1일 8시간, 1주 40시간을 기준으로 설정됨에 따라 폭로 또는 노출시간을 단축시키면 직업병 발생 감소
  - 발생원과 근로자 간의 거리확대
  - 지속적 모니터링 : TLV 이상발생 시 경보장치

3) 개인 보호 장비

- 근로자 건강 보호
- 개인보호구 착용

- 과거 : 대장장이(가죽앞치마 → 보호의), 광산의 광부(돼지방광 → 방진마스크)
- 현재 : 호흡용 보호구 : 방진마스크(분진), 방독마스크(유기용제, 유해가스)

  차음용 보호구 : 귀마개, 귀덮개

  피부 보호구 : 장갑 대용 보호크림(피부 보호용 크림)

  안 보호구 : 용접, 사상 작업 등에서 자외선 등 유해광선이나 쇠 깎을 때 튀는 chip에 대한 보호(보안경)

4) 교육(Education)

① 경영자 : 왜 작업환경을 개선하는가 하는 동기부여

- 작업환경 개선을 통해 회사에 이익이 된다는 것을 인식시킴
  - 숙련공의 직업병 발생에 따른 막대한 손해, 보상뿐만 아니라 미숙련공으로 대체 시 제품 불량 증가
  - 열악한 작업환경조건이나 직업병 발생에 따른 직원들의 심리적 불안감에 의한 이직 등

② 기술자 : 실무에 배치 시 구체적이고 전문적인 교육

③ 감독자 : 공정이나 환경에 대한 교육

④ 작업자 : 작업자가 사용하고 있는 물질에 대한 유해성, 주의사항 등에 대한 교육

- MSDS(물질안전보건자료 : Meterial Safety Data Sheets) 활용
- 개인 보호구 착용 및 사업장에 설치되어 있는 설비의 적절한 사용 등

☞ 산업위생 즉, 사업장 보건관리자로 취업 시 가장 중요한 것은

① 작업 현장에 익숙 : 자주 작업현장을 순회함

② 공정과 익숙 : 작업공정을 이해함으로써 발생되는 유해요인의 파악이 가능함

③ 작업자와 친숙 : 대화를 통해 근로자에게 작업환경개선의 의지를 표명하고 안전한 작업장을 인식시킴

5) 작업환경관리의 기본 종합

작업환경 자체의 근원적 대책

① 유해물질의 제조, 사용 중지, 유해성이 적은 물질로 전환 (생산기술적대응) → 공학적 대책

② 생산 공정, 작업방법의 개선과 유해물질의 발산을 방지 (생산 기술적 대응) → 공학적 대책

③ 설비의 밀폐화, 자동화, 원격조작, 유해공정의 격리 (환경개선 기술) → 공학적 대책

④ 국소배기, push-pull 환기장치의 설치로 오염물질 확산방지 (환경개선 기술) → 공학적 대책

⑤ 전체환기장치로 오염물질을 희석배출 (환경개선 기술) → 공학적 대책

⑥ 작업환경측정 및 관리상태의 점검 (환경개선 기술)

⑦ 작업시간 제한 등 작업방법의 개선, 보호구 착용으로 인체침입 방지 → 개별관리적 대책

⑧ 취업 시 건강진단 실시로 적정한 작업배치 확보 → 의학적 대책

⑨ 정기적 특수건강진단 실시로 건강이상자의 조기발견 및 사후조치 → 의학적 대책

⑩ 부주의, 부적당한 작업방법, 작업 자세 등에 의한 이상 폭로 방지 → 교육적 대책

☞ 번호가 작을수록 유효한 대책임

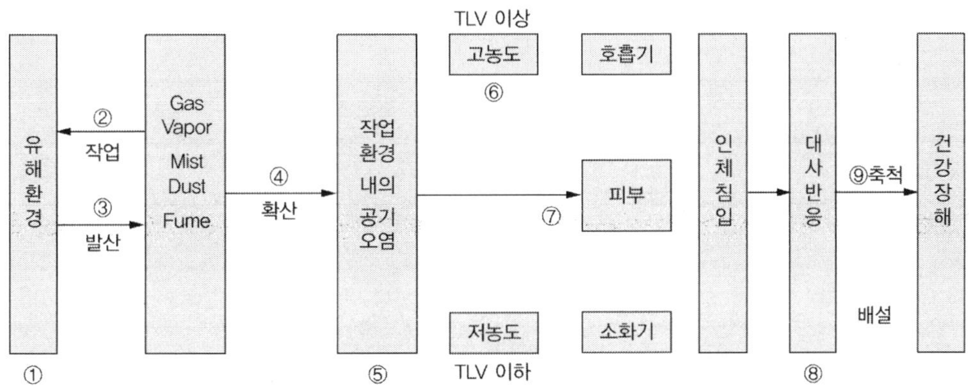

6. 작업환경관리 방법 및 효과 판정

1) 공학적 대책

① 정의 : 유해요인에 근로자의 노출을 유의하게 줄일 수 있는 공정시설의 선택과 배치를 포함한 물리적 설비

- Occupational Health Safety Administration(OHSA)의 정의

② 개인보호구 : 유해요인의 노출을 줄이기 위한 근로자 개인에 관한 물체의 착용

③ 관리대책(Administrative control) : 유해요인 노출을 줄이기 위한 작업계획의 조정

④ 공학적 대책(Engineering control) : 유해요인을 줄이기 위한 모든 수단

2) 작업환경 개선 단계

① 개선계획의 수립

- 문제점 파악 : 작업환경측정, 건강진단, 작업장순시, 설비점검, 근로자와 대화
- 문제원인 분석 : 설비, 재료, 작업방법, 근로시간 등의 실태조사

- 해결대책 수립 : 실현가능성, 기대되는 효과

② 실행계획 : 구체적인 안 작성 : 담당 부서, 담당 책임자, 실행시기, 예산안 등을 고려

- 경영자에 대한 기대효과
  - 근로자의 사기 향상, 작업능률 향상, 품질 향상, 공해문제 해소, 결근자 감소, 기계설비의 고장, 마모 경감, 기업의 경쟁력 증대
- 관리감독자에 대한 기대효과
  - 담당 부서의 업무성적 향상, 직업에 대한 충실감과 만족
- 근로자에 대한 기대효과
  - 직업병 이환 방지, 작업용이, 피로감소, 만족감, 건강하고 행복한 가정생활
- 개선의 실행과 개선효과의 원인
  - 실행계획에 따라 개선에 착수, 목표대로 개선 효과가 있는지 확인

$$\eta = \frac{W_i - W_e}{W_i} \times 100$$

여기서, η : 효과율(%)

W_i : 환경개선전의 환경조건

W_e : 환경개선후의 환경조건

3) 공학적 대책의 접근방법

① 환경개선의 목표설정 : 유해물질 제거 목표 설정, 제한된 비용으로 목적 달성

② 시설형식의 설정 : 필수자료 검토, 시설설비의 요건, 설치비용의 검토

③ 시설규모의 설정 : 대상 유해물질의 종류에 따라 결정

학습문제

01 산업보건관리 중 3개의 관리부분에 속하지 아니하는 것은 어느 것인가?

① 공정관리 ② 작업환경관리 ③ 작업관리 ④ 건강관리

해설 공정관리는 생산관리에 속한다. 산업보건관리의 효율적 추진을 위해 산업보건교육실시, 산업보건관리체계의 확립이 필요함

02 다음의 직업병 예방대책 중 환경대책에 속하는 것은?★

① 적정배치 ② 작업장의 점검
③ 건강장해자의 조기 발견 ④ 신체 청결

03 산업보건관리에 있어서 작업환경관리란 무엇을 의미하는가?

① 작업관리 + 건강관리 ② 환경관리 + 작업관리
③ 생산관리 + 건강관리 ④ 환경관리 + 건강관리

해설 환경관리 + 건강관리는 환경위생관리. 작업관리 + 건강관리는 산업보건관리

04 산업위생관리 중 환경관리의 목적이 아닌 사항은 어느 것이겠는가?

① 발생억제 ② 격리 ③ 제거 ④ 침입억제

해설 침입억제는 작업관리의 목적이며, 유해요인으로부터 폭로를 억제함. 산업위생관리 중의 환경관리란 작업환경 내로 한정되는 환경공학적 대책의 관리이다.

05 작업환경관리의 목적에 해당되지 않은 것은?★

① 직업병 치료 ② 산업재해와 직업병 예방
③ 근로자의 작업환경 개선 ④ 산업피로 예방으로 작업능률 향상

해설 치료보다는 예방, 개인보다는 오히려 집단에 역점을 둔다.

06 산업보건관리 중 작업환경관리에 있어서 유해물질의 관리대상이 아닌 사항은?

① 유해물질의 사용량 ② 유해물질의 발생량
③ 공기 중 농도 ④ 폭로농도

해설 폭로농도는 작업관리의 대상이며. 근로자 개개인의 유해요인으로부터 폭로를 억제함

07 작업환경의 위생관리란 무엇을 말하는 것인가?

① 작업자에게 건강장해를 일으킬 수 있는 소음, 진동, 한랭, 열 등의 위해 요소에 대한 대책을 수립하고 관리하는 것을 말한다.
② 단순한 기계적인 위험이 있는 잠재요소를 제거하는 것을 말한다.
③ 화재나 폭발의 원인이 될 수 있는 요소를 제거하고 원인규명을 하는 것을 말한다.
④ 잠수작업 등에 의한 잠수병 예방대책을 수립하는 것을 말한다.

08 작업환경조건에 해당되는 사항은?

① 물리적 조건　② 화학적 조건　③ 생물학적 조건　④ 이상 모두

해설 사업장에서 발생하는 각종 직업병과 재해는 대부분이 작업장의 환경에 기인되는 작업환경조건은 다음과 같이 분류한다.
- 물리적 조건 : 기압, 기류, 기습, 소음, 진동, 복사열, 광선, 방사선, 조명 등
- 화학적 조건 : 분진, 가스, 유독물질 취급 등
- 생물학적 조건 : 병원균과 전염성 병균 취급 등
- 기계적 조건 : 위험기계 시설 유무
- 인간공학적 조건(작업 조건) : 방위시설, 작업시간, 보호구, 작업 자세, 휴가, 작업자의 지식과 태도 등

09 작업환경관리의 유해요인 중에서 물리적 요인이라고 볼 수 없는 것은?

① 분진　② 전리방사선　③ 고온　④ 이상기압

10 작업환경개선을 시행하고자 하는 경우에 가장 먼저 수행해야하는 사항은 다음의 어느 것인가?★★

① 개선계획의 수립　② 실태조사
③ 사용재료의 변경　④ 유해물의 확산방지

해설 실태조사 : 사용물질, 작업방법, 작업내용, 작업시간, 작업형태 등을 조사

11 작업환경관리 계획수립에 있어 필수적인 사항이라고 볼 수 없는 것은?

① 측정대상물질의 결정　② 측정 점과 측정시간의 결정
③ 작업자의 성별 및 작업범위의 결정　④ 단위작업 장소범위의 결정

12 효과적인 환경개선이란 궁극적으로 무엇을 뜻하는가?★

① 유해물질의 종류파악
② 유해물질의 허용기준 적용
③ 설치비용의 파악
④ 근로자의 건강을 보호하여 작업능률과 품질향상을 기대

13 작업환경 공기 중의 유해화학물질에 대한 건강장해 방지대책이다. 가장 근원적인 공학적 대책이란 어떠한 것이겠는가?★★★

① 환경공학적 관리대책 ② 생산 기술적 관리대책
③ 공학적 작업관리대책 ④ 의학적 건강관리대책

해설 근원적인 대책은 생산 공정에 대한 공학적 대책이며, 발생원에서 유해요인을 제어하는 방법으로 유해물질의 제조 및 사용 금지, 유해물질의 대체, 유해물질의 발산 방지 등이 있다.

14 미국의 OSHA(Occupational Safety & Health Agency)에서 제시한 공학적 대책의 정의란 다음의 어느 사항인가?★★★

① 유해요인의 노출을 줄이기 위한 개인에 대한 물체 착용
② 유해요인의 노출을 줄이기 위한 작업계획의 조정
③ 유해요인을 줄이기 위한 모든 수단
④ 유해요인의 노출을 줄이기 위한 기술적 수단

해설 ①번은 개인보호구에 대한 OSHA의 정의이고 ②번은 관리대책에 대한 정의이다. 공학이란 과학과 기술에 경제개념을 가미한 것이다. 즉, 공학적, 행정적, 개인보호구의 착용, 교육 등이 포함된다.

15 입자상 물질의 적절한 공학적 대책을 결정하기 위해서 알아야 할 인자는?

① 생산요인과 유해인자의 조합 ② 유해인자와 시설비의 조합
③ 생산요인과 기존시설 대책 조합 ④ 유해도와 기존시설 대책의 조합

16 환경개선을 위한 목표 설정 항목 중 관련이 없는 것은 어느 것인가?★

① 유해물질의 종류 ② 유해물질 허용기준
③ 연간배출량 ④ 유해물질의 현재와 과거의 초과정도

해설 효과적인 작업환경을 개선하기 위하여 첫째, 환경개선의 목표를 설정하여야 한다. 즉, 유해물을 발생하고 있는 배출원에 대한 정보(유해물의 종류, 연간 배출량 및 주기적 변화 등)와 유해물의 허용

기준과 현재의 초과정도를 검토하여 제거목표를 설정해야 한다. 둘째, 시설의 형식을 선정해야 한다. 시설의 형식선정은 선정 상 필수자료의 검토와 시설 설비의 요건 및 설치비용 등을 검토한 후에 이루어지고, 셋째, 시설규모를 결정해야 한다.

17 다음 중 발생원에 대한 대책이 아닌 것은?

① 국소배기 장치 ② 습식방법 ③ 기계의 정비 ④ 원가절감

18 유해 작업환경을 개선함으로써 얻을 수 있는 효과는?★

① 직업병발생 촉진 ② 산업재해 증가 ③ 경영합리화 ④ 작업능률 저하

19 작업환경에서 발생되는 유해요인을 감소시키기 위한 기본관리 대책으로 옳지 않은 것은?★★

① 유해작용이 적은 물질로 대치
② 유해작용이 있는 물질에 대한 개인 보호구 착용
③ 유해작용이 있는 물질과 근로자 사이에 장벽 설치
④ 유해작용이 있는 물질을 사용하는 작업장에 전체 환기시설 내지 국소환기시설 설치

20 작업환경개선의 기본원칙에 해당되지 아니하는 사항은 어느 것인가?★

① 대치(Substitution) ② 격리(Isolation)
③ 환기(Ventilation) ④ 공정변경(Process change)

21 유해가스, 증기 및 분진에 의한 건강장해를 예방하기 위한 대책으로 최초에 검토하여야 할 일은 다음 중 어느 것인가?★

① 보호구의 착용 ② 유해물질의 발산 억제
③ 건강진단의 실시 ④ 유해성이 적은 원재료로 바꾼다.

해설 건강장해의 발생결과를 요약해보면 우선 유해물질의 사용에 의하여 유해물질의 발산, 확산에 의한 작업환경의 오염, 인체 침입에 의한 건강장해의 발생 순서이다. 그러므로 먼저 유해물질의 사용을 유해성이 적은 원재료로 전환의 가능성을 검토할 필요가 있다. 더욱이 생산 공정이나 작업방법 개선 등의 생산 기술적 대응을 고려하여 제2차적인 것이 환경개선이고 설비의 밀폐화, 자동화, 원격조작, 격리 등과 국소환기에 의한 확산방지 대책이다. 여기에서 관리상태의 평가를 위하여 작업환경측정이 필요하다. 그 이상의 대책 중에서 보호구의 사용은 임시적으로 사용되는 것이다. 제 3차적인 것은 의학적 대책으로서 건강진단이다. 이외에도 산업위생과 산업보건 교육도 중요한 것이다.

22 작업환경개선의 기본대책 중 대치(substitution)의 방법에 속하지 않는 것은?★★★

① 공정의 변경 ② 시설의 변경 ③ 물질의 변경 ④ 유해물질 격리

해설 작업환경의 일반적 기본원리는 대치(substitution), 격리(isloation), 환기(ventilation)이다. 이 중 대치방법에는 ① 공정의 변경, ② 시설의 변경 ③ 물질의 변경 등이 있고, 격리방법에는 ① 저장 물질 격리, ② 시설격리, ③ 공정의 격리, ④ 작업자의 격리, 환기방법에는 ① 국소환기, ② 전체환기(희석환기) 등이 있다.

23 작업환경의 개선 원칙 중에서 물질의 대치에 속하는 것은?

① 자동차 엔진교체 ② 원격조정 ③ 방호벽 설치 ④ 밀폐

24 유해화학물질의 제조, 사용중지 및 유해성이 작은 물질로의 전환에 해당되지 않는 것은?★

① 아조 염료의 합성에서 원료로 벤지딘을 사용하던 것을 디클로로벤지딘으로 전환한다.
② 용제를 사용한 분무도장(噴霧塗裝)을 에어레스 스프레이, 분체도장 등으로 바꾼다.
③ 단열재로서 석면을 사용하고 있던 것을 유리섬유, 발포폴리에틸렌 등으로 전환한다.
④ 금속제품의 탈지에 의해서 트리클로로에틸렌을 사용하고 있던 것을 계면활성제(界面活性劑)로 전환한다.

25 작업장에서 용매작용이 좋은 benzene 대신에 사용되는 물질은 어느 것인가?

① Toluene ② Trichloroethylene ③ Phenol ④ Acetone

26 기계를 세척하는데 4염화 탄소를 사용하다가 나프타(Naphtha)로 바꾸었다. 이러한 경우 다음 중 무엇에 속하는가?★

① 대치 ② 격리 ③ 환기 ④ 배기

27 작업환경개선의 기본원칙 중에서 격리란?

① 전염병 환자를 일반인과 격리시키는 것을 말한다.
② 3종 전염병 환자 중 결핵이나 나병과 같은 환자의 격리를 말한다.
③ 가동되는 시설에서 작업자를 떼어놓는 상태를 말한다.
④ 작업자와 유해요인 사이에 장벽이 놓여 있는 상태를 말한다.

28 작업환경개선의 기본원칙인 격리에 관한 사항이다. 적합지 아니한 사항은 어느 것인가?

① 저장물질의 격리 ② 시설의 격리 ③ 공정의 격리 ④ 작업장소의 격리

해설 작업장소의 격리는 비효율적이며, 오히려 작업자의 격리가 바람직하다.

29 작업환경에 대한 개선대책 중 격리의 장벽에 해당되지 않는 것은?★★★

① 공기 ② 거리 ③ 물체 ④ 시간

30 작업장의 유해물질을 희석할 때에 사용하는 방법으로 고온작업장에서 고온을 낮추는데 쓰이는 환경개선 대책은 어느 것인가?

① 국소배기시설 ② 전체환기시설 ③ 공정의 변경 ④ 시설의 변경

31 생산과정이나 작업방법의 개선으로 유해물질의 발산을 방지하는 방법의 "예"이다. 다음 중 틀린 것은 어느 것인가?

① 분말 상으로 출하하고 있던 염료원료를 슬러지나 wet-cake 상으로 출하
② 습식 연마작업을 건식 작업으로 개선
③ 유기용제를 사용하는 분무도장을 분체도장
④ 분체 이송 시 벨트 또는 바스켓 콘베이어에 적재하는 것을 뉴마틱 콘베이어를 이용

32 다음 내용은 작업환경대책의 기본적 원리이다. 방법이 다른 것은?★★

① 자동차산업에서 납을 고속회전 그라인더로 깎아 내던 일을 저속 오실레이팅(Osillating) type sand로 바꾼다.
② 가연성물질 저장 시 사용하던 유리병을 안전한 철제통으로 바꾼다.
③ 방사성 동위원소 취급 장소를 밀폐하고 원격장치를 설치한다.
④ 성냥 제조 시 황린 대신 적린을 사용케 한다.

33 작업환경개선의 기법 중에서 적절하게 기술된 사항은 어느 것인가?★★

① 유해성이 적은 물질로 전환하는 방법으로 분체의 원료는 입자가 적은 것으로 교체할수록 좋아진다.
② 전체환기장치는 유해가스, 증기, 분진을 일단 작업장 전체로 확산시킨 후에 배기시킴으로 소요 동력이 적게 들고 유효한 환기기법이다.
③ 유해가스 등을 발산하는 설비를 밀폐시킨 경우에는 밀폐설비의 내부가 약간 정도 마이너스 압력이면 좋다.

④ 국소배기장치의 외부식 후드의 제어속도는 무거운 분진에 대하여서는 0.5m/s 정도로 하는 것이 가장 효과적이다.

34 유해물질이 발산되는 작업의 작업환경 개선에 대하여 기술한 것이다. 틀린 것은?★★

① 작업환경의 개선방법으로서 시설 이외에 생산 공정이나 작업방법의 변경은 원재료의 대체 사용 등을 검토할 필요가 있다.
② 배기가스 처리장치는 처리방식에 있어 흡수방식, 흡착방식, 연소방식으로 대별된다.
③ 국소환기장치의 닥트 단면은 일반적으로 원형이 가장 좋고 도중의 만곡도 가능한 적게한다.
④ 환기닥트는 배풍기에서 반송되어 오는 공기를 문 밖으로 배출하기 위한 것이므로 그 개구부는 건물의 외부에 있으면 배기구의 높이를 고려하지 않아도 좋다.

해설 · 15-3-15규칙, 15 m : 배출구와 공기를 실내로 공급하는 유입구와 떨어져야할 거리
· 3 m : 굴뚝의 높이로서 이웃하는 지붕의 꼭대기가 공기 유입구보다 높아야하고
· 15m : 배출되는 공기가 다시 실내로 역류되는 것을 방지하기 위한 배출 속도임

35 작업환경개선에 관한 다음의 기술 중에서 잘못되어 있는 사항은 어느 것인가?

① 분진작업에서는 습식으로 실시하는 편이 훨씬 유효하다.
② 유기용제를 사용할 때는 유해성이나 휘발성이 낮은 것으로 대체하면 좋다.
③ 제진장치의 선정에 있어서는 함유분진의 입경 분포를 고려하여야 한다.
④ 전체환기를 하는 경우에는 공기의 입구와 출구가 가까우면 환기가 잘 된다.

해설 어떠한 환기이든 입구와 출구는 반대편이어야 한다.

36 작업환경개선을 위한 교육 중 "어떻게", "어느 때", "누구에게"보다는 "왜" 해야 하는가를 교육시켜야 하는 대상자는 누구인가?★★

① 경영자 ② 근로자 ③ 감독자 ④ 기술자

37 산업보건 교육대상자가 아닌 사람은?

① 경영자 ② 기술자 ③ 감독자 ④ 변호사

38 작업환경관리의 교육을 책임경영자에게 실시하고자 한다. 어디에 초점을 두어야 하겠는가?

① 어떻게(How) ② 어느 때(When) ③ 왜(Why) ④ 어디에(Where)

해설 경영자에겐 그 이유가 충분히 교육되어져야 하고, 그 이유를 설득시켜야 한다.

39 다음 중 효과율을 판정하는 식으로 옳은 것은?★★★

① 효과율(%)=(개선 후 환경조건-개선 전 환경조선) / 개선 전 환경조건 × 100
② 효과율(%)=(개선 전 환경조건-개선 후 환경조건) / 개선 전 환경조건 × 100
③ 효과율(%)=(개선 전 환경조건-개선 후 환경조건) / 개선 후 환경조건 × 100
④ 효과율(%)=(개선 후 환경조건-개선 전 환경조건) / 개선 후 환경조건 × 100

40 유해 작업장의 어떤 작업공정에서 먼지를 측정한 결과 12.0 g/m^{3}이었다. 환기시설을 이용해 작업환경을 개선한 후 먼지를 측정한 결과 0.1 g/m^{3}으로 감소되었다. 환경개선 효과율은 얼마인가?★★

① 10%　　② 50%　　③ 70%　　④ 99%

해설 $\frac{(12-0.1)}{12} \times 100 = 0.9917 \times 100(\%) = 99.71(\%)$

41 다음 중 유해물질의 공학적 환경관리에서 생산기술적인 대응에 해당되는 것은?

① 설비의 밀폐화, 자동화, 원격조정, 유해공정의 격리
② 국소배기, push-pull 환기에 의한 오염물질의 확산방지
③ 전체환기장치에 의한 오염물질의 희석 배출
④ 유해화학물질의 제조, 사용중지, 유해성이 적은 물질로의 전환

해설 ①, ②, ③은 유해물질의 공학적 환경관리 중에서 환경관리적인 대응에 해당되며, ④는 생산기술적 대응에 해당됨. 환경자체의 근원적 대책에 해당되며 가장 효과적인 방법에 해당된다.

과년도출제 및 예상문제

01 작업환경관리의 목적과 가장 거리가 먼 사항은?

① 산업재해 방지　　② 근로자 의욕고취　　③ 직업병의 치료　　④ 작업능률 향상

02 작업환경 개선의 기본원칙으로 볼 수 없는 것은?

① 환기　　② 평가　　③ 격리　　④ 대치

03 작업환경에서 발생되는 유해요인을 감소시키기 위한 기본 관리 개선책 중 직접적이며 적극적인 대책과 가장 거리가 먼 것은?

① 유해작용이 적은 물질로 대치
② 유해작용이 있는 물질에 대한 개인 보호구 착용
③ 유해작용이 있는 물질과 근로자의 격리
④ 유해작용이 있는 물질을 사용하는 작업장에 전체환기 또는 국소환기시설을 한다.

해설 공학적 대책 : 대치, 격리, 환기
행정적 대책 : 작업변경, 작업시간 단축
개인보호장구 착용 : 마지막 수단으로 소극적 대책임

04 환경개선에 관한 다음의 기술 중 잘못된 것은?

① 분진작업에는 습식으로 하는 방법의 고려가 필요함
② 유기용제를 사용하는 경우에는 가능한 한 휘발성이 적은 물질로 대체함
③ 제진장치의 선정에 있어서는 함유분진의 입경 분포를 고려함
④ 전체환기장치는 공기의 입구와 출구를 근접한 위치에 설치하여 환기효과를 증대함

05 유해 작업환경 개선대책 중 대치(Substitution)에 해당되는 내용으로 틀린 것은?

① 세탁 시 세정제로 사용하는 벤젠을 1,1,1-트리클로로에탄으로 바꾸어 사용
② 수작업으로 페인트를 분무(Spray)하는 것을 담그는 공정(Dipping)으로 자동화
③ 성냥제조 시 적인(赤燐) 대신 황인(黃燐)을 사용
④ 자동차 산업에서 Solder를 고속 회전식 그라인더로 깎아내던 작업을 저속 Oscillating Type Sander로 변경

해설 성냥제조의 황인은 무턱증 유발 즉 턱뼈의 괴사를 일으킴으로 적인으로 대치

06 작업장에서 사용물질의 독성이나 위험성을 줄이기 위하여 사용물질을 변경하는 경우로 옳은 것은?

① Perchloroethylene을 석유 나프타로
② 성냥제조 시 황린을 적린으로
③ 1,1,1-Trichloroethane를 사염화탄소로
④ 야광시계의 자판을 인에서 라듐으로

07 작업환경의 관리방법 중 공정의 변경에 의한 대치방법과 가장 거리가 먼 것은?

① 알코올을 사용한 엔진 개발
② 금속을 두들겨 자르던 공정을 톱으로 절단
③ 가연성 물질을 철제통에 저장
④ 전기 흡착식 페인트 분무방식 사용

08 유해 작업환경 개선 원칙 중 대치(Substitution)의 방법과 가장 거리가 먼 것은?

① 유해물질 변경 ② 시설의 변경 ③ 공정의 변경 ④ 작업자의 변경

09 작업환경 개선의 기본대책 중 하나인 대치의 방법과 가장 거리가 먼 것은?

① 시설의 변경 ② 공정의 변경 ③ 물질의 변경 ④ 위치의 변경

10 다음의 작업환경 개선대책 중 대치의 방법이 아닌 것은?

① 물질의 변경 ② 사람의 변경 ③ 시설의 변경 ④ 공정의 변경

11 작업환경의 관리 원칙 중 격리(isolation)관리방법에 속하지 않은 것은?

① 위생보호구 사용
② 방사능 물질은 원격조정이나 자동화 감시체제
③ 인화성이 강한 물질 저장 시 저장 탱크 사이에 도량을 파고 제방을 만든다.
④ Fume 배출 드래프트의 창을 안전 유리창으로 바꾼다.

06 산업안전보건법 상의 작업환경관리

학습목표

1. 산업보건관리
2. 작업환경관리
3. 작업관리
4. 건강관리
5. 산업보건교육
6. 산업보건관리체제
7. 산업안전보건법 상의 작업환경관리 주요 내용

1. 산업보건관리

1) 산업보건관리의 필요성

산업보건관리의 분류 및 개념

작업장에서의 안전·보건관리는 산업재해예방을 위하여 유해·위험에 대한 방지기준을 확립하고, 책임소재를 명확히 하거나 자율적 활동의 촉진을 위한 조치를 취하는 등 그 방지에 관한 종합적, 계획적인 대책을 추진함으로써 쾌적한 작업장을 조성하여 근로자의 안전과 건강을 보호하는데 그 목적을 두고 있다(산업안전보건법 제1조).

특히, 산업보건관리의 관점에서 근로자들의 몸과 마음을 건강하게 하고, 기분 좋게 일할 수 있도록 하는 것이 산업보건의 목적이며 산업보건관리를 추진하기 위해서는

① 작업환경관리, ② 작업관리, ③ 건강관리를 추진해야 하고 이러한 내용을 원활하고 효과적으로 추진하기 위해서는 ④ 산업보건교육의 실시, ⑤ 산업보건 관리체제의 확립이 필요하다. 이러한 산업보건에 관한 기술적, 실무적 사항을 관리하는 사람으로, 규모가 50인 이상의 사업장은 보건관리자를 선임하여야 하며, 안전보건관리책임자 또는 사업주의 지휘 아래 작업장의 산업보건관리가 추진되고 있다.

특히 보건관리자 선임의무가 부여되지 않은 중소규모 사업장에서 산업보건의 기본이 되는 대책을 실시하기 위해서는 사업주의 열의와 이 일을 실제로 실행해 나가는 추진자가 필요하다. 최근 중소규모 작업장에서의 산업재해 발생현황은 대규모 사업장에 비해서 대단히 높게 나타나고 있으며 또한 기계화를 비롯한 최근의 기술혁신은 중소규모 사업장에도 폭넓게 받아들여

져 이러한 작업장에서도 안전보건업무가 복잡하고 동시에 다양해지고 있다.

안전보건관리책임자 또는 보건관리자의 구체적인 직무에 대해서는 그림 6.1에 나타내고 있으며 이러한 보건업무에 대해서 권한과 책임을 갖고 사업주의 지휘를 받아 해당업무를 수행하도록 규정되어 있다.

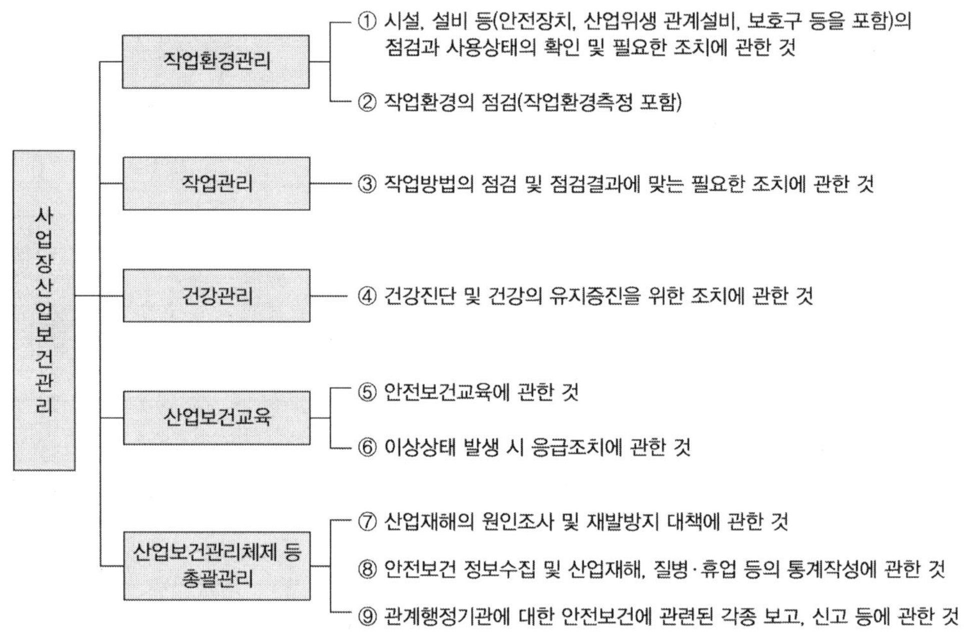

그림 6.1 산업보건관리 구분 및 직무

2) 작업환경 및 작업조건의 파악

작업장에는 여러 가지 다른 작업환경이나 작업조건이 있으며, 보건관리자가 이러한 상황을 파악하고 적절한 대응을 하지 않아 근로자의 건강장해를 일으키고 공해 등의 발생으로 환경문제를 유발시키는 사례가 있다.

산업보건관리를 추진하기 위해서는 우선 제일 먼저 작업장 현황을 파악하여야 하며, 특히 표 6.1에 제시한 내용과 같이 보건 상 유해한 업무나 건강장해를 야기할 수 있는 작업에 대해서는 정확히 파악해야 한다.

표 6.1 작업환경요인이 건강에 미치는 요인

환경요인	장해의 종류	대상작업 예	적용규칙
화학적 요인(유해물질)			
① 광물성분진	진폐증	광업, 요업, 주조, 건설	시행규칙, 보건규칙 제 2편
② 방사성물질	전리방사선장해	방사선물질 취급	보건규칙 제 12조의 2 원자력법
③ 특정화학물질	산업중독, 직업성암, 피부장해	염료공업 등 제조업, 도금업, 건설업	시행규칙, 보건규칙 제 6편
④ 기타 중금속	산업중독, 직업성 암, 피부장해	축전지제조, 제련업, 라이닝, 요업, 건설업	보건규칙 제1편
⑤ 기타 일반분진	진폐증, 산업중독, 피부장해	방적, 제지, 화학공업	시행규칙, 보건규칙 제2편
⑥ 유기화합물 등	유기화합물중독, 피부장해	인쇄, 도장, 도료, 접착	시행규칙, 보건규칙 제5편
⑦ 기타 유해가스	산업중독	화학공업 등 제조업, 광업	보건규칙 제1편
⑧ 산소결핍 등	산소결핍증 등	건설, 화학공업, 지하실, 음식료품제조업	시행규칙, 보건규칙 제 7편
물리적 요인(유해에너지)			
⑨ 이상온습도, 복사열, 기류	열중증, 동상	로 앞작업, 열처리, 냉동실작업	시행규칙, 보건규칙 제8조, 17조
⑩ 이상기압	잠수병, 잠함병, 고산병	잠수, 압기공사, 고소건설	시행규칙, 보건규칙 제1편
⑪ 불량조명	안구피로, 근시	정밀작업, 사무작업	보건규칙 제16조
⑫ 소음	소음성난청, 정신피로, 정서불안정	프레스, 방적기, 건설, 금속가공	시행규칙, 보건규칙 제6조
⑬ 초음파	귀울림, 두통, 구토	초음파세정, 초음파용작	-
⑭ 국소진동	진동장해	착암기, 체인톱, 진동공구 취급	보건규칙 제10조
⑮ 레이저광선	망막손상, 실명	통신, 측량, 금속가공, 재단	보건규칙 제3조
⑯ 적외선	백내장	용해로, 건조로	보건규칙 제3조
⑰ 마이크로파	백내장, 체온상승, 조직괴사	레이다, 통신, 비닐용착	보건규칙 제3조
⑱ 자외선	홍반, 전광성 각막염	용접, 살균등, 복사기	보건규칙 제3조
⑲ 전리방사선(X선, α, β, γ선 등)	전리방사선장해	의료, 비파괴검사	보건규칙 제12조의2
생물학적 요인			
⑳ 세균, 기생충, 쥐, 곤충	감염증, 식중독	모든 작업	보건규칙 제3조, 제12조
㉑ 알레르겐	직업성 알러지 병	화학공업, 농림축산업	-
사회적 요인(작업적 요인, 인간공학적 요인)			
㉒ 근로조건	정신피로, 정서불안정	모든 작업	-
㉓ 대인관계	심인성질병		-
㉔ 작업자세 불량	요통, 근골격계 장애	모든 작업	-

건강에 영향을 야기할 수 있는 작업을 열거하면

① 유해한 화학물질을 취급하는 작업 : 화학물질 20만여 종, 산업용사요 10만여 종
② 유해한 가스, 증기, 분진 등을 발산하는 작업
③ 고열, 한랭, 다습한 장소에서의 작업
④ 유해광선이나 방사선에 노출되는 작업
⑤ 강렬한 소음을 발산하거나 진동이 발생되는 작업
⑥ 산소결핍의 위험이 있는 장소에서의 작업
⑦ 이상기압 하에서의 작업
⑧ 중량물취급 등의 작업
⑨ 병원체에 의해 오염되거나 위험이 있는 작업

이상과 같은 작업이 작업장에 있는지 잘 조사해 보아야 하며, 또한 사무실 등의 일반 작업환경이나 VDT(visual display terminal, 시각표시단말기 취급 작업)작업 등의 작업방법에 대해서도 문제가 없는지 조사해 보아야 한다. 최근 작업장스트레스(대인관계, 업무과중, 승진, 인사배치, 업무상의 불만) 등에 의한 심리적 문제나 고령근로자에 대한 배려 등에 대해 대응할 필요가 있기 때문에 작업장의 현황을 정확히 파악해야 한다.

2. 작업환경관리

1) 작업환경관리

현대 산업사회에 있어서 근로자의 건강은 유해요인의 질적, 양적 증대와 아울러 물리적, 화학적, 생물학적 제반요인에 의해 정신적, 육체적 그리고 사회적으로 많은 문제점을 안고 있다. 노동에 있어서 근로자의 건강과 질병의 문제는 오래 전부터 사회과학 및 의학적 견지에서 주목되어 왔으며, 근대의학의 발전 속에서 근로자들의 건강문제는 산업보건 분야에서 중요한 부문을 차지하고 있다. 근로자의 질병을 사전에 예방하고 질병자를 조기에 발견함으로써 치료를 통해 사회에 복귀시키고 작업조건을 근로자에게 적합하도록 하기 위한 산업보건업무는 작업환경관리, 작업관리, 건강관리, 산업보건교육, 산업보건관리체제의 운영 등으로 구분할 수 있다.

특히 작업환경관리는 작업환경 중의 각종 유해요인을 제거하고 쾌적한 작업환경을 유지하는 것을 목표로 하는 것이며, 작업장에서의 근로자 건강장해를 예방하기 위해 가장 우선해서 추진해야 할 근본적인 대책이다.

작업환경관리의 기본이 되는 진행흐름은 그림 6.2와 같은 방법으로 관리할 수 있다.

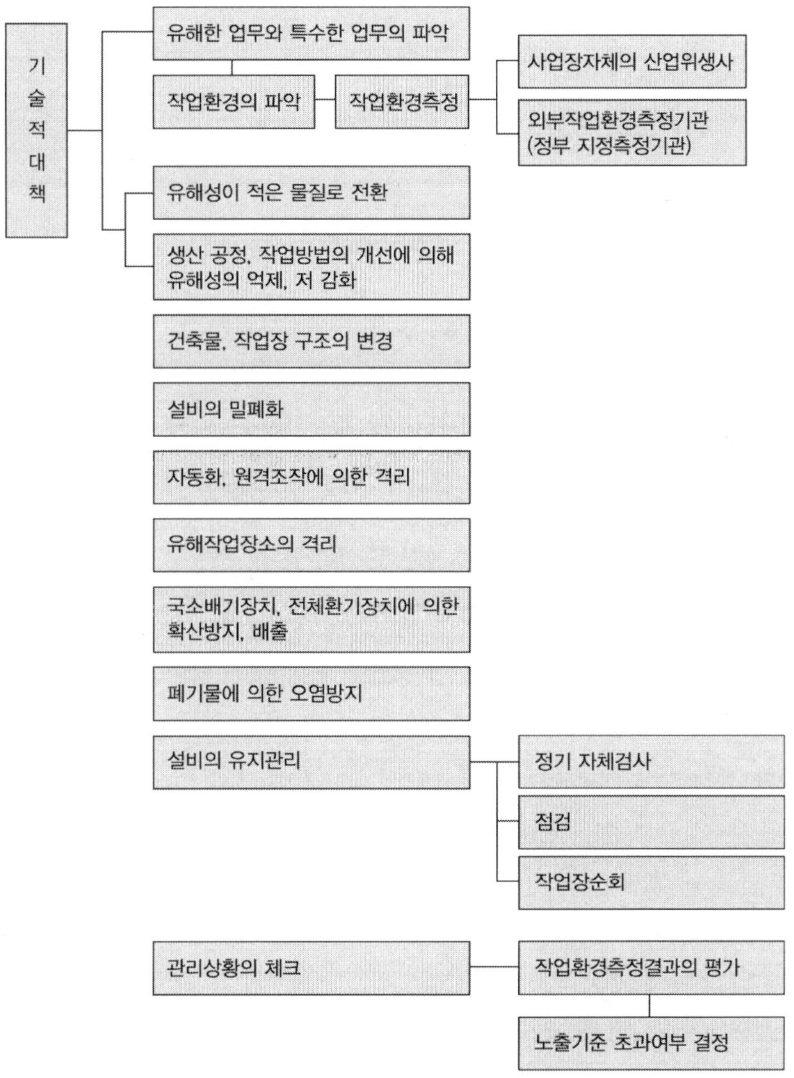

그림 6.2 작업환경관리의 흐름

2) 작업환경측정과 평가

(1) 작업환경측정

「작업환경측정」이라 함은 작업환경의 실태를 파악하기 위하여 해당 근로자 또는 작업장에 대하여 사업주가 측정계획을 수립하여 시료의 채취 및 분석, 평가를 하는 일련의 과정으로 정의할 수 있으며(산업안전보건법 제2조), 작업환경의 실태를 정확히 파악하기 위해서는 법에서 정하고 있는 작업환경측정기준을 근거로 한 작업환경측정이 필수적이며 정기적 또는 수시로 측정을 하고, 그 결과에 대한 평가를 하여, 평가결과에 따라 필요한 조치를 취해야 한다. 이러한 작업환경측정의 목적으로는

① 유해요인에 대한 근로자의 노출기준 초과여부 결정
② 일상적인 작업환경의 정기적인 파악
③ 신규설비, 원재료, 작업방법 등의 평가
④ 개선조치 효과의 확인
⑤ 건강진단결과 등의 확인을 통한 현장 실태의 재점검
⑥ 국소배기장치 등 환기설비의 성능 점검

이러한 목적을 달성하기 위해서 정기 또는 수시로 실시하는 것이 필요하고 산업안전보건법상 정기적으로 작업환경측정 등을 실시해야 할 작업장은 다음과 같다.

(2) 작업환경측정 대상 유해인자

① 화학적 인자
- 유기화합물(113종) : 톨루엔, 아세톤 등
- 금속류(23종) : 구리, 납 등
- 산 및 알카리류(17종) : 질산, 황산 등
- 가스상물질류(15종) : 암모니아 등
- 허가 대상물질류(14종) : 베릴륨 등
- 분진(6종) : 광물성물질, 면, 목분진 등

② 물리적 인자 : 소음, 고열
③ 측정횟수를 유해인자의 노출수준에 따라 탄력적으로 세분화
- 3개월에 1회 이상으로 강화 : 발암성 물질이 노출기준초과, 화학적인자가 노출기준 2배 이상 초과
- 1년에 1회 이상으로 완화 : 공정 및 작업방법 등의 변동이 없고, 최근 측정결과 2회 연속 노출기준 미만

(3) 작업환경측정 및 평가방법

① 관련법규 : 법 제42조(작업환경측정 등)
법 시행규칙 제93조
작업환경측정 및 정도관리규정(노동부고시 제2001-20호)

② 목적 : 작업환경의 정확한 실태를 파악하기 위하여 시료의 채취 및 분석·평가 등 필요한 사항을 정함으로써 측정·평가의 신뢰도와 정확도 제고

③ 제도내용

(4) 측정 및 평가방법 총괄

① 측정방법

- 원칙 : 개인시료 포집방법
- 예외 : 지역시료 포집방법 사용 가능

- 유해물질 발생원 파악, 환경개선 효과측정, 개인시료 포집이 불가능한 경우

② 측정시간 : 원칙 : 1일 작업시간동안 6시간 이상 연속측정 또는 작업시간을 등 간격으로 나누어 6시간 이상 연속분리 측정

- 예외
  - 발생시간이 6시간 이하, 간헐적, 불규칙한 경우 발생시간 동안 측정
  - 단시간 노출기준(STEL)이 설정된 물질로써 단시간 고농도에 노출될 경우 1회에 15분간, 1시간 이상의 등 간격으로 4회 이상 단시간 측정

③ 시료포집 근로자 수

- 최고노출근로자 2인(2개 지점) 이상 동시 측정(근로자 1인인 경우에는 예외)
- 작업근로자 수가 10인 이상인 경우 매 5인당 1인 추가측정 및 단위작업장소의 넓이가 50 m^2 이상인 경우 매 30 m^2마다 1개 지점 추가 측정
  - 동일 작업근로자수가 100명 이상인 경우 최대시료포집 근로자 수 20개로 조정 가능

④ 평가방법

- 측정농도의 평가방법(작업환경측정실시규정 별표 1)에 의거 측정치의 초과여부를 정확하게 평가하고
- 측정결과보고서는 공정성, 객관성이 유지되도록 사실에 입각하여 작성

3) 작업환경의 유지 및 개선

작업환경은 근로자의 건강장해를 예방하는 의미에서 가장 근본적인 것이며 지속적인 작업환경의 측정과 정기자체검사, 점검 등의 실시에 의해, 설비 등의 개선조치를 시행하는 한편 각종 설비의 적절한 정비 등을 통하여 쾌적한 작업환경 상태의 유지에 노력하는 동시에 실효성 있게 개선해 나가야만 한다.

산업안전보건법에서는 일반적인 작업환경, 유해한 업무, 특정업무에 대해 보건에 관한 기준을 제시하고 있으며 작업환경관리에 필요한 내용에 대해 사업주에게 의무가 부과되어 있는 법령의 규정을 표 6.2에 제시하였다.

표 6.2 작업환경관리에 관한 법령

법령구분	작업환경관리 관계조항
산업안전보건법	• 제4장 : 유해, 위험의 예방조치 - 강구해야 할 보건상의 조치(제24조) - 기술상의 지침 및 작업환경의 표준(제27조) - 유해 작업의 도급금지(제28조～제29조) - 자체검사(제36조) - 유해물질의 제조 등의 금지 및 허가(제37조～제38조) - 화학물질의 유해성조사와 조치(제40조) • 제5장 : 근로자의 보건관리 - 작업환경의 측정 등(제42조)
산업안전보건법 시행령	• 도급금지 및 도급사업의 안전보건조치(제26조) • 제조금지 및 허가대상 유해물질(제29조～제30조) • 유해성조사제외 화학물질(제32조)
산업안전보건법 시행규칙	제4편 : 유해위험 예방조치 • 제2장 : 도급사업에 있어서의 안전보건관리 • 제9장 : 자체검사 - 정기적으로 자체검사를 행하여야 할 기계·기구 등(제37조)
산업안전보건법 시행규칙	제5편 : 근로자의 보건관리 • 제1장 : 작업환경의 측정 - 작업환경측정 대상작업, 횟수조정 신청, 결과의 보고 등(제93조～제94조)

4) 작업장순회 및 정기자체검사(定期自體檢査)

작업환경은 항상 변화하고 또 변화하기 쉬운 특징을 가지고 있어 어떤 작업공정이 계속적으로 일정하게 반복 가동되고 있는 작업장에서도 작업 및 기계 상태 등이 조금씩 변화하고 있다.

그러므로 사업주는 이러한 작업환경이 산업 활동에 지장이 없다고 생각되면 방치하기 쉬운데 산업보건 상 사소한 일이라도 방치한다면 어느 땐가 근로자에게 건강장해를 초래하는 경우가 흔히 발생할 수 있다.

이와 같은 일이 발생하지 않도록 작업장의 실태를 항상 정확히 파악해 두는 것이 매우 중요하며, 이를 위해서 사업주를 비롯해 각 작업장의 감독자, 담당자가 각자의 입장에서 작업장순회, 정기자체검사 및 점검을 수시로 실시해서 평소의 작업장 실정을 정확히 파악해 두어야 한다.

작업장순회에는 ① 경영자의 톱클래스에 의한 순회, ② 보건관리자, 안전보건담당자에 의한 순회, ③ Line의 장(부·과장, 현장감독자, 직·반장 등)에 의한 순회, ④ 안전보건 담당이나 위원에 의한 순회, ⑤ 모기업이나 협력회사에 의한 합동순회, ⑥ 외부 전문가에 의한 순회, ⑦ 행정관청 등에 의한 순회 등이 있으며, 정기자체검사와 점검에 대해 산업안전보건법에서는 국소배기장치와 그 밖의 기계·기구 등에 대한 점검을 실시하고 그 결과를 기록하도록 규정하고 있다.

특히 보건관리자, 안전보건담당자의 작업장순회는 중요한 직무 중의 하나로 순회(점검)의 장소, 항목, 시기, 빈도를 정해 정기적으로 실시할 수 있도록 계획을 수립하여야 하며, 순회(점검)를 할 때는 목적에 맞는 적절한 체크리스트를 작성해서 기록하는 것이 중요하다. 순회(점검) 결과 발견된 문제점에 대해서는 해당 작업장에 통보하여 개선할 수 있도록 유도하여야 한다.

보건관리자, 안전보건담당자가 유기화합물, 납, 특정화학물질, 분진에 관계되는 국소배기장치 및 제진장치의 정기자체검사(1년에 1회 이상 정기적으로 실시)에 대해서는 적절하면서도 유효한 실시를 위해 검사항목, 검사방법, 판정기준 등을 규정한 다음의 기준을 제시하고 있다.

3. 작업관리

1) 작업관리

유해한 물질이나 유해한 에너지가 근로자에게 미치는 영향은 개별 근로자의 작업내용에 따라 다르며, 또한 같은 작업내용이라도 작업방법에 따라 달라지며 작업환경 자체도 작업방법에 의해 큰 영향을 받는다고 할 수 있다. 이러한 요인을 적절히 관리함으로써 작업환경과 근로자의 건강에 미치는 영향을 가능한 최소화할 수 있는 것이 작업관리이며 작업환경관리, 건강관리와 연계하여 적용하는 것이 바람직하며 작업관리의 진행방법으로는

① 작업에 의한 유해요인의 발생을 방지한다.

② 폭로 최소화를 위해 적절한 작업순서, 작업방법을 정하고 철저히 이행하도록 한다.

③ 작업부하, 불량한 작업 자세 등에 의해 인체에 미치는 나쁜 영향을 작업방법의 변경 등에 의해서 개선한다.

④ 유해에너지의 발생이 적은 공구 등의 사용에 의해 인체에 대한 폭로를 최소화한다.

⑤ 보호구 사용에 의해 인체에 대한 폭로를 최소화한다.

위와 같은 방법으로 폭로를 억제하기 위한 대책을 검토하고, 실시하는 것이 필요하며 그 밖에 유해요인이라고 할 수 있는 작업에 수반되는 영향으로는

① 근육피로

② 정신피로, 안정피로 : 감시 작업, VDT 작업

③ 국소피로 : 근골격계(머리, 어깨, 팔)질환, 건초염, 요통

등이 있으며 개인차를 근거로 한 대책을 수립해야 한다. 작업관리의 기본이 되는 흐름은 그림 6.3과 같으며 작업관리에 관계되는 법령은 표 6.3에 요약 정리하여 나타내고 있다.

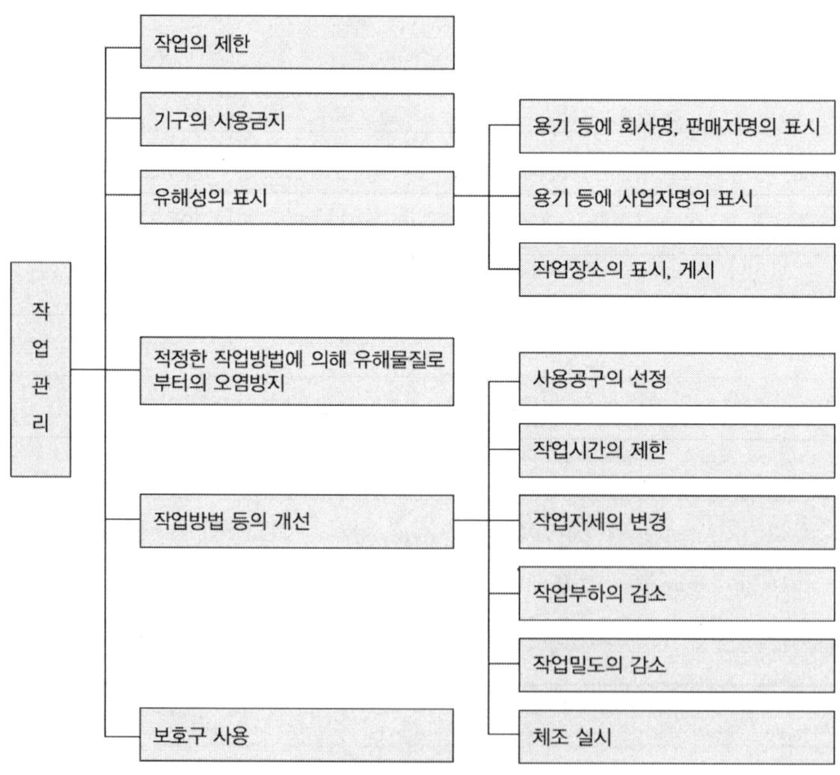

그림 6.3 작업관리의 흐름

표 6.3 작업관리에 관한 법령

법령구분	작업관리 관계조항
산업안전보건법	제4장 : 유해·위험의 예방조치 • 사업주가 강구해야 할 보건상의 조치 (제24조) • 기술상의 지침 및 작업환경의 표준 (제27조) • 유해물질의 표시 (제39조) • 물질안전보건자료의 작성, 비치 등 (제41조) 제5장 : 근로자의 보건관리 • 근로시간 연장의 제한 (제46조)
산업안전보건법 시행령	• 명칭 등을 표시하여야 할 유해물질 (제31조) • 물질안전보건자료 작성비치 대상 제외 화학물질 (제32조의2) • 유해·위험 작업에 대한 근로시간 제한 등 (제33조)
산업안전보건법 시행규칙	제2장 : 안전·보건표지 • 안전보건 표지의 종류, 형태, 설치대상, 색채 (제6조~제10조) • 유해물질의 표시방법 (제81조) • 물질안전보건자료의 기재사항 및 경고표지의 부착 (제92조의2및4)

2) 산업위생보호구

가. 산업위생보호구의 종류

① 호흡용 보호구 ② 산업위생 보호의류 ③ 눈, 안면 보호구 ④ 청력보호구가 있으며, 이밖에 피부장해, 피부흡수 방지를 위한 보호크림(도포제) 등이 있다.

표 6.4 유해요인에 대한 산업위생보호구

유해요인	보호구의 종류
① 가스, 증기, 분진	호흡용 보호구(방진마스크, 방독마스크, 송기마스크, 공기호흡기, 산소호흡기), 보호 장갑, 보호 장화, 보호의류
② 복사열	방열복(면), 내열 복(면)
③ 부식성 액체 등	모자, 보호 장갑, 보호안경, 보호 장화, 보호의류(보호크림)
④ 유해광선	차광 보호안경
⑤ 소음	귀마개, 귀덮개, 방음헬멧
⑥ 진동	방진장갑
⑦ 산소결핍 위험작업	공기호흡기, 산소호흡기, 송기마스크: 신선한 공기 또는 산소공급 장치를 부착한 공기공급식 마스크

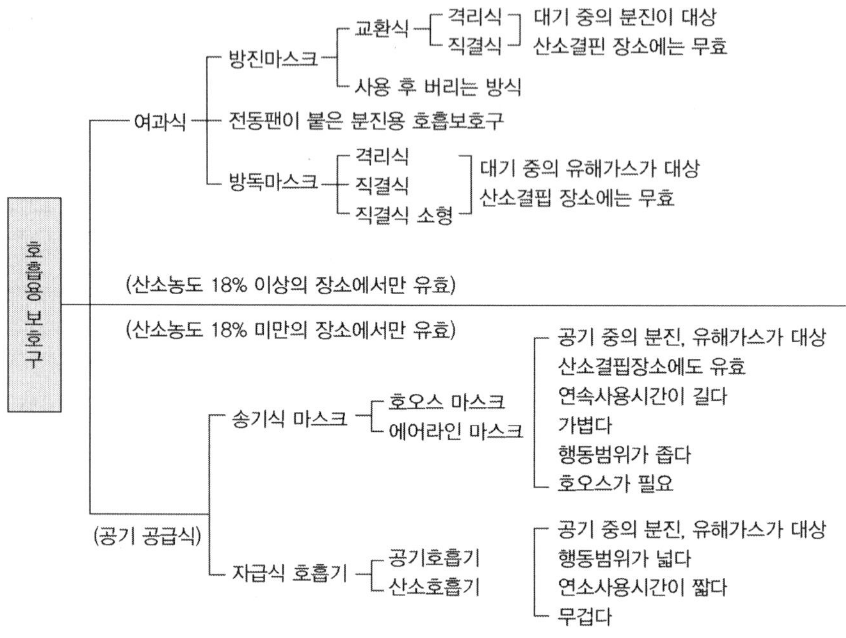

그림 6.4 호흡용 보호구의 종류

나. 산업위생보호구 사용상의 유의사항

① 사용목적에 맞는 보호구를 갖추고, 반드시 착용시킨다.

② 동시에 작업하는 근로자 수 이상을 구비한다.

③ 항상 사용할 수 있도록 하고 청결하게 보존·유지한다.

④ 각자 전용으로 사용할 것을 마련한다(전염성질병 예방에 대한 조치를 할 것).

⑤ 작업자는 보호구의 착용을 생활화하여야 한다.

⑥ 안전담당자는 보호구의 사용 상황을 감시한다.

4. 건강관리

1) 건강관리란

건강관리는 건강진단 및 그 결과를 근거로 한 사후조치를 비롯해 더 나아가 일상생활 속의 건강상담, 건강지도까지를 포함한 광범위한 내용을 포함한 것으로, 우선 건강진단을 행하고 건강상태를 조사하며 이상이 있는 경우에는 정밀건강진단을 실시해서 건강관리구분을 결정한다. 건강관리 구분상 문제가 있을 경우에는 추적검사를 한다든지 의학적 치료를 행하는 동시에 이상의 원인이 되는 작업환경요인이나 작업방법에 대해서 적절한 개선조치를 강구해야만 한다.

그리고 건강진단에서 분명한 건강장해가 발견되지 않는 경우라도 작업환경과 작업방법이 근로자의 건강에 영향을 미칠 수 있는 잠재적 변화가 일어나는 경우도 있으므로 유해물질에 대한 폭로량의 저감화, 작업방법의 개선 등에 의해 건강장해를 미연에 방지하는 것이 중요하며 작업환경관리 및 작업관리와 유기적으로 연계하여 추진하는 것이 바람직하다.

2) 건강진단

건강진단은 사업장 근로자의 질병을 조기에 발견하여 신속히 조치함으로써 근로자의 건강유지 및 증진에 기여함을 목적으로 실시하며 법령을 근거로 한 건강진단의 종류는

① 채용 시 건강진단 : 근로자를 신규로 채용하는 경우 작업에 배치하기 전 실시

② 일반건강진단 : 상시 사용하는 근로자에 대하여 주기적으로 실시

③ 특수건강진단 : 유해한 업무에 종사하는 근로자에 대하여 실시

④ 배치 전 건강진단 : 신규채용 또는 작업부서의 전환으로 특수건강진단 대상 업무에 종사하는 근로자에 대하여 실시

⑤ 수시건강진단 : 특수건강진단 대상 업무로 인하여 유해인자에 의한 직업성 천식, 직업성 피부염 기타 건강장해를 의심하게 하는 증상이나 의학적 소견이 있는 근로자에 대하여 실시

⑥ 임시건강진단 : 유해인자에 의한 자각 및 타각증상이 발생하는 등의 경우에 중독 여부, 질병이환 여부 또는 질병발생 원인 등을 확인하기 위하여 지방노동관서의 장의 명령에 의해 실시

3) 사후조치

건강진단실시 결과, 발견된 질병이 환자 또는 건강이상자에 대해서 적절한 조치를 하는 것은 건강진단의 기본이며, 형식적인 진단만으로 끝내서는 안 된다.

어느 정도의 소견이 있는 근로자에 대해서는 정밀검사를 실시하고 나서 건강관리구분을 결정할 필요가 있고, 그 결과 관찰을 요하는 자 또는 치료를 요하는 자가 있을 경우에 는 건강을 유지·보존하기 위해 필요하다면 작업장소의 변경, 작업 전환, 근로시간의 단축, 취업금지 등 조치를 강구하는 한편, 작업환경측정의 실시, 시설 또는 설비의 설치 또는 개선과 기타 적절한 조치를 강구해야만 한다(산업안전보건법 제43조제5항).

표 6.5 건강관리구분·사후관리내용 및 업무수행 적합 여부

건강관리구분		건강관리기준	건강관리내용
A		건강자	건강관리상 사후관리가 필요없는 자
C	C_1	요 관찰자	직업성 질병으로 진전될 우려가 있어 추적검사 등 관찰이 필요한 자
	C_2	요 관찰자	일반 질병으로 진전될 우려가 있어 추적관찰이 필요한 자
R		추가검사 대상자	추가적으로 검사가 필요한 자
D_1		직업병 유소견자	직업성 질병의 소견을 보여 사후관리가 필요한 자
D_2		일반질병 유소견자	일반 질병의 소견을 보여 사후관리가 필요한 자

* 특수건강진단결과 "요 관찰자(C판정자)"에 대해서는 C_1과 C_2를 구분하여야 한다.
* 추가검사대상자(R판정자)에 대해 필요한 검사는 특수건강진단의 경우에는 선택검사항목을, 일반건강진단의 경우에는 제2차 건강진단을 말한다.

4) 건강관리수첩 교부 제도

- 목적 : 장기간 잠복기를 거쳐 발병하는 석면 등 11종의 유해물질을 제조·취급하는 업무에 일정기간 종사한 근로자를 대상으로 정기적으로 무료 건강진단을 실시하여 직업병으로 이환을 조기에 예방
- 대상작업 : 석면 제조·취급업무, 특정분진작업, 크롬산, 중크롬산 및 그 염 제조·취급업무, 벤지딘 염산염 제조·취급업무, 염화비닐 중합, 폴리염화비닐 분리작업, 제철용 코우크스 제조, 제철용 발생로가스 근접작업, 베타-나프틸아민 및 그 염 제조·취급업무, 비스-(클로로메틸에테르)제조·취급업무, 벤조트리클로리드 제조·취급업무, 삼산화비소 제조, 비소 함유광석 제련업무, 베릴륨 제조·취급업무

5. 산업보건교육

1) 산업보건교육

산업보건교육은 건강을 유지·증진하기 위한 지식을 제공하며, 그것을 일상작업과 생활 속에 실천할 수 있도록 근로자에게 동기를 부여하는 데 목적이 있다.

교육을 추진할 때는 작업환경관리, 작업관리 및 건강관리에 대해서 올바르게 이해시키는 것이 중요하고, 건강장해를 일으키는 유해요인에 대한 지식과 그 대책을 알려주며, 올바른 작업을 수행하도록 교육하는 한편, 1일 24시간 근로를 포함한 생활 속에 있어서 개인의 건강문제이

기도 하다는 것을 이해시킬 필요가 있다.

근로자에게 산업보건교육을 실시하는 안전보건관리책임자, 관리감독자, 보건관리자, 산업보건의는 산업보건교육 추진의 중심이 되어 계획을 세우고 착실히 실시해야 한다.

2) 산업보건교육의 종류와 내용

(1) 법정교육

① 채용 시 및 작업내용 변경 시 안전보건교육

(산업안전보건법 제31조제1항, 제2항 및 시행규칙 제33조 : 별표8)

근로자를 채용했을 때나 작업내용을 변경했을 때에는 지체 없이 다음 사항에 대해서 교육을 실시해야 한다.

- 산업안전보건법령에 관한 사항
- 당해 설비·기계 및 기구의 작업안전 점검에 관한 사항
- 기계·기구의 위험성과 안전작업방법에 관한 사항
- 근로자 건강증진 및 산업 간호에 관한 사항
- 물질안전보건자료(MSDS)에 관한 사항
- 기타 안전·보건관리에 필요한 사항

교육시간에 대해서는 규정되어 있지 않지만 근로자가 종사하는 업무에 대한 안전 또는 보건을 확보하기 위해 필요한 내용, 시간을 갖고 행하도록 되어 있다.

② 특별교육(산업안전보건법 제31조제3항, 시행규칙 제33조)

유해·위험한 업무에 종사하는 근로자에 대한 특별교육을 말하며 교육내용 및 교육시간은 39개의 작업별로 시행규칙 별표8의 2(특별안전보건교육대상 작업별 교육내용)에 정해져 있으며 특별교육을 실시했을 때는 그 교육의 수강자, 과목 등 기록을 작성해서 사업장 내에 보관해야 한다.

③ 능력향상교육(산업안전보건법 제32조)

안전보건관리책임자, 안전관리자, 보건관리자, 산업보건의, 보건관리대행기관 종사자를 대상으로 산업재해의 동향, 기술혁신의 진전 등 사회·경제 정세의 변화에 대응하면서 사업장의 안전보건수준 향상을 꾀하기 위해 실시하는 능력향상의 교육으로 정기 및 수시로 실시하고 있으며 교육의 내용 및 시간(커리큘럼), 방법 등은 「시행규칙 별표8의 2 관리책임자 등에 대한 교육내용」에 명시되어 있다.

(2) 기타교육

사업장교육은 기업 내뿐만 아니라, 근로자 가정에서의 생활을 포함한 전 생활을 고려해야만 한다. 특히 산업보건의 목적이 건강장해의 방지뿐만 아니라 쾌적한 작업환경의 조성이나 건강의 유지·증진에도 미치고 있다는 것에 유의해서 계획하고 실시하는 것이 중요하다.

3) 산업보건교육의 계획과 추진방법

교육은 계획적, 지속적으로 실시하는 것이 필요하며 법정교육을 포함해 사업장에서 구체적인 목표를 정하여 계획을 세워야 한다.

계획수립을 할 때에는 그 대상자, 교육내용, 교육방법, 교육시간, 교재, 강사, 시기 등에 대한 유의사항을 참고로 하여 구체적으로 계획하는 것이 중요하다. 특히 교육을 실시할 때 고려하여야 할 사항은 교육내용을 이해시키고 교육내용에 따라 작업장에서 확실히 실천하게 하는 것이 중요하다. 따라서 이 점에 유의하고 근로자 개개인의 이해도를 확인하면서 다음 단계로 넘어가는 것이 중요하다. 또한 교육을 실시한 다음에는 교육내용이 그대로 실천되고 있는지 파악하고, 다음계획에 활용하는 것이 필요하다.

6. 산업보건관리체제

(1) 산업보건관리체제의 확립

산업보건관리는 사업장의 작업환경관리, 작업관리, 건강관리 등을 원활히 효과적으로 추진하는 것이며, 이를 위해서 산업보건관리체제의 확립이 필요하기 때문에 산업안전보건법에서는 사업장의 산업안전보건을 조직적으로 확보할 수 있도록 제도화하고 있다.

그러나 안전보건관리책임자 또는 보건관리자, 산업보건의는 산업보건업무 수행에 중심적인 역할을 하는 자이나, 작업환경이 시시각각 변화하고 있기 때문에 모든 작업의 진행상황이나 작업자의 행동을 하나하나 자세히 감시하고 지도할 수는 없다.

따라서, 생산라인의 관리감독자가 각각 담당한 작업장에서 산업보건 업무를 작업에 편입해 실시하도록 하여야 하며 이를 위해서는 산업보건관리체제가 확립되지 않으면 안 된다. 우선 사업주가 산업보건의 기본방침을 정하고, 이 방침을 기초로 산업보건관리 계획을 세울 필요가 있으며 이 계획에 의해 작업장과 기타 관리·감독의 입장에 있는 사람들에 대한 책임과 권한을 명확히 해야 한다.

산업보건관리는 사업주, 안전보건관리책임자, 보건관리자, 산업보건의, 관리·감독하는 사람들이 일체가 되어 활동하는 것이 중요하고, 이것에 의해 근로자에 대한 지시, 지도를 철저히 하여 업무가 원활히 수행되어질 수 있도록 하며, 건강문제는 작업장뿐만 아니라 근로자 개개인의 생활과 직결되어 있기 때문에 근로자 전원의 협력이 필요하다. 이를 수행하기 위해 근로자 의견을 충분히 듣기 위한 기회를 만들도록 법령으로 규정하고 있다.

이 「근로자의 의견을 듣기 위한 기회라는 것은 산업안전보건위원회, 근로자 친목회, 작업장 간담회」 등 보건위원회에 상응하는 조직이나 사업주 또는 이를 대신하는 관리자, 보건관리자, 산업보건의, 관리·감독하는 사람들도 참석해서 가능한 근로자의 건강문제 등에 대한 의견을 듣도록 노력하는 것이 중요하다.

회사 측 입장에서 참가한 관리자들이 용이하게 이해할 수 있도록 문제 자료를 준비하여 사정을 잘 설명한다든지, 작업장에서의 산업보건에 대한 문제점을 토의하는 일이 필요하며 이것이 보건관리자, 산업보건의의 중요한 역할이라 할 수 있다.

또한 산업안전보건위원회에서 의견을 듣고 토의되어야 할 사항으로는

① 산업보건의 기본적 대책에 관한 것
② 발생한 산업재해의 원인조사와 재해방지대책에 관한 것
③ 산업보건에 관한 규정의 작성에 관한 것
④ 산업보건교육의 실시계획에 관한 것
⑤ 신규 도입하는 기계·기구와 기타 설비 또는 원재료와 관련된 건강장해 방지에 관한 것
⑥ 화학물질의 유해성조사 및 그 결과에 대한 대책수립에 관한 것
⑦ 작업환경측정의 결과 및 그 결과의 평가를 기초로 한 대책수립에 관한 것
⑧ 건강진단의 결과 및 그 결과에 대한 대책수립에 관한 것
⑨ 근로자의 건강유지 증진을 위하여 필요한 조치와 실시계획에 관한 것 등이 있다.

(2) 산업보건관리계획

① 산업보건관리계획이란

「산업보건관리계획은 일하는 사람들의 건강을 확보하는 동시에 쾌적한 작업환경 조성을 추진하기 위한 구체적 활동프로그램이고 그 실행을 위한 시스템이다」로 정의될 수 있으며 산업보건관리 계획에는 중장기적 계획과 연차계획, 월간계획 등 여러 가지가 있는데, 예를 들어 중장기계획에서는 중장기적인 관점에서 일관성이 있고 동시에 지금까지 작업장에서의 보건수준이나 생산관리계획 등 여러 가지 관리계획과의 균형을 생각하고, 모든 종업원이 충분히 이해할 수 있는 내용이어야 한다.

② 산업보건관리계획을 세우기 위한 유의사항
- 기본방침을 구체적으로 명확히 한다.
- 슬로건을 정한다.
- 관리의 실현가능한 목표를 설정한다.
- 중점실시사항을 선정한다(문제점을 정확히 파악하여 요점을 정리하고 선정사유, 근거 등에 대해서도 관계자가 납득할 만한 내용으로 작성).
- 안전보건관리체제를 명확히 한다.
- 실행을 위한 세부계획을 세운다(연간·월간계획, 보건활동계획, 교육연수계획 등).
- 계획입안을 할 때는 안전보건관리책임자 또는 보건관리자가 중심이 되어 작업 현장과의 충분한 조정을 수행한다.
- 「안전·보건에 관한 의견을 청취하는 기회」에 대해서는 계획을 실행하는 생산라인 근로자들의 의견을 구한다.
- 결정된 계획은 전 종업원에게 알린다.
- 계획의 실시상황은 정확하게 파악하고 평가하여 가능한 정기 또는 수시로 실시상황이나 평가결과를 모두에게 발표하고 당초 계획안대로 실시하도록 추진을 도모한다.

7. 산업안전보건법 상의 작업환경관리 주요 내용

1) 제조 등이 금지되는 유해물질

제조, 수입, 양도, 제공, 사용을 금지하고, 시험이나 연구목적인 경우 정부에 승인을 받은 후에 사용 가능하다.

- 황린성냥
- 폴리클로리네이티드터페닐(PCT)
- 악티노라이트석면
- 청석면 및 갈석면
- 벤젠을 함유한 고무풀
- 백연을 함유한 페인트
- 4-니트로디페닐과 그 염
- 안소필라이트석면 및 트레모라이트석면
- 베타-나프틸아민과 그 염

2) 허가대상 유해물질

디클로로벤지딘과 그 염, 알파-나프틸아민과 그 염, 크롬산 아연, 오로토-톨리딘과 그 염, 디아니시딘과 그 염, 베릴륨, 비소 및 그 무기화합물, 크롬광, 휘발성콜타르피치, 황화니켈, 염화

비닐, 벤조트리클로리드

3) 석면조사대상 자재

건축물, 건축물 설비의 철거, 해체하는 자

- 단열재, 보온재, 분무재, 내화피복재, 개스킷(Gasket), 패킹재(Packing), 실링재(Sealing)

4) 작업환경측정 대상 유해인자

① 화학적 인자
- 유기화합물(113종) : 톨루엔, 아세톤 등
- 금속류(23종) : 구리, 납, 카드뮴, 망간 등
- 산 및 알카리류(17종) : 질산, 황산, 염산, 수산화나트륨 등
- 가스상 물질류(15종) : 암모니아 등
- 허가대상 물질 류(14종) : 베릴륨, 휘발성콜타르피치 등
- 분진(6종) : 광물성분진, 면, 목 분진 등

② 물리적 인자 : 소음, 고열

5) 허용기준 이하 유지 대상 유해인자

발암성물질 등 근로자에게 중대한 건강장해를 유발할 우려가 있는 유해인자(1천만 원 이하는 과태료 부과) : 13종

- 납 및 그 무기화합물, 니켈(불용성 무기화합물로 한정)
- 디메틸포름아미드
- 벤젠, 2-브로모프로판
- 석면(제조, 사용하는 경우만 해당)
- 6가크롬 화합물
- 이황화탄소, 카드뮴 및 그 화합물
- 톨루엔-2.4-디이소시아네이트, 트리클로로에틸렌, 포름알데히드, 노말헥산

6) 유해물질 표시 내용

명칭, 성분 및 함유량, 인체에 미치는 영향, 표시자의 주소 및 성명, 유해그림

7) 물질안전보건자료의 작성항목(MSDS : 16개 항목)

화학제품과 회사에 관한 정보, 구성성분의 명칭 및 함유량, 위험 유해성, 응급조치 요령, 폭발화재 시 대처방법, 누출사고 시 대처방법, 취급 및 저장방법, 노출방지 및 개인보호구, 물리화학적 특성, 안정성 및 반응성, 독성에 관한 정보, 황경에 미치는 영향, 폐기 시 주의 사항, 운송에 필요한 정보, 법적 규제현황, 기타 참고사항

8) 근로자 건강진단의 종류

채용 시 건강진단, 일반건강진단(사무직), 특수건강진단(생산직), 배치 전 건강진단, 수시건강진단(특수건강진단 결과 증상/의학적소견이 있는 자), 임시건강진단(직업병 유소견자의 다수 발생으로 동일부서 근로자의 유사질병 발생 시 진단)

학습문제

01 작업환경측정이나 점검 및 개선 등에 관한 사항들을 심의하기 위하여 사업주와 근로자가 각기 동일한 수로 구성되는 산업안전보건위원회를 설치, 운영하여야 한다. 상시 근로자가 얼마 이상인 사업장이겠는가?

① 50인 ② 100인 ③ 200인 ④ 300인

02 사업장 작업환경 내의 산업위생사인 보건관리자에게 주어진 직무이다. 적당치 아니한 사항은 어느 것인가?★★

① 화학물질의 유해성조사와 결과 조치 ② 작업환경의 공학적 개선, 지도
③ 직업병의 판정 및 대책수립 ④ 산업위생보호구의 선정, 보급

해설 직업병 발생의 원인조사와 대책수립이다. 보건관리자의 자격 : 의사, 간호사, 산업보건지도사, 산업위생사(산업기사, 기사, 기술사), 대기환경기사, 산업보건 전공자

03 누구든지 황린성냥, 벤지딘, 벤지딘을 함유하는 제제 등 작업환경 내에서 근로자의 보건상 특히 해롭다고 인정되는 유해물질을 제조, 수입, 양도, 제공, 사용하여서는 아니 된다. 이러한 제조, 사용금지물질에 해당되지 아니하는 사항은 어느 것인가?

① 4 - 아미노디페닐 ② 4 - 니트로디페닐
③ 알파 - 나프틸아민 ④ 베타 - 나프틸아민

해설 알파 - 나프틸아민은 허가물질이다. 그러나 금지물질도 시험·연구를 위해서는 승인 후 사용가능하다. 산안법 37조, 동 시행령 29조 참조

04 디클로로벤지딘, 디클로로벤지딘을 함유한 제제 등 작업환경에서 근로자의 보건상 특히 해롭다고 인정되는 유해물질을 제조, 사용하고자 하는 자는 제조, 사용설비, 작업방법 등에 관하여 노동부장관의 허가를 받아야 한다. 허가물질에 해당되지 아니하는 물질은 어느 것인가?★

① 알파 - 나프틸아민 ② 포스겐 ③ 베릴륨 ④ 벤조트리클로리드

해설 오르토 - 톨리딘, 디아니시딘, 벤지딘염산염, 벤조트리클로리드, PCB 등도 허가물질이다. 산안법 38조, 동 시행령 30조 참조

05 직업성 암 예방을 위하여 제조가 금지된 물질을 알맞게 묶은 것은?

㉠ 벤지딘	㉡ 베타-나프틸아민	㉢ 알파-나프틸아민
㉣ 3-산화비소	㉤ 테트라-아미노디페닐	

① ㉠, ㉡, ㉢　② ㉠, ㉡, ㉤　③ ㉡, ㉢　④ ㉢, ㉣, ㉤

06 벤젠, 벤젠을 함유한 제제 등과 같이 작업환경 내에서 근로자에게 건강장해를 일으키는 노르말헥산 등 107종의 유해물질에 대하여서는 용기에 넣거나 포장하여 양도, 제공할 시에 유해성 표시를 하여야 한다. 유해성 표시물질의 표시사항에 해당되지 아니한 사항은 어느 것인가?

① 명칭　② 성분 및 함유량　③ 인체에 미치는 영향　④ 사용대상

해설 사용대상이 아니라 저장 또는 취급상의 주의 사항 및 긴급방재요령이다. 산안법 39조, 동 시행령 31조 참조. 그러나 일본에서는 1992년 6월부터 모든 환경유해물질 및 산업유해물질에 대하여 유해성 표시를 하도록 하고 있다.

07 물질안전보건자료(MSDS)에서 서류로 작성해야 할 항목이 잘못 구성된 것은?★★

① 제품회사에 관한 사항 → 안전성 및 반응성 → 독성정보 → 환경에 미치는 영향
② 구성성분의 명칭 및 조성 → 응급처치의 요령 → 화재시 대처방법 → 취급보관방법
③ 유해위험성의 주요내용 → 작업환경측정결과 → 누출사고 대처방법 → 노출 예방조치 및 개인 보호구
④ 물리·화학적 특성 → 폐기 시 주의사항 → 운송에 필요한 정보 → 법적 규제현황

08 사업장 내에서 작업환경측정이나 점검 등의 산업위생관리는 누구의 업무인가?

① 안전관리자　② 보건관리자　③ 안전보건 책임자　④ 산업보건의

해설 산업위생관리는 보건관리의 업무이고 안전보건책임자(당해 사업의 관리책임자)의 책임사항이다

09 작업환경 내에서 유해물질을 취급하는 근로자는 어떠한 건강진단을 받아야 하는가?★

① 채용 시 건강진단　② 특수건강진단　③ 임시건강진단　④ 일반건강진단

해설 산안법시행규칙 98조 참조. 임시건강진단은 유해물질에 의한 중독 시 등이다.

10 산업안전보건법상에 명시된 산소결핍은 공기 중 산소농도가 몇 % 미만을 말하는 것인가?

① 10% 미만　② 15% 미만　③ 18% 미만　④ 21% 미만

11 작업환경 내의 설비나 시설 및 기구에 대하여 이상 유무를 점검 실시하여야 할 사항이다. 적합지 아니한 설명은 어느 것인가?

① 국소배기장치, 전체환기장치 : 1년에 1회 이상
② 유해성 가스의 배기처리장치 : 6개월에 1회 이상
③ 연소 기구, 부속환기시설 : 6개월에 1회 이상
④ 채광설비, 조명설비, 구급용구 : 6개월에 1회 이상

해설 유해성 가스의 배기처리장치는 1년에 1회 이상 점검하여야 한다. 산업보건기준 32조 참조

12 작업환경 내의 작업자에게 적절한 보호구를 지급하고 착용하여야 한다. 이에 관한 설명 중에서 적합지 아니한 사항은 어느 것인가?

① 인체에 해로운 가스, 증기, 흄, 분진이 발생되는 장소에서는 방독 및 방진마스크
② 다량의 탄산가스가 발생되거나 산소결핍의 우려가 있는 장소에서는 공기호흡기, 산소호흡기, 호스마스크
③ 강렬한 진동이 발생되는 장소에서는 방진복, 방진장갑, 방진장화, 방진모자
④ 피부장해의 발생 우려가 있는 장소에서는 피부 도포제, 불 침투성 보호의, 보호마스크, 보호장갑, 신발

해설 진동발생장소에 대하여는 방진장갑만이다.

13 작업환경 내 고온 및 저온이 발생되는 장소에서는 습구 및 흑구온도를 몇 개월에 1회 이상씩 측정하여야 하는가?

① 1개월 ② 2개월 ③ 6개월 ④ 12개월

14 작업장의 관리기준을 바르게 설명한 것은 어느 것인가?

① 10℃ 이하에서 기류는 0.1 m/sec 이하일 것
② 탄산가스 농도가 0.5%를 초과하는 장소는 출입을 금지할 것
③ 보통작업을 할 때의 조도는 75룩스 이상을 유지할 것
④ 창은 바닥 면적의 1/20 이상이 되게 할 것

해설 기적은 10 m^3 이상, 창은 바닥 면적의 1/20 이상 되어야 한다. ①은 1 m/sec, ②는 1.5%, ③은 150룩스이다.

15 근로자가 상시작업에 종사하는 작업환경 내의 장소에 대한 작업면의 조도 기준이다. 적합하지 아니한 사항은 어느 것인가?

① 초정밀작업은 750룩스
② 정밀작업은 300룩스
③ 보통작업은 150룩스
④ 기타작업은 50룩스

해설 기타 작업은 75룩스 이상이다.

과년도 출제 및 예상문제

01 경영자에 대한 산업보건교육 내용으로 가장 적절한 것은?

① 어떻게 하여야 하는가?
② 언제 하여야 하는가?
③ 왜 하여야 하는가?
④ 무엇을 하여야 하는가?

02 생산직종사 근로자에 대한 정기적인 산업안전보건교육의 교육시간 기준은?(단, 사업장 내 안전보건교육)

① 매주 1시간 이상
② 매월 2시간 이상
③ 분기당 2시간 이상
④ 반기당 2시간 이상

03 사업장 보건관리자의 직무로 가장 거리가 먼 것은?

① 유해 작업조건 및 환경에 대한 점검 및 개선에 대한 건의
② 부상자, 질환자, 사망자 및 접근, 이동에 관한 통계 작성
③ 건강 이상자의 조기발견과 사후조치 강구
④ 3차 진료에 대한 계획 수립사항

07 입자상 물질의 관리

학습목표

1. 일반적 특성
2. 입자상 물질의 종류 및 정의
3. 분진(dust) 발생 사업장의 종류
4. 건강에 미치는 작용에 따른 분류
5. 먼지의 종류에 따른 진폐증의 종류
6. 진폐증 발생에 관여하는 요인
7. 분진의 호흡기 내 침착 및 인체 방어기전
8. 분진의 노출기준
9. 분진 작업장의 관리

1. 일반적 특성

① 작업장에서 근로자 건강에 영향을 미치는 유해요인

- 화학적 요인
- 물리적 요인
- 생물학적 요인
- 인간공학(작업적) 요인
- 사회심리적 요인

② 화학적 요인 분류

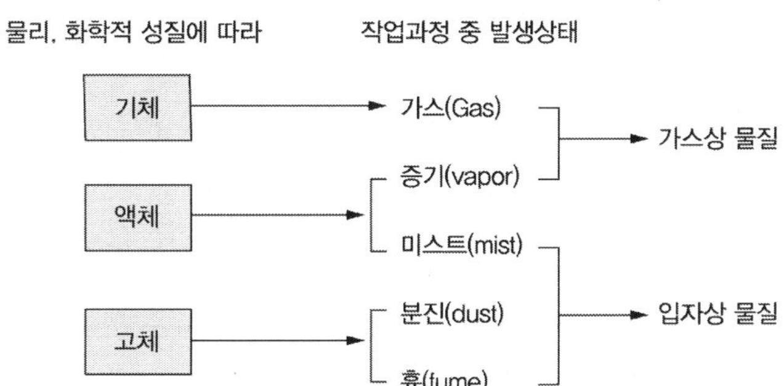

2. 입자상 물질의 종류 및 정의

1) 에어로졸(aerosol)

가스상 매체에 미세한 고체나 액체입자가 섞여있는 혼합체

- 유기물질이 불완전 연소할 때 발생하는 연기(smoke)가 연무질의 대표적인 것으로 연기에는 탄소, 회분, 타르질 등으로 된 수증기, 아황산가스, 질소산화물, 암모니아, 알데히드 등이 흡착되어 있다.
- 공기 중에 부유하고 있는 입자상 물질을 에어로졸로 총칭한다.

2) 먼지(dust)

기계적 작용(파쇄, 분쇄, 연마, 절단 등), 작업과정에서 유기성 또는 무기성 고형물질이 분쇄되어 공기 중에 비산하는 미립자로 암석, 금속, 석탄, 양털, 곡식, 솜 등의 작은 입자

- 대부분 콜로이드(colloid)보다는 크고, 공기나 다른 가스에 단시간 동안 부유할 수 있는 고체입자

☞ 호흡성 먼지(Respirable dust)
- 대기 중에 떠다니다가 호흡기로 들어와 건강장해를 일으키는 크기의 입자를 호흡성 먼지라 한다.
- 폐 포에 먼지 침착율이 가장 높은 입자의 크기는 0.5~5.0 μm이다.

3) 안개(fog)

액체입자가 분산되어 있는 에어로졸

- 수증기가 적당한 핵을 중심으로 응결한 것
- 가스 상태이던 것이 응결하여 액체상태의 미립자로 된 것

4) 흄(fume)

금속이 용해되어 액상물질로 되고 이것이 가스상 물질로 기화된 후 다시 응축되어 발생하는 고체입자를 말하며, 흔히 산화(oxidation) 등의 화학반응을 수반한다.

- 연소, 승화, 응결과 같은 작용에서 발생되는 고체형의 미립자
- 납(Pb), 카드뮴(Cd) 등은 전형적인 금속 흄을 형성하여 중독을 일으키고 아연(Zn), 알루미늄(Al), 알루미나, 망간(Mn), 마그네슘(Mg)의 흄은 독성은 거의 없으나 금속 열을 일으킨다.
- 염화수소(HCl)와 암모니아(NH_3)는 공기 중에 혼재하며 서로 반응하여 염화암모니아(NH_4Cl)의 흰 연기를 내뿜는데 이것도 흄의 일종이다.

5) 미스트(mist)

액체물질이 여건의 변화에 의해 미립자가 되어 공기 중에 분산한 상태

6) 증기(vapor)

상온과 상압에서 액체나 고체이던 물질이 기체로 된 것

7) 연기(smoke)

불완전 연소에 의하여 발생하는 에어로졸로서, 주로 고체 상태이고 탄소와 기타 가연성 물질로 구성되어 있다.

8) 스모그(smog)

연기(smoke)가 안개(fog) 속에 섞여 있는 상태로 연무질과 같은 뜻을 가진다.

- 자연오염이나 인공오염에 의하여 발생한 대기오염물질인 에어로졸에 대하여 광범위하게 적용되는 용어로 도시의 대기오염 문제에 많이 사용하는 용어이다.
- 크기는 흄과 비슷한 정도로 0.01～0.1 ㎛정도이다.

3. 분진(dust) 발생 사업장의 종류

1) 무기성(광물)(비가역적 진폐증) : 교원성 진폐증

광산, 건설공사장, 연탄제조, 유리공장, 보석가공(드릴작업), 요업 및 도자기업, 석공제업(돌작업) : 광물성 분진으로 SiO_2(유리규산)이 문제가 됨

- 금속 가공 작업으로 주조업(정해진 형틀), 자동차제조, 조선소 등

2) 유기성(가역적 진폐증) : 비 교원성 진폐증

- 면, 나일론 섬유 공장, 솜이불 제조
- 나무를 이용하여 가구, 피아노 등 악기, 목공소, 나무 건축 자재 등
  ☞ 물리적, 화학적 성분이 서로 다르며, 생체에 대한 반응도 다름

4. 건강에 미치는 작용에 따른 분류

1) 진폐증(Pneumoconiosis)을 일으키는 분진

5 μm 이하의 미세한 분진이 폐에 들어가서 섬유증식, 결정형성 등의 증상을 나타내며 산소 섭취 능력을 방해하여 폐결핵증을 유발한다.

- 유리규산(SiO_2), 석면, 활석, 산화베릴륨, 흑연 등

☞ 진폐증 유발 분진의 특성
- 분진 자체의 유해성 • 분진의 size(입경 분포) • 분진의 농도

2) 알레르기성 분진

- 알레르기성 천식, 피부병 등을 일으키는 분진
- 꽃가루, 털, 나무가루 등의 유기분진

3) 전신중독성 분진

- 중추신경계, 콩팥, 조혈장기 등에 작용하여 급·만성 장해를 일으키는 먼지
- 납, 수은, 카드뮴, 안티몬, 망간, 베릴륨 등의 금속
- 비소, 인, 셀레늄, 유황 등의 화합물과 다량체(monomer) 등

4) 자극성 분진

- 눈, 호흡기, 소화기 점막과 피부를 자극하여 염증 또는 궤양을 형성하고 치아를 부식시키는 먼지
- 산, 알카리, 불화물, 크롬산 등

5) 불활성 분진

- 다량 흡입하지 않는 한 유해작용이 없다고 인정되는 먼지
- 석회석, 시멘트 등

6) 발암성 분진

- 폐암을 유발시킬 수 있는 분진
- 석면, 니켈카르보닐, 아민계 색소 등

☞ • 불용해성 분진(Insoluble Dust) : 폐 포에 침착되어 용해되지 않는 것, 진폐증을 유발하는 분진에 해당
  • 용해성 분진(Soluble Dust) : 작업장에 부유한 분진이 사람의 체액에 들어와 용해되어 조직, 장기에 운반되어 어떤 기관에 중독 증세를 일으키는 것, 전신 중독성 분진에 해당

5. 먼지의 종류에 따른 진폐증의 종류

1) 무기먼지(Inorganic dust)

- 불활성 분진(Inert dust) : 흑연 폐증(Antrocosis), 철 폐증(Siderosis)
- 섬유화 증식(Fibrosis dust) : 석탄 광부 폐증(Coal worker's pneumoconiosis), 규 폐증(Silicosis), 석면 폐증(Asbestosis), 활석 폐증(Talcosis), 용접공 폐증(Welder's lung)

2) 유기먼지(Organic dust)

- 면 폐증(Byssinosis) : 면 방직(생화학적 반응을 일으켜서 나타난 증상)
- 농부 폐증(Farmer's lung) : "타작" 등을 하면서 농부가 흡입하는 먼지
- 버섯재배 폐증, 사탕수수 폐증

3) 진폐증의 3대 증상

- 숨이차다(호흡곤란) : 인체는 O_2를 흡수하고, CO_2를 배출하는 Gas교환 작용을 함
  - 폐 포 내의 굳은살에서는 Gas교환이 불가능하여 필요한 산소(O_2)를 폐에서 흡수가 불가능
- 기침 : 기도부위가 폐쇄되어 막힌 기도를 뚫으려고 기침
- 가래가 많이 나옴 : 먼지가 체내에 들어오면 점액섬모운동에 의해 밖으로 배출시키는 작용

6. 진폐증 발생에 관여하는 요인

1) 분진의 크기(Size of dust)

- 공기 중 분진의 크기 별 인체의 침착률은 정상 작업 시 1분당 호흡량이 20 L/min일 때 적용되며
  - 폐 포에 도달하여 침착되는 분진의 크기 : 10 μm 이하의 분진
  - 특히 4 μm의 분진 침착률이 50%로 가장 문제가 됨

- 폐 포에 도달할 수 있는 크기의 분진인 호흡성 분진의 측정이 매우 중요하며, 직경 0.5～5.0 μm 크기의 분진이 중요함
- 석면과 같은 섬유성 분진은 길이가 5.0～8.0 μm보다 길고, 두께는 0.25～1.5 μm보다 얇고, 길이와 두께의 비가 3 : 1보다 큰 분진이 석면 폐증 등 석면 장애를 일으킨다.
  ☞ 작업환경측정 시는 총 분진과 호흡성 분진을 구별하여 측정하여야 함

2) 분진의 농도(Concentration of dust)

- 일상생활 환경 중에도 분진 존재 : 진폐증 발생 예는 없음
  - 허용농도(TLV) 이상이어야 진폐증 발생이 가능함
- 분진의 허용기준은 분진의 종류와 그 분진 속에 함유된 유리규산(SiO_2)의 농도에 따라 다름

3) 분진의 폭로기간

- 폭로기간이 길수록 분진의 흡입량이 증대되어 진폐증 발생 위험도가 증가
- 진폐증 유병 률과 폭로기간이 서로 비례한다는 보고 있음

4) 분진의 종류

- 종류에 따라 인체에 미치는 독성 반응이 다르며, 유리규산 함유량에 따라 독성의 차이가 매우 큼

5) 작업강도

- 중등도 이상의 작업으로 에너지 손실이 발생하고, 호흡횟수가 많아짐으로 호흡기를 통해 들어오는 분진의 폭로 농도가 증가
  - 작업강도가 커지면, 호흡횟수가 많아짐

6) 분진 흡입 억제를 위한 대책 수립여부

- 작업환경의 환기시설 등 공학적 시설과 설비, 근로자의 방진마스크 착용 등에 따라 밀접한 관계가 있음

7) 개인의 감수성 차

- 분진의 여과능력이 다르고, 면역기능의 차이가 있음

- 20년 이상 탄광 근무자 중에서도 진폐증 진단은 약 51%이며, 49%는 진폐증에 불이완 되었으며, 5년 근무자 중에도 진폐증에 이완된 자가 있음

8) 호흡방법

- 입, 코는 여과능력이 다름, 입으로 숨을 쉬면 폭로량이 증가됨

9) 신장의 크기에 따라 코의 위치가 달라짐

10) 연령

- 2～30대와 4～50대는 폐의 생리적 여과 능력의 차이로 인해 10년 정도의 차이가 있음

7. 분진의 호흡기 내 침착 및 인체 방어기전

1) 분진의 호흡기 내 침착에 따른 분류

미국 ACGIH의 분류기준

- 흡입성(Inhalable) : 호흡기 어느 부위에 침착하여도 독성을 유발하는 물질(상기도 영역)
  - 입경 범위 : 0-100 μm
  - 인체의 영향 : 비 암, 비 중격 천공 등
  - 대표 물질 : 크롬, 비소
- 흉곽성(Thoracic) : 기도나 기관지에 침착할 때 독성을 유발하는 물질
  - 평균 입경 : 10 μm
  - 대표 물질 : 대부분의 중금속
- 호흡성(Respirable) : 가스교환 부위 즉, 폐 포에 침착할 때 독성을 유발하는 물질
  - 평균 입경 : 4 μm
  - 대표 물질 : 대부분의 광물성 분진 (석탄, 채석, 유리, 도자기 등)

2) 호흡기 내로 침입하는 작용기전

- 충돌(Impaction), 중력침강(Gravitational sedimentation), 확산(Diffusion), 차단(Interception), 정전기 침강(Electrostatic precipitation)

- 흡입된 오염공기는 기도 → 기관지 → 미세기관지 → 폐포에 침착하게 되는데 기도, 기관지 등의 갈라질 때 분진의 방향이 바뀜으로 관성에 의해 호흡기 표면에 충돌하기 때문에 호흡기의 갈라지는 가지 부분에서 분진이 가장 많이 침착됨
  - 미세기관지, 폐포 : 중력 침강이 중요한 역할
  - 종단속도 0.001 cm/sec이하일 때 : 확산이 중요한 역할
  - 매우 미세한 분진(0.5 ㎛이하인 분진) : 확산에 의하여 침착

3) 인체의 방어 기전

- 점액 섬모 운동으로 상기도로 이동되어 제거된다.
- 폐 포에 침착된 분진은 대식세포에 포위되고 일부는 점액섬모운동으로 상기도로 이동되어 소화기 계통으로 들어가 제거되고 일부는 그대로 남아있다.
  - 대식세포는 일정한 수명이 다하면 파괴되고 다시 새로운 대식세포에 의해서 포위되며 이러한 과정이 연속적으로 발생한다.
  - 침착된 물질의 독성이 높을 경우 대식세포의 수명이 짧아지게 된다.
- 대식세포에 포위되거나 포위되지 않은 분진은 폐 포에서 간질 물질로 이동한다.
  - 어떤 분진은 거기에 머물러 있고 다른 분진은 임파 조직으로 들어간다.
  - 극소수의 분진은 임파 조직에서 혈액에 의하여 다른 기관으로 운반된다.
- 폐 포 표면에 남아 있는 분진도 있다.
- 분진의 일부분 또는 전부가 용해되거나 작은 입자로 부서진다.

8. 분진의 노출기준

- 미국 ACGIH- TLV(Threshold Limit Value)를 가장 많이 사용
- 우리나라의 노출기준

  2011년 3월 고용노동부 고시를 개정하여 유리규산함유량에 따른 분진 및 용접 분진의 노출기준을 삭제하고, 개별 화학물질의 노출기준에 포함하였음
  - 면 분진 : 노출기준은 1.0 mg/m^3
  - 석면 분진 : 노출기준은 0.1 개/cc

9. 분진 작업장의 관리

1) 일반적 관리 방법

밀폐, 국소환기, 전체환기, 습식작업, 대치방법, 방진마스크 착용

(1) 밀폐

- 발진원을 완전히 밀폐하고 환기함으로써 밀폐된 내부를 음압이 되도록 하는 방법
  - 가장 완벽하고, 확실한 분진 대책이다.
  - 분진발생이 비교적 적고, 고정되어 있는 경우에 가능하다.
  - 분진발생이 이동하거나 발생원이 항상 일정하지 않으면 이용할 수 없다.
- 원격 조정 장치를 설치하는 방법
  - 분진 발생원과 근로자를 분리할 수 있다.
  - 사용할 때에 기술적, 경제적 제한점이 있다.

(2) 국소환기

- 일반적으로 밀폐 방법과 국소환기 장치는 병행하여 사용한다.
- 국소환기는 고농도의 분진 발생 시 반드시 필요하다.
- 효율이 매우 높다.
- 연마작업(Grinding, Buffing)에 많이 사용한다.
  - 연마기의 회전체를 완전 밀폐하고 환기장치를 부착하여 제진 효과를 얻는다.
  - 회전체의 회전속도와 방향에 따라 적절한 후드 크기, 모양, 배풍량을 적용시킨다.
- 밀폐형의 환기장치를 설치하기 어려운 경우
  - 가능한 배출 기류의 흡입구가 분진 발생원에 가깝게 한다.
  - 흡입구 주위에 난기류가 없어야 한다.
  - 경우에 따라서는 환풍기와 송풍기를 동시에 가동하는 공급−배출형을 선택한다.
  - 흡입구에 플랜지를 부착하여 효과를 높일 수 있다.

(3) 전체환기

- 분진 발생원이 여러 개 있고 각 발생원의 분진이 저농도일 경우
- 전체환기는 환기장치의 설치 위치가 중요하다.
- 공급과 배출 공기량의 평형이 잘 이루어져야 한다.

(4) 습식작업

- 분쇄된 미세한 입자를 다루는 작업에서 적용한다.
  - 암반에 구멍을 뚫는 작업
  - 연마작업, 분쇄작업, 주물작업 등
- 입자가 함유하는 수분의 양이 공기로 비산되는 분진량과 관계가 있다.
- 최대 75%까지 분진의 비산을 감소시킬 수 있다.
- 작업장 바닥 분진의 재 발산을 방지할 수 있다.
- 수분 살포로 인하여 재질의 변화, 작업자의 불편 등이 발생하므로 사전에 반드시 검토되어야 한다.

(5) 방진마스크의 착용

- 분진 작업장에서 방진마스크의 착용은 반드시 우선되어야 한다.
- 실제로 귀마개 등의 다른 보호구보다 착용이 저조한 이유
  - 방진마스크의 착용이 불편하기 때문
  - 단시간 작업보다 연속 작업에서는 착용하지 않고 벗어 놓는다.
- 착용이 편리하고 여진 효율이 좋고 호흡저항이 적은 마스크를 지급해야 한다.
- 감독자, 단위작업 책임자가 착용하여 작업자의 착용을 유도해야 한다.
- 전문기관의 성능 검사를 필한 제품을 사용해야 한다.
- 밀폐된 장소에서 작업하는 경우는 방진마스크 대신 송풍마스크를 사용하는 것이 좋다.

(6) 대치 방법(변경, 대체)

- 유해성이 적은 물질로 대치하는 방법
  - 주물 공장에서 표면 손질 용 모래나, 분리용 또는 마감용 물질을 유리규산 함유량이 적은 물질로 대치하는 방법
  - Sand blasting에 쓰이는 모래를 철 또는 금강사로 바꾸거나 Grinding wheel을 산화알루미늄과 같은 인공적 마감 재료로 바꾸어 사용한다.
- 작업공정을 변경하는 방법
  - 고속 회전식 Grinder를 저속의 왕복식 마감기로 바꾼다.
  - 수동 용접을 자동 용접으로 한다.
  - 용접봉을 유리규산이나 중금속이 적게 함유되어 있는 것으로 대치한다.

2) 석면의 관리 방법

① 작업장에서의 관리 방법

• 석면 취급 작업장

- 자동차 브레이크 제조업, 석면 방직 공장, 슬레이트 제조업, 석면 광산, 기타 석면 취급 작업 등

• 국소배기 시설을 설치해야 한다.

• 작업자는 석면방지용 방진마스크를 착용해야 한다.

• 작업자는 작업복과 평상복을 구별하여 착용해야 한다.

• 석면 공장에서 석면이 공장 밖으로 나가지 않도록 해야 한다.

② 빌딩이나 공공시설에서의 관리 방법

• 석면을 포함하고 있는 물질을 물리적으로 격리한다.

- 근본적인 대책이 못되며, 완전한 대책도 아니다.

• 석면이 포함된 물질 위에 특수한 물질을 살포하여 석면 분진이 공기 중으로 떨어져 나오지 못하게 한다.

- 근본적인 대책이 못되며, 시간이 흐르면 결국 석면이 공기 중으로 비산한다.

• 석면을 제거한다.

- 석면의 오염원을 제거하는 방법으로 완전하고, 근본적인 최종적인 관리방법이다.

- 석면의 제거방법은 가능한 습식법을 이용한다.

* 안전보건 매뉴얼 100선, 고용노동부, 안전보건공단 자료 인용

석면이란?

- 석면(石綿, Asbestos)은 '불멸의 물질'이라고도 하며 그리스어 a(not)+sbestos(extinguishable)에서 유래되었다. 우리말로 '돌솜'이라고도 하며 100만년 전에 화산활동에 의해서 발생된 화성암의 일종으로 천연의 자연계에 존재하는 사문석 및 각섬석의 광물에서 채취된 섬유모양의 규산염 광물류를 말한다.
- 석면은 가늘고 긴 섬유 및 섬유다발의 형태를 띠고, 석면 섬유 한 가닥의 굵기는 대략 머리카락의 1/5000 정도이다.
- 석면은 유연성과 열 · 산 · 알칼리에 강하며 절연성, 내구성, 내마모성이 뛰어나 산업용 재료로 널리 사용되었다.

석면의 종류

- 석면의 종류는 다양하지만 일반적으로 사문석계통의 백석면, 각섬석계통의 갈석면, 청석면, 악티노라이트, 안소필라이트, 트레모라이트로 크게 구분된다.

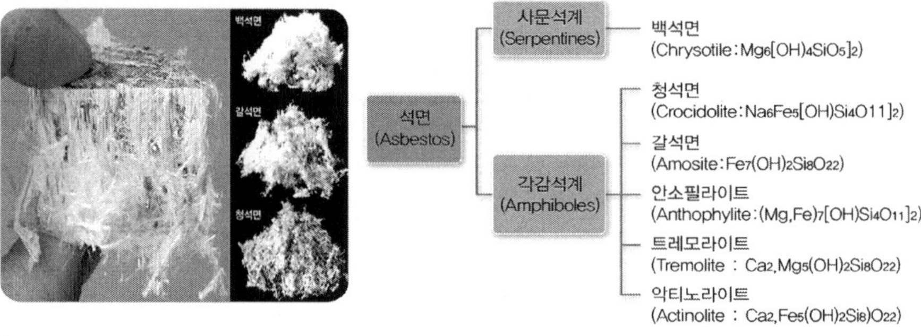

석면의 특성

- 석면은 천연광물자원의 하나로 화학적 성분은 사문석 및 각섬석 등 일군의 규산화합물로서 석면구조(Asbestiform)라 불리는 섬유의 집합체로 조직되어 있다.
- 이 섬유집합체는 직경이 약 0.02㎛~0.03㎛ 정도의 한 가닥 섬유로 되어 있고, 다른 유기 또는 무기섬유에 비해 훨씬 섬세하며 비단과 같은 부드러움과 광택을 갖고 있다.
- 높은 인장력, 단열성, 방부성, 절연성, 방적성 등 여러 가지 우수한 성질을 가지고 있는 물질로서 시멘트, 섬유, 건축재료, 조선 및 자동차산업 등에서 매우 광범위하게 이용되고 있다.

[주요 석면 함유 제품]

석면 함유물질(Asbestos Containing Materials, ACM)					
방음용 석고반죽	보일러단열재	매스틱(회반죽)	들보위 내화성물질	방음 타일	자동차 제어장치
파이프 개스킷	지붕펠트	천장단열재	장식용 석고반죽	파이프 단열재	지붕 아스팔트
떨어진 천장타일	스패클링자	판자벽	전기절연체	곡관 절연체	방화막
방화용 모포	밸브	방화문비닐(Vinyl)	운반용(시멘트) 파이프	석면 바닥 타일	운반용(시멘트) 판자

석면의 사용

- 석면이 처음 사용되었던 시기는 고대 그리스와 로마의 신전에서 램프의 심지로 사용되었다. '불멸의 물질' 이라 불리게 된 것도 램프의 불이 쉽게 꺼지지 않는 것에서 유래된 것이라 짐작할 수 있다.
- 산업혁명 이후 방직기술을 이용하여 석면사와 석면포 등이 대량 생산되었으며, 공업용 원료로 석면이 많이 사용된 것은 20세기 초로, 건설에서 자동차 부품에 이르기까지 약 3,000여 종류에 달하는 공업제품에 사용되어 왔다.
- 특히 전쟁은 석면산업에 호황을 가져왔는데 군함, 전차, 군용기 등에 단열재로 석면을 사용하였고, 방독 마스크 필터로 청석면을 사용하기도 하였다.
- 우리나라에서 석면이 처음 생산된 시기는 1930년대 중반, 일본에 의해 군수물자를 만드는 과정에서 충남 홍성군과 보령시 일원의 광산에서 석면이 처음 생산되었다.
- 이후, 1970년대 낡고 오래된 전통가옥을 개량하면서 석면이 포함된 슬레이트를 지붕재로 대량 사용하게 되었고 이후 1980년대 경제발전과 맞물려 1990년대까지 산업과 건축자재 등 생활 전반에 다양하게 사용되었다.

[석면관련 제품 및 용도]

종류	제품명	용도
시멘트제품 [1]	슬레이트	공장, 창고, 축사 외 농촌가옥 지붕
	천정재	사무실천정, 소형빌딩 천정, 유통상가 천정
	밤라이트	사무실, 화장실 칸막이 등
	석면압출제품	공장벽체, 다중이용시설 건물
석면 마찰재 [2]	브레이크라이닝	승용차, 상용차
	크러치 판	승용차, 상용차
	브레이크패드	승용차
	중기 브레이크	대형중기
조인트 시트 [3]	석면 개스킷	공장배관 및 기계
석면방직제품	석면사	열기계,기관등 제조
	석면 포직	단열 내화용, 보일러 등
	석면사 팩킹	기계실, 공조실배관 등
	석면 금선사	마찰재 제조
	덕트 공사 시에 사용되며 특히 고온을 필요로 하는 기계, 기관 등에 사용됨	

1. 30~50%의 백석면과 합성고무 등을 혼합한 후 압축하여 고열처리로 생산
2. 30~50% 내외의 백석면과 열경화수지를 배합한 후 열처리로 고형화시켜 생산
3. 10% 내외의 석면과 시멘트를 혼합한 후 압축하여 생산

- 석면은 러시아, 캐나다, 남아프리카 등에서 세계 총생산량의 80% 이상을 생산하고 있으며, 우리나라는 캐나다에서 생산된 백석면을 주로 수입해 사용했다.
- 우리나라의 석면수입량은 1992년 10만 톤으로 최고를 기록한 후에 석면사용금지 등 정부의 석면관리제도 강화로 점차 감소했다. 특히 2009년 1월부터 군수품 등 일부 용도를 제외한 모든 석면 함유제품(중량기준 0.1%초과 석면이 함유된 제품)의 국내 제조 · 수입 · 사용을 전면 금지하였다.

석면의 유해성 정보

- 석면이 우리 몸속으로 들어오면 짧게는 10년, 길게는 40년 정도의 잠복기를 거친 후 질환을 유발하는 원인이 된다.
- 머리카락 굵기보다 훨씬 가는 석면은 공기 중을 떠돌다 사람의 호흡기를 통해 쉽게 몸 안으로 들어간다.
- 일반적으로 우리 몸속으로 외부 먼지가 들어오게 되면 대부분의 큰 입자들은 폐 깊숙한 곳에 도달하기 전에 호흡기 입구에서 걸러지게 된다. 하지만, 석면입자와 같은 작은 먼지들은 폐 깊숙한 곳의 폐 조직까지 뚫고 들어가 면역을 담당하는 대식세포를 사멸시키고 손상을 준다. 이 손상은 점점 더 심해져 결국 폐 기능을 제대로 발휘하지 못하게 만든다.
- 석면으로 인한 대표적인 질병으로는 악성중피종, 석면폐, 폐암 등이 있다.

[석면관련 질환]

석면관련 질환	내 용	폐의 모습
악성중피종 (Mesothelioma)	– 흉막이나 복막의 중피에 발생하는 악성종양으로, 석면 노출과의 관련성이 매우 높은 질병이다. – 이 질병은 고치기는 불가능하며, 대부분 1년을 못 넘기고 사망한다. – 일반적으로 석면에 처음 노출된 뒤 30~40년 후에 발병하는 매우 오랜 잠복기간을 보이는 질환이다.	
석면폐 (Asbestosis)	– 일정기간 동안 많은 양의 석면섬유에 노출되었던 근로자들에게 주로 발생되며, 폐의 탄력(횡경막의 근육 수축 작용을 호흡하는 능력)이 떨어져 숨쉬기가 매우 어렵게 되는 질환이다. – 모든 형태의 석면이 석면폐를 일으킬 가능성이 있으며 잠복기는 10~30년이다. – 주요증상으로는 호흡곤란, 제한성 폐기능 변화, 마른 기침 등이 있다.	
폐암 (Lung Cancer)	– 석면 노출로 인한 폐암은 발병 전에 30년 내외의 잠복기 이후에 나타난다. – 석면폐와 같이 석면에 노출된 양이 많을수록 발병할 가능성이 높다. – 흡연자의 경우는 석면의 노출로 인한 폐암 발생위험은 흡연을 하지 않는 일반 사람에 비해 50배 이상 된다.	

건강장해 사례 : 석면에 의한 폐암, 악성중피종

■ **슬레이트 제조업의 배합작업자에게서 발생한 폐암**

- 개요
  - 12년간 슬레이트 제조공정의 원료 배합부서에서 근무한 근로자에게 석면노출로 인한 폐암이 발생
- 원인
  - 석면이 들어있는 포의 실밥을 뜯어 배합기에 직접 투입하는 과정에서 고농도의 석면분진이 노출

■ **석면방직 공장 근로자에게 발생한 악성중피종**

- 개요
  - 1978년부터 2년간 석면방직공장에서 기계설비 유지 · 보수 업무를 수행한 근로자가 석면노출로 인하여 2003년 악성중피종을 진단받고 사망
- 원인
  - 석면사, 석면포 등을 생산하는 데 필요한 정방기 등의 고장 시 수리와 유지 · 보수하는 작업과정에서 석면에 노출

■ **보일러 배관공에게서 발생한 폐암**

- 개요
  - 1978년부터 여러 업체에서 일용직 배관공으로 근무한 근로자가 2000년에 석면노출로 인한 폐암 진단을 받고 사망
- 원인
  - 주로 보일러의 설치와 보수작업을 하였고, 작업 중 석면포와 석면테이프 사용으로 석면에 노출

누가 석면에 노출될 수 있나?

- 석면함유 건축물을 수리 · 보수 또는 해체 · 제거하는 근로자가 석면에 노출될 가능성이 높다.
- 부서지기 쉬운 상태의 석면함유물질이 있는 건축물을 사용하는 일반인도 석면에 노출될 수 있는 가능성을 가지고 있다.
- 일반적으로 더 많은 석면의 흡입은 건강에 더 큰 유해성을 준다고 알려져 있다. 그러므로 사업주 또는 건축물 소유주 등은 건축물을 사용하는 근로자들이 노출되지 않도록 주의를 기울여야 한다. 일상적인 건물 유지 · 보수작업 시에도 때에 따라서는 석면에 노출될 수 있다.

학습문제

01 진폐증의 발생 빈도가 높은 작업장을 맞게 연결한 것은 다음 중 어느 것인가?

㉠ 탄광	㉡ 도자기 공장	㉢ 채석장	㉣ 인쇄공	㉤ 도로굴착장

① ㉢, ㉣, ㉤ ② ㉡, ㉣, ㉤ ③ ㉠, ㉡, ㉣ ④ ㉠, ㉡, ㉢

02 진폐증과 관계가 가장 적은 작업은?

① 채석공 ② 광부 ③ 페인트공 ④ 돌 연마공

해설 진폐증은 미세 분진에 의해 일어나는 질병이다.

03 다음 중 전신 중독성 분진은?★

① 산 ② 알칼리 ③ 비소 ④ 시멘트

해설 전신 중독성 분진 : 납, 수은, 카드뮴, 안티몬, 망간, 비소, 황

04 알레르기성 천식과 피부병을 일으키는 알레르기성 분진이라고 할 수 없는 것은?

① 꽃가루 ② 털가루 ③ 나무가루 ④ 알카리류

해설 알카리류는 자극성 분진이다.

05 눈, 호흡기, 소화기, 점막 및 피부를 자극하여 염증이나 궤양을 형성하는 자극성 분진이 아닌 것은?

① 산류 ② 알카리류 ③ 불화물류 ④ 세레늄

해설 세레늄, 비소, 인, 유황화합물과 단량제는 전신 중독성 분진이다.

06 발암성 분진에 속하지 않는 것은 어느 것인가?★

① 석면 분진 ② 니켈카르보닐 분진 ③ 수은 분진 ④ 아민계 색소 분진

해설 수은은 중추신경계에 영향을 미치므로 전신 중독성 분진에 속한다.

07 다음의 분진 중 그 성격이 다른 것은 어느 것인가?★★

① 산화철 분진　② 유리규산　③ 면 분진　④ 석탄분진

해설 면 분진은 유기성분진으로 호흡기 질환을 유발하며, 가역적 즉 비교원성 질환인 반면 나머지는 무기성 분진으로 비가역적 즉 교원성 질환임

08 분진에 의한 건강장해에 관한 다음 기술 중 틀린 것으로 생각되는 것은 어느 것인가?★

① 0.5～5 μm의 입경의 분진은 폐에 대한 침착율이 높다.
② 석면 분진은 폐암을 일으킬 우려가 있다.
③ 탄소분진에 의한 진폐증 발생은 확인되지 못하였다.
④ 진폐증은 보통 만성적으로 경과하거나 본래의 건강한 상태로 완전히 회복할 수는 없다.

해설 진폐란 분진을 흡입함으로서 폐에 발생된 섬유증식성 변화를 주체로 하는 질병을 말한다. 진폐를 일으키는 분진 종류는 많으나 현 단계에서는 주로 무기성 분진을 말한다. 그 대표적인 것으로 유리규산(SiO_2)을 많이 포함한 규산 화합물의 분진이 있다. 이외에도 석탄, 탄소, 활석 등 많은 것이 있다. 진폐는 흡입된 분진에 의하여 폐에 섬유상 기도의 변화 및 폐 포의 변화를 일으키거나 진전되면 그 때문에 여러 가지의 증상을 일으키는 병이다. 그리하여 이 진폐는 치료를 가하더라도 본래의 건강한 폐의 상태로 회복시킬 수는 없다. 진폐 증상 중에 두드러진 것은 숨이 찬 것으로 기침, 담, 흉통, 각혈 등의 호흡기 장해도 완고히 집요하게 계속되는 일이 많다. 진폐증에 특히 규폐에는 결핵이 합병하는 일이 많다고 알려져 있다. 합병된 결핵은 난치성 또는 치명적이다. 또 석면 폐에서는 폐암을 합병하는 위험이 큰 것으로 알려져 있다.

09 진폐증 및 진폐 원인이 되는 분진에 관한 설명 중 틀린 것은?

① 0.5～5 μm의 분진이 폐에 침착되어 진폐가 발생한다.
② 진폐의 증상으로서는 폐에 섬유 증식 또는 결절 형성 등이 발생한다.
③ 폐에서 산소의 흡수능력을 방해하고 폐결핵 등의 합병증이 발생한다.
④ 주로 납, 수은 등 금속성 분진흡입으로 진폐증이 발생한다.

10 흡입된 분진이 폐조직에 축적되어 병적인 변화를 일으키는 질환을 총괄적으로 무엇이라고 하는가?

① 진폐증(塵肺症)　② 면폐증(綿肺症)
③ 규폐증(硅肺症)　④ 석면폐증(石綿肺症)

11 작업 공정 중 다량의 분진을 장기간 흡입함으로써 진폐증에 이완되면 치료가 거의 불가능한 진폐증의 종류는 다음 중 어느 것인가?★

① 용접공폐증　② 규폐증　③ 주석폐증　④ 바륨폐증

12 진폐증 일종으로 폐암을 합병증으로 유발할 수 있는 것은?★

① 석면폐증 ② 면폐증 ③ 규폐증 ④ 석탄폐증

13 다음 중 광산이나 탄광에서 인체에 피해를 주는 증상이 아닌 것은?

① 규폐증 ② 면폐증 ③ 탄폐증 ④ 석면폐증

해설 면폐증은 목화(면)가 원인 물질이다.

14 면폐증의 작용 메카니즘에 관한 기술로 적합치 아니한 사항은 어느 것인가?

① 면폐증의 병인은 명확하지 않지만 휴일 직전에 호흡곤란이 온다.
② 면분진의 히스타민 분비작용은 목화의 수용성, 내열성 저분자와 연관된다.
③ 면분진은 기관지와 상기도를 자극하여 만성폐쇄성 폐질환을 유발한다.
④ 그람음성균의 Endotoxin은 면폐증양 증상을 유발시킨다.

해설 전형적인 면폐증은 휴일직후의 근무 첫날에 호흡곤란을 야기한다. 면폐증양 증상이란 면폐증 모양의 징후란 의미이다.

15 다음 중 증상 초기에 월요열(monday fever)을 나타내는 진폐증은?★

① 농부폐증 ② 규폐증 ③ 면폐증 ④ 석면폐증

16 다음 중 천식이 있는 근로자에 부적당한 작업은 어느 것인가?

① 정밀작업 ② 서서하는 작업 ③ 운반작업 ④ 분진작업

해설 분진작업과 유해가스 발생사업장에서는 천식이 있는 근로자는 근무하기에 부적합하다.

17 병원을 내원한 환자에게서 다음과 같은 증상을 볼 수 있었다. 그 원인을 분류하면 무엇이겠는가?

- 증상 : 휴일 다음날(월요일 등) 작업 시 기침, 흉부압박감 등의 증상으로 시작된다.
  - 기침이 점차 천식으로 변화되며 주초부터 수일간 계속된다.
  - 호흡곤란으로 작업에 장해를 받았다.

① 흑연분진으로 인한 진폐증(graphite pneumoconiosis)
② 활석분진으로 인한 활석폐증(Talcosis)
③ 면분진으로 인한 면폐증(Byssinosis)
④ 유기규산에 의한 규폐증(Silicosis)

18 먼지에 의한 인체장애로써 규폐증을 일으키는 데 관여하지 않는 인자는 다음 중 어느 것인가?★★

① 먼지 중의 유리규산의 함유량　　② 먼지의 크기
③ 먼지의 농도　　④ 먼지의 무게

해설 진폐증 발생에 직접요인 : 분진의 크기, 분진의 농도, 분진의 노출기간, 분진의 종류, 작업강도, 억제 시설의 설치 유무임

19 진폐증 발생에 관여하는 요인이 아닌 것은 다음 중 어느 것인가?★

① 입자의 크기　　② 폭로시간 및 농도
③ 작업경력　　④ 분진의 물리·화학적성질

20 진폐증을 일으키는 먼지 입자에 대한 설명으로 옳은 것은?★

① 10 μm 이상의 입경에서 폐포에 잘 침착한다.
② 입경, 형상에 상관없이 보통 폐에 잘 침착한다.
③ 유기성 입자도 진폐증을 일으킨다.
④ 철분이 있는 먼지는 사람에게 필요한 금속이므로 진폐를 일으키지 않는다.

해설 ②는 크기, 성질, 양, 공기 중 농도에 따라 달라진다.
③은 대표적인 것이 면폐증이다.
④는 산화철에 의한 폐의 섬유화가 일어난다(2종 분진이다).

21 작업장의 공기 중에 부유하고 있는 부유분진의 인체영향을 파악하려고 한다. 조사 항목에서 제외시켜도 좋은 항목은 어느 것인가?

① 분진의 농도와 입도분포　　② 분진의 밀도와 비중
③ 분진의 물리화학적 성질　　④ 분진농도의 시간적·공간적 변동

해설 분진의 밀도와 비중은 분진의 부유성 연구에서는 필요한 사항이지만 인체영향연구에서는 별로 필요치 아니한 사항이다.

22 규폐증을 일으키는 물질은?

① 금강사　　② 탄소분말　　③ 유리규산　　④ 먼지

23 규폐증을 일으키는 원인물질과 가장 관계가 깊은 것은 어느 것인가?

① 일반 부유 분진　　② 매연　　③ 암석 분진　　④ 석탄 분진

해설 유리규산(SiO_2)에 의해 발병되며 분진의 크기가 0.5～5 m(특히 1 m 전후)인 것이 폐포에 잘 침착된다.

24 결정성 유리규산에 속하지 않는 것은?

① Quartz(석영) ② Tridymite(인규석)
③ Portland Cement(포틀랜드 시멘트) ④ Cristobalite(크리스토발라이트)

해설 ③ Silicates(비 결정성 유리규산) 에 해당되며, 불활성분진으로 유리규산함유량이 1%미만의 석영(Quartz)이다.

25 다음 중 그 성격이 다른 것은?

① 산화철 분진 ② 용접할 때 생기는 퓸(fume)
③ 유리규산 ④ 면분진

해설 석분폐, 탄폐, 용접공폐, Beryllium 금속폐, 규폐, 철분진폐 등은 무기진폐

26 다음 중 폐포에 침착률이 가장 높아 진폐증을 잘 일으킬 수 있는 먼지의 크기는?★★★

① 0.01～0.05 μm ② 0.05～0.09 μm ③ 0.5～5 μm ④ 10～50 μm

해설 폐포에 침착률이 가장 높아 진폐증을 잘 일으킬 수 있는 먼지의 크기는 0.5～5.0 μ정도이다. 5.0 μ보다 큰 먼지는 상부기관지에서 잡혀서 가래와 함께 밖으로 배출되며, 0.5 μ 이하의 작은 먼지는 폐포 내에 침착하지 않고 호흡기를 따라 다시 밖으로 나간다.

27 입자의 직경은 주로 상당직경(equivalent diameter)으로 나타내고 있다. 상당직경이란 어떠한 직경을 의미하는 것인가?★★

① 입자 직경은 구하기 어려우므로 밀도와 비중에 상당하는 직경으로 환산한 것이다.
② 부유분진의 상승속도를 분진의 입경과 비교하여 구한 입자의 직경이 상당직경이다.
③ 어떤 분진의 공기 중 낙하속도가 밀도 1인 구형입자의 속도와 같은 때 당해 구경입자의 직경을 입자의 직경으로 본다.
④ 분진의 입도 분포와 물리화학적 특성 및 시간적·공간적 변동을 고려하여 환상방정식을 적용하여 구한 입경이다.

해설 입자의 직경 측정은 물리적 직경 : 마틴 직경, 페레트 직경, 등면적 직경이 있으며, 공기역학적 직경 : 대상먼지와 침강속도가 같고 밀도가 1이며, 구형인 먼지의 직경으로 환산한 직경을 말하며, 상당직경이라고도 함

28 분진의 호흡기 내로 침입하는 작용기전이 아닌 것은 다음 중 어느 것인가?★★

① 충돌 ② 회전 ③ 중력침강 ④ 확산

29 작업환경 공기 중에 발산된 분진입자는 중력에 의하여 침강한다. 침강속도는 공기의 점성계수에 반비례하고 무엇의 제곱에 비례하는가?★★★

① 레이놀즈 수　② 마하 수　③ 입자의 직경　④ 입자의 비중

해설 Lippmann의 법칙 $V(\text{cm/sec}) = 0.003\,\rho d^2$, ρ는 밀도, d는 입경

30 분진의 노출기준에 대한 설명으로 틀린 것은?★

① 측정방법은 중량법과 작업자 위치에서 측정함을 원칙으로 한다(단, 석면은 계수법으로 한다).
② ACGIH에서는 석영의 경우 Impinger로 측정한 값을 사용한다.
③ 우리나라의 경우 작업환경 중에 부유하고 있는 각종 분진 특히, 석면 분진은 5 μm 이하의 입자를 측정대상으로 한다.
④ 미국에서는 호흡성 분진과 총 분진의 비율을 1:2～3으로 환산하고 있다.

해설 길이가 5 μm 이상이고, 길이 대 직경의 비가 3 : 1 이상인 섬유만 계수한다.

31 다음의 내용 중에서 석면 폭로와 관계가 있는 것은?★★★

㉠ 석면취급자의 가족　㉡ 차량생산의 증가　㉢ 단열재 사용의 증가

① ㉠ 과 ㉡　② ㉠ 과 ㉢　③ ㉡ 과 ㉢　④ 모두 관련됨

32 작업환경관리의 유해요인 중에서 물리학적 요인이라고 볼 수 없는 사항은 어느 것인가?

① 방사선　② 이상기압　③ 한랭　④ 분진

해설 유리규산, 석면, 면 분진, 석탄분진 등의 분진은 화학적 요인이다.

33 작업환경 내에서 생성되는 발생분진의 방지대책이다. 관련이 먼 사항은 어느 것인가?★★

① 원재료의 변경　② 사용재료의 변경
③ 작업장의 밀폐　④ 습식화에 의한 억제

해설 밀폐란 분진비산의 억제대책, 즉 2차적 대책이다.

34 분진작업장에서 분진발생에 대한 작업환경 관리대책이 아닌 것은 어느 것인가?★

① 습식작업　② 국소배기장치 설치
③ 방독마스크 착용　④ 발산원 밀폐

35 작업환경 중의 분진발생을 억제하고자 한다. 가장 우선적인 분진대책은 어느 것인가?★★★

① 국소배기장치에 의한 비산분진의 제거
② 밀폐나 격리에 의한 분진의 비산방지
③ 물이나 기름에 의한 취급물질의 습식화
④ 방진마스크나 송기마스크에 의한 흡입방지

해설 작업시간을 짧게 하고 작업강도를 낮게 하는 방안도 분진의 흡입을 적게 하는 것이다. 근원적이고 근본적인 분진의 발생억제는 작업의 습식화이다. ①과 ②는 비산분진의 방지대책으로 2차적 대책이며, ③은 발생분진의 방지대책으로 1차적 대책이며, 원재료의 변경, 사용재료의 변경이 있다 ④는 최후의 대책에 포함됨

석면 관련 연습문제

01 석면의 광물학적 및 형태학적인 다음 설명 중 옳지 않은 것은?

① 약 백만 년 전에 화산활동에 의해 생성된 화성암의 일종이다.
② 자연계에 존재하는 사문석 및 각섬석 계열의 광물이다.
③ 섬유모양의 규산화합물로 직경이 0.2-0.3 μm 정도이다.
④ 유연성이 있는 견상상 광택이 특이한 극세 섬유상 광물이다.

02 세계에서 가장 많은 석면을 생산하였던 캐나다와 견줄만한 석면 생산국은?

① 러시아 ② 미국 ③ 중국 ④ 일본

03 다음 중 석면의 특성이 아닌 것은?

① 내화성이 우수하다. ② 절연성이 뛰어나다.
③ 방적성이 좋다. ④ 흡습성이 좋다.

04 다음 중 각섬석 계열의 석면이 아닌 것은?

① 백석면 ② 갈석면 ③ 청석면 ④ 트레몰라이트

05 석면을 구성하는 화합물 중 가장 함량이 많은 것은?

① 유리규산 ② 산화마그네슘 ③ 산화철 ④ 알루미나

06 석면제거 해체·제거 작업에서 산업안전보건법에서 규정하고 있는 석면 함유물질의 석면 함량기준(중량기준)은?

① 0.1% 이상 ② 0.1% 초과 ③ 1% 이상 ④ 1% 초과

07 우리나라에서 석면함유제품의 사용처로 가장 많이 사용된 곳은?

① 슬레이트 ② 보온재 ③ 브레이크 라이닝 ④ 석면포

08 다음 중 석면대체물질이 아닌 것은?

① 유리면 ② 암면 ③ 세라믹 섬유 ④ 트레몰라이트

09 규산암계 암석을 주원료로 하여 용해로에서 1,500℃ 이상의 고온에서 용융하여 고속회전시켜 섬유상 물질로 만들어지는 것은 무엇인가?

① 유리면 ② 암면 ③ 세라믹 섬유 ④ 석면

10 다음 인체기관 중 산소와 이산화탄소의 교환이 일어나는 곳은?

① 폐 ② 간 ③ 신장 ④ 대장

11 인체 호흡기계를 구성하는 요소 중 상기도 영역에 해당하지 않는 것은?

① 비강 ② 인두 ③ 후두 ④ 기관지

12 석면노출에 의해 발생할 수 있는 질병이 아닌 것은?

① 석면폐 ② 중피종 ③ 폐암 ④ 기관지

13 석면폐질환에 대한 설명 중 잘못된 것은?

① 석면폐는 석면섬유 노출에 의해 폐의 섬유화가 진행된 것이다.

② 석면폐에 걸리면 폐활량과 기도저항을 감소시킨다.

③ 석면폐의 평균 잠복기간의 15~30년 정도이다.
④ 석면폐는 비가역적인 질병이다.

14 석면노출에 의해서 발병되는 가장 대표적인 질병은?

① 진폐증 ② 폐암 ③ 악성중피종 ④ 폐성심

15 현재 산업재해보상보험법에서 규정하고 있는 석면노출에 의한 업무상 질병인정기준에 대한 설명 중 잘못된 것은?

① 석면폐증이 있는 경우
② 석면폐증을 동반한 악성중피종
③ 늑막비후를 동반한 속발성 폐암
④ 석면노출에 의한 질병이란 확증이 뚜렷하지는 않지만 석면에 10년 이상 노출된 경우

16 호흡보호구의 형태별 분류에 해당하지 않는 것은?

① 밀착형 ② 느슨형 ③ 전면형 ④ 직결식

17 입, 코 그리고 턱을 감싸는 호흡보호구를 무엇이라 하는가?

① 1/4형 호흡보호구 ② 반면형 호흡보흡구
③ 전면형 호흡보호구 ④ 밀착형 호흡보호구

18 다음에서 열거한 방진마스크 중 할당보호계수 값이 가장 큰 것은?

① 필터를 장착한 반면형 ② 필터를 장착한 전면형
③ 양압 반면형 공기공급형 ④ 전면형 SCBA

19 석면취급 장소에서 사용할 수 있는 호흡보호구는?

① 특급 ② 1급
③ 2급 ④ 모두 다 사용할 수 있다.

20 석면 사전 조사자가 착용해야 할 최소한의 호흡보호구는?

① 특급필터를 장착한 반면형 마스크 이상

② 일급필터를 장착한 반면형 마스크 이상
③ 특급필터를 장착한 1/4형 마스크 이상
④ 일급필터를 장착한 1/4형 마스크 이상

21 산업안전보건법에서 규정하고 있는 석면 해체·제거 작업자에게 사업주가 지급해야 하는 개인보호구에 해당하지 않는 것은?

① 방진마스크 ② 보안면 ③ 고글 ④ 보호의

22 공기 중 석면농도가 10개/cc 이상일 것으로 추정되는 장소에 착용해야 하는 호흡보호구는?

① 특급필터를 장착한 반면형 마스크
② 특급필터를 장착한 전면형 마스크
③ 특급필터가 장착된 전면형 전동식 공기정화형 마스크
④ 양압 SCBA

23 호흡보호구 착용 시 누설되는지 여부를 확인하기 위해 실시하는 검사를 무엇이라고 하나?

① 밀착도 검사 ② 착용감 검사 ③ 누설 검사 ④ 밀폐도 검사

24 다음 중 호흡기 보호프로그램을 구성하는 요소 중 사업주 책임이 아닌 것은?

① 프로그램의 수립 및 유지 ② 노출 위험성 평가
③ 밀착도 체크 ④ 근로자 건강검사

25 다음은 호흡기 보호프로그램에 대한 설명이다. 올바르지 않은 것은?

① 호흡기 보호프로그램이란 분진(석면)에 노출되는 근로자의 건강보호를 위한 것이다.
② 프로그램 내용 안에는 노출기준초과에 따른 공학적인 대책, 유해성에 대한 근로자 교육, 정기적인 건강진단 등의 내용이 포함된다.
③ 호흡기 보호프로그램은 총체적인 종합프로그램이므로 한 번만 시행하면 종결되는 프로그램이다.
④ 산업안전보건법에서는 호흡기 보호프로그램에 대한 정형화된 틀을 규정하고 있지는 않다.

과년도 출제 및 예상문제

01 다음 중 진폐증에 관한 설명 중 거리가 먼 것은?

① 무기성 및 유기성 분진에 의해서 발생한다.
② 면폐증은 대표적인 유기성분진에 의한 진폐증이다.
③ 석면은 폐암을 일으키는 것으로 알려져 있다.
④ 진폐증을 일으키는 입자는 주로 0.5 μm 이하의 아주 미세한 입자이다.

02 진폐증을 일으키는 분진의 크기는?

① 0.5 μm 이하　② 0.5～5 μm　③ 5 μm 이상　④ 10 μm 이상

03 규폐증은 공기 중 분진 내에 어느 물질이 함유되어 있을 때 발생하는가?

① 유리규산　② 석면　③ 탄소가루　④ 크롬

04 유리규산으로 인하여 발생되는 진폐증의 종류로 가장 적절한 것은?

① 석면폐증　② 규폐증　③ 면폐증　④ 농부폐증

해설 • 석면폐증 : 석면　• 면폐증 : 면　• 농부폐증 : 쌀, 겨, 이삭 등 ⇒진폐증.

05 다음 규폐증(Silicosis)을 일으키는 원인 물질은?

① 석면　② 석탄　③ 유리규산　④ 흑연

해설 석면은 석면폐증을, 석탄은 광부 진폐증을 일으킨다.

06 다음 진폐증 중에서 가장 많이 발견되며 폐결핵 합병증세를 일으키는 것은?

① 석면폐증　② 규폐증　③ 면폐증　④ 농부폐증

07 폐결핵과 가장 밀접한 관계가 있는 진폐증으로 가장 많이 발견되는 질병은?

① 규폐증　② 면폐증　③ 농부폐증　④ 석면폐증

08 흡입분진의 종류에 따른 진폐증의 분류를 아래에 적었다. 유기성 분진에 의한 진폐증을 고르면?

① 농부폐증 ② 용접공폐증 ③ 탄소폐증 ④ 규폐증

09 다음의 진폐증 중에서 흡인분진의 종류가 다른 것은?

① 규폐증 ② 연초폐증 ③ 활석폐증 ④ 탄소폐증

해설 연초폐증은 유기성 분진에 의한 진폐증임

10 [( )의 원인이 되는 유기성 분진은 체내반응보다는 직접적인 알레르기 반응을 일으키며 특히 호열성 방선균류의 과민증상이 많다.] ( )에 알맞은 것은?

① 규폐증 ② 석면폐증 ③ 면폐증 ④ 농부폐증

11 다음 중 유기성 분진에 의한 진폐증은 어느 것인가?

① 규폐증 ② 석면폐증 ③ 석탄폐증 ④ 면폐증

12 다음 중 분진 및 분진장해에 대한 설명으로 틀린 것은?

① 5 μm 이하의 미세한 분진은 폐내에 침착될 가능성이 크며 오랜 시일에 걸쳐 섬유증식 또는 결절형성 등의 증상을 나타낸다.
② 털, 나무가루 등의 유기분진은 알레르기성 천식을 유발시킬 수 있다.
③ 석탄, 시멘트와 같이 많은 양의 분진을 흡입하지 않아도 유해작용이 큰 것을 불활성분진이라 한다.
④ 석면, 카르보닐니켈은 발암성분진이다.

13 비교원성 진폐증에 관한 설명으로 틀린 것은?

① 비교원성 간질반응이 명백하고 정도가 심하다.
② 망상섬유로 구성되어 있다.
③ 분진에 의한 조직반응은 가역성인 경우가 많다.
④ 용접공폐증, 주석폐증, 바륨폐증, 칼륨폐증을 말한다.

해설 진폐증은 병리적 변화에 따라 교원성 진폐증(Collagenous pneumoconiosis)과 비교원성 진폐증(non-Collagenous pneumoconiosis)으로 구분되며, 전자는 폐포조직의 비가역성변화나 파괴가 있고, 교원성 간질반응이 명백하고 그 정도가 심할뿐 아니라 폐조직의 병리적 반응이 영구적이라는 특징을 갖는다. 규폐증, 석면폐증이 대표적인 예에 속한다. 후자는 폐조직이 정상이고 간질반응이 경미하고 망상섬유로 구성되어 있으며 분진에 의한 조직반응은 가역성인 경우가 많은데 용접공폐증, 주석폐증, 바륨폐증, 칼륨폐증이 이에 속한다.

14 폐 조직이 정상이면서 간질반응도 경미하고 망상섬유를 나타내는 진폐증을 무엇이라 하는가?

① 교원성 진폐증 ② 비교원성 진폐증 ③ 활동성 진폐증 ④ 비활동성 진폐증

15 분진흡입에 대한 인체 방어기전을 나타낸 것이다. 적합하지 않은 것은?

① 호흡기를 통하여 인체에 흡입된 먼지는 코 및 상기도 점막에서 분비되는 점액에 포착된다.
② 코 및 상기도에서 분비되는 점액은 소기관지에 이르기까지 섬모운동에 의하여 위쪽으로 3～4 cm/hour의 속도로 운반된다.
③ 먼지의 흡입량이나 점액의 분비량이 너무 많을 때에는 소기관지의 연동, 기침, 재채기 등에 의해 밖으로 배출된다.
④ 호흡기로 흡입되는 분진 중 주로 5～10 μm 크기의 먼지기 폐포에 들어가 축척된다.

16 먼지가 호흡기계로 들어올 때 인체가 가지는 방어기전을 조합한 것으로 가장 적절한 것은?

① 면역작용과 대식세포의 작용
② 폐포의 활발한 가스교환과 대식세포의 작용
③ 점액 섬모운동과 대식세포에 의한 정화
④ 점액 섬모운동과 면역작용에 의한 정화

17 다음 중 진폐증을 일으키는 작업과 거리가 먼 것은?

① 터널 공사 ② 광산 ③ 도자기 제조 ④ 도장(페인트)작업

18 현재 총 분진의 허용기준을 분류하는데 기준이 되는 물질은?

① 유리규산 함유량 ② 입자의 크기 ③ 입자의 농도 ④ 입자의 함수율

19 석면폐증(Asvestosis)에 관한 설명 중 맞지 않는 것은?

① 방적공장 근로자가 걸리기 쉽다.
② 폐하엽부위에 다발한다.
③ 폐암 발생율이 높은 진폐증의 일종이다.
④ 늑막과 복막에 중피종이 생기기 쉽다.

20 다음 분진 중에서 악성 중피종(mesothelioma)을 유발시키는 것은?

① 석면 ② 유리규산 ③ 활석 ④ 유리섬유

21 다음 중 가장 적절한 기준이 되는 ( )안의 비율은? [섬유성분진 특히 석면분진의 경우는 길이와 두께의 비가 (길이 : 두께)보다 큰 분진이 석면폐증을 잘 일으킨다.]

① 2 : 1 ② 3 : 1 ③ 4 : 1 ④ 5 : 1

22 진폐증을 잘 일으키는 석면분진의 크기는?

① 길이가 5-8 μm보다 길고, 두께가 0.25-1.5 μm보다 얇은 것
② 길이가 5-8 μm보다 짧고, 두께가 0.25-1.5 μm보다 얇은 것
③ 길이가 5-8 μm보다 길고, 두께가 0.25-1.5 μm보다 두꺼운 것
④ 길이가 5-8 μm보다 짧고, 두께가 0.25-1.5 μm보다 두꺼운 것

23 진폐증을 유발시키는 분진이 석면분진과 같이 섬유상인 경우에 관한 설명으로 가장 알맞은 것은?

① 길이 5 μm 이하고 너비가 1.5 μm보다 얇으면서 길이와 너비의 비가 3:1보다 큰섬유가 유해하다.
② 길이 5 μm 이하고 너비가 1.5 μm보다 얇으면서 길이와 너비의 비가 3:1보다 적은섬유가 유해하다.
③ 길이 5 μm 이상이고 너비가 1.5 μm보다 얇으면서 길이와 너비의 비가 3:1보다 큰 섬유가 유해하다.
④ 길이 5 μm 이상이고 너비가 1.5 μm보다 얇으면서 길이와 너비의 비가 3:1보다 적은 섬유가 유해하다

24 진폐증을 일으키는 분진 중에서 폐암을 유발하는 분진은 어느 것인가?

① 규산분진 ② 석면분진
③ 활석분진 ④ 규조토분진

25 다음 분진에 의한 진폐증 중 폐암을 일으킬 확률이 제일 높은 것은?

① 석면폐 ② 규폐
③ 용접규폐 ④ 탄광부진폐

26 분진대책 중의 하나인 발진의 방지 방법과 가장 거리가 먼 것은?

① 원재료 및 사용재료의 변경　② 생산기술의 변경 및 개량
③ 습식화에 의한 분진발생 억제　④ 밀폐 또는 포위

27 분진작업장의 작업환경관리 대책과 가장 거리가 먼 것은?

① 습식작업　② 국소배기장치 설치
③ 방독마스크 착용　④ 발산원 밀폐

08 소음(Noise)의 관리

학습목표

1. 음의 구분	2. 소음 발생원
3. 소음에 의한 건강장해	4. 일반적 특성
5. 음의 단위	6. 소음의 종류
7. 소음의 노출기준	8. 소음 발생원에 따른 소음수준
9. 소음 측정기기의 종류	10. 노출평가
11. 소음성 난청의 판정기준	12. 소음발생 작업장 관리

1. 음의 구분

- 음 또는 소리 (Sound) : 귀가 감지할 수 있는 공기의 압력변화
  - 소리가 나서 들리는 것 : 대화, 음악
- 소음 (Noise) : Unwanted Sound (원하지 않는 소리)
  - 락, 디스코 음악 : 젊은이들은 음악, 나이든 사람은 소음
  - 조용한 클래식 음악 : 반대가 될 수 있음

⇒ 음과 소음의 구분은 "주관적", "심리적", "정신적인 면"이 매우 큼

☞ 소음의 정의 : 기계, 기구 등으로부터 발생되는 강렬한 소리(음)로 규정

2. 소음 발생원

1) 일상 생활

- 자동차 달리는 소리, 경적 소리
- 공사현장의 굴착기 사용이나, 건물건축 시 망치소리 등
- 지하철 이용 시 지하철 역이나 지하철 내부에서 느끼는 소음 등에 의해

⇒ 시민들이 수면에 방해를 받고, 대화나 근무, 공부에 집중이 안 되는 정신활동에 방해가 되는 등 불쾌감이나 스트레스를 유발하는 중요한 요인으로 작용

2) 작업장

- 자동차 공장 : 리벳팅기, 절삭기, 프레스기, 연마기
- 조선업 : 요철부분을 펴는 망치작업, 금속 표면 녹 제거(Grinding)
- 주물업 : 쇠와 혼합된 모래를 털어내는 주형 및 후처리 작업
- 파쇄기(분쇄기) : 광물, 금속물질을 파쇄
- 자동차 정비공장 : 판금, 절단·절곡, 연마 등 금속을 이용해 제품을 만드는 작업장에 소음 발생은 필연적인 요인으로 작용됨
- 연탄공장 : 윤전기
- 광산 : 석탄을 캐기 위해 또는 폭약 충진을 위해 착암기로 천공
- 나무제품 : 동력으로 목재를 절단, 절곡
- 섬유제품 : 직포기를 사용하는 방직 공정 이외에도 운수업, 군인(포병), Jet기 조종사, 전화 교환수 등

  ⇒ 일상생활에서 뿐만 아니라 다양한 제품을 만드는 대부분의 작업장에서 소음이 발생되며 이에 따라 많은 근로자들의 소음에 무방비로 노출되고 있는 실정임

3. 소음에 의한 건강장해

① 소음성 난청의 원인

② 작업능률의 저하 및 재해 발생의 원인

③ 스트레스와 정신장애 유발

④ 수면방해, 대화방해 등 일상생활에 영향

⑤ 청력장애 및 심혈관계 질환·고혈압 발생에 영향

1) 소음성 난청의 발생과정

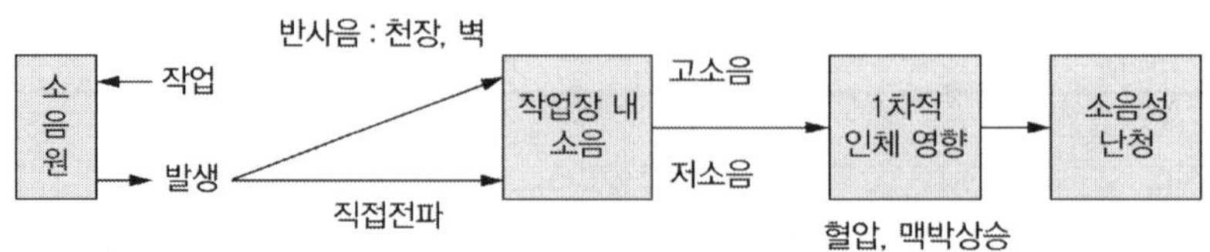

2) 소음이 인체에 미치는 영향

- 소리가 청신경에 전달되어 들을 수 있는 과정
  - 음파가 고막을 진동하면 중이에 있는 3개의 (추골, 침골, 등골) 청소골을 움직이고 이러한 움직임은 내이의 달팽이관 입구인 난형창을 진동하여 달팽이관 내에 있는 체액이 진동에 따라 움직이며 유모세포의 움직임이 전기적으로 변화하여 청신경을 통해 뇌의 기능에 전달하여 소리를 들을 수 있음

3) 인체에 미치는 영향

- 소음성 난청(Noise induced hearing loss : NIHL)
  - 소음작업장에 종사하는 자가 강렬한 소음에 자주 폭로되어 청신경에 장해를 받아서 청력장해를 일으키는 것(재해성 난청)

☞ 청력장해의 종류
- 전음성 난청 : 소리를 와우각까지 전달하지 못하여 생기는 난청 (적절하게 치료하면 고칠 수 있다.), 고막의 손상
- 신경성 난청(감각성 난청) : 코르티씨 기관과 청신경에서 변성이 일어나서 생기는 것으로 대개는 회복되지 않는다.
- 호흡성 난청(혼합성 난청) : 전음성 난청과 신경성 난청이 겹친 경우 외이+중이+내이 모두가 문제 있다.
- 중추성 난청 : 뇌 중추에 이상이 있어서 청각을 통하여 들어온 정보를 해석하지 못하는 경우
- 심인성 난청 : 기질적인 변화는 없고, 개인의 청력 역치가 높아져 있기 때문에 생기는 것으로 꾀병을 하는 경우와 히스테리의 경우

4. 일반적 특성

1) 소리(음)의 특성

- 파동운동 : 에너지 형태로 공기 중으로 전파

2) 음의 2가지 요소

- 음정(음의 높낮이) : 도레미파솔라시도 (저음 ⟶ 고음) ⇒ 진동수 즉, 주파수에 영향
- 음압(음의 세기) : '진폭'의 영향

☞ 귀는 음의 높고, 낮음을 정확히 판단 가능하나 음의 세기(크기)는 정확한 파악 불가능

3) 주파수(진동수, Frequence)란

- 진동(파동)이 얼마나 자주 일어나는가
- 가청주파수 범위 : 20～20,000 Hz
  회화주파수 범위 : 250～3,000 Hz

4) 전파속도 : 소리가 귀에 전달되는 속도(음속)

- 음속(C)=파장(λ) × 주파수(Hz)
  - 공기 중 속도(C)=344.4 m/sec
  - 철의 속도(C)=5 km/sec
  - 물속에서의 속도(C)=1,410 m/sec
- 공기 중 음파의 전달속도 계산

$$C = 331.5 + 0.6t \ \ (\text{m/sec})$$

여기서, C : 음속

t : 공기의 온도(℃)

15℃일 때 C=340 m/sec

☞ 기찻길에서 기차의 운행 소리를 못 듣지만 철로에 귀를 대면 기차 달려오는 소리를 들을 수 있음. 이것은 쇠의 소리를 전파속도가 매우 빨라서 전달되는 현상

☞ 소리가 강하면 진폭의 폭이 좁아짐. 따라서 소리가 진동하는 폭이 크면 강한 소리임 음의 세기(음압)의 단위는 귀가 듣는 상대적 소리의 크기를 음량 즉, dB 단위로 측정되며 dB는 log 눈금을 사용함으로
- 10 dB은 사람이 들을 수 있는 가장 작은 소리인 0 dB보다 10배 큰소리
- 20 dB은 10 dB의 2배가 아니라 10배 큰소리이며, 0 dB의 100배 큰소리
- 30 dB은 10 dB의 3배가 아니라 10배 큰소리이며, 0 dB의 1000배 큰소리를 나타냄

5. 음의 단위

1) 음압 수준(Sound Pressure Level : SPL=LP)

- 사람의 귀가 외부 자극에 반응하는 압력, 단위면적에 가해지는 압력(N/m^2)

$$L_P = 10\log_{10}\left(\frac{P}{P_o}\right)^2 = 20\log_{10}\left(\frac{P}{P_o}\right) \quad \cdots\cdots\ \text{식 (1)}$$

여기서, P : 측정한 음압 수준(N/m^2)

P_o : 기준 음압 ⇒ 정상인이 들을 수 있는 음압

(가청주파수인 20～20,000 Hz에서 가장 낮은 주파수인 20 Hz를 음의 압력으로 나타내면 0.00002 $dynes/cm^2$, 2×10^{-5} N/m^2)

2) 음의 강도(Sound Intensity, I=세기)

- 단위시간에 단위면적을 통과하는 음의 에너지

$$I\ (watt/m^2) = \frac{P^2}{\rho c} \quad \text{식 (2)}$$

여기서, P : 음압(N/m^2)

ρ : 공기밀도(25℃, 1기압, 1.18 kg/m^3),

C : 공기음속(344.4 m/sec)

3) 음력 수준(Sound Power Level : PWL=Lw)

- 음원에서 발생한 에너지

$$L_w(dB) = 10\log_{10}\frac{W}{W_o} \quad \text{식 (3)}$$

여기서, W : 측정음력

W_o : 기준음력 (10^{-12} $watt/m^2$)

4) dB(deci Bel)

- 어원 : 소음의 크기를 나타내는 데 사용하는 단위
- Bell : 소리의 크기를 최초로 수량화한 A. Graham Bell의 이름 첫머리인 B를 사용
- deci : 사람이 들을 수 있는 최소 가청 음의 세기는 10-12($watt/m^2$)～최대 가청 음의 세기인 10($watt/m^2$) 까지 14단계로 구분됨
  - 너무 단위가 크기 때문에 이를 좀더 세분화하여 나타내기 위해 1/10로 분류하면 0～130까지 140단계로 표시. 이때 1/10로 분류한 것을 영어로 deci 라는 단어 사용

5) 소음의 특성치

- dB(A) : 사람의 청각에 대한 반응에 가깝게 나타내 주기 위해 전기적으로 청감보정된 회로 ⇒ 사업장 소음 측정에 사용
- dB(C) : 기계에서 발생되는 음의 측정 ⇒ 주파수 분석을 통해 소음대책 수립에 사용
- dB(D) : 젯트 엔진 측정

6. 소음의 종류

- 연속음 : 계속해서 같은 크기의 소리가 발생, 반복음이 1초에 1회 이상인 소음
  - 종류 : 자동 press기, 방직공장의 직기, 콤퓨레셔 등
- 단속음 : 소음이 연속음의 형태를 가지면서 소리의 크기가 변동하거나 단절되는 시간이 1초보다 간격이 긴 경우의 소음
  - 종류 : 수동 press기
- 충격음 : 최대 음압 수준이 "120 dB 이상"인 소음이 1초 이상의 간격으로 발생되는 소음
  - 종류 : 망치, 함마 작업
- 변동(불규칙)소음 : 소음이 불규칙하고 연속적으로 넓은 범위에 걸쳐 변화하는 소음
  - 종류 : 대기환경소음 (자동차 교통량이 많은 도로소음)

7. 소음의 노출기준

1) 연속음, 단속음

노출시간(시간/일)	허용 가능한 음압수준[dB(A)]
8	90
4	95
2	100
1	105
½	110
¼	115 *

- 115 dB(A) 초과 금지
- 소음에서 절반이라 함은 : 90 dB(A) → 85 dB(A) → 80 dB(A) → 75 dB(A) .....
- 노출가능시간 T = 8/2(L-90)/5

2) 충격음

1일 노출 회수	충격소음의 강도 [dB(A)]
100	140
1,000	130
10,000	120

- 140 dB(A) 초과해서는 안 됨

8. 소음 발생원에 따른 소음수준

인체에 대한 영향	소음수준{ dB(A)}	소음 발생원
	140	젯트기 엔진
매우위험 ↑	130	리벳팅기
고통을 느끼는 한계	120	망치, 프로펠러 비행기
	110	착암기, 전기톱, 연마기
	100	판금(자동차, 금속), 방직기
청력손상가능 ↑	90	인쇄기, 큰 트럭 달리는 소리
	85	전기면도기
대화불가능	80	재봉틀, 교통량 많은 거리
	70	고급승용차
불쾌감	60	정상적인 크기의 대화
	50	낮은 목소리의 대화(회화음)
	40	조용한 라디오음악
	30	속삭임
	20	조용한 도시의 APT
	10	낙엽이 스치는 소리
	0	들을 수 있는 한계

9. 소음 측정기기의 종류

1) Sound Level Meter(지시, 보통 소음계) : 연속음, 단속음 측정

단순히 소음 발생원에서 발생되는 음의 압력 측정

• SPL (Sound Pressure Level : 음압 레벨)

2) Octave Bend Analyzer(주파수 분석기)

사람이 들을 수 있는 가청주파수 영역 : 20～20,000 Hz

⇒ 이 중 소음성난청 유발 주파수는 3,000～4,000 Hz의 고주파수 영역임
따라서 기계에서 발생되는 소음이 저주파수냐, 고 주파수냐를 평가하는 것이 중요
왜냐하면 소음대책 수립 시 높고 낮음에 따라 적합한 흡음재사용 가능

• 주파수 분석은 소음의 특성을 정확히 평가하기 위해서 주파수 분석을 실시하는 것으로 주파수 분석 측정기를 사용한다.

- 중심주파수(Center frequence : fc) : 20～20,000 Hz
- 한 옥타브밴드의 중심주파수(fc)와 낮은 주파수(f_1), 높은 주파수(f_2)와의 관계를 보면

$f_2 = 2f_1$, $fc = (f_1 \times f_2)^{1/2}$ $fc = (f_1 \times 2f_1)^{1/2} = f_1 \times (2)^{1/2} = 1{,}414 f_1$, 1000 Hz $= 1{,}414 f_1$,
f_1은 $1000/1.414 = 707$ Hz, f_2는 $2f_1$임으로 $2 \times 707 = 1{,}414$ Hz가 됨

3) Noise Dosimeter(누적소음 폭로량 측정계) : 불규칙소음, 충격음 측정

불규칙한 소음과 같이 소음레벨이 시간과 함께 변화하는 경우 측정시간 내에 발생된 변동소음의 총 에너지를 "연속 정상음"(연속음)의 에너지로 바꾸어 얻어진 소음레벨로 근로자 몸에 부착시키고 마이크로폰을 청각위치에 고정시켜 측정.

☞ 소음기의 성능표시 : 삽입손실치

• 소음원에 소음기를 부착하기 전과후의 공간상 어떤 특정위치에서 측정한 음압레벨의 차와 그 측정위치로 정의됨

10. 노출평가

1) 강도가 서로 다른 소음의 평가

여러 종류의 소음에 장 시간동안 복합적으로 노출될 때의 상가작용 고려

⇒ 노출지수는 1미만이 되어야 함

$$\text{노출지수} = \left(\frac{C_1}{T_1} + \frac{C_2}{T_2} + \cdots + \frac{C_n}{T_n} \right) \times 100\% \quad \cdots\cdots \text{식 (4)}$$

C_n : 측정소음에 노출된 총 노출시간

T_n : 그 소음에 노출될 수 있는 허용 노출시간

2) 2개 이상 소음 발생원의 복합음 평가

$$\text{공식 } L_c = 10\log\left(10^{\frac{L_1}{10}} + 10^{\frac{L_2}{10}} + \cdots + 10^{\frac{L_n}{10}}\right) \quad \cdots\cdots \text{식 (5)}$$

- 환산계수 이용
  - 두 음의 차이가 0 일 때 : 큰 소음의 강도에 3 dB 더함
  - 두 음의 차이가 1 일 때 : 큰 소음의 강도에 2.5 dB 더함
  - 두 음의 차이가 2 일 때 : 큰 소음의 강도에 2.1 dB 더함
- Ⓐ기계 90 dB(A), Ⓑ기계 70 dB(A) 동시 발생될 때의 평가
  - 90 − 70 = 20, 차이가 20 dB 정도이면 70 dB의 소음은 90 dB(A)의 소음에 의해 들리지 않음. 따라서 90 dB(A)의 소음만 들리게 되는데 이를 Masking effect (음폐 효과)라 함

    ☞ 음폐 효과 : 큰소리가 작은 소리를 들을 수 있는 능력을 감소시키는 현상

3) 소음 노출량계(Noise Dose Meter)를 이용한 평가

- 소음 노출량은 허용기준에 대한 백분율(%)로 표시
- 소음수준과 소음 노출량과의 관계
  - 소음계로 측정한 값과 소음 노출량계로 측정한 값의 관계식

$$L_P = 90 + 16.61 \log \frac{D}{12.5T}$$

$$\text{TWA} = 16.61 \log \left(\frac{D}{100} \right) + 90 \quad \cdots\cdots \text{식 (6)}$$

여기서, L_P : 측정시간에 있어서의 평균치, dB(A)

D : 소음 노출량계로 측정한 노출량, (%)

T : 측정시간, 시간(hr)

TWA : 8시간 평균치, dB(A)

4) 소음레벨에 따른 노출 최대허용시간 평가

$$T = \frac{8}{2^{(L-90)/5}} \quad \cdots\cdots \text{식 (7)}$$

여기서, L : 소음레벨 측정치[dB(A)]

T : 노출 최대허용시간(hr)

5) 등가소음레벨 평가

$$\text{Leq[dB(A)]} = 16.61 \log \frac{n_1 \times 10^{\frac{LA_1}{16.61}} + n_2 \times 10^{\frac{LA_2}{16.61}} + \cdots + n_N \times 10^{\frac{LA_N}{16.61}}}{\text{각소음레벨측정치의발생시간량}} \quad \cdots\cdots \text{식 (8)}$$

여기서, LA_N: 각 소음레벨의 측정치[dB(A)]

n_N : 각 소음레벨 측정치의 발생시간 (분)

$$* \ \text{Leq} = \frac{q}{0.3} \log_{10} \left[\frac{1}{T} \int_o^T \left(\frac{P}{P_o} \right)^{\frac{6}{q}} dt \right] \quad \cdots\cdots \text{식 (9)}$$

여기서, T : 측정시간

q : 변환계수

P_o : 기준음압(2×10^{-5} N/m^2)

P : 측정음압

11. 소음성 난청의 판정기준

1) 소음성 난청의 판정기준

① 소음작업의 직력이 인정되어야 한다.

② 감각신경성 난청이어야 하며 중이질환, 약물중독, 급성전염병, 열성질환, 매독, 메니엘씨 증후군(평형장애), 재해성 폭발음 장해, 두부외상 등에 의한 난청, 가족성 난청, 그리고 순수한 노인성 난청에 의한 청력손실이 아니어야 한다.

③ 순음어음청력 정밀검사 상 4,000 Hz의 고음영역에서 50 dB 이상의 청력손실이 인정되고 기도 및 골도 오디오메타(Audiometer) 측정검사에 의하여 500 Hz(a), 1,000 Hz(b) 2,000 Hz(c)에 대한 청력손실정도를 측정하여 (a+b+c)/3 산 식에 의하여 산출한 순음어음 영역 평균 청력손실이 30 dB 이상이어야 한다.

④ 린네씨 검사결과 양성이어야 한다.

2) 소음성 난청의 업무상재해 인정기준

직업성 난청

① 일반적 인정 요건
- 적어도 한쪽 귀의 청력손실이 40 dB를 초과하는 감각신경성 난청

② 의학적 진단 요건
- 90 dB(A) 내외의 소음에 폭로되고, 소음폭로기간이 5년 전후 또는 그 이상
- 최소 24시간 이상 소음작업을 중단한 후, 방음시설이 잘된 청력 검사 실을 갖춘 의료기관에서 500(a), 1,000(b), 2,000(c), 4,000(d) Hz의 주파수음에 대한 청력 측정 후 6분법 (a+2b+2c+d/6) 으로 판정
- 순음청력검사는 최소 3회 이상 실시
- 오디오그램 소견 : 고 음력의 청력손실
- 다른 원인 제외
- 근로자의 과거 직업력, 과거병력 및 건강 진단 시 측정결과(입사 시 또는 이직 시)등을 참고

☞ 진단상의 참고사항 – 직업성 난청의 청력장해 진단 시 참고사항
① 직종, 취업기간, 병력의 유무(특히 소음에 피폭된 사실의 유무 등)
② 소음성 난청이 소음작업을 계속함으로써 악화되는 성질이 있는 것
③ 소음작업을 이탈하는 경우 악화되지 않는 성질이 있는 것

3) 청력검사

① 3분법 : 청력손실 (dB) = (a + b + c) / 3 → 이상소견 25 dB

② 4분법 : 청력손실 (dB) = (a + b + c + d) / 4 → 이상소견 30 dB

③ 6분법 : 청력손실 (dB) = (a + 2b + 2c + d) /6 → 이상소견 40 dB

단, a : 500 Hz에 대한 청력손실도 b : 1,000 Hz에 대한 청력손실도

c : 2,000 Hz에 대한 청력손실도d : 4,000 Hz에 대한 청력손실도

* 3분법과 6분법은 산재보상 시 계산하는 방법임

12. 소음발생 작업장 관리

1) 소음대책

① 소음원의 제거 및 억제

- 가장 효과적인 방법으로 기계의 노후, 불균형, 불안정한 고정, 공작불량, 조립불량, 마찰의 제거 등 소음발생 요소를 제거
- 진동음원의 방진 (기계의 방진설치, 뜬 바닥 등)
- 소음기(消音器) 부착, 흡음닥트 설치, 음원실 안의 흡음 처리, 차음벽 시공
- 작업방법, 작업시간의 변경 등

② 장해물에 의한 차음(遮音)효과

- 발생한 음향에너지에 대한 장해물을 통과한 음향에너지의 비가 대수치의 10배에 해당한다.
- 장해물의 전음방해(全音妨害)는 물질의 물리적 성질과 벽체를 만든 구조형태에 달려있다.
- 작업장에서 일반소음(continuous random noise)에 대한 차음효과는 벽체의 단위 표면적에 비하여 벽체의 무게를 2배로 할 때마다, 그리고 주파수가 2배로 될 때마다 6 dB씩 증가한다.
  - 방음병풍 등의 설치로 회절감쇠 효과에 의한 소음 저감을 시도한다.

③ 소음기(消音器)의 이용

- 흡·배기가 따르는 Engine, 강제송풍 등을 할 때 발생하는 소음을 제거

④ 피해자 측의 차음 : 피해자 측을 차음재에 넣는 방법

- 보호구 착용 : ear plug, ear muff 등
  - 차음효과 : 25 ~ 35 dB (cotton : 9 ~ 16 dB)
  - 120 dB 이상의 소음작업장 : ear plug, ear muff 동시 착용 권고

    ☞ 차음효과 = (NRR−7) × 50%

    NRR(Noise reduction rating) : 차음 평가수, 50% : Safety factor

2) 작업장 관리

① 소음방지 대책 시 고려할 사항

- 소음원 : 소음원의 특성 파악
  - 음원파워, 스펙트럼, 시간별 변동, 공간별 변동, 발열성, 환기의 필요성
- 전파경로 : 거리 (거리감쇠), 장애물
  - 지형, 지표면 성상, 수목, 기상(기온, 바람), 공기의 음향흡수 등
- 수음 측 : 전반음의 물리적 크기, 소음의 평가척도,
  - 인간의 반응 : 개인, 집단, 사회
  - 허용 값, 목표 값 설정

② 소음방지 대책의 순서

1. 허용치의 설정 → 2. 소음원의 조사 → 3. 전파경로의 조사 → 4. 계산을 위한 경로의 선정 → 5. 계산 패턴의 결정 → 6. 수치의 설정 → 7. 소음레벨의 산정 → 8. 부가 감음량 산출 → 9. 부가 감음량 할당 → 10. 재점검

3) 소음(消音) 재료

① 소음(消音) 재료의 특성

- 흡음재 : 상대적으로 경량이며, 내부통로를 가진 다공성 자재나 차음재료는 사용할 수 없다.
  - 음 에너지를 소량의 열 에너지로 변환시킨다.
  - 잔향음의 에너지와 공기에 의해 전파되는 음을 저감시킨다.

    ☞ 종류 : Glass wool(유리섬유), Rock wool(암면), 발포수지, 석고보드 등.
- 소음기(消音器) : 반작용이나 전환요소의 직렬이나 병렬 조합
  - 기체의 정상흐름 상태에서 음 에너지의 전환

- 기계의 닥트 소음 저감을 위해서 사용 : 엔진의 흡·배기, 압축기, 휀터어빈
- 공기에 의해 전파되는 음을 저감

• 차음재 : 상대적으로 고밀도이며, 기공이 없고 흡음 재료로는 사용할 수 없다.
  - 음 에너지를 감쇠시키며, 음의 투과를 저감하여 음을 억제시킨다.
  - 차음효과에 영향을 주는 인자 : 차단(격리)의 정도, 차단벽의 재질, 두께

• 제진재 : 상대적으로 큰 내부손실을 가진 신축성 있는 점탄성 자재이다.
  - 음 에너지를 진동에너지로 전환시킨다.
  - 진동으로 패널이 떨려 발생하는 음 에너지를 저감한다.
  - 공기 전파음에 의해 발생하는 공기진폭을 저감한다.
  - 패널 가장자리나 구성요소 접속부의 진동에너지 전달을 저감한다.

• 차진재 : 탄성패드나 금속스프링으로 되어 있다.
  - 구조적 진동과 진동전달력을 저감한다.
  - 휀, 압축기, 엔진, 기계류 등에 대한 방진을 위해 사용한다.
  - 회전기계류의 진동 전달력을 저감한다.

② 소음(消音)재료의 종류

• 다공질 재료 (연속기포) : 중음, 고 음역을 흡음
  - 그라스 울, 록 울, 스랙 울, 펠트(felt)
  - 발포 수지재료, 목모(木毛) 시멘트 판, 목편(木片) 시멘트 판, 흡음용 연질 섬유판
  - 철물, 식모(植毛)제품

• 구멍 뚫린 판 구조체 : 중 음역을 흡음한다.
  - 구멍 뚫린 석고보드, 석면 시멘트 판, 하드보드, 합판, 알루미늄 판 및 철판

• 막상(膜狀) 재료 : 중 음역을 흡음한다.
  - 비닐 필름, 레저, 캔버스, 금속박, 발포 수지재료 (독립기포)

• 판상(板狀) 재료 : 저 음역을 흡음한다.
  - 구멍 뚫린 판 구조체, 슬라브 구조체, 단일 레즈레이터

③ 차음재료의 용도

• 소음원의 음향적 격리 : 기계류의 방음커버
  - 기계실이나 음악실 등의 외주구조
  - 소음이 큰 기류에 대한 닥트 외관

- 수음점의 음행적 격리 : 기계소음이 있는 공장 내의 방음 실 외주구조로 작동자의 감시 또는 휴식, 원격조정실
  - 소음이 큰 부지에 세운 주택, 사무소 등의 외주구조
- 거실 사이의 상호 음향격리 : 집합주택의 각호계벽(各戸界壁), 경계바닥
  - 호텔의 칸막이 벽
  - 사무소의 사무실, 회의실, 간부실 등의 칸막이 벽
- 차음 이외의 소음대책과의 병용
  - 방음벽의 재료는 방음벽에 필요한 감음량에 적당한 차음성능을 가져야 한다.
  - 환기 닥트 외관의 재료는 닥트계의 소음기구에 적당한 소음량의 차음성능을 가져야 한다.

4) 건강관리

① 채용 시 건강진단 실시 : 중이염, 고막 이상 자, 약물복용, 노령자 등은 비소음 부서에 작업배치

② 정기적 청력검사 실시

* 안전보건 매뉴얼 100선, 고용노동부, 안전보건공단 자료 인용

소리에 대한 사람의 감각

음압레벨 차이에 대한 감각

음압레벨 차(dB)	감각적 크기의 변화
3	겨우 느낄 수 있음
5	확실한 차이를 느낄 수 있음
10	2배(또는 1/2)의 크기로 느낌
15	큰 차이를 느낄 수 있음
20	4배(또는 1/4)의 크기로 느낌

※ 음압레벨과 3dB의 의미

- 모든 조건이 동일하다고 가정할 때 기계나 설비 등의 동력을 2배로 늘리거나 절반으로 줄여 사용할 때 소리의 크기는 3dB 커지거나 작아짐
- 모든 조건이 동일한 라인을 1개에서 2개로 늘리거나 2개에서 1개로 줄였을 때 소리의 크기는 3dB 커지거나 작아짐

소음에 의한 건강장해

- 소음성 난청의 원인
- 작업능률의 저하 및 재해 발생의 원인
- 스트레스와 정신장애 유발
- 수면방해, 대화방해 등 일상생활에 영향
- 청각장애 및 심혈관계질환 · 고혈압 발생에 영향

소음성 난청의 종류

■ 일시적 난청

- 강한 소음에 노출되어 생기는 일시적인 난청
- 소음폭로 2시간부터 발생, 4000~6000Hz에서 많이 발생
- 20~30dB의 청력손실
- 청신경 세포의 피로현상으로 12~24시간 후 회복 가능
- 청신경이 회복 가능한 피로현상
- 영구적 청력장애의 경고신호

■ 영구적 난청

- 일시적 청력손실이 충분하게 회복하지 않은 상태에서 계속적으로 소음에 노출되어 생김
- 회복과 치료가 불가능

■ 직업성 난청

- 직업으로 인한 소음에 폭로되어 발생한 난청
- 소음 폭로(노출)작업장에서 종사하거나 종사 경력 근로자로서 한 귀의 청력손실이 40dB 이상이 되는 감각신경성 난청
- 소음에 폭로되는 것을 중단하면 소음폭로의 결과로 인한 청력손실이 더 이상 진행되지 않음
- 과거에 소음성 난청이 있었더라도 소음노출에 더 민감하게 반응하지 않고 청력역치가 증가할수록 청력손실율이 감소
- 소음에 폭로되는 초기에는 저음역보다 고음역에서 청력손실이 훨씬 더 심하게 나타남
- 단속 소음(Interrupted noise)보다 연속 소음(Continuous noise)에 폭로되는 것이 더 큰 장해를 초래

■ 사회성 난청

- 생활 소리 노출에 의한 청력장애
- MP3, 휴대폰 등의 음악, 생활소리, 교통수단에 의한 소음 등
- 사회성 난청 + 직업성 난청 → 소음성 난청을 더 악화

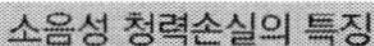

소음성 청력손실의 특징	
▪ 통증이 없음	▪ 눈에 보이는 외상이 없음
▪ 눈에 보이는 흉터가 없음	▪ 초기단계에서 눈에 띄지 않음
▪ 과폭로에 누적되어 발생	▪ 진단하는데 수년간 걸림
▪ 영구적이고 100% 예방이 가능	

소음성 난청에 영향을 주는 요인

- 소리의 강도와 크기
  - 소리의 크기가 클수록 청력저하가 큼
- 주파수
  - 저주파보다 고주파가 더 큰 영향을 줌
  - 나이가 들수록 청력역치가 증가하며 고주파역의 역치손실이 저주파역보다 더 크게 나타남
- 매일 노출되는 시간
  - 노출(폭로)시간이 길수록 청력저하가 큼
  - 영구적인 청력손실의 위험은 개인의 감수성보다는 노출의 강도 및 기간과 큰 관련이 있음
- 개인적 감수성
  - 상당히 높은 소음에 장기간 노출되어도 견딜 수 있는 사람도 있지만 동일한 환경에서도 빨리 난청이 생기는 사람도 있음
  - 감수성요인 : 심혈관계질환 위험요인, 흡연, 외이도의 형태, 혈액 백혈구수, 여성의 생리주기, 음주습관, 전해질 및 비타민의 부족, 정신적인 요인 등
- 소음성 난청 발생 위험률
  - 평균 80dB(A)에 40년간 폭로되었을 때 평균청력이 25dB 이상의 소음성 난청이 발생할 위험률을 추정

구분	80dB(A)	85dB(A)	90dB(A)
ISO	–	10%	21%
EPA	5%	12%	22%
NIOSH	3%	15%	29%

ISO: 국제표준기구, EPA: 미국 환경청, NIOSH: 미국 산업안전보건연구원

- 소음 기인 소음성 난청 발생률

소음수준	80dB(A)	85dB(A)	90dB(A)	95dB(A)	100dB(A)	105dB(A)	110dB(A)	115dB(A)
발생률	–	8%	18%	28%	40%	54%	64%	70%

소음성 난청의 예방

- 내가 소음에 노출될 수 있는 곳에서 소음이 발생하는 것을 최소로 만들기
  - 작업할 때 소음이 덜 나게 작업방법을 만들거나 개선하기
- 나에게 소음이 전파되는 것을 줄이기
  - 청력보호구의 착용보다 좋은 방법임
  - 소음이 작업자에게 전달되는 것을 줄이기
- 내가 소음에 노출되는 양을 최소로 하기
  - 청력보호구의 착용(최후의 수단임)

청력보호구에 대한 잘못된 생각

- "이미 청력손상이 왔는데 왜 써야 해."
- "귀마개를 깊게 넣으면 고막이 다칠 수도 있어."
- "착용하면 대화하기가 힘들어."
- "난 소음에 익숙해서 쓸 필요가 없어."
- "청력보호구는 불편해."
- "착용하는 게 귀찮아"
- "보청기를 언제라도 낄 수 있어."
- "내 기계는 소리가 달라."

청력보호구

청력보호구 선정기준

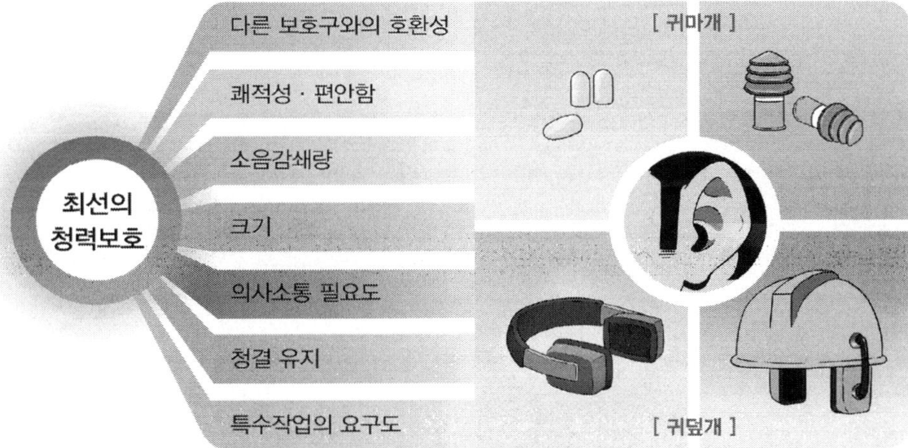

청력보호구 착용시 주의사항

- 항상 귀마개, 귀덮개 등을 깨끗하게 유지
  - 귀 속이나 얼굴의 감염을 예방
  - 더러우면 귀마개나 귀덮개의 차음성능이 떨어짐
  - 모든 귓구멍에 맞는 귀마개는 없으므로 각자에게 맞는 크기를 고를 것
  - 오염된 손으로 귀마개를 만지지 말 것
- 착용방법에 맞게 정확하게 착용
- 소음장소에 들어가기 전 보호구를 착용

귀마개 착용법

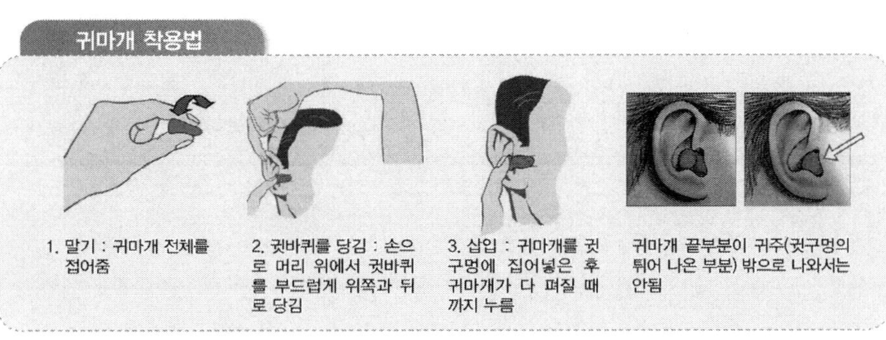

학습문제

01 다음은 귀의 구조에 대하여 설명한 것이다. 기관을 연결한 것 가운데 틀리는 것은 어느 것인가?★

① 강한음에 대해 내이(inner ear)를 보호한다 – 이내근(Auditory muscles)
② 고막진동을 내이에 전달한다 – 이소골(ossicle)
③ 소음의 만성노출로 난청을 일으킨다 – 중이(middle ear)
④ 중이안의 기압을 조절한다 – 이관(eustachiantube)

02 다음은 적정한 작업 배치상 고려하여야 할 질환을 묶은 것이다. 적합치 않은 것은?

① 저온 작업장 – 고혈압, 류마치스성 질환, 기관지염, 신염, 심질환
② 소음 작업장 – 시신경염, 관상동맥 질환, 비만증, 탈홍, 빈혈
③ 분진 작업장 – 폐질환, 기관지염, 심질환, 고혈압, 빈혈
④ 수은 작업장 – 정신질환, 내분비계 질환, 만성장염, 신염, 동맥경화증

03 소음에 의한 인체의 장해정도에 영향을 미치는 요인이 아닌 것은?★

① 소음의 크기
② 소음의 주파수 구성
③ 소음의 시간적 변동
④ 소음의 장소

해설 소음에 의한 인체의 장애정도는 소음의 크기, 소음의 주파수 구성, 소음에 폭로되는 기간, 소음의 시간적 변동 등에 따라 다르다.

04 소음성 난청에 대한 설명 중 맞는 것은?★★

① 청력손실은 일상대화의 주파수보다 높은 주파수에서 일어난다.
② 청력손실은 개인에 따라 큰 차이가 없다.
③ 소음성 난청과 노인성 난청의 오디오그램 소견은 유사하다.
④ 일반적으로 저주파 소음이 고음파 소음보다 같은 음압 수준에서 더 큰 피해를 준다.

05 소음성 난청의 설명으로 맞지 않는 것은?

① 소음성 난청의 초기단계를 C_5-dip 현상이라고 한다.
② 주로 4,000 Hz 부근에서 가장 많은 장해를 가져오며 진행되면 전반적으로 각 주파수에도 파괴된다.

③ 일시적 난청은 corti씨관의 피로에 의해서 생긴다.
④ 영구성 난청은 노인성 난청과 같은 현상이다.

해설 영구성 난청은 불가역적이고 청각기에서 신경세포의 이상으로 일어나지만 노인성 난청은 신경세포의 노화현상으로 오는 것이므로 근본적으로 다르다. 노인성 난청은 고령자의 청력손실 평가에 사용될 뿐이다.

06 직업성 난청 중의 설명 중 옳지 않은 것은?

① 일시적 난청은 청각의 피로현상이다.
② 직업성 난청의 초기 청력손실을 C_5-dip 현상이라고 한다.
③ 직업성 난청은 감음계 난청이고 처음에 저음역에서 시작되어 중간음역, 고음역 순서로 파급된다.
④ 직업성 난청자는 골전도 청력의 저하가 있고 후에는 공기전도 장해로 나타난다.

07 소음이 높은 작업장에 장기간 일을 함으로써 난청이 된 사람이 말한 다음의 내용에서 일반적으로 인정할 수 없는 것은 어느 것인가?★

① 비타민제로 완치되었다는 말을 들어 치료해 보고자 한다.
② 초기에 자기 자신보다 부인 쪽이 난청이라 생각되었다.
③ 보청기를 하고 있으나 효과가 없는 것 같이 생각되었다.
④ 초기에는 전화벨의 음을 듣기 어려웠으나 사람의 말을 듣는데 곤란을 겪지 않았다.

해설 소음작업장에 오래 근무하면 소음성 난청이 걸리는데 소음성 난청에서는 처음 4,000 Hz 부근의 청력역치의 저하로 인하여 발생되는 특징이 있다. 통상 회화의 음역은 250～3,000 Hz이기 때문에 난청의 초기에는 청력저하가 지각되지 않는 것이 보통이다. 보통 청력저하가 진행하여 저음역에 달하는 회화에 지장이 일어난다. 소음성 난청은 소음의 음압수준이 높을수록 폭로시간이 길수록 주파수가 높을수록 일으키기 쉽다. 그러나 개인차도 크고 또 일반으로 고령이 되는데 따라 청력저하도 진행하므로 소음의 영향을 평가하는데는 연령도 고려할 필요가 있다. 현재의 상태에서는 소음성 난청에는 적절한 치료가 없으며 약물투여에 의한 완치도 기대할 수 없다.

08 언어음에 대한 청력상실이 작업자의 일상 활동에 대하여 가장 큰 영향을 미친다. 작업자의 언어를 구성하는 주파수는 어느 범위인가?

① 200～2,000 Hz ② 300～3,000 Hz
③ 400～4,000 Hz ④ 250～3,000 Hz

해설 Hertz는 음의 진동수인 CPS(cycle per second)이다. dB는 음의 크기를 측정하는 단위이다. phone은 소리의 세기단위이다. sone은 감각상의 소리크기 단위이다.

09 사람이 들을 수 있는 음역 범위는?

① 20～1,000 Hz ② 20～20,000 Hz ③ 50～2,000 Hz ④ 50～10,000 Hz

10 소음작업장에서 강력한 소음에 장기간 폭로시 제일 먼저 청력장애를 주는 가청 주파수 영역은?

① 500 Hz ② 4,000 Hz ③ 2,000 Hz ④ 1,000 Hz

11 소음성 난청의 초기단계인 C_5–dip 현상이 잘 일어나는 소음의 주파수는 얼마인가?★

① 120 Hz ② 1,000 Hz ③ 4,000 Hz ④ 20,000 Hz

12 다음 중 소음과 관계되는 질환은?

① 잠함병 ② 군집독 ③ 레이노 현상 ④ C_5-dip

13 직업성 난청에서 초기에 청력 결손이 나타나는 주파수는 어느 것인가?

① 1,000 Hz ② 2,000 Hz ③ 5,000 Hz ④ 4,000 Hz

해설 소음에 장기간 폭로되어 일어나는 직업성 난청에서는 초기인 때는 청각기능 손상으로서 일시적인 청력손실이 확인되고 있으나 반복하여 폭로되면 이러한 기간에 영구성 청력손실이 된다. 이 청력손실은 특이한 패턴을 보이는데 audiometer로 측정하면 우선 4,000 Hz 부근의 주파수에 청력손실이 나타나 난청이 진행함에 따라 청력손실은 전 주파수역에 영향을 끼치게 된다. Audiometer는 250 Hz로부터 8 KHz 까지의 각 주파수의 순음이 어느 정도 들리는가를 test하는 기계이다.

14 소음의 음폐효과(masking effect)로 인하여 회화방해(SIL: Speech Interference Level)가 나타난다. 회화방해에 관한 다음 사항 중에서 틀린 것은?★

① 회화음의 주파수 범위는 모음의 경우 300～3,000 Hz이고, 자음의 경우 2,000～5,000 Hz의 범위이다.

② 음폐효과는 소음의 강도가 낮을수록 심하고, 음폐음의 주파수보다 높은 음성에서 현저하다.

③ 500 Hz 이상의 소음성분이 주로 음성을 방해하며, 회화방해의 정도는 음압수준 및 소리 전달거리와 관계가 있다.

④ 회화 방해 수준을 구할 때는 600～1200 Hz, 1200～2400 Hz, 2400～4800 Hz의 음역대에서 음압수준의 평균치를 구한다.

해설 음폐효과는 소음강도가 클수록 심하다.

15 일반적으로 음폐(masking) 효과는 어느 정도의 음압 차가 있을 때 생기는가?

① 5 dB 이상 ② 10 dB 이상 ③ 15 dB 이상 ④ 20 dB 이상

해설 음폐란 음의 한 성분이 다른 성분에 대한 귀의 감수성을 감소시키는 상황을 말한다. 예를 들면 사무실의 키보드들의 소리 때문에 말소리가 묻히는 따위이다. 그리고 은폐효과는 10 dB 이상의 차이가 있을 때 나타난다.

16 청취명료도가 소음으로 인하여 저하하는 것에 가장 관계가 깊은 것은 다음 중 어느 것인가?★★

① 음폐작용 ② 반사작용 ③ 간섭작용 ④ 회전작용

해설 청취명료도란 사람이 들을 수 있는 소음의 강도를 말함

17 소음에 있어 1,000 Hz에서 0 decibel 이란 무엇을 뜻하는가?

① 진공된 상태에서 소리가 나지 않는 상태
② 모든 사람이 들을 수 있는 가장 작은 소리
③ 사람들 중에서 예민한 사람이 들을 수 있는 가장 작은 소리
④ 사람이 들을 수 있는 가장 작은 소리의 평균

18 음압(Sound pressure level, SPL)의 표시는?★

① sone ② phone ③ decibel(dB) ④ NRN

해설 sone : 감각의 크기, phone : 음의 크기, dB : 음의 강도(음압), NRN : 소음 평가치, cycle : 음의 주파수(cycle/sec로 표시)

19 인간의 감각량과 가까우며 일반소음을 측정할 때 사용되는 특성 단위는?★

① dB(A) ② dB(B) ③ dB(C) ④ dB(D)

20 소음측정기계로 소음레벨을 측정할 때 사용되는 단위는 어느 것인가?

① dB(A) ② dB(B) ③ dB(C) ④ dB(D)

21 소음으로 인하여 직업성 난청을 일으키는 음의 강도는?

① 50 ~ 60 dB ② 80 ~ 90 dB ③ 100 ~ 120 dB ④ 150 ~ 180 dB

22 다음 중 음압레벨(SPL) 공식으로 옳은 것은?(단, P : 측정되는 음압, P_0 : 기준이 되는 음압, 2×10^{-5} N/m^2)

① $SPL(dB) = 20\log\frac{P}{P_0}$　② $SPL(dB) = 20\log\frac{P_0}{P}$

③ $SPL(dB) = 10\log\frac{P}{P_0}$　④ $SPL(dB) = 10\log\frac{P_0}{P}$

23 작업환경 내의 소음이란 음원에서의 거리가 2배로 될 때 음의 세기 레벨(음압레벨)은 점음원인 경우 어느 정도 감쇠하겠는가?★★★

① 6 dB　② 10 dB　③ 1 dB　④ 0.5 dB

해설 역제곱의 법칙으로 6 dB씩 감쇠된다.
SPL = PWL − 20 log r − 11 dB(점음원)
SPL = PWL − 10 log r − 8 dB(선음원)
PWL : 음력레벨, r : 이격거리

24 소음의 세기(I)와 소음의 실효치(P) 사이의 관계는 어떠한 비례관계이겠는가?★

① 소음의 세기는 소음의 실효치에 비례한다.
② 소음의 세기는 소음의 실효치의 대수에 비례한다.
③ 소음의 세기는 소음의 실효치에 반비례한다.
④ 소음의 세기는 소음의 실효치의 제곱에 비례한다.

해설 $I = P_2/\rho_o C$의 관계이다. 여기서 ρ_o는 공기의 밀도이고, C는 음속이다. 또한 음압레벨(Sound Pressure Level : SPL) = 20 log(P/P_o)[dB]의 관계이다.

25 음력 0.1 W의 작은 점음원으로부터 100 m 떨어진 곳의 SPL은 얼마인가?★★

① 50 dB　② 60 dB　③ 70 dB　④ 80 dB

해설 $PWL = 10\log\frac{W}{10^{-12}}$[dB]점음원의 경우 구면과의 음압수주(SPL : Sound Pressure Level)은

SPL = PWL − 20 log 10 r − 11

$PWL = 10\log\frac{W}{10^{-12}} = 10\log\frac{0.1}{10^{-12}} = 110$ dB

∴ SPL = PWL − 20log 10 r − 11 = 110 − 20 log 100 − 11 = 59 dB ≒ 60 dB

26 다음 사항 중 틀린 것은?

① 일일 8시간 근로 시 90 dB(A) 이상의 소음에 노출되어서는 아니 된다.
② C_5-dip는 4,000 Hz에서 청력저하가 일어나는 것을 말한다.
③ 보통 회화음역은 3,000 Hz 이상을 넘지 않는다.
④ 산업재해를 보상할 때는 평균 청력손실을 4분법으로 계산한다.

해설 4분법 $= \dfrac{a+b+c+d}{4}$, 3분법 $= \dfrac{a+b+c}{3}$, 6분법 $= \dfrac{a+2b+2c+d}{6}$

a : 500 Hz의 청력 손실치, b : 1000 Hz의 청력 손실치
c : 2000 Hz의 청력 손실치, d : 4000 Hz의 청력 손실치

27 작업환경에서 발생되는 소음원이 80 dB, 86 dB 및 78 dB의 세 개이다. 이때의 전체 소음은 어느 정도이겠는가?

① 81.33 dB ② 81.26 dB ③ 86 dB ④ 88 dB

해설 3개의 산술평균은 81.3이고 기하평균은 81.26이다. 그러나 이러한 경우의 전체음은 크기순서로 정리하여 음압수준 표를 이용하여 계산한다.

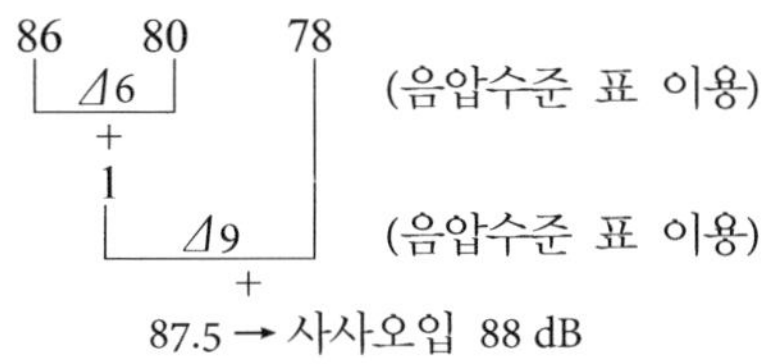

(음압수준 표 이용)
(음압수준 표 이용)

28 어느 공장에서 3대의 press가 동시에 가동되고 있다. A press기의 소음은 85 dB이고, B press는 90 dB, C press는 95 dB일 때 이 공장의 소음은 몇 dB이겠는가?★★

① 95 dB ② 90 dB ③ 95.3 dB ④ 96.5 dB

29 주물공장의 작업환경소음을 측정하였더니 95 dB(A)의 소음이 2시간(TLV는 4시간임) 동안 발생되었고, 90 dB(A)의 소음이 4시간(TLV는 8시간임) 동안 발생되었으며, 나머지 2시간의 측정소음은 허용기준 이하인 85 dB(A)이었다. 이러한 경우의 소음허용기준의 초과도는 어느 정도이겠는가?★★★

① 0.9 ② 1.0 ③ 1.2 ④ 1.5

해설 $R_N = \dfrac{N_1}{TLV_1} + \dfrac{N_2}{TLV_2} + \cdots + \dfrac{N_n}{TLV_n} = \dfrac{2}{4} + \dfrac{4}{8} = 0.5 + 0.5 = 1.0$: 허용기준치이다.

30 앞의 문제(29번)에서 3개의 음이 동시에 발생된다면 총 음압수준은 얼마이겠는가?

① 89.5 dB ② 91.5 dB ③ 93.5 dB ④ 96.5 dB

해설 $PWL = 10\log(10^{N_1/10} + 10^{N_2/10} + 10^{N_3/10}) = 10\log(10^{95/10} + 10^{90/10} + 10^{85/10})$
$= 10\log(10^{9.5} + 10^{9} + 10^{8.5}) = 10\log(3.16\times 10^{9} + 1\times 10^{9} + 3.16\times 10^{9})$
$= 10\log(4.476\times 10^{9}) = 10\times 9.65 = 96.5$ dB

31 어떤 작업장의 단위작업 장소에서 다음과 같이 서로 다른 강도의 소음이 발생되고 있다. 이 작업의 소음수준을 평가하고 허용기준 초과 여부를 판정하였다. 다음 중 맞는 것은? (조건 : 90 dB(A)에 2시간, 95 dB(A)에 2시간, 100 dB(A)에 1시간, 나머지 시간은 85 dB(A)에 폭로되고 있다)★

① 0.95, 허용기준 미만
② 0.95, 허용기준 초과
③ 1.25, 허용기준 미만
④ 1.25, 허용기준 초과

32 다음 소음의 허용기준으로 틀리게 짝지어진 것은?

① 연속음 - 90 dB(A)
② 충격음 - 140 dB(A)
③ 소음평가수 - 85NRN
④ 간헐음 - 25 dB(A)

해설 간헐적으로 소음에 폭로되는 경우에는 일시적인 청력역치의 변동이 휴식시간 동안에 완전히 회복될 정도를 허용한계로 삼는다.

33 다음 (　　)에 맞는 것만으로 조립된 것은?★★

> 일반적으로 소음의 허용기준은 하루 8시간 폭로되는 경우 (ㄱ) dB(A)을 넘어서는 안 되고 어떠한 경우에도 (ㄴ) dB(A)을 넘어서는 안 된다. 소음평가수(NRN: Noise Rating Number)에 의한 병원의 소음 허용 기준은 (ㄷ) NR 이하이다.

① ㄱ - 70, ㄴ - 105, ㄷ - 25
② ㄱ - 80, ㄴ - 105, ㄷ - 25
③ ㄱ - 80, ㄴ - 115, ㄷ - 30
④ ㄱ - 90, ㄴ - 115, ㄷ - 30

34 1일 8시간 이내 폭로 시의 소음허용기준이다. 적합하지 아니한 것은?

① 15분 폭로 시 110 dB(A)
② 1시간 폭로 시 105 dB(A)
③ 4시간 폭로 시 95 dB(A)
④ 8시간 폭로 시 90 dB(A)

해설 30분 폭로 시 110 dB(A)이고 15분 폭로 시 115 dB(A)이다. 2시간 폭로 시 100 dB(A)이다.

35 1회 충격소음의 최대허용기준은 얼마인가?

① 120 dB(A)
② 130 dB(A)
③ 135 dB(A)
④ 140 dB(A)

해설 1일의 노출회수가 100회이면 허용기준이 140 dB(A)이고, 1,000회이면 130 dB(A)이며, 10,000회이면 120 dB(A)이다.

36 작업환경 내의 일반소음에 대한 차음효과는 벽체의 단위표면적에 대하여 주파수가 2배로 될 때마다 어느 정도씩 증가하는가?★

① 2 dB ② 3 dB ③ 6 dB ④ 10 dB

37 소음방지 중 기본 대책에 들지 않는 것은?

① 소음원의 제거 ② 소음원의 차단
③ 청력보호구 사용 ④ 흡음과 차음

38 소음방지대책 가운데 가장 효과적인 것은?★

① 소음원 제거 및 억제 ② 차음벽 설치
③ 흡음설비 설치 ④ 소음기 부착

해설 소음방지대책 중 가장 효과적인 것은 소음원 제거 및 억제 방법이다.

38 소음에 대해 적합한 작업환경관리 방법이다. 틀린 것은 어느 것인가?

① 설비기계기구의 진동을 감소하기 위해 제진 구조를 한다.
② 밀폐가 가능한 부분을 밀폐한다.
③ 소음발생 형태, 주파수 경로, 형태에 따른 적정흡음재를 선택하여 흡음 시설을 한다.
④ 작업에 지장을 주지 않는 범위 내에서 소음수준이 높은 부서에 차단벽 등 차폐시설을 강구한다.

39 소음방지 대책으로 귀마개를 하는데 4,000 Hz에서 감음 효과를 나타낼 수 있는 범위는?

① 1 ~ 10 dB ② 10 ~ 20 dB
③ 20 ~ 30 dB ④ 30 ~ 40 dB

40 소음작업장에서 ear plug와 ear muff를 동시에 사용하도록 권장할 때는?★★

① 80 dB ② 90 dB
③ 110 dB ④ 120 dB 이상

41 소음이 발생하는 작업장에서 근로자들의 청력보호를 위한 귀마개 착용 시 어느 주파수 영역에서 가장 감음 효과가 크게 나타나는가?★

① 고주파수 영역
② 저주파수 영역
③ 전주파수 영역
④ 회화음역 주파수

42 소음작업장에서 개인보호구인 귀마개의 차폐작용에 맞는 것은 어느 것인가?★★

㉠ 어느 음역이건 다 차단	㉡ 고음은 차단, 저음은 차단 안 함
㉢ 저음은 차단, 고음은 차단 안 함	㉣ 회화에 지장 없다.
㉤ 회화에 지장이 있다.	

① ㉠, ㉣
② ㉡, ㉣
③ ㉠, ㉤
④ ㉢, ㉣

과년도 출제 및 예상문제

01 소음성 난청의 초기 증상으로 C_5-dip 현상이 나타나는 주파수는?

① 500 Hz ② 1,000 Hz ③ 2,000 Hz ④ 4,000 Hz

02 소음성 난청 시 청력손실이 가장 먼저 나타나는 주파수 부위는?

① 100 Hz ② 500 Hz ③ 2,000 Hz ④ 4,000 Hz

03 소음성난청의 초기단계인 C_5-dip 현상이 가장 심하게 나타나는 주파수는?

① 10,000 Hz ② 6,000 Hz ③ 4,000 Hz ④ 1,000 Hz

04 다음 소음성 난청에 대한 설명 중 거리가 먼 것은?

① 소음성 난청이라 함은 영구적 소음성 난청을 말하는 것이다.
② 영구적 소음성 난청은 청각신경에 피로가 축적되어 발생하는 것으로 보고 있다.
③ 소음성 난청의 특징은 평소 대화할 때의 주파수인 500～3,000 Hz에 대한 청력손실이 가장

먼저 일어난다.

④ 소음성 난청은 일시적인 난청과 영구적인 난청으로 분류할 수 있다.

해설 4 KHz부터 시작한다.

05 다음 소음에 대한 인체의 영향 중 알맞은 것은?

① 연속적 폭로보다는 간헐적 폭로가 더 유해하다.
② 고주파보다는 저주파수에 영향을 더 받는다.
③ 음압 수준은 낮을수록 더 유해하다.
④ 건강한 자보다는 노약자가 더 소음에 민감하다.

해설 소음에 대한 감수성은 개인마다 다르며 특히 노약자, 아이, 환자 등이 건강한 사람보다 소음에 더 민감한 것으로 보고 있다.

06 1000 Hz 순음의 음의 세기레벨 40 dB의 음의 크기를 1(　)로 정의한다. (　)안에 알맞은 단위는?

① NRN　② sone　③ PWL　④ phon

해설 사람이 느끼는 음의 크기는 주파수에 따라 다르며, 동일한 크기의 소음을 느끼기 위해서는 저주파수음에서는 고주파수음보다 높은 압력이 요구된다.
- 1000 Hz에서의 압력수준 dB을 기준으로 하여 등감곡선을 나타내는 단위는 Phon을 사용하고, 소음의 시끄러운 정도인 감각의 크기를 비교 평가할 때는 Phon과 Sone을 사용한다.
- 1000 Hz에서 0 dB란 모든 사람이 들을 수 있는 가장 작은 소리이다.

07 음의 크기 sone과 음의 크기레벨 phon과의 관계를 알맞게 나타낸 것은?(단, sone : S, phon : L)

① S = 2(L−40)/10　② S = 3(L−40)/10　③ S = 4(L−40)/10　④ S = 5(L−40)/10

08 음의 세기가 10배로 되면 음의 세기 수준은?

① 2 dB 증가　② 3 dB 증가　③ 6 dB 증가　④ 10 dB 증가

09 음향출력 10−2W의 음원이 있다. 이 음원의 음력 수준(power level)은?

① 80 dB　② 90 dB　③ 100 dB　④ 110 dB

10 중심주파수가 1000 Hz 일 때 밴드의 주파수 범위는? (단, 1/1옥타브밴드, 낮은쪽 주파수~높은쪽 주파수)

① 624 Hz ~ 1421 Hz ② 707 Hz ~ 1414 Hz
③ 824 Hz ~ 1192 Hz ④ 814 Hz ~ 1214 Hz

해설 주파수 분석은 소음의 특성을 정확히 평가하기 위해서 주파수 분석을 실시하는 것으로 주파수 분석 측정기를 사용한다.

- 중심주파수(Center frequence : fc) : 20 ~20,000 Hz
- 한 옥타브밴드의 중심주파수(fc)와 낮은 주파수(f1), 높은 주파수(f2)와의 관계를 보면 f2 = 2f1, fc = (f1×f2)1/2 $fc = (f1 \times 2f1)^{1/2} = f1 \times (2)^{1/2} = 1{,}414f1$, 1000 Hz = 1,414f1, f1은 1000/1.414 = 707 Hz, f2는 2f1임으로 2 × 707 = 1,414 Hz가 됨

11 다음의 그림과 같이 소음원이 작업장의 모서리에 놓여 있을 때 지향계수(directivity factor) Q는?

구형(Q=1) 반구(Q=2) 1/4(Q=4) 1/8(Q=8)

① 1 ② 2 ③ 4 ④ 8

12 소음원이 자유공간에 있으며 구형일 때의 지향계수(directivity factor)는?

① 1 ② 2 ③ 4 ④ 8

13 출력이 0.1 W인 기계에서 나오는 파워레벨(PWL)은 몇 dB인가?

① 80 dB ② 90 dB ③ 110 dB ④ 120 dB

14 출력 1 Watt의 점음원으로 부터 100 m 떨어진 곳의 SPL은? (단 무지향성음원, 자유공간인 경우)

① 50 dB ② 59 dB ③ 69 dB ④ 79 dB

해설 거리에 따른 감쇠효과

、$PWL = 10 \log \frac{W}{10^{\beta\mu\epsilon}} = 10 \log \frac{W}{10^{\beta\mu\epsilon}} = 120\ dB$

、SPL = PWL - 20 log r - 11(자유공간)

$\therefore$SPL = 120 - 20 log 100 - 11 = 69 dB

15 출력이 0.5W의 점음원으로 부터 약 150 m 떨어진 곳의 음압수준(SPL)은?

① 45 dB ② 53 dB ③ 62 dB ④ 75 dB

해설 · PWL = SPL + 20 log r + 11 dB에서

$10 \log\left(\frac{0.5}{10^{\beta\mu\epsilon}}\right)$ = SPL + 20 log150 + 11 dB　117 dB = SPL + 44 + 11　SPL = 62 dB

16 인간이 소리로 느낄 수 있는 음압이 60 N/m^2이라면 음압레벨(dB)은?

① 약 120　② 약 130　③ 약 140　④ 약 150

해설 $20 \log \frac{P}{P_o}$에서 P_o는 2×10^{-5} N/m^2　$20 \log \frac{60}{2x10^{-5}} = 130$ dB

17 음압이 60(N/m^2)일 때 음압레벨(dB)은?

① 60 dB　② 80 dB　③ 110 dB　④ 130 dB

해설 SPL(dB) = $20 \log \frac{P}{P_o}$　여기서 P_o(기준음압) = 2×10^{-5} N/m^2

$= 20 \log \frac{60}{2x10^{-5}} = 20 \log 3{,}000{,}000 = 130$ dB

18 음압이 2배가 되면 음압수준(dB)은 어떻게 변하는가?

① 약 6 dB 증가한다.　② 약 4 dB 증가한다.
③ 약 3 dB 증가한다.　④ 약 2 dB 증가한다.

해설 SPL(dB) = $20 \log \frac{P}{P_o}$에서 (P_o는 기준음압 : 2×10^{-5} N/m^2) P가 1 N/m^2이면 SPL는 94 dB P가 2 N/m^2 이면 SPL는 100 dB 즉 6 dB씩 증가.

19 직포공장의 소음을 측정하였는데 0.2N/m^2였다. 음압도는 몇 dB인가?(단, 사람이 들을 수 있는 최소음압은 0.00002 N/m^2이다.)

① 80 dB　② 90 dB　③ 100 dB　④ 110 dB

해설 · SPL(dB) = $20 \log \frac{P}{P_o}$　P_o = 기준음압인 2×10^{-5}(N/m^2)　Pm^2 = 측정된 음압

· SPL(dB) = $20 \log \frac{0.2}{2 \times 10^{-5}} = 80$ dB

20 한 사업장에서 각각 87 dB, 88 dB, 89 dB 정도의 소음을 내는 기계 3대를 설치하고자 한다. 동시에 가동할 경우 이 작업장의 소음 수준은?

① 88 dB ② 90 dB ③ 93 dB ④ 95 dB

해설 $L = 10\log\left(10\log\frac{10\text{SPL}}{10} + 10\frac{\text{SPL}}{10}\right)10\log(108.7 + 108.8 + 108.9) = 93\text{ dB}$

21 공장 내에 각기 다른 세대의 기계에서 각각 90 dB(A), 95 dB(A), 88 dB(A)의 소음이 발생된다면 동시에 가동시켰을 때 합성 소음도와 가장 가까운 것은?

① 96 dB(A) ② 97 dB(A) ③ 98 dB(A) ④ 99 dB(A)

22 음압레벨이 80 dB로 동일한 두 가지의 소음이 합쳐질 경우 총 음압레벨은 얼마가 되는가?

① 81 dB ② 83 dB ③ 85 dB ④ 87 dB

23 95 dB 정도의 소음을 직조기 3대가 동시에 가동할 경우 이 작업장의 소음 수준은?

① 96 dB ② 98 dB ③ 105 dB ④ 285 dB

해설 L = 10log (10 log SPL/10 + 10 SPL/10) 10 log(109.5 + 109.5 + 109.5) = 98 dB

24 한 사업장의 소음을 측정한 결과 소음이 90 dB(A) 수준으로 2시간, 92 dB(A) 수준이 3시간 정도 발생한다면 평균 소음은?

① 86 dB(A) ② 92 dB(A) ③ 95 dB(A) ④ 97 dB(A)

해설 일정 시간 동안의 평균 소음 정도를 구하는 공식으로

$$\text{Leq(dB(A))} = 10\log \times \frac{n1x10^{\left(\frac{LA1}{10}\right)} + n2x10^{\left(\frac{LA2}{10}\right)}}{\text{각 소음레벨측정치의 발생시간 합}}$$

LA : 각 소음레벨의 측정치의 측정[dB(A)]

n : 각 소음레벨측정치의 발생시간(분)

$$\text{Leq[dB(A)]} = 10\log \times \frac{120x10^{\left(\frac{90}{10}\right)} + 180x10^{\left(\frac{92}{10}\right)}}{300} = 91\text{ dB(A)}$$

25 다음 그라인딩 작업의 소음을 측정한 결과 다음과 같다. 다음 설명 중 거리가 먼 것은? (단, 1일 8시간 근무를 한다고 가정하고, 폭로시간 외에는 해당 작업이 없는 것으로 본다.)

NO	측정치 dB(A)	폭로시간(분)
1	95	120
2	97	120

① 평균 음압 수준은 96 dB(A)이다.
② 8시간 허용기준 이내이다.
③ 소음 수준을 평가할 수 없다.
④ 적절한 청력 보호대책이 필요하다.

해설 유해요인 발생시간이 4시간이며 등가소음레벨방법을 적용할 경우

$$\text{Leq(dB(A))} = 10\log \times \frac{n1x10^{\left(\frac{LA1}{10}\right)} + n2x10^{\left(\frac{LA2}{10}\right)}}{\text{각 소음레벨측정치의 발생시간 합}}$$

LA : 각 소음레벨의 측정치의 측정[dB(A)]
n : 각 소음레벨측정치의 발생시간(분)

$$\text{Leg[dB(A)]} = 10\log \times \frac{120x10^{\left(\frac{95}{10}\right)} + 180x10^{\left(\frac{97}{10}\right)}}{240} = 96\text{ dB(A)}$$

유해인자 발생 시간이 4시간이므로 허용기준인 95 dB(A)를 초과한 상태이다.
이에 따라 적절한 근로자 청력 보호 대책이 필요하다.

26 어떤 음을 대상으로 생각할 때 그 음이 아니면서 그 장소에 소음을 대상음에 대한 (　)이라 한다. (　)에 알맞은 내용은?

① 음폐소음　② 실소음　③ 암소음　④ 현장소음

27 청력손실이 500 Hz에서 6 dB, 1000 Hz에서 10 dB, 2,000 Hz에서 10 dB, 4000 Hz에서 20 dB일 때 6분법에 의한 평균 청력손실은 얼마인가?

① 10 dB　② 11 dB　③ 15 dB　④ 20 dB

해설 6분법에 의한 청력손실, $\frac{6 + (10x2) + (10x2) + 20}{6} = 11\text{ dB}$

28 소음의 흡음평가 시 적용되는 잔향시간(Reverberation time)과 관련하여 기술한 내용 중 올바른 것은?

① 잔향시간은 실내공간의 크기와 비례한다.
② 실내흡음량을 증가시키면 잔향시간도 증가한다.
③ 잔향시간은 음압수준이 30 dB 감소하는데 소요되는 시간이다.
④ 잔향시간을 측정하려면 실내배경소음이 90 dB 이상이어야 한다.

해설 반향시간이라고도 하며 음압수준이 60 dB감소하는데 소요되는 시간(초)
T = 0.161 V / A, V는 작업공간의 면적(m^3), A는 총 흡음량임

29 일반소음에 대한 차음효과는 벽체의 단위 표면적에 대하여 벽체의 무게가 2배 될 때마다 몇 dB씩 증가하는가?

① 4 ② 6 ③ 8 ④ 10

30 소음에 대한 차음효과는 벽체의 단위표면적에 대하여 벽체의 무게를 2배로 할 때마다 몇 dB 씩 증가하는가? (단, 음파가 벽면에 수직입사하며 질량법칙 적용)

① 3 dB ② 6 dB ③ 9 dB ④ 18 dB

31 일반소음을 차음하기 위해 차음벽을 설치할 때 벽체의 단위표면적에 대하여 벽체의 무게를 2배로 할 때마다 몇 dB씩 차음효과가 증가하는가?

① 3 dB ② 6 dB ③ 9 dB ④ 12 dB

32 방음벽 설계 시 유의사항 중 틀린 것은?

① 음원의 지향성과 크기에 대한 상세한 조사를 실시한다.
② 벽의 투과손실은 회전감쇠치보다 최소한 5 dB 이상 크게 하는 것이 바람직하다.
③ 벽의 길이는 점음원일 경우 벽 높이의 3배 이상으로 하는 것이 바람직하다.
④ 벽에 의한 실용적인 삽입손실 값의 한계는 점음원일 경우 25 dB 정도이다.

해설 점음원은 음의 방향이 크므로 벽 높이의 5배 이상으로 하는 것이 좋으나 비용손실이 큼, 선음원은 음원과 수음원 간의 직선거리에 2배 이상이 적당함

33 어떤 작업장의 음압수준이 80 dB(A)이고, 근로자는 귀덮개를 착용하고 있다. 귀덮개의 차음평가수는 NRR=19이다. 근로자가 노출되는 음압(예측)수준은?(단, OSHA 기준)

① 62 dB(A) ② 68 dB(A) ③ 74 dB(A) ④ 78 dB(A)

해설 차음효과=(NRR − 7) × 50%, (19 − 7)×0.5 = 6 dB, 음압수준 80 − 6 = 74 dB(A)에 노출되는 것으로 평가함

09 진동(Vibration)의 관리

학습목표

1. 진동의 성질
2. 진동레벨의 표시
3. 진동의 영향
4. 진동의 종류별 특성
5. 진동의 평가 및 허용기준
6. 진동의 대책

1. 진동의 성질

1) 정의

어느 물리적인 힘이 시간의 경과와 더불어 떠는 기준치 부근에서는 "전후운동"을 반복하는 현상

- 기계적 외력에 의해 전·후, 좌·우, 상·하로 움직이는 현상
- 물체의 전후운동(back-and-forth motion)을 가리키며 생체에 작용하는 방식에 따라 전신진동(whole body vibration)과 국소진동(segmental vibration)으로 구분
- 어떤 물체가 외력에 의해 평형상태에서 상하, 좌우, 전후로 운동하는 것으로 사람과 접촉한 물체의 진동
- "내가 원치 않는 진동" 또는 "불쾌감을 유발하는 진동"

2) 진동의 특징

① 공장진동 : 주변 민가지역과 문제발생, 정밀기계가공 및 실험실 등에 문제, 배출시설로 규정

② 공해진동 : 일반 주민이 받는 공해진동은 주파수가 1～90 Hz 범위, 진동레벨은 60 dB(약진도에 상당)～80 dB(진도 3), 지진의 경우 : 100 Hz(진도 6에 상당)

③ 철도진동

*안전보건 매뉴얼 100선, 고용노동부, 안전보건공단 자료 인용

진동에 의한 건강장해

- 진동이란 어떤 물체가 외력에 의하여 평형상태에 있는 위치에서 전후, 좌우 또는 상하로 흔들리는 것을 말한다.
- 산업현장에서는 각종 기계류, 운반 · 운송수단에서 발생되는 기계적 진동이 주로 근로자에게 영향을 미친다.
- 프레스 작업, 사상(그라인딩)작업, 드릴작업, 지게차 운행, 건설현장 중장비 운전, 윤전기 가동 등이 진동에 많이 노출되는 작업이며, 진동이 심하게 발생되는 공정의 경우 주변 공정의 근로자에게 진동이 전파되어 영향을 미칠 수도 있다.

진동에 노출되는 작업

2. 진동레벨의 표시

1) 진동의 물리량

주기적인 sine 진동(정현 진동)의 경우 시간 t에 대한 변위 x

- 진동속도(u) $u = dx/dt = A_o w$ cos wt
- 진동가속도(a) : $a = du/dt = d^2x/dt^2 = -A_o w^2$ sin wt

여기서, $x = A_o$sin wt

A_o : 진폭

w : 각 주파수$(=2\pi f)$

x : 변위

t : 시간

2) 진동의 크기를 나타내는 단위

① 변위(displacement) : 단위 → mm

- 물체가 정상위치에서 일정시간 내에 도달하는 위치까지의 거리
- 정상, 정지위치로부터의 최대 변위를 진동의 강도라 한다.

② 속도(velocity) : 단위 → m/s

- 일정기간 동안 거리를 시간변화율로 나타낸 것
- 진동체가 진동의 상한 또는 하한에 도달하면 속도는 0이 된다.

③ 가속도(acceleration) : 단위 → m/s^2, 중력단위(gravitational unit : g)

- 속도에 소요되는 시간적이 변화율
- 진동의 크기를 나타내는데 흔히 사용

3) 진동가속도레벨(VAL)

실용적인 진동의 평가는 진동가속도레벨(Vibration Acceleration Level : VAL)로 나타낸다.

$$\text{VAL} = 20\log a/a_0 \text{(dB)}$$

여기서, a : 가속도 진폭의 실효치(m/s^2), $A_0/\sqrt{2}$,

a_0 : 기준 가속도 진폭, $10^{-5} m/s^2$

☞ 일반적으로 공해진동이 문제가 되는 VAL은 60～80 dB 정도

4) 진동레벨(VL)

진동가속도레벨(VAL)은 물리적인 개념의 수치이므로 인체에 영향을 미치는 개념으로서 적용 시는 진동가속도레벨에 인체 감각보정을 한 값, 즉 진동레벨(VL)이 필요

VL = VAL + K

여기서, K : 진동주파수별 인체감각 보정치(dB)

☞ 진동주파수별 인체감각 보정치(K)

f (Hz)		1	2	4	8	16	31.5	63
보정치 (dB)	수직방향	-6	-3	0	0	-6	-12	-18
	수평방향	-3	3	3	-9	-15	-21	-27

3. 진동의 영향

진동이 생체에 작용하는 요인 : 진폭(m), 주파수(Hz), 방향(수직, 수평, 회전), 파형(연속, 비연속), 폭로시간(min/hr), 작업자세 등

- 0.01 ~ 1 Hz(초저주파수 진동) : 선박, 큐숀이 좋은 버스에서 발생되며 바다, 고속도로에서 느끼는 현기증, 멀리, 구토 = 다행증이라 함
- 1 ~ 100 Hz(전신진동) : 버스, 비행기에서 발생, 1 ~ 40 Hz가 중요함
- 8 ~ 1000 Hz(국소진동) : 20 ~ 400 Hz가 중요하며, 손에 발생 벌목작업 등
- 수직방향은 머리에서 다리 방향, 수평방향은 가슴에서 등 방향으로 작용

4. 진동의 종류별 특성

1) 전신진동(Whole Body Vibration : WBV)

- 표면접촉이나 지탱물을 통하여 전파
  - 교통차량, 선박, 항공기를 타거나 기중기, 분쇄기 등을 운전할 때

① 인체보호

- 진동노출의 측정 및 예측 : 1 ~ 80 Hz 범위의 전신진동 평가 및 측정
- 폭로한계와 진동대책의 적용 : ISO 기준
- 진동대책 감소량 및 대책 결정

- 개선책 및 적용

② Standards

- 인체폭로 한계와 평가를 위한 기준 : ISO(International Standard Organization)
  - 1 Hz 이하에 폭로 : 불쾌감(cinetosis or air sickness)
  - 80 Hz 이상에 폭로 : 국소장해 초래

③ 근로자와 발진원 사이의 진동대책

- 구조물의 진동 최소화
- 발진원의 격리
- 전파경로에 대한 수용자의 위치
- 수용자의 격리
- 측면전파의 방지

④ 인체에 도달되는 진동 장해의 최소화 대책

- 폭로기간 최소화
- 작업 중 휴식
- 작업장 관리, 인간공학적인 설계
- 근로자의 훈련과 경험
- 근로자의 신체적 적합성, 금연
- 물리·화학적 유해물질의 제거(진동의 감수성을 촉진)
- 진동에 직업적으로 폭로된 근로자들은 제외
- 공학적인 설계와 관리(초과된 진동을 최소화)

⑤ Factors

- 방향(Direction)
  - up and down(z-axis) : 상하진동
  - side by side(y-axis) : 좌우진동
  - anterioposterior(x-axis) : 전후진동
- 강도(Intensity)는 가속도(acceleration)로 표시 : (g, m/s^2)
- 주파수(Frequency) : Hz
  - 1 ~ 20 Hz : most disturbing ⇒ 20 Hz 이하가 전신진동에서 중요하다.
  - 0.1 ~ 1 Hz : motion sickness in susceptible person
    (max. susceptibility at 0.17 Hz) ⇒ 가장 감수성이 예민하다.

2) 국소진동(Hand transmitted vibration, Hand–Arm(Segmental) vibration)

- 국소적으로 손과 발등 특정부위에 전파되는 진동
- 착암기, 해머, 자동식 톱(chain saw), 연마기 등 진동공구 사용

① Standards : ISO : 6～1,000 Hz 범위 주파수에서 손에 도달하는 진동강도

② 공학적인 해결 : 진동공구에서 진동감소

☞ Chain saw 설계를 motor driven machines로 바꾸어 근로자의 손에 진동 energy 전파를 최소화시켜 발전

③ 작업수행요인에 대한 주의

- 진동공구의 무게를 10 kg 이하로 유지
- glove(방진 장갑) 사용 권장
- 적절한 휴식

④ 건강 장해

- Raynaud's Phenomenon(Vibration White Finger, VWF, 백납병) : 10～1,000 Hz범위로 특히 30～300 Hz max. 수지가 차면서 창백해지는 현상으로 신경감각이 없어짐
  - vasospastic disorder(혈관경련성), cyanosis(청색증)
  - 유병율(prevalence) : 폭로된 근로자의 50%

5. 진동의 평가 및 허용기준

1) 진동의 측정 진동 측정계(Vibration level meter) 사용

진동가속도의 측정 : 소음계의 마이크로폰 대신 진동 pick up을 사용

2) 진동에 의한 생체반응

진동의 강도, 진동수, 방향, 폭로시간으로 허용기준을 고려

3) ISO(국제표준화기구) 기준

① 피로－능력감퇴경계 : 작업능률의 유지라는 관점

② 폭로한계 : 건강과 안전의 유지를 목표

- "피로－능력감퇴경계"의 2배(＋6 dB)의 값

- 어떠한 작업에서도 이 한계를 넘는 것을 금지

③ 쾌감감퇴경계 : 쾌감의 유지, "피로-능력감퇴경계"의 1/3배(－10 dB)의 값

6. 진동의 대책

1) 방진재료

① 강철로 된 코일 용수철 : 가장 오래 전부터 사용
- 설계 및 사용이 간편하다.
- 무거운 기계에 이용 가능
- 대 중량에서 지극히 가벼운 것을 지지 가능한 것이 있음
- 물리·화학적으로 안정
- 고유주파수를 1～2 Hz 정도 내릴 수 있음

② 금속 스프링 : 대 중량을 지지할 수 있는 중판스프링(중량체 지지에 많이 사용)

③ 방진고무 : 여러 가지 형태의 고무를 금속판이나 탑 사이에 끼워 견고하게 고착시킴
- 사용이 간편하고, 중·소형 기계의 방진 방법으로 많이 사용
- 단점 : 내후성, 내유성, 내약품성이 있음

④ 공기용수철 : 최근 널리 사용되는 것
- 견고한 고무주머니에 수기압의 공기를 넣어서 이 공기의 체적 탄성이 스프링작용을 하는 것으로 대형기계와 차량의 진동에 널리 이용
- 값이 비싼 것이 단점

⑤ 코르크 : 진동을 방지하기보다는 고체음의 전파방지에 유의

⑥ Felt

* 안전보건 매뉴얼 100선, 고용노동부, 안전보건공단 자료 인용

진동에 의한 영향

- 작업장에서 노출되는 진동은 진동수와 가속도에 따라 느끼는 감각이 다르다.
- 진동은 크게 전신진동과 국소진동으로 구분할 수 있으며, 산업현장에서 노출되는 진동은 인체에 미치는 영향이 더 크고 직업병을 유발할 수 있다.

전신진동

- 전신진동의 경우 진동수 3Hz 이하이면 신체도 함께 움직이고 동요감을 느낀다. 진동수가 4~12Hz로 증가되면 압박감과 동통감을 받게 되며 심할 경우 공포감과 오한을 느낀다.
- 신체 각 부분이 진동에 반응해 고관절, 견관절 및 복부 장기가 공명하여 부하된 진동에 대한 반응이 증폭된다.
- 20~30Hz에서는 두개골이 공명하기 시작하여 시력 및 청력장애를 초래하고, 60~90Hz에서는 안구가 공명하게 된다.
- 일상생활에서 노출되는 전신진동의 경우 어깨 뭉침, 요통, 관절통증 등의 영향을 미친다.
- 과거 장시간 서서 흔들리는 버스에서 일한 버스안내양의 경우 전신진동에 노출되어 상당수가 생리불순, 빈혈 등의 증상에 시달렸다고 한다.

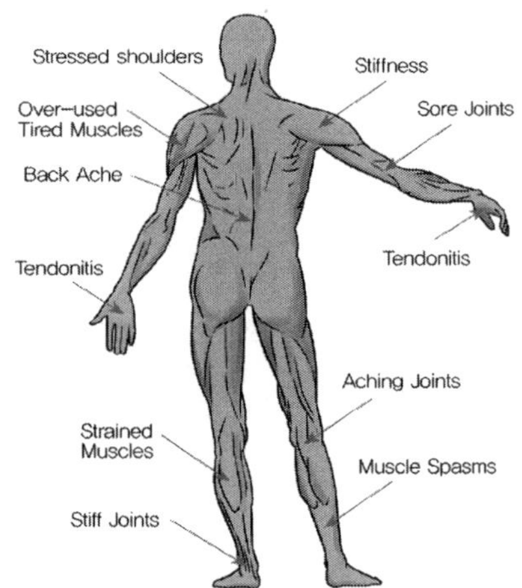

국소진동

■ **레이노씨 현상(Raynaud's phenomenon)**

- 압축공기를 이용한 진동공구를 사용하는 근로자의 손가락에 흔히 발생되는 증상으로 손가락에 있는 말초혈관 운동의 장애로 인하여 혈액순환이 저해되어 손가락이 창백해지고 동통을 느끼게 된다.
- 한랭한 환경에서 이러한 현상은 더욱 악화되며 이를 dead finger, white finger 라고도 부른다.
- 발생원인으로는 공구의 사용법, 진동수, 진폭, 노출시간, 개인의 감수성 등이 관계된다.

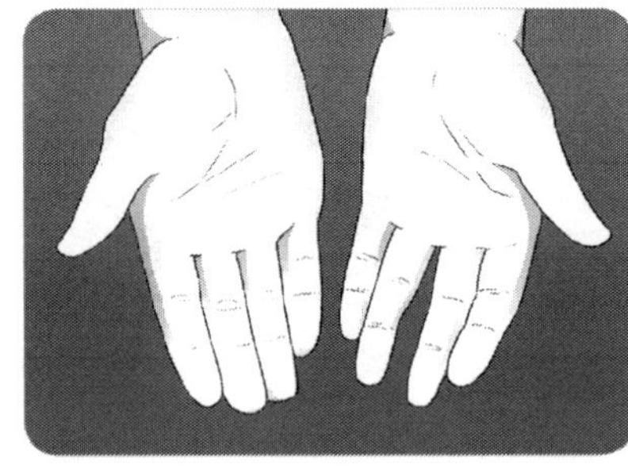

■ **뼈 및 관절의 장애**

- 심한 진동을 받으면 뼈, 관절 및 신경, 근육, 건인대, 혈관 등 연부조직에 병변이 나타난다.
- 심한 경우 관절연골의 괴저, 천공 등 기형성 관절염, 이단성 골연골염, 가성관절염과 점액낭염, 건초염, 건의 비후, 근위축 등이 생기기도 한다.

진동에 의한 건강장해 예방

- 진동에 의한 건강장해를 최소화 하는 공학적인 방안은 진동의 댐핑와 격리이다.
- 진동 댐핑이란 고무 등 탄성을 가진 진동흡수재를 부착하여 진동을 최소화 하는 것이고 진동 격리란 진동 발생원과 작업자 사이의 진동 노출 경로를 어긋나게 하는 것이다.
- 이러한 공학적인 방안은 진동의 특성, 흡수재의 특성, 작업장 여건 등을 고려하여 신중히 검토한 후 적용하여야 한다.

진동장해 예방방법

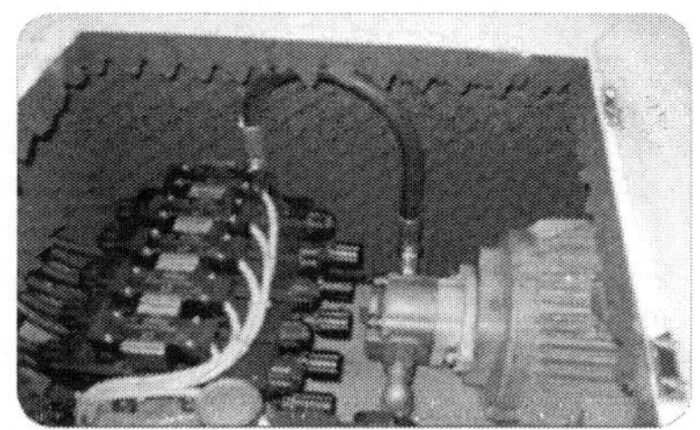

진동발생 기계부위를 흡수재로 둘러싼 사례

- 전동 수공구는 적절하게 유지보수하고 진동이 많이 발생되는 기구는 교체한다.
- 작업시간은 매 1시간 연속 진동노출에 대하여 10분 휴식을 한다.
- 지지대를 설치하는 등의 방법으로 작업자가 작업공구를 가능한 적게 접촉하게 한다.
- 작업자가 적정한 체온을 유지할 수 있게 관리한다.
- 손은 따뜻하고 건조한 상태를 유지한다.
- 가능한 공구는 낮은 속력에서 작동될 수 있는 것을 선택한다.
- 방진장갑 등 진동보호구를 착용하여 작업한다.
- 손가락의 진통, 무감각, 창백화 현상이 발생되면 즉각 전문의료인에게 상담한다.
- 니코틴은 혈관을 수축시키기 때문에 진동공구를 조작하는 동안 금연한다.
- 관리자와 작업자는 국소진동에 대하여 건강상 위험성을 충분히 알고 있어야 한다.

건강장해사례 : 착암기 등을 사용한 작업으로 진동에 노출

무연탄광업 사업장에서 목탄생산기 조작원(남자, 60세)이 광산 내부 발파 및 확장작업 등을 수행하면서 착암기(무게 25KG), 콜픽, 지렛대, 망치, 체인 블럭, 삽, 곡괭이 등을 사용하여 갱내 천정과 벽면에 설치된 지주대를 보수, 설치, 운반하는 등 진동에 노출되어 어깨부위 손상을 입음

발생 원인
- 장기간 국소진동의 노출
- 갱내 등 한랭한 장소에서의 진동 노출

안전작업 TIP

1. 저진동형 기계공구 사용
2. 방진장갑 등 보호구 착용
3. 작업시 전신 또는 국소 진동에 장시간 노출되지 않도록 휴식시간 부여

보호구 착용

휴식시간 안배

관련 법령

- 산업안전보건기준에 관한 규칙 제3편 제4장 (소음 및 진동에 의한 건강장해의 예방)

학습문제

01 전신적 장애가 발생할 우려가 있는 작업에 속하지 않는 것은?★

① 교통기관 승무원 ② 기중기 운전공 ③ Grinder 연마공 ④ 발전기 조작원

해설 전신적 장애우려가 있는 작업은 교통기관 승무원, 기중기 운전공, 분쇄가공, 발전기 조작원 등인데, 전신적으로 진동이 작용한 경우는 소화기 장애로 위하수, 내장하수와 여자의 생리이상 등이 나타날 수 있다.

02 국소적 장애가 발생할 우려가 있는 작업에 속하지 않는 것은?★★

① 병타공 ② 리벳팅 ③ 착암공 ④ 분쇄기공

해설 국소적 장애 우려가 있는 작업은 병타공, grinder 연마공, 리벳팅, 착암공, 진동공구 사용자 등에게 잘 발생한다.

03 진동을 발생시키는 전형적인 기계는?★

① 벨트콘베이어 ② 오실레이트 콘베이어
③ 밀링머신 ④ 교정프레스

04 45세 남자 근로자가 2년 전부터 수지부에 통증, 저림 및 창백이 있다고 호소한다. 다음 중 근로자가 작업하는 직종이라고 생각되는 것은 어느 것인가?★

① 착암기 사용자 ② 인조견사 제조공
③ 용접공 ④ 축전지 제조공

05 다음 중 진동의 단위는?

① 가속도 ② 속도 ③ 진폭 ④ 헤르츠(Hz)

06 진동의 크기를 나타내는데 이용하는 단위가 아닌 것은 다음 중 어느 것인가?

① 주파수 ② 변위 진폭 ③ 속도 ④ 가속도

07 진동 발생원에서 진동을 측정한 결과 가속도 진폭이 2×10^{-2} (m/sec^2)이었다. 이를 진동가속도 레벨

(VAL)로 나타내면 몇 dB인가?

① 50 dB ② 60 dB ③ 63 dB ④ 73 dB

해설 $VAL = 20\log\frac{a}{a_0}$, $a = A_0/\sqrt{2}$

A_0 = 측정한 가속도 진폭

$a = 2\times10^{-2}/\sqrt{2} = 0.01414$

$VAL = 20\log\frac{0.01414}{10^{-5}} = 63.085$

08 진동가속도 레벨의 단위는?

① dB ② NRN ③ mm ④ velocity

09 전신진동의 주파수 범위는?

① 1~20 Hz ② 1~40 Hz ③ 1~60 Hz ④ 1~80 Hz

10 작업자의 건강에 불가역적인 장해를 주는 국소진동의 주파수 범위는 진동 폭으로 100 μm인 진동이다. 어떠한 주파수 범위인가?★

① 10~800 Hz ② 20~900 Hz ③ 30~1000 Hz ④ 40~1,100 Hz

해설 함마 등의 공구는 30~50 Hz의 진동수이고, 회전공구는 1,000 Hz까지의 진동수이다.

11 진동에 의한 생체반응은 4개의 인자가 관계한다. 적합지 아니한 인자는?★★★

① 진동의 강도 ② 진동의 진동수 ③ 진동의 방향 ④ 진동의 노출수준

해설 진동의 노출시간이다. 진동의 강도 : 진폭의 크기 결정, 전선진동은 1~80 Hz, 국소진동은 6~1,000 Hz, 수직방향은 다리 → 머리, 수평방향은 등 → 가슴으로 전파됨

12 국소진동에 의해서 피해를 입기 쉬운 인체 부위는?

① 목과 허리 ② 눈과 귀 ③ 내장과 폐 ④ 손과 팔

13 진동의 직업적 폭로에는 전신진동과 국소진동이 있다. 국소진동이 주로 침입하는 경로는 어디이겠는가?

① 팔과 다리 ② 머리와 엉덩이 ③ 손과 팔 ④ 발과 다리

14 인간공학적인 측면에서 진동공구 무게는 몇 kg 이상 초과를 금지하는가?★★★

① 3 kg ② 5 kg ③ 10 kg ④ 15 kg

15 다음의 질병 중 진동에 기인하는 것은?

① 진폐증 ② 레이노드병 ③ 난청 ④ 백혈병

해설 레이노드병(Raynaud disease) : 수지의 간헐적 창백, 청색증을 주증상으로 하는데, 말초혈관의 폐색은 나타내지 않으며 저림, 냉각, 동통이 나타나는 진동에 기인하는 장해

16 40～300 Hz영역의 진동에 장시간 종사하는 광산업이나 건설업의 작업자 중에 손가락이 아프며 추위에 노출될 경우에 손이 저리며 창백해지거나 푸른색으로 변하는 증상을 무엇이라 하는가?

① 파킨슨 증상 ② 레이노드 증상 ③ 치아노제 증상 ④ 하인츠 증상

해설 일명 백납병이라고도 부른다.

17 Raynaud's phenomenon(레이노씨 현상)의 원인은 다음 중 어느 것인가?

① 소음 ② 진동 ③ 기압 ④ 조명

18 Raynaud's phenomenon에 대한 설명 중 틀린 것은?

① 물리적 환경 조건에서 따른 직업병에의 일종
② 주원인은 진동
③ 주증상은 지속적으로 청색증이 온다.
④ 주로 하지에 현관장애가 오는 것으로 cuff test로 진단을 내린다.

19 진동증후군(vibration syndrome)과 관계가 없는 것은?

① Vibration frequency(40～125 Hz) ② Cyanosis 현상
③ Chain saw 사용자 ④ 열대기후에서 증세가 악화한다.

20 진동에 관한 ISO의 기준에 관한 설명이다. 맞지 아니한 사항은 어느 것인가?★★

① 작업능률의 유지라는 관점에서 "피로－능력감퇴경계"의 기준을 만들었다. 수직진동에서는 4～8 Hz 및 수평진동에서는 2 Hz 이하에서 최저의 한계선을 보인다.
② 건강과 안전의 유지를 목표로 한 "노출한계"의 기준을 만들었다. 이는 피로－능력 감퇴경계

의 2배(+6 dB) 이하를 기준으로 정한다.

③ 쾌감유지라는 입장에서 "쾌감감퇴경계"의 기준을 만들었다. 이는 피로-능력감퇴경계의 1/3(-10 dB)의 값을 기준으로 정한다.

④ 국소 진동에 대한 허용기준도 정해져 있으며, 4～8시간 계속적으로 폭로되었을 때의 한계이다.

해설 국소진동의 허용기준은 정해져 있지 않고, ISO의 의견제시만 되어 있다.

21 ISO/TC 108/WG7에서는 전신진동에 의한 인체폭로의 허용치를 제안하고 있다. 이러한 허용한계는 수직진동과 수평진동에 대하여 나타내고 있으며, 3가지의 허용치를 정하고 있다. 3가지의 허용치에 속하지 아니한 사항은 어느 것인가?★★

① 작업능률의 저하한계 ② 작업진동의 폭로한계
③ 쾌감의 저하한계 ④ 건강유지 및 안전유지의 한계

22 ISO에서 제시하는 기준치보다 2배(6 dB)되는 진동의 한계는 작업능력이 현저하게 저하되고 건강장해를 일으키는 기준이다. 그러나 불쾌감이 약간 감소되는 기준으로 고려되는 전신진동의 한계는 어느 정도로 감소된 것이겠는가?

① 1/2(-5 dB) ② 1/3(-10 dB)
③ 1/4(-15 dB) ④ 1/5(-20 dB)

해설 쾌감유지라는 관점에서 쾌감감퇴경계의 기준은 피로-능력감퇴경계의 1/3(−10 dB)의 값을 기준으로 한다.

23 작업자에 대한 진동대책 중 틀린 것은 어느 것인가?★

① 공구의 손잡이를 세게 잡아 흔들리지 않도록 할 것
② 작업자를 보온시켜 줄 것
③ 진동공구 사용 작업은 1일 2시간을 초과하지 말 것
④ 작업방법을 지도할 것

해설 작업자에 대한 진동대책으로 ① 작업방법에 대한 지도가 필요하다. 즉, 진동공구는 가능한 공구를 기계적으로 지지하여 주어야 하고, 공구의 손잡이를 너무 세게 잡지 말도록 하고 ② 작업자를 보온하여 주어야 한다. 즉, 난방시설이 되어 있지 않는 작업장이나 겨울철 옥외 작업장에서 적용되는 14℃ 이하에서는 보온대책이 필요하다. ③ 작업시간을 단축한다. 즉, 진동공구를 사용하는 경우 1일 2시간을 초과하지 않도록 하여야 한다.

24 소형이나 중형기계에 많이 사용하며 적절한 방진설계를 하면 효과가 있는 방진 방법으로 적합한 것은 어느 것인가?★★

① 공기스프링 ② 기초개량 ③ 방진고무 ④ 직접 지지판 스프링

25 근로자와 발진원 사이의 진동대책을 설명한 것이다. 이 중 틀리게 설명한 것은 어느 것인가?

① 구조물의 진동을 최소화시킨다. ② 발진원을 격리시킨다.
③ 전파경로에 대한 수용자를 격리시킨다. ④ 측면전파를 방지한다.

해설 근로자의 발진원 사이의 진동대책으로는 ① 구조물의 진동을 최소화시키고, ② 발진원의 격리, ③ 전파경로에 대한 수용자의 위치, ④ 수용자의 격리, ⑤ 측면전파의 방지 등이 있다.

26 방진고무를 많이 사용하는 이유에 해당되지 않는 것은 어느 것인가?

① 여러가지 형태로 된 고무를 철 구조물 사이에 튼튼하게 부착할 수 있게 되어 있다.
② 용수철 정수를 광범위하게 선택할 수 있다.
③ 고무의 내부 마찰로 적당한 저항을 가지며, 공진 시의 진폭도 지나치게 커지지 않는 장점이 있다.
④ 내후성, 내유성, 내약품성이 있다.

27 다음 중에서 방진재료 속에 들어갈 수 없다고 생각되는 것은?

① 철판 ② 코르크 ③ 공기용수철 ④ 석면판

과년도 출제 및 예상문제

01 다음 진동의 크기를 나타내는 단위와 거리가 먼 것은?

① 가속도 ② 변위진폭 ③ 주파수 ④ 속도

02 진동의 크기를 나타내는데 이용하는 단위가 아닌 것은?

① 주파수 ② 변위진폭 ③ 속도 ④ 가속도

03 다음은 진동의 크기를 나타내는 용어 중 물체가 정상정지 위치에서 일정 시간 내에 도달하는 위치까지의 거리로 표현되는 것은?

① 가속도(acceleration) ② 속도(velocity)
③ 변위(displacement) ④ 공명(resonance)

04 (　　) 안에 가장 알맞은 것은?

> 진동에 의한 생체반응에 관여하는 인자는 진동의 강도, (　　), 방향, 폭로시간 등 4인자가 관여하며 기준 설정 시에는 이것들이 고려되어야 한다.

① 진동원 ② 개인감응도 ③ 작업능률 ④ 진동수

05 진동에 의한 생체반응을 고려하여 기준을 설정할 때 고려하지 않는 것은?

① 진동의 강도 ② 방향 ③ 진동수 ④ 변위

06 진동수에 따른 등청 감 곡선에서 나타나는 것 중 옳은 것은?

① 수평진동은 1~2 Hz 범위에서 가장 민감
② 수평진동은 2~4 Hz 범위에서 가장 민감
③ 수평진동은 4~8 Hz 범위에서 가장 민감
④ 수평진동은 8~16 Hz 범위에서 가장 민감

07 다음 작업 중 전신 진동 작업에 속하는 것은?

① 착암기 작업 ② 연마 작업 ③ 기관차운전 작업 ④ 전기톱 작업

08 작업에 기인하여 전신진동을 받을 수 있는 작업자로 가장 적절한 것은?

① 병타 작업자 ② 착암 작업자 ③ 햄머 작업자 ④ 교통기관 승무원

09 다음 중에서 전신진동의 인체 폭로에 대한 한계와 평가를 하는데 있어, ISO가 제시한 진동노출의 측정 주파수(Hz)범위로 가장 알맞은 것은?

① 1~80 ② 25~140 ③ 100~500 ④ 300~1000

10 전신진동이 인체에 영향이 가장 큰 진동의 주파수 범위로 가장 적절한 것은?

① 2～100 Hz ② 140～250 Hz ③ 275～500 Hz ④ 4000 Hz 이상

11 다음 중 인체에 영향을 주는 전신 주파수의 범위는?

① 1～80 Hz ② 100～2000 Hz ③ 500～2000 Hz ④ 16～20000 Hz

12 다음 중 전신진동의 인체폭로에 대한 평가 범위로 가장 적절한 것은?

① 1～80 Hz ② 80～100 Hz ③ 200～400 Hz ④ 400～600 Hz

13 다음의 증상 중 전신진동에 의한 장해가 아닌 것은?

① 위장장해 ② Raynaud 증상
③ 내장하수증 ④ 척추이상

해설 Raynaud 증상은 주로 진동에 의한 국소 혈관장애 현상이다.

14 국소진동의 경우에 주로 문제가 되는 주파수 범위로 가장 알맞은 것은?

① 2～100 Hz ② 8～1500 Hz ③ 1000～4000 Hz ④ 4000～6000 Hz

15 착암기 또는 해머(Hammer) 같은 공구를 장시간 사용한 근로자에게 가장 유발되기 쉬운 직업병은?

① 피부암 ② 레이노드 증상 ③ 두통 ④ 소화장애

16 진동으로 손가락의 말초혈관운동 장해 때문에 손가락이 창백하여지고 동통을 느끼는 현상은?

① Silicosis ② Crowd poison ③ Caisson disease ④ Raynaud's 현상

17 다음 중 진동에 의한 인체 장해는?

① 소음성 난청 ② 감압병 ③ 레이노드병 ④ 비중격천공

18 한랭 환경에서 국소진동에 노출되는 경우 나타나는 현상으로 수지의 감각마비 등의 증상을 보이는 것은?

① Raynaud 증상 ② Heat exhaustion 증상
③ 참호족(trench foot) 증상 ④ Heat stroke 증상

19 진동공구는 무게를 몇 kg 이상 초과하지 않는 것이 바람직한가?

① 5 kg ② 10 kg ③ 20 kg ④ 30 kg

20 다음은 국소진동 대책을 설명한 것들이다. 올바른 것은?

① 작업 시에는 따뜻하게 체온을 유지시켜 준다.
② 진동공구의 무게는 20 kg 이상 초과하지 않도록 한다.
③ 작업의 효율을 위하여 두꺼운 장갑보다 얇은 장갑이 바람직하다.
④ 총 동일한 시간을 휴식한다면 여러 번 자주 휴식하는 것보다 한두 번의 장시간 휴식이 바람직하다.

해설 진동공구무게는 10 kg 이하, 두꺼운 장갑이 얇은 장갑보다 더 효율적, 자주 휴식 부여

21 진동으로 인한 건강장해를 방지하기 위한 대책 중 적당치 못한 것은?

① 진동공구의 질량을 가능한 한 크게 하여 흔들림을 최대한 방지한다.
② 진동공구는 가능한 한 공구를 기계적으로 지지하여 준다.
③ 공구의 손잡이를 너무 세게 잡지 않는다.
④ 진동공구의 사용 시에 장갑을 착용한다.

22 다음 중 진동방지 대책이 아닌 것은?

① 완충물의 사용 ② 공진 점에 진동수를 맞춘다.
③ 진동원의 제거 ④ 진동의 전파경로 차단

23 일반적으로 저주파 차진에 좋고, 환경요소에 저항이 크나 감쇠가 거의 없고, 공진 시에 전달 율이 매우 큰 방진재료는?

① 금속 스프링 ② 방진고무 ③ 공기 스프링 ④ 코르크

24 재질이 일정하지 않고 균일하지 않아 정확한 설계가 곤란하며, 처짐을 크게 할 수 없어 진동방지라기보다는 고체음의 전파방지에 유익한 방진재료는?

① 방진고무 ② 공기용수철 ③ 코르크 ④ 금속코일용수철

25 재질이 일정하지 않으며 균일하지 않으므로 정확한 설계가 곤란하고, 처짐을 크게 할 수 없으며, 고유진

동수가 10 Hz 전후밖에 되지 않아 진동방지라기보다는 고체음의 전파방지에 유익한 방진재료는?

① 방진고무 ② Felt ③ 공기용수철 ④ 코르크

26 다음 방진재료에 관한 설명 중 거리가 먼 것은?

① 강철로 된 코일 용수철, 공기 용수철, 방진고무, 코르크, felt 등이 있다.
② 강철로 된 코일 용수철의 경우 고급방진 재료로 특히 많이 쓰인다.
③ 코르크, felt의 경우 방진재보다는 고체음 전파를 차단하는데 더 유용하다.
④ 방진고무의 경우 용수철 정수를 광범위하게 선택할 수 있어 사용 폭이 넓다.

27 환경요소에 대한 저항성이 크며 저주파 차진에 좋으나 감쇠가 거의 없으면 공진 시에 전달률이 매우 큰 방진재는?

① 방진고무 ② Felt ③ 금속스프링 ④ 코르크

28 방진재료 중 용수철 정수를 광범위하게 선택하여 사용할 수 있는 재료는?

① 공기 용수철 ② Felt ③ 방진고무 ④ 코르크

29 저주파차진에 유리하고 최대변위가 허용되지만 감쇠가 거의 없으며 공진 시에 전달률이 매우 큰 방진재는?

① 방진고무 ② 금속스프링 ③ 공기스프링 ④ Felt

30 방진고무 1개에 대해 50 kg의 하중이 걸릴 때 정적 스프링 정수가 10 kg/mm인 방진고무를 사용하면 정적 수축량은?

① 0.5 mm ② 1.0 mm ③ 5.0 mm ④ 10.0 mm

해설 50 kg/10 kg/mm = 5.0 mm

10 고열과 한랭(Heat and cold)의 관리

학습목표

1. 외부환경에 대한 인체의 생리변화
2. 기후와 온열요소
3. 온열조건에 영향을 미치는 인자
4. 고열환경이 인체에 미치는 영향
5. 환경과 인체의 열 교환
6. 온열조건의 지적 한계와 노출기준
7. 고열에 의한 건강장해
8. 고열에 의한 대책 및 관리
9. 저온에 의한 건강장해
10. 한랭의 생체작용
11. 저온에 대한 대책

1. 외부환경에 대한 인체의 생리변화

① 인간은 외부환경의 변화 즉, 유해물질, 고열, 한랭 등으로부터 항상성(Homeostasis)을 유지하는 기능이 있음 즉, 적응할 수 있는 한계로 정상을 유지하며 순응이라고도 함

- 생물은 생체 내의 항상성을 유지하는 기능을 작동하여 어느 정도 부적당한 환경 내에서도 정상적인 생활을 유지하며
- 이 항상성을 유지시키는 생체기구를 조절기구(Regulation system)라고 함
- 그러나 이러한 조절 기구에도 한계가 있어 어느 정도에는 건강장해가 발생하고, 또는 건강장해를 일으키지 않는 상태를 적응(Adaptation)이라고 함

② 적응(Adaptation)과 순화(acclimatization) : 장기간 환경에 적응하면 순화로 발전함

- 적응 : 외부환경의 변화에 대하여 신체에 일어나는 일시적, 가역적인 반응 혹은 변화
- 순화 : 적응을 필요로 하는 환경에 반복 또는 장기간 폭로되면 그 환경에서는 전에 나타난 반응이나 변화가 일어나지 않아도 그 환경에 익숙하게 되는 상태가 성립되는데 이를 순화라 한다.

③ 인간의 체온은 36.5℃ 유지하여야 하며, 약간의 변화가 있으면 적응력 있으나

- 적응(조절기능)한계를 벗어나면 고열 작업장은 열중증, 한랭 작업장은 동상과 같은 건강장해 발생

④ T. Hatch의 환경에 대한 인체 적응과 파탄과정

- 도출량(pose) : 도출된 유해 원자의 양

☞ 간접적 : 도출농도 × 도출시간

- Response(반응) : 건강상의 영향 정도

기관장해(장기, 조직손상) ⟶ 기능장해(활동능력의 상실)

- 신장 : 배출 → 신진대사작용
- 심장 : 혈액운반
- 조혈 : 혈액생성
- 간 : 영양분생성해독작용

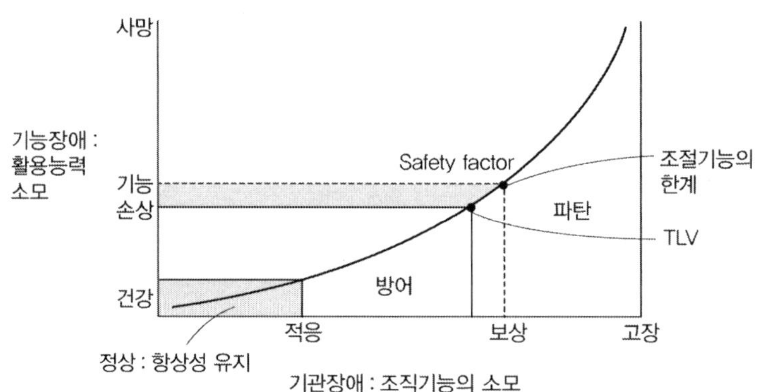

2. 기후와 온열요소

1) 개념

① 일기(weather) : 어느 지역에 있어 하루의 기상요소를 종합한 것

② 기후 : 일기의 평균상태를 표시한 대기현상의 종합

③ 기후요소 : 기후를 구성하는 것

- 기온, 기습, 기류(풍향, 풍속), 기압, 일광조사(복사열), 강우량

☞ 기후의 3요소 : 기온, 기습, 기류

④ 기후인자 : 기후요소에 영향을 미치는 것

- 위도, 해발, 토질, 지형, 수륙분포, 해류

2) 기후도표(climography)

① 종축 - 습구온도, 횡축 - 비교습도(단위 %)

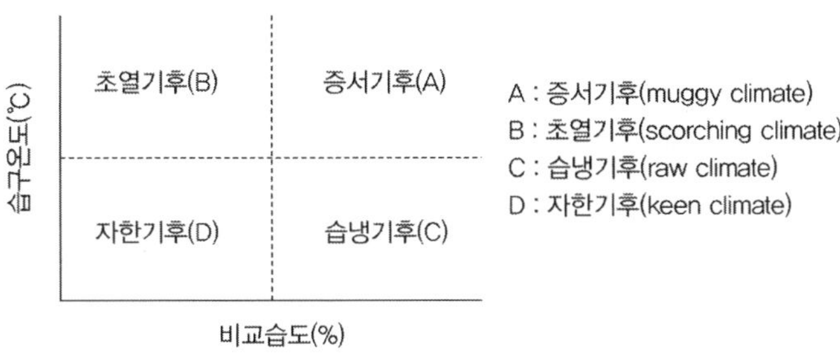

② 한국 : 동계는 자한기후, 하계는 증서기후

3) 온열조건

① 온열요소 : 인체와 환경과의 열 교환에 관여하는 기후요소
기온 - 기습 - 기류 - 복사열

② 18±2℃ 온도와 40～70%의 습도가 근무하기 제일 적당

4) 기온

① 기온역전 : 대기의 상부기온이 하부기온(지표면)보다 높을 때 실내의 CO 중독, 대기오염 잘 발생

② 측정방법 : 수은온도계, 최고최저온도계, 자기온도계, 습구온도계, 건구온도계, 알코올 한란계

5) 기습

① 절대습도 : 공기 1 m^3 중에 함유한 수증기량(g/m^3) 또는 수증기 장력(mmHg)

② 비교(포화)습도 : 공기 1 m^3가 포화상태에서 함유할 수 있는 수증기량(또는 장력)과 현재 그 중에 함유해 있는 수증기량(또는 장력)과의 백분율(%)

③ 습도 측정법 : August 건습계, Assmann 통풍 온습도계(Assmann aspiration psychrometer), 모발습도계, 자기모발습도계

- 상대습도란 사람이 느끼는 습도로 절대습도 / 포화습도 × 100%

6) 기류

① 불감기류(insensible air movement) : 사람이 느끼지 못하는 기류로 0.2～0.5 m/s의 기류

를 불감기류라 하며 그 이하는 무풍이라 함

② 기류 측정법 : 풍차풍속계(vane anemometer), Kata온도계, 열선풍속계(hot wire anemometer)

7) 복사열

① 적외선에 의한 열 : 용광로, 용해로도 고열 물체가 있는 고열작업장에서 발생

② 측정법 : 흑구온도계(globe thermometer)

- 습구흑구온도계 : 증발에 의한 영향도 고려한 것

8) 기압

① 1기압 : 760 mmHg

② 측정법 : 수은청우계(fortin barometer), 자기청우계(aneroid barometer)

9) 쾌감대

① 무풍 안정 시의 보통 복장상태에서 기온은 17～18℃, 습도는 60～65%

② 기온과 습도가 상반된 상태에서 쾌감을 느낌

3. 온열조건에 영향을 미치는 인자

기온, 기습, 기류, 복사열 : 인체와 환경과의 열 교환에 관여하는 요소

① 기온 : 온도감각을 좌우하는 요소로 한국 0℃(섭씨), 미국 °F(화씨)

- 물의 빙점 32°F와 비점 212°F 사이를 180 등분하여 1°F로 함

$$tc = \frac{5}{9}(tF - 32)$$

$$tF = \frac{9}{5}(tc + 32)$$

② 기습(습도) : 습도의 고, 저에 따라 온도감각이 달라짐

- 기온이 높고, 기습이 높을 때 : 피부로부터 증발에 의한 열 방출에 방해를 받아 온열감을 느낌
- 기온 낮고, 기습 높을 때 : 전도에 의한 열 방출이 증가하여 한랭감을 느낌

- 기온 높고, 기습 낮을 때 : 피부로부터 증발이 잘 되어 작업에 좋은 상태
  ☞ 쾌적한 상태란 온도 18±2℃, 습도 40～70%

③ 기류(바람) : 기온, 기습이 일정하여도 기류속도에 따라 온도감각 달라짐
- 바람이 불면 피부로부터 증발, 전도에 의해 열 방출이 촉진되어 서늘, 춥게 느낌
- 기온이 체온보다 높고, 습도가 높을 경우는 바람이 강하게 불어도 덥게 느낌

④ 복사열 : 발열체의 전자파가 물체에 흡수되어 그 물체를 가온시킬 때 발생하는 에너지로, 난로의 방사판이 복사열을 이용한 것임
- 복사열 폭로 작업장 : 금속공업(용해로, 용광로), 요업(벽돌, 병 제조)

4. 고열환경이 인체에 미치는 영향

① 생리적 영향(1차적)
- 피부 혈관의 확장 : 체온조절 중추 신경에 의한 피부혈관의 확장
  - 순환 혈액량이 상승하고, 피부온도가 상승하여 체열 방출이 증가
- 발한 : 뜨거운 열에 의해 체온의 변화가 발생하면 몸에서 땀을 배출하여 뜨거운 열을 발생시키고, 이열의 대부분이 증발에 의해 소실, 피부온도가 34.5℃부터 발한 시작
  ☞ 불감 발한(insensible sweating) : 땀이 나지 않더라도 피부표면과 호흡기를 통해 수분이 증발, 땀과 구별하며 1일 600 mL 정도의 양이 됨

② 생리적 반응의 2차적 영향 : 심혈관 장해, 수분과 염분 부족, 신장, 위장, 신경계 장해 발생

5. 환경과 인체의 열 교환

① 열 생산 : 섭취한 음식물(영양소)의 대사과정에 의해 열 발생
- 지방 : 9 kcal/g, 탄수화물 및 단백질 : 4 kcal/g
- 앉아서 일할 때 90～120 kcal, 격심한 근육작업 600～750 kcal의 열 생산, 골격근(60%), 간(20%), 심장, 신장, 호흡근에서 열 생산

② 열 방산 : 피부 표면과 환경사이의 온도 및 수증기압의 차에 의해 이루어짐
- 체열 방산은 피부를 통한
  - 전도(conduction) : 열 또는 전기가 물체 속을 이동하는 현상(열전도)

- 대류(convection) : 기류, 대기 및 피부의 온도차
- 복사(Radiation) : 주위 물체의 복사열
- 증발(Evaporation) : 기류, 대기 및 피부 습도의 차

③ 열 교환에 영향을 미치는 요인 : 기온, 기류, 기습, 복사열

- 작업장에서는 고열 문제로 4가지 요인이 종합 작용에 의해 발생
- 열 교환의 기본적 열역학적 관계식
  - $\Delta S = M - E \pm R \pm C$

    ΔS : 인체 열 용량의 변화량, M : 대사에 의해 생성된 열

    E : 증발, R : 복사, C : 대류
  - $\Delta S = M > E + R + C$: 고열, 체열 생산 > 체열 방산
  - $\Delta S = M < E - R - C$: 한랭, 체열 생산 < 체열 방산

  ☞ 쾌적감을 느끼는 상태란 체열의 생산과 방산이 평형, 즉 생체 열용량의 변화가 없는 상태로 $M = E \pm R \pm C$ 또는 $\Delta S = 0$

6. 온열조건의 지적 한계와 노출기준

1) 감각온도(effective temperature)

① 기온(건구온도), 기습(습도), 기류의 3인자가 종합하여 인체에 주는 온감을 지수로 표시한 것으로 실효온도 또는 유효온도라고도 한다.

② 감각온도는 기온 t°F, 기습 100%, 무풍 상태를 기본으로 함

③ 복사열에 대하여는 고려하지 않음

④ 복사열을 차단한 건구 온도와 습구 온도 풍속을 사용

예 환경기온 65°F, 습도 100%의 정지공기에서 감각온도 65°F

2) 수정감각온도(CET)

① 감각온도 측정 시의 건구 온도 대신에 흑구 온도를 사용한 것

② 복사열 고려

③ 지적 온도란 : 실내의 온열조건을 쾌적한 상태에 둘 필요가 생기며 이러한 이상적 온열조건을 감각온도로 나타낸 것

• 종류
  - 주관적 지적 온도 : 감각적으로 가장 쾌적하게 느끼는 온도
  - 생산적 지적 온도 : 노동 시 생산능률을 가장 많이 올릴 수 있는 온도
  - 생리적 지적 온도 : 인간이 최소의 에너지소모로써 최대의 생리적 활동을 발휘할 수 있는 적당한 온도

실내 지적 온도(40～50% 습도 시)

용도	지적 온도(℃)
거실, 교실, 사무실	17～20
침실	14～16
온돌 침실	12～14
소아실	18～20
주방, 변소	15
복도	10
욕실, 병실	20～22
작업실	7～10
강당, 집회소	16～18

• 여름의 지적 온도 : 69～78°F ET
• 겨울의 지적 온도 : 65～70°F ET
• 취침 시 지적 온도 : 침대 14～16℃, 온돌 12～14℃
• 실내의 지적 온도 : 16～20℃, 습도 40～60%
• 경작업 시 지적 온도 : 55～65°F ET
• 중작업 시 지적 온도 : 53～62°F ET
• 나체 시 지적 온도 : 27～28℃
• 착복 시 지적 온도 : 17～18℃

3) Kata 냉각력

① 여러 가지 조건하의 공기 중에서 36.5℃의 인체표면에서의 열 손실 정도를 측정하는 방법으로 100°F(38℃)에서 95°F(35℃)까지 알코올주가 하강하는데 방출하는 열량을 일정한 것으로 보고, 이 동안 냉각에 소요되는 시간을 측정해서 이 값으로 공기의 냉각력, 즉 단위시간에 단위면적에서 손실되는 열량(millical/cm^2/sec)을 표시한 것으로 기후조건을 표시하는 좋은 지수 중의 하나

② 장점 : 기류를 가장 정확히 측정할 수 있다.

③ 단점 : 체온조절 능력을 가진 생체에 그대로 적용할 수 없다.

작업 시	건 Kata 냉각력	습 Kata 냉각력
안정 시	5	15
작업 시	6	18
경작업 시	7	24
중등작업 시	8～10	25～30

④ 건구 Kata 한란계 : 기온과 기류에 의한 냉각력 측정
습구 Kata 한란계 : 기온, 기류, 증발에 의한 냉각력 측정

4) 불쾌지수(Discomfort index)

E. C. Thom에 의해 고안, 심리적으로 용어에 따라 불쾌감을 느낌으로 온·습도기본지수로 변경되었음

- 여름철 실내 Air conditioning에 소요되는 전력량을 예측하기 위하여 고안됨
- D.I = 0.72(ta + tw) + 40.6
  (ta : 건구온도, tw : 습구온도)
  - D.I ≧ 70 : 다소 불쾌(10%)
  - D.I ≧ 75 : 반 이상의 사람이 불쾌(50%)
  - D.I ≧ 79 : 모든 사람이 불쾌(80%)
  - D.I ≧ 80 : 매우 불쾌(90%) 그러나 풍속은 고려 안 함

5) WBGT 지수(Wet Bulb Globe Thermometer Index)

WBGT = 0.7 NWB + 0.3 GT ………………………………………… 옥내

WBGT = 0.7 NWB + 0.2 GT + 0.1 DT ……………………………… 옥외

NWB : 자연습구온도, GT : 평균흑구온도, DT : 건구온도)

6) TGE 지수

TGE = T · G · E

T : 작업환경의 평균기온, G : 평균흑구온도, E : energy대사율

7) ACGIH의 고온허용기준

℃ WBGT로 표시

작업휴식시간비	작 업 강 도		
	경노동	중등노동	중(重)노동
계 속 작 업	30.0	26.7	25.0
매시간 75% 작업, 25% 휴식	30.6	28.0	25.9
매시간 50% 작업, 50% 휴식	31.4	29.4	27.9
매시간 25% 작업, 75% 휴식	32.2	31.1	30.0

- 경 작업 : 200kcal 열량이 소요되는 작업, 앉아서 또는 서서 기계 조정하는 작업 등
- 중등작업 : 시간당 200～350kcal 열량이 소요되는 작업, 물체를 들거나 밀면서 걸어다니는 작업 등
- 중 작업 : 시간당 350～500kcal 열량이 소요되는 작업, 곡괭이질 또는 삽질 작업 등

7. 고열에 의한 건강장해

- 고온환경에 장기간 폭로되면 체온조절기능의 생리적 변화 또는 건강장해 초래
  - 자각적, 임상적으로 나타나는 증상을 총칭하여, 열중증 또는 고열장해라 함

① 열경련(Heat cramp) : 용해로, 용광로 등 고열 물체에서의 작업
- 원인 : 장시간의 고온 환경에 폭로되어 탈수, 염분이 현저하게 감소
- 증상 : 현기증, 두통, 구역질, 호흡곤란, 근육경련, 습한 피부, 체온상승, 혈중 염분농도 감소, 일시적인 단백뇨
- 대책 : 수분 또는 염분 섭취

② 열피로(Heat exhaustion) : 열 허탈증, 여름철의 옥외 작업
- 원인 : 고온 환경에서 육체노동에 의해 말초신경 조절장애, 혈액순환이 잘 안 된다.
- 증상 : 염분농도와 체온은 정상이지만, 피부가 습하고 차가워지는 기분을 느끼며 무력감, 허탈감, 의식불명, 졸도
- 대책 : 뜨거운 물, 카페인 음료, 강심제, 5% 포도당 섭취

③ 열사병(Heat stroke) = 일사병
- 원인 : 육체작업에 의해 체온조절중추의 기능장애, 갑작스런 체온상승, 체온조절 중추신

경의 마비 현상으로 대부분 급성질환임
- 증상 : 혼수상태, 섬망, 오심, 두통, 허탈, 헛소리, 체온 41~43℃로 상승
- 대책 : 옷을 벗기고, 체온조절(냉각), 맛사지, 머리를 낮춘다.

④ 열성발진(Heat rash) : 염색공장
- 원인 : 고온다습한 대기에 폭로되어 고열로 인한 질환, 땀샘이 막혀 발생(땀띠). 고열작업 또는 일반 작업 시에도 자주 발생
- 증상 : 피부에 발적된 작은 수포, 불쾌, 내열성의 저하
- 대책 : 목욕, 몸을 식힌다.

⑤ 열쇠약(Heat prostration)
- 원인 : 고열에 의한 만성적 체력소모
- 증상 : 전신권태, 식욕부진, 위장장해, 불면, 빈혈

열중증의 주요특성 구분

질환	원인	주증상	이·화학 적 소견				치료의 착안점
			피부	체온	혈중Cl농도	혈액농축	
열경련 (Heat cramp)	탈수로 인해체내 NaCl 감소	동통성 경련	습·온	정상·약간 상승	현저히 감소	현저히 낮음	수분 및 NaCl 보충
열허탈증 (Heat exhaustion)	순환기계 이상	실신 허탈	습·온 또는 냉	정상범위	정상	정상	휴식, 강심 5% 포도당
열사병 (Heat stroke)	체온조절 중추의 기능장애	혼수 섬망	습 또는 건·온	현저히상승 (41~43℃)	정상	정상	체온의 급속한 냉각

* 안전보건 매뉴얼 100선, 고용노동부, 안전보건공단 자료 인용

고열에 의한 건강장해란?

- 고열작업장이란 용광로나 건조로 주변 작업장, 출탕, 주조 및 단조 처리 작업장, 금속가공기계가 밀집되어 열을 발생시키는 작업장, 건설업, 농업 또는 조선업 등 여름철 옥외에서 이루어지는 작업장 등을 말한다.
- 이러한 고열환경에 작업자의 신체가 적응이 되지 않아 발생되는 급성장해를 통틀어 열중증이라고 한다.

대표적인 고열발생작업(주조, 단조, 열처리로, 여름철 옥외작업)

고열에 의한 열중증의 종류

- 열사병
- 열피로
- 열경련
- 열발진
- 열실신

건강장해 종류와 대처방법

열사병

- 고열로 인하여 발생하는 건강장해 중 가장 위험성이 큰 것으로 신체 내부의 체온조절계통이 기능을 잃어 발생된다. 열사병은 체온이 오른 상태에서 조기에 적절한 조치가 취해지지 못하면 사망에까지 이를 수 있다.
- 가벼운 열사병 환자의 경우 조기에 그늘진 장소나 찬 곳으로 옮기고 옷을 벗긴 다음 피부를 물수건으로 적셔 주는 것이 좋지만 비만자, 고혈압환자, 고령자, 체온이 높은 경우 등은 신속히 응급의료기관에 신고하는 것이 좋다.

열피로

- 열피로는 땀을 많이 흘려 수분과 염분 손실이 많을 때 발생하는 고열장해로서 두통, 구역감, 현기증, 극도의 허약, 갈증, 불안정한 느낌 등의 증상이 나타나게 되며, 이때 피부는 차갑고 습하며 안색은 창백하거나 붉어지고 체온은 정상이거나 조금 높다. 고온에 적응되지 못한 근로자가 고열환경에서 염분 보충 없이 물만 마시고 육체작업을 하는 경우 발생될 수 있다.
- 시원한 곳으로 옮겨 적절한 휴식을 취하고 물과 염분을 보충해주어야 하며 구토나 정신이 혼미해진 경우는 의사의 관찰하에 수액을 보충해 주는 것이 좋다.

열사병 열피로

열경련

- 열경련은 더운 환경에 고된 육체작업을 하는 과정에서 땀으로 배출된 수분과 염분에 대한 보충이 부족한 경우 발생된다. 특히 물을 마시더라도 염분의 손실이 큰 경우 발생되며 작업 시 주로 사용한 근육 즉 팔, 다리, 복근, 배근, 수지의 굴근 등에서 흔히 발생된다.
- 휴식과 식염수의 섭취로서 비교적 쉽게 회복될 수 있다.

열발진

- 작업환경에서 가장 흔히 발생하는 피부장해로서 땀띠라고도 하며 땀에 젖은 피부 각질층이 떨어져 땀구멍을 막아 땀샘 내에 있는 땀의 압력에 의해 염증선 반응을 일으켜 붉은 반점 형태로 나타나는 것을 말한다.
- 피부를 차갑게 하고 건조시키면 증상이 호전되지만 세균의 감염이 있는 경우에는 소독과 피부 연고를 바르는 등 조치가 필요하다.

8. 고열에 의한 대책 및 관리

1) 고열대책

(1) 온도조절 방법

① Carrier system 방법 : 중앙 냉방법으로 지하수(13~15℃)를 뽑아 올려 냉각장치 속에서 분무하여 공기를 세정하고 동시에 공기를 냉각시키는 방법

② 국소냉각 방식 : Room cooler나 Air conditioner 등을 설치

(2) 발생원에서의 열의 제어

① 복사열의 절연과 차폐

- 절연(석면 등 단열제 이용) : 용광로 등을 보온하면 노표면 온도가 저하되어 발열량의 감소로 주위의 환경 온도 감소됨
  ☞ 최근 절연재로는 유리섬유, 암면, 세라믹울 등을 사용함
- 차폐 : 용광로 등에서 발생되는 복사열을 차폐판으로 차단
  ☞ 차폐판 : 알루미늄

(3) 온열조건의 개선

① 가장 간단히 실시 가능

② 창 면적을 크게 하고, 환풍기를 이용하여 작업장 환기 촉진

2) 고열작업장의 관리

(1) 작업환경 내의 기온이 높은 경우

① 고열물체를 방열한다. 통상 표면온도가 낮은 물체에서만 실용성이 있다.

② 환기 개선

- 밖으로부터 들어오는 시원한 공기는 고열물체에 닿기 전에 작업자에게 불어오도록 한다.
- 고열물체 위에는 환기통을 달아 더운 공기가 밖으로 나가도록 한다.
- 작업자에게 국소적인 송풍을 시킨다.

③ 전체환기(General ventilation), 국소환기(Local exhaust ventilation)

④ 기류속도 : 대류에 의한 열의 흡수를 줄이고 증발에 의한 체온 방산이 증가하여 작업자의 체온을 유지

$$필요환기량(Q) = \frac{\Delta H}{0.3\Delta t}$$

여기서, Q : 환기량(m^3/hr)

ΔH : 열부하(Kcal/hr)

Δt : 실내기·실외기 온도차

⑤ 냉방 : 제한된 공간이 아니면 실용적이지 못하다.

⑥ 극심한 더위에는 통풍 방서복을 착용한다.

(2) 고체물체가 있는 경우

① 고체물체를 방열(Insulation)한다.

② 차열(Shielding)한다.

- 반사체 : 가벼운 방열 물질에 알루미늄 박판을 입히고 표면을 닦아서 열이 잘 반사되도록 한다.
- 흡수체 : 복사열을 흡수하는 물질을 사용하여 열의 대류가 일어나지 않도록 한다.
- 특수한 환기시설로 식히는 방법
- 물을 순환시키는 방법

③ 방열 보호구를 착용한다.

④ 극심한 더위에는 통풍 방서복을 착용한다.

⑤ 고열물체, 차열 물체, 방서 보호구의 표면에 칠을 한다.

- 흰색 칠 : 태양광선의 단 파장을 막기 위해
- 알루미늄 박판 : 적외선을 막기 위해

(3) 습도가 높은 경우

① 수증기가 새어 나오거나 어떤 원인으로 공기 중의 습도가 높아지는 것을 막는다.

② 실내 환기를 개선한다.

③ 공기 중의 습기를 제거한다.

④ 습도가 극심한 경우에는 통풍 방서복을 착용한다.

(4) 고열 작업자의 관리

① 시원한 물을 공급하고, 필요에 따라 식염을 공급한다.

- 0.3% 수용액 권장, 0.1% 식염수 공급 : 열 경련 예방대책으로 사용
- 필요에 따라 비타민 B_1, 비타민 C, 우유공급

② 옷은 가볍게 넉넉하게 입도록 한다.

③ 빠른 시간 내에 고온에 순화되도록 한다.

④ 고열 작업장의 부적격자 : 비만자, 심장혈관계 질환이 있는 자, 발열성 질환을 앓고 있거나 회복기에 있는 자, 65세 이상의 고령자, 신체적으로 적합하지 않는 자, 피부질환을 앓고 있거나 땀이 잘 나지 않는 자

⑤ 고열 작업장에 처음 배치된 자는 아침에는 시원한 곳에서 작업하고, 고온작업은 오후에 종사하도록 한다.

⑥ 작업 및 휴식시간의 배열을 합리화시키며, 휴식은 시원한 곳에서 취하도록 한다.

⑦ 고열 조건이 극심한 경우에는

- 통풍 방서복을 착용한다.
- 작업을 시작하기에 앞서 냉수로 몸을 식힌다.
- 작업 중에도 수시로 냉수로 몸을 식힌다.

(5) 고온순화

① 고온순화의 특징

- 고온작업장에 가만히 있던 자는 작업하던 자보다 생리적 부담이 크다.
- 일정한 온도에 순화된 자가 이보다 더 높은 고온에 폭로될 경우에는 계속 순화되어야 한다.
- 심한 고온에 순화된 자가 이보다 더 낮은 온도에 폭로될 때는 처음부터 낮은 온도에 순화되었던 자보다 생리적 부담이 적다.
- 고온순화에는 생리적 한계가 있어 이 한도를 넘는 적응은 일어나지 않는다.
- 고온순화 기간은 고온에 폭로된 지 4～7일부터 시작하여 12～14일에 완성한다.
- 시원한 환경에 살고 있는 자도 매일 100분씩 고온에 폭로되면 전형적인 생리적 변화가 일어난다.
- 고온순화의 효과는 고온폭로가 중단되고 약 2주일 동안 지속되지만 그 이후에는 고온순화 효과는 급속히 감소하여 약 1개월 후에는 완전히 없어진다.(고온작업에는 순화되기 전 즉, 약 2주 이전에 작업이동은 바람직하지 않음)

② 고온순화에 관여하는 인자

- 탈수상태에서는 고온순화의 속도가 늦어진다.

- 하루의 소금 섭취량이 5～6 g 정도로 적을 때는 고온순화가 늦어진다.
- 신체적 조건이 좋은 사람(건강한 근로자)은 고온순화도 빨리 이루어지고, 작업 중에 생리적 부담도 적게 느끼며, 고온에 대하여 덜 지친다.

* 안전보건 매뉴얼 100선, 고용노동부, 안전보건공단 자료 인용

건강장해사례 : 여름철 건설현장에서 작업 중 쓰러짐

건설현장에서 일용직원으로 작업 중이던 피재자가 여름철(7월) 옥외에서 현장철수 관련 주변청소 및 정리정돈(천막) 중 갑자기 비틀거리면서 바닥에 쓰러진 후 병원 진료 중 열사병으로 사망

TIP 안전작업

1. 여름철 옥외작업 시에는 장시간 무리해서 작업이 이루어지지 않도록 관리
2. 열사병 환자 발생 시 초기 대응 및 응급처치/후송 요령 숙지
3. 여름철 옥외작업에 대한 신규채용 시 고열 건강장해 예방 교육 실시

관련 법령

- 산업안전보건기준에 관한 규칙 제3편 제6장 (온도 · 습도에 의한 건강장해의 예방)

고열에 의한 건강장해 예방

- 신규로 근로자를 배치할 경우 고열에 순응할 때까지 고열작업시간을 점차 단계적으로 증가시킨다.
- 온습도를 쉽게 알 수 있도록 온도계 등의 기기를 작업장에 부착한다.
- 여름철 옥외 작업의 경우 일정 온도 이상이 되는 경우 옥외작업을 중단한다.
- 작업이 장시간 지속되지 않도록 주기적으로 휴식시간을 부여한다.
- 물과 식염을 작업장 곳곳에 비치하고 휴게장소는 고열작업장와 떨어진 시원한 곳에 마련한다.
- 커피, 녹차 등 카페인이 함유된 음료는 이뇨작용을 저해하므로 많이 마시지 않는다.
- 열사병 등 응급환자가 발생할 경우 처리할 수 있는 응급구조방법을 숙지한다.
- 모자, 긴팔 옷 등 직사광선을 피할 수 있는 대책을 세운다.
- 고열작업의 경우 방열복, 방열장갑 등을 착용하고 집게 등 작업도구를 적절히 활용한다.

응급상황에 대비하세요

고열장해 응급상황 발생시

- 119에 전화하고 관리자에게 연락한다.
- 구급차를 기다리는 동안 응급치료를 시작한다.
- 그늘로 옮긴 후 뜨거운 체온을 식힌다.
- 조금씩 물을 마시게 한다(구토하지 않게 유의)
- 착용한 옷을 느슨하게 풀어준다.
- 부채질을 해주고 시원한 물로 옷을 적셔 준다.

9. 저온에 의한 건강장해

* 안전보건 매뉴얼 100선, 고용노동부, 안전보건공단 자료 인용

한랭이란?

한랭이란 냉각원(冷却源)에 의하여 근로자에게 동상 등의 건강장해를 일으킬 수 있는 차가운 온도를 말하며 한랭작업이란 다량의 액체공기, 드라이아이스 취급장소, 냉장고, 제빙고, 저빙고, 냉동고 등의 한랭 장소에서 이루어지는 작업을 말한다.

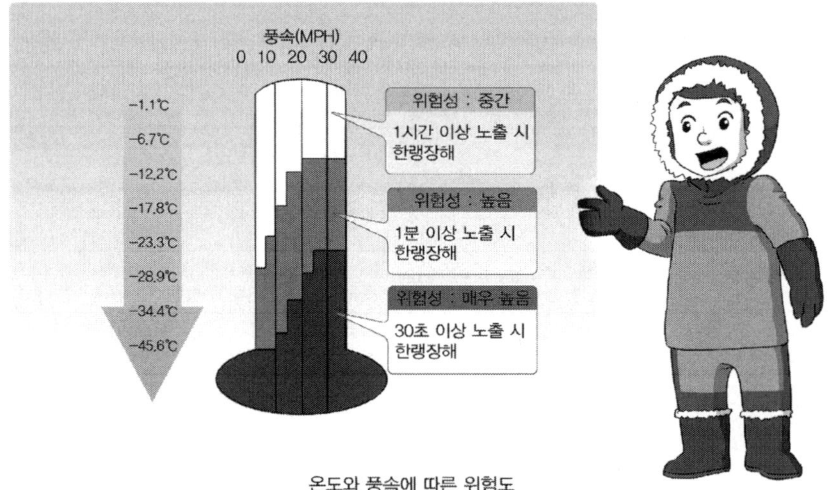

온도와 풍속에 따른 위험도

한랭작업 장소

- 다량의 액체공기 · 드라이아이스 등을 취급하는 장소
- 냉장고 · 제빙고 · 저빙고 또는 냉동고 등의 내부
- 그 밖에 고용노동부장관이 인정하는 장소

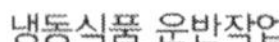

냉동식품 운반작업

냉동실 작업

드라이아이스 처리 작업

한랭에 의한 건강장해

동상

- 심한 추위에 노출되어 피부 등이 얼어서 조직이 손상되는 것을 말한다.
- 코, 볼, 귀, 손가락 및 발가락 등의 신체 부위에 잘 생긴다.
- 저리고, 따끔거리며, 가려움 등이 나타나고 피부가 회백색으로 변하며 붓기도 한다.
- 심한 경우 뼈, 근육, 신경 괴사, 괴저 및 궤양이 생기면서 감각이상, 경직이 나타난다.

참호족과 침수족

- 참호족
  - 물이 어는 온도 또는 그 부근의 찬 공기에 오래 접하거나 물에 잠겨서 생긴다.
- 침수족
  - 물이 어는 온도 이상의 냉수에 오랫동안 노출되어서 생긴다.
- 초기에 발은 차고, 무감각하며, 붓고, 창백해진다.
- 2~3일이 지나면 충혈이 나타나고, 심한 통증과 부종, 발적, 수포형성, 출혈을 보인다.
- 10~30일 후에는 감각이상이 심해져 통증을 못 느끼고, 찬 공기 등에 대해 민감하게 반응하며 땀을 많이 흘리는 증상이 지속된다.

한랭작업에 의한 건강장해

저체온증

- 전신저체온이라고도 불리며 35℃ 이하로 떨어지는 것을 말한다.
- 기온이 18.3℃ 또는 수온이 22.2℃ 정도에서도 발생될 수 있다.
- 추운 지방에서 많이 발생하지만 기온과 상관없이 저체온증이 발생할 수 있다.
- 술이나 약물에 의한 온도조절능력의 상실과 환경적인 원인이 함께 작용하는 경우가 많다.
- 체온이 30℃ 이하인 경우 중증 저체온증이라 하며 30~80%의 높은 사망률을 보인다.
- 초기에는 심한 떨림과 냉감각이 생기고, 맥박이 약해지며 혈압이 낮아진다.

체온 저하에 따른 신체 변화

- 점차 떨림이 발작적이고 억제하기 어렵게 되며, 언어이상, 기억상실, 근육운동 무력화와 졸음이 오게 된다. 피부가 차가워지고, 호흡이 불규칙하고 늦어지며, 저혈압과 탈진이 오게 된다.
- 체온이 35~32.2℃가 되면 자극에 대한 반응이 느려지고 말더듬증 등이 온다.
- 30℃ 이하가 되면 체온 조절 기능, 맥박, 혈압 등 신체기능이 급격히 떨어진다.
- 28℃ 이하에서는 부정맥이 증가하게 된다.
- 27℃에서 떨림이 멎고 혼수에 빠지게 된다.
- 25~23℃에 이르면 사망하게 된다.

① 전신 체온 강하

② 동상

- 제1도 동상 : 혈관의 확장으로 발적이 생기는 현상, 즉 표피만 살짝 얾
- 제2도 동상 : 피부와 피하조직이 얾(보상을 받음)
- 제3도 동상 : 심부 조직(근육, 신경 등)까지 동결

③ 참호족 : 습하거나 꼭 맞는 구두 착용시 발에 V자 홈이 파임

침수족 : 찬물에 발이 잠겨있을 때

- 주로 해군들에 많이 발생

④ 냉방병 : 냉방 환경 작업 시 두통, 복통, 류마티스 등 발생

- 여름철 사무실의 냉방으로 실외온도보다 실내온도가 매우 낮을 경우 발생가능

10. 한랭의 생체작용

- 열 평형식 $\Delta S = M - E - R - C$

  열생산 증발 복사 대류

  체열 생산 < 체열 방산이 보다 많을 때 생체 냉각
- 체온이 저하하는 현상 : 피부혈관은 체내의 열 보존을 위해 수축하는데 손, 발, 귀 등에 먼저 영향을 받아 떨림(경고)이 먼저 일어나고, 언어의 표현이 곤란하고, 기억상실 그리고 혼수상태가 일어난다.

11. 저온에 대한 대책

1) 한랭작업의 허용기준

① 앉은 자세에서 추위에 견딜 수 있는 한계

- −12.2℃에서 6시간
- −23.3℃에서 4시간
- −40℃에서 1.5시간
- −57.7℃에서 25시간

② 나체 시 기온이 7.8℃(46°F)에서 8시간 생존가능

2) 한랭대책

① 작업자가 작업능률이 저하되지 않도록 작업장의 온도를 높여 주는 것

• 수증기·온수난방 : Radiator 또는 Convector와 같은 방열기를 사용
• 온풍난방 : 가열 면으로부터 직접 실내공기에 열전달이 이루어지는 것
• 피복에 의한 보호 : 외피는 통기성이 작고 함기성이 큰 것

☞ CLO(Clothes) : 의복의 열 차단 단위로서 방한력을 나타낸다.

② 피부의 온도가 92°F로 유지될 때 의복의 방한력을 1 CLO로 한다.

• 보통 작업복 : 1 CLO
• 좋은 방한복 : 4 ~ 5CLO
• 방한화 : 2.5 CLO
• 방한장갑 : 2 CLO

3) 한랭작업장의 관리

① 한랭작업장의 관리 방법

• 난방시설을 설치 : 복사 및 대류에 의한 난방 방법
• 방한보호구의 착용
• 방풍대책
• 휴식 및 영양섭취

② 한랭작업장의 부적격자

• 고혈압자, 심혈관 장해자, 간장 장해자, 위산 과다증자, 위장기능 장해자, 신장기능 장해자, 감기에 잘 걸리는 자, 한랭에 대한 알러지가 있는 자, 한랭장해 기왕력이 있는 자, 흡연 및 음주를 많이 하는 자

③ 한랭순화

• 한랭에 대한 순화는 고온순화보다 늦다.
• 그 기전은 대략 다음과 같다.

- 열 생산 증가 : 한랭에 폭로된 지 처음 2 ~ 3주 동안에는 갑상선 기능이 향상되어 조직에서 대사율이 향상되면서 열 생산이 많아지지만, 4 ~ 5주가 지나면 갑상선 기능은 정상으로 되돌아오고 열 생산은 계속 많아져 있다.
- 체열 보존능력 증대 : 한랭에 순화되면 피하지방이 많이 축적되어 신체 내부의 온도가 차가운 피부로 이동되는 것을 방해한다.
- 체온조절 기능 항진 : 신체말단부에서 체열이 방산되지 않도록 하고, 체온조절에 관여하는 조직의 기능 장해를 막는다.

- 혈관운동기능 향상 : 신체말단부의 극심한 온도손실로 인하여 말초조직의 기능 이상이 생기는 것을 막기 위하여 혈관수축이 적절하게 이루어져 피부온도가 내려간다.
- 추위에 대한 내성 증가 : 심리적인 요인이 작용

* 안전보건 매뉴얼 100선, 고용노동부, 안전보건공단 자료 인용

한랭작업에 의한 건강장해 예방

일반관리

■ 작업 전

- 노약자 및 심혈관계 이상자, 알콜중독자 정서적, 육체적인 문제가 있는 경우 한랭작업 배치시 고려를 해야 한다.
- 한랭작업 근로자에 대하여 다음의 내용을 교육시킨다.
  - 적절한 의복과 장비 착용
  - 안전한 작업 지침 및 음식 섭취 지침 교육
  - 한랭장해를 유발하는 위험요인 숙지
  - 동상 및 저체온증 등 한랭관련 질병의 초기 증상 숙지
  - 가온 방법을 포함한 적절한 응급처치 방법 숙지

한랭 작업 전 교육 실시

■ 작업 중

- 작업복 등 의복은 세 겹 이상 입도록 한다.
- 가장 바깥쪽 옷은 바람을 막고 환기가 되는 것이 좋다.
- 가운데 옷은 땀을 흡수하고, 젖은 상태에서도 보온이 되는 옷을 입는다.
- 속옷은 환기와 수분배출이 잘 되는 옷을 입는다.
- 가급적 팔, 다리를 자주 움직이고 10분마다 손가락이나 발가락의 감각 및 이상유무를 확인한다.
- 오랫동안 찬 물이나 눈, 또는 얼음 위에서 작업하지 않는다.
- 작업장에 따뜻한 물이나 음료를 준비한다.
- 동료 작업자가 졸립다거나 떨린다고 하면 즉시 따뜻한 곳으로 옮긴다.
- 16℃ 이하에서 맨손 작업을 하는 경우 보조적인 난방기구를 설치한다.
- 영하 1℃ 이하에서 금속으로 된 기계 · 기구의 손잡이는 적절한 전열체로 조치한다.
- 맨손 작업 시, 경한 작업은 16℃, 중등도 작업은 4℃, 힘든 작업은 −7℃ 이하에서는 적절한 장갑을 착용한다.

방한복 착용

■ 작업 후

- 작업이 끝나면 양말이나 신발, 장갑, 의복 등을 벗어서 말린다.
- 양말이나 장갑 등을 벗은 후에는 반드시 손가락이나 발가락의 상태를 확인한다.
- 충분히 몸이 따뜻해지기 전에 다시 한냉에 노출되는 것은 피한다.

한랭작업 후 조치 사항

작업환경관리

■ **수증기 및 온수 난방**

- 작업장 내에 난방장치를 설치하고 증기 혹은 온수 등의 직접적인 열원으로 난방을 실시한다.

■ **온풍난방**

- 작업장의 벽면 또는 천정 부위 등에 가열된 공기를 불어넣어 주는 팬을 설치하거나 작업장 외부에 온풍기를 설치하고 덕트를 통하여 가열된 공기를 작업장 내로 불어 넣어 준다.

작업관리

- 작업장의 온도에 따라 작업 시간을 조절하여 작업자들이 건강장해를 일으키지 않도록 사전에 차단한다.

[여러 온도의 수중에 노출될 때의 예상 생존율]

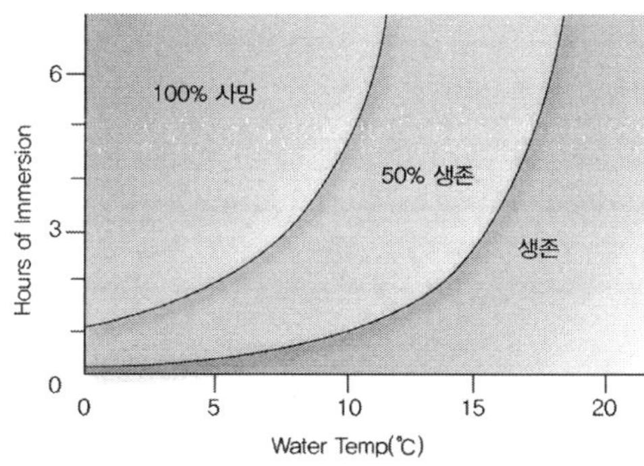

[기온과 풍속에 따른 작업시간(4시간 일하는 경우)]

<table>
<tr><th rowspan="3">기온</th><th colspan="10">풍속(Km/h)</th></tr>
<tr><th colspan="2">0</th><th colspan="2">8</th><th colspan="2">16</th><th colspan="2">24</th><th colspan="2">32</th></tr>
<tr><th>최대작업 시간(분)</th><th>휴식 횟수</th><th>최대작업 시간(분)</th><th>휴식 횟수</th><th>최대작업 시간(분)</th><th>휴식 횟수</th><th>최대작업 시간(분)</th><th>휴식 횟수</th><th>최대작업 시간(분)</th><th>휴식 횟수</th></tr>
<tr><td>-26℃ ~ -28℃</td><td>평상시</td><td>1</td><td>평상시</td><td>1</td><td>75</td><td>2</td><td>55</td><td>3</td><td>40</td><td>4</td></tr>
<tr><td>-29℃ ~ -30℃</td><td>평상시</td><td>1</td><td>75</td><td>2</td><td>55</td><td>3</td><td>40</td><td>4</td><td>30</td><td>5</td></tr>
<tr><td>-30℃ ~ -34℃</td><td>75</td><td>2</td><td>55</td><td>3</td><td>40</td><td>4</td><td>30</td><td>5</td><td colspan="2" rowspan="5">작업금지</td></tr>
<tr><td>-35℃ ~ -37℃</td><td>55</td><td>3</td><td>40</td><td>4</td><td>30</td><td>5</td><td colspan="2" rowspan="4">작업금지</td></tr>
<tr><td>-38℃ ~ -39℃</td><td>40</td><td>4</td><td>30</td><td>5</td><td colspan="2" rowspan="3">작업금지</td></tr>
<tr><td>-40℃ ~ -42℃</td><td>30</td><td>5</td><td colspan="2" rowspan="2">작업금지</td></tr>
<tr><td>-43℃미만</td><td colspan="2">작업금지</td></tr>
</table>

학습문제

01 인간이 외부환경의 변화에 대하여 내부 환경의 항상성이 주어지는 적응작용을 무엇이라고 하는가?

① 순화현상 ② 변성현상 ③ 변질현상 ④ 변천현상

해설 항상설 : 버어나드가 주장

02 외부환경의 변화에 신체반응의 항상성(Homeostasis)이 작용하는 현상은?

① 변성현상 ② 변천현상 ③ 변질현상 ④ 순응현상

03 다음 중 고온순화에 대한 설명으로 옳은 것은?★

① 고온순화가 되는 데는 최소 4주 이상 소요되며, 직장온도와 맥박수가 증가한다.
② 순화되었던 작업자가 1주간 휴가 후 다시 고온작업을 하여도 곧 순화되므로 괜찮다.
③ 탈수나 염분섭취 상태는 고온순화와 관계없다.
④ 고온에 하루 100분씩 같은 조건에 폭로될 때 순화가 가장 빨리 이루어진다.

04 고온에 순화(Acclimatization)되었을 때 나타나는 현상이 아닌 것은?

① 땀에 전해질 양이 적다. ② 산소 소모량의 감소
③ 땀의 양이 많다. ④ 심박출량의 증가

05 뜨거운 작업환경에 대한 인체의 순응성을 기술하였다. 적당치 아니한 사항은 어느 것이겠는가?

① 땀흘림이 증가한다. ② 습도가 낮아야 인체냉각이 잘 된다.
③ 공기흐름의 유속이 높아야 좋다. ④ 고온에서는 신진대사속도가 저하한다.

해설 저온이나 고온에서는 인체의 신진대사속도가 증가한다.

06 작업환경 내 인체의 열 수지인자와 인체의 상관성을 연결한 것이다. 적합하지 않은 내용은 어느 것인가?★

① 신진대사작용 : 활동도, 체중, 나이, 성별에 따라 다름 : 환경영향이 크다.
② 증발작용 : 땀 생성능력, 인체표면적, 의복착용에 영향받음 : 대기흐름에 영향받음
③ 복사작용 : 인체표면적, 의복착용에 영향받음 : 인체와 환경의 온도차에 영향받음
④ 대류작용 : 의복착용, 피부온도, 피부표면적에 영향받음 : 대기흐름에 영향받음

해설 신진대사작용은 환경영향을 미미하게 받는다.

07 작업공간 내의 환경조건은 인체의 열 수지와 일치되어야 한다. 이러한 열 수지(heat balance)는 물리적 현상이지만 화학적 현상은 아니다. 열 수지와 관련되는 인간의 주요기관은 어디인가?

① 허파 ② 피부 ③ 혈액 ④ 뇌

해설 인체의 열출입은 주로 피부를 통하여 이루어짐

08 작업환경 내의 온열조건에 관한 다음의 설명 중에서 잘못되어 있는 사항은 어느 것인가?★

① 기온의 고저는 감각 온도를 좌우하는 가장 큰 인자이다.
② 기온이 동일하여도 습도가 변동하면 감각온도도 변동한다.
③ 기온, 습도, 기류 및 복사열은 온열환경의 평가요소이다.
④ 지적 온도(최적 온도)는 작업의 내용에 따라 변하는 것이 아니다.

해설 지적 온도는 작업에 따라 다르다. 또한 동일한 기온과 습도에서도 기류의 상태에 따라서 감각온도는 변동한다.

09 유효온도(Effective Temperature : ET)란 작업환경의 상대적인 쾌적함을 나타내는 지수이며, 어떠한 공간에 들어가는 순간에 차거나 더운 느낌과 같은 것이다. 유효온도 산정에 필요치 아니한 측정치는 무엇이겠는가?

① 건구온도 ② 습구온도 ③ 복사온도 ④ 실내공기의 유속

해설 유효온도란 건구온도, 습구온도, 공기유속을 측정하여 산정도표와 비교하여 구한다.

10 다음 중 기후요소끼리 올바르게 연결한 것은?★

㉠ 기온	㉡ 기습	㉢ 지형	㉣ 위도	㉤ 기류

① ㉠, ㉡, ㉢ ② ㉡, ㉢, ㉣ ③ ㉢, ㉣, ㉤ ④ ㉠, ㉡, ㉤

11 다음 중에서 온열요소가 아닌 것은?

① 기온 ② 기습 ③ 기류 ④ 기압

해설 인간의 체온조절은 음식물을 통한 화학적 조절과 기온, 기습, 기류, 복사열의 4인자에 의한 이학적 조절에 관계되는 요소를 온열요소 또는 온열인자라 하고, 이들에 의하여 형성된 상태를 온열상태 또는 온열조건이라 한다.

12 기온, 기습, 기류의 종합효과를 체감으로 판단한 습도 눈금으로 사용되고 있는 것은 다음 중에서 어느 것인지 적당한 것을 골라라.★

① 감각온도(실효온도) ② 흑구온도 ③ 건구온도 ④ 기습

해설 기온 t(°F), 기습 100% 무풍의 상태를 기초로 하고, 이것과 같은 온도감각을 주는 상태를 t(°ET)로 하고 있는 것이 감각온도로 기온, 기습, 기류의 종합효과를 체감으로 판단한 습도눈금으로 보통은 화씨온도로 표시한다.

13 실내의 가장 적합한 보건학적 온도는?

① 10～15℃ ② 14～15℃ ③ 20～22℃ ④ 16～20℃

해설 체력장, 중작업장, 대합실 등은 10～15℃, 침실은 14～15℃, 병실은 20～22℃, 거실, 사무실 등은 18±2℃가 적당하나 이것들은 개인차가 있으며 환경여건에 따라 다소 다르다. 가장 최적한 습도는 40～70%이다.

14 실내외의 어떤 차이가 자연환기의 가장 큰 원동력이 되는가?

① 기압 ② 조도 ③ 온도 ④ 기류

15 다음 중 사업장의 쾌적한 온도와 습도가 맞게 연결된 것은 어느 것인가?

① 16～20℃, 40～60% ② 10～14℃, 60～80%
③ 20～25℃, 40～70% ④ 20～30℃, 30～40%

16 불감기류란 어떠한 상태를 말하는가?★★

① 0.1 m/sec 이하 ② 0.2～0.5 m/sec ③ 0.6～1 m/sec ④ 1 m/sec

해설 0.1 m/sec 이하의 기류는 무풍상태이며, 0.2～0.5 m/sec는 불감기류, 외기중에서 1 m/sec 전후 실내에서 0.2～0.3 m/sec가 최적기류다.

17 감각온도를 표시하는데 제일 적당한 것은 다음 중 어느 것인가?

① 건구온도 ② 실효온도 ③ 불쾌지수 ④ TGE지수

해설 실효온도(감각온도, 유효온도라고도 한다 : ET) 여기에서 ET는 effective temperature의 약어로 이는 기온·기습·기류의 종합효과를 체감으로 판단하는 것이다. 기온 t(°F), 기습 100% 무풍의 상태를 기초로 하고 이것과 같은 온도감각을 주는 상태를 t(°ET)로 하고 있다. 불쾌지수(DI)는 실효온도를 변형한 것으로 특히 여름에 보건지표로서 사용되며 다음 식으로 나타낸다. 즉, DI = 0.72(Td + Tw) + 40.6 여기에서 Td, Tw는 각각 건구 및 습구 온도(℃)이다. TGE 지수는 기온(T:작업장의 평

균기온) 복사열(G : 평균흑구온도) 및 energy 소비량(E : energy 대사율)의 적(TGE)으로 나타내는 온열지수인 것이다. 이것은 발한량에 평행한다. 적정한 범위는 지수 4,000(8시간 노동의 수분 상실량 약 4 L)까지라 하고 있다.

18 감각온도(effective temperature)를 좌우하는 3요소로 조립된 것은?★

㉠ 기류	㉡ 기온	㉢ 비교습도	㉣ 기압	㉤ 복사열

① ㉠, ㉡, ㉢ ② ㉠, ㉡, ㉤ ③ ㉡, ㉢, ㉤ ④ ㉢, ㉣, ㉤

19 다음 중 감각온도에 관하여 옳지 않은 것은?

① 기온, 기류, 복사열의 셋을 종합하여 인체에 주는 온감을 지수로 표시하기 위하여 만든 것이다.
② 기온 t°F, 기습 100%, 무풍 상태를 기본으로 한다.
③ 서구인을 기준으로 만들어졌지만 경작업 시는 우리나라 사람에게 적용하여도 무방하다.
④ 기류가 0.5～1.5 m/sec인 때에는 고온의 영향이 과대평가된다.

20 감각온도에 관하여 틀리게 설명한 것은?

① 쾌적 대는 여름 : 66～75 ET, 겨울 : 63～71 ET이다.
② 건구 온도, 습구 온도, 기류의 3가지에 의해 결정된다.
③ 모든 온열조건을 가장 잘 종합한 지수이다.
④ 기류 0.5 m/sec, 기습 100%에서의 건구 온도로 표시한다.

21 기류를 고려하지 않고 감각온도(effective temperature)의 근사치로 널리 사용되는 지수는?★★

① WBGT ② TWA ③ TLV ④ Globe temperature

해설 WBGT : Wet Bulb Globe Temperature Index의 약어로서 이 지수는 처음에 군대에서 사용하던 것으로서 간단하고 전문지식이 필요없이 고온의 부하를 평가할 수 있는 장점 때문에 널리 쓰이게 되었으며 ACGIH에서도 고온 환경의 TLV를 위한 지수로서 사용되고 있다.

22 작업환경의 온열지수인 다음의 사항 중에서 건구온도와 습구온도로부터 산정할 수 있는 사항들은 어느 것인가?★★★

㉠ 실효온도	㉡ 수정실효온도	㉢ 불쾌지수	㉣ 습도

① ㉠, ㉡ ② ㉡, ㉢ ③ ㉢, ㉣ ④ ㉡, ㉣

해설 감각(유효)온도 : 기온, 기습, 기류
수정실효온도 : 감각온도의 건구온도를 흑구온도로 사용
불쾌지수 : DI=0.72(건구온도 + 습구온도) + 40.6
습도 : 건구온도 - 습구온도=상대습도

23 다음의 온열지수 중 기류가 고려되지 않은 것끼리 연결된 것은 어느 것인가?★★★

㉠ 감각온도	㉡ 불쾌지수	㉢ WBGT 지수	㉣ Kata 냉각력

① ㉠, ㉡ ② ㉡, ㉢ ③ ㉠, ㉣ ④ ㉡, ㉣

24 불쾌지수(DI)의 정의로서 다음 중 적당한 것을 골라라. (다만 Td : 건구온도, Tw : 습구온도로 한다.)

① $DI = 0.72(Td - Tw) + 40.6$
② $DI = 0.72(Td + Tw) + 40.6$
③ $DI = 0.72(Td \times Tw) + 40.6$
④ $DI = 0.72(Td / Tw) + 40.6$

해설 불쾌지수(discomfort index)는 미국에서 감각온도를 변형하여 하절의 보건지수로 제창된 것으로 화씨로는 $DI = 0.4(Td + Tw) + 15$이다.

25 다음 중 불쾌지수가 60 정도일 때 옳은 것은?

① 불쾌감 없이 쾌적한 상태이다.
② 절반 정도가 불쾌감을 느낀다.
③ 모든 사람이 불쾌감을 갖는다.
④ 불쾌감을 느끼기 시작한다.

해설 불쾌지수가 70~75 정도이면 불쾌감을 느끼기 시작하고, 75 이상이면 절반 정도가 불쾌감을 느끼기 시작하여, 80 이상이면 모든 사람이 불쾌감을 느끼고, 70 정도일 때는 쾌적한 상태이다.

26 작업환경의 쾌적도를 나타내는 불쾌지수에 관한 다음의 기술 중에서 적합지 아니한 사항은 어느 것인가?

㉠ 불쾌지수란 온도와 습도로부터 불쾌감의 정도를 표현하는 것이다. ㉡ 불쾌지수에는 공기흐름(기류)의 요소도 내포되어져 있다. ㉢ 불쾌지수는 실효온도에 비하여 쾌감과 불쾌감의 정도를 잘 나타내지 못한다. ㉣ 일반적으로 불쾌지수가 80 이상이면 반수 이상의 사람들이 불쾌감을 느낀다.

① ㉠, ㉡ ② ㉡, ㉢ ③ ㉠, ㉢ ④ ㉡, ㉣

27 다음의 작업환경조건 중에서 틀린 것은?

① 지적 온도는 일반적으로 20℃ 내외이다.
② 습도는 일반적으로 80~90%가 적당하다.
③ 조도에 있어서 보통 작업 시는 150 Lux, 정밀 작업 시는 300 Lux이어야 한다.
④ 분진에 있어서 10 μ 이상의 것은 폐포까지 도달하지 못한다.

28 산업위생관리에서 사용되는 TGE 지수란 다음 중 어느 것인가?

① 화학물질의 독성을 표시하는 지수
② 온도 감각에 관한 쾌적 기준이 되는 지수
③ 고온작업에 관한 허용기준이 되는 지수
④ 진동작업에 관한 허용기준이 되는 지수

해설 TGE 지수란 기온(T : 작업장의 평균기온) 복사열(G : 평균흑구온도) 및 energy 소비량(E :energy 대사율)의 지적으로 나타내는 온도지수인 것이다. 이것은 발한량에 비례하고 적정한 온열지수 4,000(8시간 노동의 수분상실량 약 4 L)으로 되어 있다.

29 Kata 온도계로 측정한 냉각력(H : cooling power)에 영향을 주는 요소는 어떤 것인가?★

㉠ 기류	㉡ 기습	㉢ 건구온도	㉣ 습구온도

① ㉠　　② ㉠, ㉢　　③ ㉡, ㉣　　④ ㉠, ㉡, ㉢, ㉣

30 실내기류를 측정하는 데 사용되는 기구는 다음 중 어느 것인가?

① 풍차풍속계　　② Kata 온도계　　③ 피토우관　　④ 흑구 온도계

31 습구·흑구 온도계로 측정한 온도에 영향을 주는 요소는 다음 보기 중 어떤 것인가?

㉠ 기류	㉡ 기습	㉢ 기온	㉣ 복사열

① ㉠, ㉢　　② ㉡, ㉣　　③ ㉠, ㉡, ㉢　　④ ㉡, ㉢, ㉣

32 고열환경에서 복사열을 측정하는 데 사용되는 기구는 다음 중 어느 것인가?

① 아스만 통풍 온도계　　② Kata 온도계
③ 흑구 온도계　　④ 건구 온도계

33 복사열과 온도를 측정하여 산출할 수 있는 온도지수는?

① 불쾌지수 ② 감각온도 ③ WBGT 지수 ④ TGE 지수

34 실효복사온도(effective radiation)란 무엇을 의미하는가?★★

① 건구온도와 습구온도의 차
② 습구온도와 흑구온도의 차
③ 습구·흑구 온도지수
④ 흑구온도와 기온과의 차

35 수정감각온도(CET)는 감각온도(ET)의 (a)를 (b)로 바꾼 것이다. 이때 위의 a와 b가 적절히 표시된 것은?★

① a. 흑구온도 b. 습구온도
② a. Kata 냉각력 b. 건구온도
③ a. 건구온도 b. 흑구온도
④ a. 흑구온도 b. 건구온도

36 습구·흑구 온도지수(Wet-bulb Globe Temperature Index : WBGT)에 반영되지 않는 사항은?★

① 건구온도 ② 습구온도 ③ 흑구온도 ④ 기류

37 다음의 내용 중 서로 연결이 잘못된 것은?

① 쾌감 점 - 기온, 기습
② 감각온도 - 기온, 기습, 기류
③ 온열조건 - 기온, 기습, 기류, 복사열
④ Kata 냉각력 - 기온, 기습, 기류

38 다음의 내용 중 조립이 잘못된 것은?

① 불쾌지수 - 건구온도
② 감각온도 - 기습
③ WBGT 지수 - 복사열
④ Kata 냉각력 - 복사열

39 다음 중 맞게 짝지어지지 않은 것은?

① 흑구 온도계 - 감각온도계
② Kata 온도계 - 공기의 냉각력
③ 링겔만표 - 매연
④ Kata 온도계 - 기류

40 다음의 온열 지수 중 기류가 고려되지 않은 것은?★

① 감각온도 ② 수정감각온도 ③ WBGT 지수 ④ Kata 냉각력

41 고온 작업 시 인체에 미치는 생리적 영향에 대한 내용이다. 빈칸에 들어갈 적합한 용어는 다음 중 어느 것인가?★

> 발한은 피부온도와 밀접한 관계가 있어 피부온도가 34.5℃에서 발한이 시작되며 땀이 1 L 증발할 때 580 kcal의 기화열이 상실된다. 그러나 땀이 나지 않더라도 피부표면과 호흡기를 통하여 수분이 증발하는데 이를 (　　　　)이라 한다.

① 피부혈관 확장　　② 잠열현상
③ 증발현상　　④ 불감발한

42 인체와 환경 간의 열 교환에 관여하는 요인이 아닌 것은 다음 중 어느 것인가?★★

① 복사열　　② 기습　　③ 열 생산　　④ 기류

43 인체와 환경 사이의 열 교환은 기본적으로는 아래의 열역학적 관계식에 따라서 이루어진다. 체열생산과 체열방산 사이의 평형상태가 유지되지 아니하면 불쾌하거나 유해한 작업환경이 조성되게 된다. ΔS＝M－E± R ± C의 열역학적 관계식에서 M은 체내 열 생산량이고, E는 증발에 의한 열 방산량, R은 복사에 의한 열의 득실량, C는 대류에 의한 열의 득실량이다. 여기서 ΔS는 무엇을 의미하는가?

① 인체 엔트로피의 변화량　　② 인체 엔탈피의 변화량
③ 인체 열용량의 변화량　　④ 인체 자유에너지의 변화량

해설 체열의 생산과 방산이 평형을 이룬 상태, 즉 인체 열용량의 변화가 없는 상태에서는 ΔS＝0이 되므로 M＝E±R±C로 된다.

44 체열의 발산량이 생산량과 같아지면 쾌적함을 느끼며, 이러한 온도를 최적온도 또는 지적 온도(optimum temperature)라 한다. 지적 온도의 3가지 조건이 아닌 사항은 어느 것인가?

① 주관적 지적온도 : 쾌적　　② 생리적 지적온도 : 건강
③ 생산적 지적온도 : 노동　　④ 객관적 지적온도 : 생활

해설 실내의 온열조건을 쾌적한 상태로 할 필요가 있으며, 이러한 이상적인 온열조건을 감각온도로 나타냄, 주관적, 생리적, 생산적 지적 온도는 대체로 일치한다.

45 인체의 열 생산의 약 60%를 차지하는 것은?★★

① 간　　② 근육　　③ 폐　　④ 심장

46 다음 중 체온조절 기능에 이상을 초래할 수 있는 작업은?

① 유해광선에 발생하는 작업장 ② 산소부족이 발생될 수 있는 환경
③ 이상기압이 발생될 수 있는 환경 ④ 고온이 발생하는 작업장

해설 고온 환경은 체온조절 기능에 부담을 줄 수 있고 피로도도 높아진다.

47 고온작업장의 고열 허용기준에 이용되는 습구·흑구 온도지수(Wet-bulb Globe Thermometer index : WBGT)에 반영되지 않는 사항은 다음 중 어느 것인가?★★

① 습구온도 ② 흑구온도
③ 작업 상태 ④ 기류

48 미국의 ACGIH에서 권장하는 고온의 허용기준 표시 방법은?

① 건구온도(DT) ② 흑구온도(GT)
③ 습구·흑구 온도지수(WBGT) ④ 건구·흑구 온도지수(dBGT)

49 옥내 작업환경의 습구·흑구 온도지수(WBGT)를 나타내는 식은 어느 것인가? (단, 여기서 NWB는 자연습구온도이고, GT는 흑구온도이며, DT는 건구온도이다)★

① WBGT = 0.7 NWB + 0.3 GT ② WBGT = 0.7 NWB + 0.3 DT
③ WBGT = 0.7 NWB + 0.2 GT ④ WBGT = 0.7 NWB + 0.2 DT

해설 WBGT는 Wet bulb globe thermometer index의 약자이고, NWB는 Natural wet bulb의 약자, GT는 Globe thermometer의 약자 DT는 Dry thermometer의 약자이다. 자연습구란 건습구온도계의 습구(psychrometric wet bulb)가 아니고 온도계 주위를 무명심지로 둘러 싼 수은 유리온도계이며 ±0.5℃의 정밀도를 갖는다.

50 다음 중 옥외에서의 WBGT를 구하는 공식은?★

① WBGT = 0.7 NWB + 0.2GT + 0.1 dB ② WBGT = 0.7 NWB + 0.3 GT
③ WBGT = 0.7 NWB + 0.3GT + 0.1 dB ④ WBGT = 0.7 NWB + 0.2 GT + 0.3 dB

해설 WBGT(옥내) = 0.7 NWB + 0.3 GT

51 곡괭이질, 삽질 등의 중 작업에 있어서 작업환경의 WBGT가 30.0℃ 정도이면 어떠한 작업이 수행되어야 하는가?★★★

① 연속작업 ② 75% 작업, 25% 휴식/시간
③ 50% 작업, 50% 휴식/시간 ④ 25% 작업, 75% 휴식/시간

해설 경작업의 WBGT가 32.2℃ 정도이고, 중등작업의 WBGT가 31.1℃ 정도이면, 25% 작업, 75% 휴식/시간으로 작업하여야 한다. 중등작업이란 물건을 들거나 밀면서 걸어 다니는 일이고, 경작업이란 손이나 팔을 가벼이 움직이며 하는 일이다.

52 고열로 인한 스트레스에 영향을 미치는 환경적 요인으로 맞게 조합된 것은?★

① 기온, 기류, 습도, 복사열 ② 기압, 기류, 공기밀도, 복사열
③ 습도, 기류, 공기밀도, 공기용량 ④ 기온, 기류, 습도, 공기밀도

해설 고열로 인한 스트레스는 환경과 물리적인 작업요인의 복합작용과 개개인의 특성에 의해 결정된다. 환경적인 요인은 기온, 기류, 습도, 복사열 등이다.

53 고열환경에서 오는 인체 장애가 아닌 것은?

① 열 경련 ② 열사병 ③ 열 쇠약 ④ 열병

해설 열병 : 높은 열을 수반하는 전염병으로 장티푸스 등을 말함

54 고온이 인체에 미치는 영향이 아닌 것은?

① 혈관확장 ② 혈액점도의 상승 ③ 잠함병 발생 ④ 맥박수 증가

해설 잠함병은 고압상태에 작업하므로 일어나는 직업병이다.

55 다음 중 고온작업자에게 발생할 수 있는 열중증 질환에 대한 설명으로써 올바르게 이루어진 것은 다음 중 어느 것인가?★

㉠ 열경련(heat cramp)은 지나친 발한에 의해 일어나므로 혈중 염분농도가 감소한다.
㉡ 열탈진(heat exhaustion)시는 체온이 현저히 상승하므로 신체를 냉각시켜주어야 한다.
㉢ 열사병(heat stroke)시는 휴식을 취하게 하고 포도당을 주사한다.
㉣ 고온 환경에서의 산·염기대사는 acidosis → alkalosis → acidosis의 순서를 밟는다.

① ㉠, ㉡ ② ㉠, ㉣ ③ ㉡, ㉣ ④ ㉡, ㉢

56 고열 작업환경이 인체장애를 일으키는 증상과 연결이 잘못된 것은?

① 열사병 – 뇌 및 체온상승 – 중추신경마비 ② 열쇠약 – 탈수현상 – 순환기계 부조화
③ 열경련 – 염분농도저하 – 수의근의 경련 ④ 열병 – 탈수현상 – 중추신경마비

57 열 경련의 가장 중요한 원인은?

① 뇌온 상승　　② 순환기 부조화
③ 중추신경 마비　　④ 체내수분 및 혈 중의 염분손실

해설 열경련·열사병·열허탈증은 급성 열중증이고, 열쇠약은 만성적인 열중증이다. 열경련은 체내의 수분 및 혈중의 염분손실이 주원인이고, 열사병(울열증)은 고열 고습에 의한 뇌온 상승으로 온도조절 중추 마비가 원인이고, 열허탈증은 말초혈액의 순환부전으로 발생한다.

58 고열환경의 인체장애현상 중 열 경련의 주요 원인은 무엇인가?★

① 심한 발한에 의한 탈수현상　　② 고열에 의한 순화기 부조화
③ 혈중의 염분농도 저하　　④ 뇌 온도 및 체온상승

59 열사병(heat stroke)에 관한 설명 중 옳은 것은 다음 중 어느 것인가?

① 땀이 많이 나게 되어 피부가 습해진다.
② 직장온도가 38～40℃ 정도로 상승한다.
③ 중추신경장해가 심하게 나타난다.
④ 지속적인 발한에 의한 순환기 장해로 야기되는 현상이다.

60 열사병에 대한 옳은 조합은?

㉠ 체온조절 중추의 기능 장애이다.	㉡ 심한 수분소실에 의해 생긴다.
㉢ 서서히 섬망, 혼수에 빠지게 된다.	㉣ 수분공급, 휴식으로 치료된다.
㉤ 체온을 급속히 냉각시키는 것이 우선적인 치료이다.	

① ㉠, ㉤　　② ㉡, ㉢　　③ ㉡, ㉣　　④ ㉠, ㉢

61 열중증 질환 중에서 체온이 현저히 상승하는 질환은 어느 것인가?

① 열경련　　② 열피비　　③ 열사병　　④ 열복통

62 열중증 중에서 사망률이 가장 높은 증상은?

① 열피비　　② 열경련　　③ 열사병　　④ 관계없다

63 체온조절의 부조화로 뇌온의 상승에 의한 중추신경장애가 원인이 되는 열 중증의 종류는?

① 열경련　　② 울열증　　③ 열허탈증　　④ 열쇠약증

해설 ① 체내수분 및 염분의 손실 ② 말초혈액순환의 부전으로 혈관신경의 부조절 ③ 만성적 체열소모로 발생되므로 만성 열중증이라고 한다.

64 고열작업에서 만성적인 증상을 보이는 것은?★

① 열경련 ② 열사병 ③ 열허탈증 ④ 열쇠약

65 다음의 열중증 중에서 식염을 투여함으로써 증상이 급속히 좋아지는 것은?

① 열경련 ② 일사병 ③ 열피비 ④ 이상 전부

66 고온 작업환경에서 열중증의 예방대책으로 가장 적절한 것은?★★

㉠ 열원 차폐	㉡ 노동시간, 강도배려	㉢ 보호구 착용	㉣ 수분 및 염분 보충

① ㉠, ㉢, ㉣ ② ㉠, ㉡ ③ ㉡, ㉢ ④ ㉠, ㉡, ㉢, ㉣

67 주물공장의 용해로에 매시간 45분 작업, 15분 휴식의 작업조건으로 고철을 운반하여 투입하는 작업자들의 고온에 대해 작업환경측정을 한 결과 29.0℃ WBGT이었다. 다음 중 적합한 작업환경관리방법이 아닌 것은 어느 것인가?★★★

① 국소배기장치 설치 ② 냉방장치 설치

③ 연속작업을 하도록 작업조건을 조절 ④ 복사열의 절연과 차폐

해설 중작업에 해당되며, 75% 작업, 25% 휴식 시의 기준은 28℃로 문제의 29℃는 중등노동에 해당되며 노출기준을 초과하고 있음으로 50% 작업(30분), 50% 휴식(30분)으로 조정해야 함

68 고온작업장의 고온대책에 관한 기술이다. 다음 중 부적합한 것은?★

① 작업대사량 : 작업량감소 ② 대류 : 신체노출부위 보호

③ 복사열 : 방열판으로 차단 ④ 급성고열폭로 : 공냉·수냉식 방열복 착용

해설 대류는 기류, 대기 및 피부의 온도차를 말하며, 대류에 의한 대책은 35℃이하로 내리거나 기류의 속도를 감소시킨다.

69 작업 중의 최대맥박수로 보면 고열작업, 휴식, 시원한 작업의 작업순서에는 영향을 받지 아니하지만, 회복과정은 작업순서의 영향을 받는다. 어떠한 작업을 먼저하는 순서이어야 하겠는가?

① 시원한 작업 → 고열작업 → 휴식 ② 고열작업 → 휴식 → 시원한 작업

③ 고열작업 → 시원한 작업 → 휴식 ④ 시원한 작업 → 휴식 → 고열작업

해설 고열작업→ 시원한 작업→휴식의 순서로 하면 휴식시간 단축이 가능

70 다량의 발한을 수반하는 작업 장소에서 근로자를 위하여 우선적으로 조치를 해야 할 것은 어느 항목인가?

① 걸상의 배치 ② 가면이 가능한 장소설치
③ 식염과 음료수의 배치 ④ 탈의실 설치

71 고열작업장의 열을 제거시킬 수 있는 실내공기의 전체환기에 관한 기술이다. 적합지 아니한 사항은 어느 것인가?★

① 복사열은 차단시킨다. ② 공기의 진입구는 높게 한다.
③ 외부의 시원한 바람과 섞이게 한다. ④ 바깥바람은 작업자를 먼저 스치게 한다.

해설 공기의 유입구는 될 수 있는 한 낮게 한다.

72 다음 중 작업환경 내에서 복사열에 대한 표면반사율이 가장 높은 재료는?★

① 석면보드 ② 블록 ③ 알루미늄 ④ 라커

해설 석면보드의 반사율이 최저이며, 근로자에게 폐암 등 직업병을 유발하는 유해한 물질임

73 열중증 질환과 치료대책을 연결하여 두었다. 적합지 아니한 사항은 어느 것인가?★★

① 열경련 : 수분 및 NaCl 보충 ② 열피로 : 휴식·강심, 5% 포도당
③ 열사병 : 체온의 급속 냉각 ④ 열쇠약 : 수분 및 비타민 보충

해설 열쇠약의 치료는 체력보강이라고 할 수 있다.

74 고온작업에 대한 소금공급은 식염수를 이용한다. 어느 정도가 적당하겠는가?

① 0.1% ② 0.5% ③ 1.0% ④ 5%

해설 0.1% 식염수가 생리적 식염수이다.

75 고열작업장의 근로자가 많이 섭취해야 할 영양소가 아닌 것은?

① 칼슘 ② 비타민 ③ 염분 ④ 지방질

76 고온 다습한 작업장에서 작업하던 노동자가 의식불명 상태로 의무실에 도착하였다. 피부는 건조하고 혈압이 상승되어 있고 체온은 41℃였다. 치료의 주안점을 선택하라.

① 소금물 공급, 체온하강 ② 식염수, 포도당 주사
③ 강심제, 포도당 주사 ④ 경과관찰, 생리적 식염수 주사

77 고온작업 부서에 배치해서는 안 될 사람을 아래에서 골라라.

① 신체 건장한 사람 ② 비만자
③ 고온작업에 순화된 사람 ④ 해당사항 없음

78 저온환경에 노출되었을 때 피부혈관이 수축되어 인체의 열 손실을 적게 하는 것은 환경과 인체와의 열교환 방식 중 주로 어떤 기전에 해당되는가?

① 복사 ② 대류 ③ 전도 ④ 증발

79 초기에는 한랭 등으로 유발되는 레이노 증상(백지 현상)이 나타나고, 진행되면 백랍증으로 될 우려가 있는 작업은 어느 것인가?

① 착암기로 암석을 굴삭하는 작업 ② 아크용접작업 및 냉동실 작업
③ 엑스선이나 감마선을 이용한 비파괴검사 ④ 고기압작업 및 고소작업

80 한랭에 계속해서 장기간 폭로되고 동시에 지속적으로 습기나 물에 잠기면 발생하는 저온병은?

① 동상 ② 참호족 ③ Raynuad씨병 ④ 맥관염

81 동상의 종류를 설명한 것이다. 틀린 것은?

① 1도 동상 - 발적 ② 2도 동상 - 수포형성
③ 3도 동상 - 조직파괴 ④ 4도 동상 - 사망

해설 동상과 화상은 1도, 2도, 3도밖에 없으며, 증상은 동일하다. 1도 발적 및 열, 2도 수포형성, 3도 조직괴사를 일으킨다.

82 작업장에서 한랭 대책 중 틀린 것은?★

① 가능한 팔다리를 움직일 것 ② 알맞은 장갑과 방한화를 착용할 것
③ 과음을 피할 것 ④ 더운물과 더운 음식을 섭취할 것

해설 한랭 대책 중 개인 위생은 다음과 같다.
① 오랫동안 찬 곳(찬물, 눈, 얼음 등)에서 작업하지 말 것
② 혈액순환을 돕기 위하여 가능한 계속 팔다리를 움직일 것

③ 최소한 하루에 한 번 이상 손발을 깨끗이 씻고 말릴 것
④ 약간 큰 장갑과 방한화를 착용할 것
⑤ 양발은 항상 건조한 상태로 유지할 것
⑥ 과음을 피하고 식사는 충분히 할 것
⑦ 더운물과 더운 음식을 섭취할 것

83 한랭대책으로서 개인위생에 해당되지 않는 사항은?★

① 오랫동안 얼음 위에서 작업하지 말 것
② 식염을 많이 섭취할 것
③ 더운물과 더운 음식을 섭취할 것
④ 과음을 피하고 식사를 충분히 할 것

과년도 출제 및 예상문제

01 다음 중 고온에 순화되는 과정(생리적 변화)으로 틀린 것은?

① 체표면의 한선의 수가 감소한다.
② 간 기능이 저하된다.
③ 처음에는 에너지 대사량이 증가하고 체온이 상승하나 후에 근육이 이완하고 열생산도 정상으로 된다.
④ 위액 분비가 줄고 산도가 감소되어 식욕부진, 소화불량이 유발된다.

02 고온에 순응된 사람들이 고온에 계속 노출되었을 때 나타나는 현상은?

① 심장박동 증가　② 땀의 분비 속도 증가
③ 직장온도 증가　④ 피부온도 증가

해설 ①, ②, ③의 경우 고온 순응 과정 시 타나남.

03 다음 비교습도(상대습도)를 구하는 공식으로 바른 것은?

① 절대습도(%) – 포화습도(%)　② 포화습도 / 절대습도(%) × 100
③ 절대습도(%) / 포화습도 × 100　④ 포화습도 – 절대습도

04 다음 25℃에서 포화습도의 수증기 장력이 24.5 mmHg, 절대습도가 11.5 mmHg라면 이때 상대습도는?

① 35%　② 47%　③ 54%　④ 75%

해설 상대습도 = 절대습도(%) / 포화습도 × 100 = 11.5 × 100 / 24.45 = 47%

05 다음 중 유효온도(Effective temperature)와 관계없는 것은?

① 기온　② 기압　③ 기류　④ 습도

06 실효복사온도(Effective temperature)의 의미로 가장 적절한 것은?

① 건구온도와 습구온도의 차　② 습구온도와 흑구온도의 차
③ 습구온도와 복사온도의 차　④ 흑구온도와 기온의 차

07 인체의 열 교환에 영향을 미치는 인자와 거리가 먼 것은?

① 기온　② 기류　③ 복사열　④ 기압

08 생체와 환경 사이의 열교환(열역학 관계식)에 미치는 요인과 가장 거리가 먼 것은?

① 복사　② 전도　③ 증발　④ 대류

09 기류를 고려하지 않은 감각온도로서 현재 산업장에서 널리 사용하는 온도지표는?

① WBGT　② NRN　③ TWA　④ Rem

10 온열조건에 있어 온열지수(WBGT)를 평가하는 데 고려되어야 할 사항 중 가장 관계가 적은 것은?

① 건구온도　② 기류　③ 습구온도　④ 복사열

11 고온작업에 있어서 1차적 반응의 생리적 영향을 설명한 것은?

① 교감신경에 의한 피부 혈관의 확장이 일어난다.
② 모세혈관으로부터 삼출액이 발생되어 조직의 부종이 유발된다.
③ 수분재흡수를 증가시켜 소변 배설량이 감소한다.
④ 위장관 계통의 혈류량 감소로 소화기능이 감퇴된다.

12 고열환경의 인체장애 현상인 열중증의 종류에 따른 원인과 증상의 연결이 잘못된 것은?

① 열경련 – 염분소실 – 복부와 사지 근육의 강직, 동통
② 열사병 – 체온상승 – 체온조절 중추기능 장애
③ 열피로 – 탈수로 혈장량 감소 – 실신, 허탈
④ 열쇠약 – 급격한 체력소모 – 고열, 발작

13 장시간의 고온 환경에 폭로되어 다량의 염분 상실을 수반한 발한 과다 때문에 발생하며, 일시적으로 단백뇨가 나오는 건강 장해는?

① 열경련 ② 열피로 ③ 열사병 ④ 열쇠약

14 열경련에 관한 설명으로 알맞지 않은 것은?

① 단시간의 급속한 고온 환경 폭로 후에 일시적으로 오는 생체작용이다.
② 체온이 상승하고 혈중 Cl^- 이온농도가 현저히 감소한다.
③ 일시적으로 단백뇨가 나온다.
④ 복부와 사지 근육에 강직, 동통이 일어난다.

15 대량의 염분상실을 동반한 발한과다를 초래하는 고열폭로에 의한 증상은?

① 열성발진 ② 열경련 ③ 열사병 ④ 열쇠약

16 열피로에 관한 설명으로 틀린 것은?

① 고온 환경에서 육체노동에 종사할 때 일어나기 쉽다.
② 말초혈관 확장에 따른 요구 증대만큼의 혈관운동 조절이나 심박출력의 증대가 없을 때 발생한다.
③ 졸도, 과다 발한, 냉습한 피부 등의 증상을 보이며 직장온도가 경미하게 상승할 경우도 있다.
④ 혈액의 농축이 현저하며 수분 및 소금을 보충하여 치료할 수 있다.

해설 ④ 휴식 혹은 5% 포도당 용액을 정맥주사한다.

17 고온 환경에서 육체노동에 종사할 때 일어나기 쉬운 것으로 탈수로 인하여 혈장량이 감소할 때 발생하는 건강장해로 가장 알맞은 것은?

① 열경련 ② 열피로 ③ 열사병 ④ 열쇠약

18 다음 중 열경련을 일으키는 주요 원인은?

① 발한에 의한 탈수
② 혈중의 염분 농도저하
③ 고열에 의한 순환기 부조화
④ 호흡기 장애

19 열경련의 가장 중요한 원인은?

① 순환기 부조화
② 체온의 급격한 상승
③ 체내의 수분 및 혈중의 염분손실
④ 중추신경마비

20 다음 중 열사병에 걸린 작업자에 대한 응급처치 방법으로 가장 적당한 것은?

① 수분 및 염분 공급
② 충분한 휴식
③ 포도당 용액 정맥주사
④ 체온의 급속한 냉각

21 다음의 내용 중에서 열사병에 대한 올바른 설명만으로 짝지은 것은?

㉠ 체온조절 중추의 기능 장애이다. ㉡ 혈중 염소이온의 현저한 감소가 발생한다. ㉢ 혈액의 현저한 농축이 발생한다. ㉣ 수분의 공급 및 휴식으로 치료된다. ㉤ 체온을 급속히 냉각시키는 것이 우선적인 치료 방법이다.

① ㉠, ㉤ ② ㉡, ㉢ ③ ㉡, ㉣ ④ ㉠, ㉢

해설 체온 급속 상승 : 42℃ 이상, 중추기능인 대뇌 마비 장해 발생

22 고온폭로에 의한 장애 중 열사병에 관한 설명으로 알맞지 않은 것은?

① 중추성 체온조절 기능장애이다.
② 혈액농축과 혈중 염소농도가 현저히 떨어진다.
③ 고온다습한 환경에서 격심한 육체노동을 할 때 발병한다.
④ 피부에 땀이 나지 않아 건조할 때가 많다.

23 일사병(Heat stroke)이 발생했을 때 가장 적절한 응급처치 방법은?

① 통풍이 잘 되는 서늘한 곳에 눕히고 포도당 주사를 준다.
② 생리식염수를 정맥주사하거나 0.1% 식염수를 마시게 한다.
③ 얼음물에 몸을 담가서 체온을 39℃ 이하로 유지시켜 준다.
④ 스포츠 음료나 설탕물을 마시게 한다.

24 다음 열중증 중에서 인체의 체온조절기능에 장해를 일으키며 중추신경 장해를 일으키는 것은?

① 열피로 ② 열사병 ③ 열경련 ④ 열허탈

25 전신체온강하에 관한 설명으로 틀린 것은?

① 장기간의 한랭폭로와 체열상실에 따라 발생한다.
② 급성 중증장해이다.
③ 진정제 복용과 음주는 체온하강의 위험을 더욱 증대시킨다.
④ 피로가 극에 달하면 혈관의 급격한 수축으로 인해 전신의 체온강하가 일어난다.

26 고열작업자에게 보통 몇 %의 생리적 식염수를 공급하는 것이 가장 알맞은가?

① 0.1 ② 0.5 ③ 1.0 ④ 5.0

27 방열복이나 방열장갑의 표면에 복사열의 반사효과를 높이기 위해 근래에 가장 많이 사용하고 있는 물질은?

① 석면 ② 알루미늄 ③ 섬유강화수지 ④ 열경화성수지

28 고열 발생원에 대한 공학적 대책 방법 중 대류에 의한 열흡수 경감법이 아닌 것은?

① 방열 ② 일반환기 ③ 국소환기 ④ 차열판 설치

29 한랭 환경에서 나타나는 증상에 관한 설명으로 틀린 것은?

① 전신체온강화 : 장시간의 한랭폭로와 체열상실에 따라 발생되는 만성질환성 장해의 일종이다.
② 참호족 : 지속적인 국소의 산소결핍으로 발생한다.
③ 동상 : 강렬한 한랭으로 조직장해가 오거나 심부혈관의 변화를 초래하는 장해이다.
④ 선단자람증 : 폐색성 혈전 등의 장해는 한랭폭로로 악화된다.

해설 ①은 급성 질환 시 발생

30 추울 때 체온조절의 생리적 기전이라 볼 수 없는 것은?

① 피부혈관의 수축 ② 근육긴장의 증가와 떨림
③ 갑상선자극 호르몬 분비 감소 ④ 수의적인 운동증가

31 레이노씨 현상(Raynaud's Phenonmenon)을 악화시키는 중요한 요소는?

① 고열 ② 한랭 ③ 영양 ④ 소음

32 한랭 환경에서 일어나는 제2도 동상의 증상으로 가장 적절한 것은?

① 수포를 가진 광범위한 삼출성 염증이 일어난다.
② 따갑고 가려운 감각이 생기고 혈관이 확장하여 발적이 생긴다.
③ 심부조직까지 동결하면 창백하고 조직의 괴사와 괴저가 일어난다.
④ 피부가 동결하면 창백하고 감각이 둔해지며 황백색으로 변한다.

33 다음 중 제2도 동상의 증상으로 적절한 것은?

① 따갑고 가려운 감각이 생긴다.
② 수포를 가진 광범위한 삼출성 염증이 생긴다.
③ 심부조직까지 동결하면 창백하고 조직의 괴사와 괴저가 일어난다.
④ 혈관이 확장하여 발적이 생긴다.

34 한랭 작업장에서 취해야 할 개인 위생상 준수해야 할 사항들이 많다. 다음 중 이에 해당되지 않는 내용은?

① 팔다리 운동으로 혈액순환 촉진 ② 약간 큰 장갑과 방한화의 착용
③ 건조한 양말의 착용④ 적절한 식염수의 섭취

해설 식염수 섭취는 고온작업장의 대책

35 한랭 환경으로 인하여 발생되거나 악화되는 질병과 가장 거리가 먼 것은?

① 동상(Frostbite) ② Raynaud씨 병(Raynaud‘s disease)
③ 선단자람증(Acrocyanosis) ④ 케이슨 병(Caisson disease)

해설 ④ 고압환경에서 발생하는 질환임

11 이상기압(Abnormal Pressure)의 관리

학습목표

1. 압력의 종류
2. 고압환경의 작업종류
3. 저압환경의 작업종류
4. 이상기압의 인체작용
5. 관리 대책
6. 밀폐공간의 저산소증 예방 요약

1. 압력의 종류

① 절대압 : 대기압을 포함한 압력

- 대기압 : 항상 1기압(1 kg/m)이며 수은주로 760 mmHg,
  물기둥 13.6 mmH_2O, 1013.25 mb

② 작용압(gauge압) : 대기압을 포함하지 않는 압력

☞ 고압작업

──────────────── 수면

↓ 10 m 내려갈 때마다 압력은 1기압씩 증가

☞ 수심 30 m ⇒ 절대압은 4기압, 작용압은 3기압

2. 고압환경의 작업종류

① 잠함작업 : 교각의 기초공사, 광산의 수직갱, 지하철 등

- 토목건축의 기초공사 시 압축공기를 보내 지하수가 유입되는 것을 방지하면서, 그 안에서 작업이 가능하도록 만든 콘크리트제 함을 말하며, Casien이라고도 함
- 물속보다 챔버에 공기를 집어넣어 압력을 높게 하면, 물이 들어오지 않는 원리
- 작업장소로 스며드는 물을 막고 구조 지지물을 설치하기 위해 고압 사용

② 잠수작업 : 호흡기나 잠수기구 속으로 물 유입을 막고, 소비되는 공기의 보충을 위해 공기압이 다량 사용

* 안전보건 매뉴얼 100선, 고용노동부, 안전보건공단 자료 인용

이상기압이란?

- 산업안전보건법에서 이상기압이란 게이지 압력이 제곱센티미터(cm²)당 1킬로그램 이상인 기압을 말한다.
- 주로 잠수작업, 잠수함실의 내부나 해발고도가 높은 곳에서 작업을 하는 등 대기압보다 높거나 낮은 기압 조건에 노출되고 있는 근로자에게 폐 · 중이(中耳) · 부비강(副鼻腔) 또는 치아 등에 발생한 압착증, 물안경 또는 헬멧 등과 같은 잠수기기로 인한 압착증 등의 증상을 일으킨다.

수중작업

전투기 조종사

- 이상기압으로 인한 증상의 종류
  - 기계적 장해 : 압착증, 스퀴즈병(귀, 부비강, 잇몸, 폐), 복부통증 등
  - 화학적 장해 : 질소마취작용 등

【 용어의 정의 】

- ■ 고압작업 : 이상기압에서 잠함공법이나 그 외의 압기공법으로 하는 작업
- ■ 잠수작업 : 물속에서 공기압축기나 호흡용 공기통을 이용하여 하는 작업

- 산업 잠수 : 토목건축 기초 공사, 10～20 m
- 상업 잠수 : 머구리 등이 해산물 채취, 20～30 m
- 과학 잠수 : 해저 개발 및 탐사, 40 m 이상

3. 저압환경의 작업종류

- 3000 m 이상의 높은 장소 작업 : 기압의 저하와 더불어 공기 중 산소부족상태를 초래
  - 비행기 종사자 : 조종사, 스튜어디스
  - 전문등산인

4. 이상기압의 인체작용

1) 고압환경

① 1차성 압력 현상 : 생체공(폐, 부비강, 중이 등)과 환경 간의 기압차로 인한 기계적 작용을 한다.

② 2차성 압력 현상 : 고압 하에서 대기 Gas의 독성으로 인한 화학적 작용을 한다.

- 질소의 마취작용 : 4기압 이상에서 공기 중의 질소 가스는 마취작용을 한다.
  - 다행증 : 알코올 중독현상과 유사함
  - 10기압 : 전신기능 장해, 10기압 이상에서는 의식상실
- 산소 중독 : 2기압 이상에서 산소중독 증세
  - 안면근육 경련, 손발통증
- CO_2의 작용(호흡작용) : 산소의 독성과 질소의 마취 작용을 증가시킴
  - 고압환경에서 CO_2 농도는 0.2%(2000 ppm) 미만 유지

2) 감압환경

- 고압환경(가압)에서 감압환경으로 전환할 때의 환경
  - 깊은 물속 작업에서 올라오거나, 수면 밑의 감압실 내 압력을 줄일 때의 작업환경
  - 폐속의 공기가 팽창함에 따라 감압에 의한 Gas가 팽창하고, 감압에 의한 용해질소의 기포 형성에 의해 건강상 문제 야기 : 감압병(Decompression), 또는 잠함병(Cassion)
  - 너무 급격한 감압에 따라 혈액과 조직에 용해되어있던 질소가 기포를 형성하면 이 기포가 순환장해와 조직손상을 초래

☞ • 최근 10년간 사망 19명, 직업병 38명 발생
- 민간잠수부들의 사망 원인 : 기뇌증, 뇌에 공기가 들어가서 의식 불명, 혈액에 산소 운반 능력을 방해함으로써 발생
- 순환기계 : 몸 전체에 혈액을 순환시켜 골고루 영양을 공급하고, 노폐물을 제거하는 계통의 조직. 심장, 동맥, 정맥 등 혈관계통으로 고혈압, 고지혈증을 유발한다.

3) 저압환경(hypobaric environment)

① 고공증상(High altitude symptoms) : 산소부족(hypoxia)

- 신경장해, 창백, 발한, 실신, 오심, 구토, 의식상실

② 폐수종(Pulmonary edema)

- 호흡곤란, 폐동맥, 혈압상승, 진행성 기침

③ 기타 고공증상

- 산소부족으로 판단력 장해, 행동장해, 권태감

☞ 급성 고산병(Acute Mountain Sickness : AMS) : 3000 m 이상의 고공에서 작업하는 경우 의식상실을 유발함

- 우울증(depression), 두통, 오심, 구토, 식욕상실, 흥분성(irritability)

5. 관리 대책

① 고압작업의 감압 시간 준수 : 1일 6시간, 1주 34시간 초과 작업 금지

② 시설과 작업방법의 관리

- 잠함작업 : 압축기, 송기관, 압력계 등의 시설 점검 및 정비
- 가압은 신중히 행하고, 작업시간은 규정을 준수

③ 건강관리

- 고령자, 비만자, 심장순환기 질환자는 작업 금지
- 감압증에 걸리면 치료갑(medical lock : 압력을 넣어주는 장치)에 넣어 재 가압한 다음 서서히 감압시킨다.
- 감압이 끝날 무렵 순수한 산소흡입
- 질소를 헬륨으로 대치한 공기 흡입

④ 기압측정

- 퍼틴 수은 기압계(Fortin barometer) : 액체 사용
- 아네로이드 기압계(Aneroid barometer) : 액체 미사용

* 안전보건 매뉴얼 100선, 고용노동부, 안전보건공단 자료 인용

이상기압으로 인한 건강장해

압착증

- 압착증은 폐, 귀, 부비강((副鼻腔), 치아 등 기체가 있는 신체부위나 물안경 등 장비 속 압력이 주위와 다를 때 발생한다.
  - 폐압착증은 깊은 수심까지 호흡정지 잠수를 할 때 발생한다. 너무 깊게 호흡을 멈추고 잠수를 하면 폐가 압착되고, 심하면 갈비뼈가 부러지기도 한다.
  - 중이압착증은 외부수압에 의해 고막이 중이 쪽으로 밀려들어가면서 통증이 유발된다.
  - 외이압착증은 귓속에 물이 들어가는 것을 피하기 위해 귀마개를 사용할 때 잘 생기며, 통증과 함께 귀 속에 무엇이 가득 찬 것과 같은 충만감이 느껴진다.
  - 부비동압착증은 코 주위의 부비동이라는 공기가 들어가는 공간이 있는데, 부비동에 염증이 생기면 축농증이 된다. 부비동에도 압착증이 생기는데 증상은 눈 주위에 날카로운 통증을 느끼며 수면으로 복귀한 후 코에서 피가 섞인 콧물이 나오기도 한다.
  - 치아압착증은 치수(齒髓) 또는 치아의 연부조직에 압력을 받으면 작은 기포가 생겨 통증을 일으킨다.

폐 압착증

이상기압으로 인한 관절통증

질소마취

- 질소마취는 고압의 질소가 인체에 마취작용을 일으켜 생기며, 수심 30m 이상 잠수하는 경우에 증세가 나타나기 시작한다.
- 30~60m 수심에서는 황홀감, 60~90m에서는 환청 · 환시, 90~120m에서는 환청 · 환시, 조울증, 기억력 감퇴 등이 나타나며 120m 이상에서는 의식을 상실하게 된다.

산소독성

- 잠수자는 폐압착증을 예방하기 위해 수압과 같은 압력의 압축기체를 호흡해야 하는데, 그 결과 산소의 부분압이 증가하여 중추신경계 및 폐에 산소 독성을 일으키게 된다.
  - 중추신경계 산소 독성은 초기 증상으로 시야가 좁아지는 현상, 이명(耳鳴), 메스꺼움, 입술이나 눈 주위의 근육떨림증, 정신적 긴장도 증가 및 현기증 등이 있다 심해지면 근육이 뒤틀리는 경련을 일으킨다.
  - 폐산소 독성은 기침, 호흡곤란, 비충혈, 현기증 등을 일으킨다.

감압병

- 감압병은 고압환경에서 체내에 과다하게 용해되었던 질소, 헬륨 등이 압력이 낮아질 때 과포화(super-saturation)상태로 되어 혈액과 조직에 기포를 형성하여 혈액순환을 방해하거나 주위 조직에 기계적 영향을 주어 무릎통증, 사지마비, 쇼크상태 등을 일으킨다.

이상기압에 의한 건강장해 예방

■ **적정한 설비의 설치**

- 작업실 및 기압조절실의 크기는 작업과 작업자의 수에 따라 적절히 설치한다.
- 공기청정장치, 배기관, 압력계, 자동경보장치 등 필요한 설비를 설치한다.
- 피난용구, 공기조(예비공기조 포함), 압력조정기 등을 설치 · 비치한다.

■ **올바른 작업방법 준수**

- 가압 또는 감압시 규정된 안전속도를 준수한다.(구출/대피 등 특수한 경우 제외)
- 감압시 기압조절실 내의 온도와 조도를 적절히 유지시킨다.
- 호흡용 공기통을 사용하는 경우 해당 공기통의 급기능력과 상태를 작업에게 알려준다.
- 작업자 수 및 작업형태에 따라 충분한 수의 감시인을 비치하고 신호밧줄, 수중시계, 수중압력계 등 안전작업에 필요한 휴대물을 지급한다.

■ **작업관리**

- 고압작업설비, 잠수작업 설비 등은 정해진 주기에 따라 점검을 실시한다.
- 송기설비는 설치시, 분해 후 수리시, 1개월 이상 미사용한 뒤 재사용시 점검한다.
- 잠수작업시 정해진 작업시간을 넘지 않도록 관리한다.
- 정해진 작업시간 및 잠수하거나 부상하는 속도를 준수한다.
- 작업자 배치 시 비만자, 호흡기 질환자, 이비인후과 질환자 등의 해당여부를 검토한다.
- 감압증 증세(피부 가려움, 발진, 관절통, 호흡순환계 장애 등)를 보이는 경우 고압치료실에 수용 후 증세가 없어진 뒤 서서히 감압한다.

건강장해사례 : 양식장 그물 보수작업을 마치고 부상 후 잠함병 발생

양식어업 사업장에서 잠수부로 종사하던 피재자가 양식장 그물 및 틀 유지 보수를 하고 수면 위로 올라 왔는데 양쪽 어깨 및 손목, 팔꿈치, 허리 등에 통증이 있어 산소를 흡입하는 등의 조치 후 병원 진단결과 잠함병(감압병)으로 판정 받음

TIP 안전작업

1. 작업시간, 부상속도 등 이상기압 안전보건작업수칙 준수
2. 작업 전 이상작업에 의한 건강장해 예방요령 등 교육실시
3. 감시자 배치 등으로 작업자 이상발생시 즉각적인 조치 실시

관련 법령

- 산업안전보건기준에 관한 규칙 제3편 제5장 이상기압으로 인한 건강장해의 예방

밀폐공간이란?

- 산소 농도가 18% 미만이거나 23.5% 이상인 공간
- 황화수소(H_2S)가 10 ppm 이상인 공간
- 이산화탄소(CO_2)가 1.5%(15,000 ppm) 이상인 공간
- 밀폐공간 장소의 예
  - 우물, 수직 갱, 터널, 잠함, 피트, 암거, 맨홀, 탱크, 호퍼 등 저장시설, 지하실, 창고, 선창 내부
  - 정화조, 집수조, 침전조, 농축조, 발효조 내부
  - 열 교환기, 배관, 보일러, 반응탑, 사일로, 집진기 내부 등 내부
  - 콘크리트 양생장소, 가설 숙소 내부
  - 냉장고, 냉동고, 냉동 화물자동차, 냉동 컨테이너 등 내부

밀폐공간 내 적정 공기

- 산소농도 : 18% 이상 23.5% 미만
- 탄산가스 : 1.5% 미만
- 황화수소 : 10ppm 미만인 수준의 공기

산소결핍과 유해물질

- 산소결핍이란 하수구 및 오래 방치된 지하 피트 등에 미생물이 번식하여 산소가 부족하거나 탄산가스 및 황화수소 농도가 매우 높아 인체에 들어가는 공기 중에 산소가 부족하여 현기증, 구토, 혼절 또는 사망에 이르는 재해로 미생물 번식이 활발한 여름철에 많이 발생한다.
- 밀폐공간에서는 메탄, 탄산가스, 황화수소 등의 유해물질이 가스 상태로 공기 중에 발생하기도 한다.
  - 메탄, 에탄, 부탄
  - 헬륨, 알곤, 질소, 프레온, 탄산가스 등의 불활성기체
  - 일산화탄소, 황화수소
  - 기타 반응기, 탱크 등의 내부 화학물질

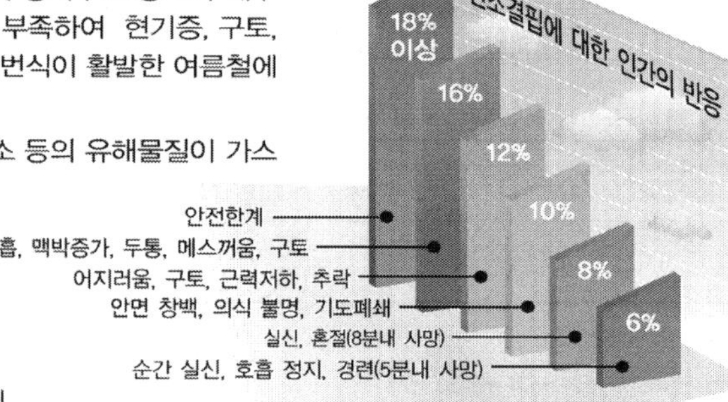

밀폐공간 질식재해의 원인

- 미생물의 부패나 발효에 의해 유해가스가 발생하게 된다.
  - 황화수소, 이산화탄소, 메탄가스, 암모니아 가스 등이 발생
  - 바닥의 부식토, 찌꺼기나 슬러지 등을 뒤집거나 휘저으면 많은 양의 유해가스가 갑자기 배출될 수 있음
- 미생물, 곡물, 종자, 사료 등이 호흡하여 산소를 소모시키고 이산화탄소를 배출한다.
- 연소, 산화 등 화학작용으로 산소결핍 및 유해가스가 발생하게 된다.
  - 산소를 소모시키고 일산화탄소, 이산화탄소, 황산화물 등이 발생
  - 밀폐공간에서는 급격하게 산소가 고갈될 수도 있고 일산화탄소의 농도가 매우 높은 위험수준까지 도달할 수도 있음

- 산소 흡수물질(석탄, 아탄, 황화광, 강재, 원목, 건성유, 어유 등)이 산소를 소모시킨다.
- 드라이아이스를 사용하는 곳에서는 이산화탄소의 고체인 드라이아이스가 기체로 바뀌면서 밀폐공간의 이산화탄소 농도를 급격하게 높인다.
- 용존산소가 부족한 하수, 폐수 등이 고이거나 흐를 때 공기 중의 산소를 소모시킨다.
- 페인트 등 도료, 휘발성 유기용제, 세척제, 방수제 등이 마르면서 밀폐공간 안에 중독을 일으키는 휘발성 유기용제 증기가 발생한다.
- 배관이나 탱크 등의 퍼지작업으로 배관 등에서 압력이 걸린 퍼지용 가스인 질소 등이 갑자기 분출되면서 질식 분위기가 조성된다.

질식재해 예방대책

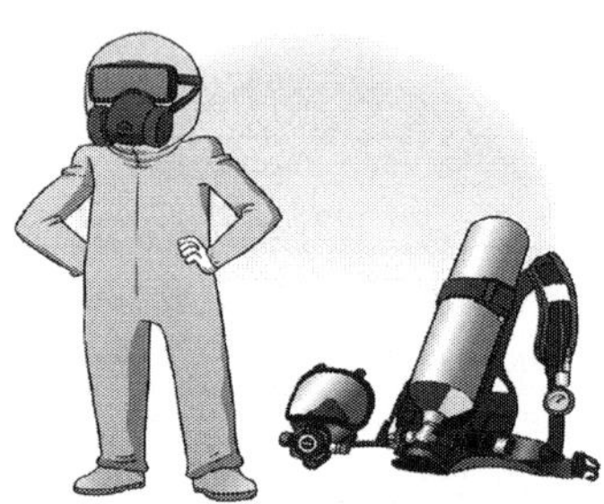

- 공기호흡기 또는 송기마스크 등 보호구 착용
  - 작업자에게 공기호흡기 또는 송기마스크 등 호흡용보호구를 지급 · 착용
  - 재해자 구출시 구조장비를 구비 하지 않은 상태에서는 내부 출입 금지
- 출입 전 산소농도 및 유해가스농도 측정 실시
  - 작업시작 전과 작업 중에 산소농도 및 유해가스 농도를 측정
  - 적정공기농도 (산소 18~23.5%, 탄산가스 1.5% 미만, H_2S 10ppm 미만, 기타 물질별 노출기준)와 비교 · 판정하여 충분한 안전조치를 취한 후 작업 실시

- 작업장 내부 환기 실시
  - 집수조 내부 작업 시 적정한 공기 상태를 유지하기 위해 충분한 배기 및 신선한 공기 공급을 위한 환기장치를 설치하여 환기 실시
- 작업 전 특별안전보건교육 실시
  - 작업 전 작업안전수칙, 작업 시 주의사항, 대피요령, 사용하여야 할 보호구 및 장비, 사고 시 구조방법 및 응급처치 요령 등을 내용으로 하는 특별안전보건교육을 실시

- 밀폐공간 안전보건작업 허가서 발급 등
  - 작업 전 밀폐공간 출입을 제한하고 작업에 관계된 관리감독자, 감시인 등은 밀폐공간 안전보건 작업허가서를 작성하여 허가서를 발급 받은 후 작업을 수행
  - 밀폐공간에 근로자를 종사하도록 하는 때에는 밀폐공간보건 작업프로그램을 수립 · 시행

구조 및 응급조치 방법

구조요청
주변 동료작업자 또는 119로 연락

안전조치 후 재해자 구조
재해자 구조 시 공기호흡기, 송기마스크 등 호흡용보호구를 착용

심폐소생술 실시
반응 확인 → 맥박확인 → 심폐소생술 (흉부압박 30번, 인공호흡 2번, 2분마다 반복)

재해사례 : 맨홀 내 정비작업 중 황화수소 가스에 질식

하수관거 정비공사 작업을 위해 작업자가 내부로 내려가는 도중 맨홀 내부에 있는 황화수소에 의해 쓰러지고, 이를 목격한 동료작업자 2명이 구조하러 들어갔다가 함께 쓰러져 1명이 사망하고 1명이 부상을 입음

발생 원인
- 밀폐된 공간에서 황화수소 가스에 질식
- 작업 전, 작업 중 산소 및 유해가스 농도 측정 미실시
- 대피용 기구의 미비치 및 구출시 사용할 송기마스크 등 미구비

TIP 안전작업

1. **밀폐공간보건작업프로그램 수립 · 시행**
   - 작업시작 전 적정한 공기 상태여부를 확인하기 위한 측정 · 평가 실시
   - 응급조치 등 안전보건교육 및 훈련
   - 공기호흡기 또는 송기마스크 등의 착용과 관리
   - 그 밖에 밀폐공간 작업근로자의 건강장해예방에 관한 사항
2. **작업 전, 작업 중 산소 및 유해가스 농도 측정 실시**
3. **적정한 방식의 작업 공간 내부 환기 실시**
4. **작업 전 특별안전보건교육 실시**
5. **대피용 기구 및 구출 시 사용할 송기마스크 등의 비치**

6. 밀폐공간의 저산소증 예방 요약

1) 저산소 환경=산소결핍증

① 밀폐 공간 등 환기가 불량한 작업장소로 공기 중 산소의 농도는 21%로 존재하나 공기의 순환이 되지 않는 장소임

② 발생가능 장소

- 지하 맨홀, 곡물 등의 저장창고
  APT 물탱크 청소 작업 : 매년 수십 건이 발생됨
- 화학물질 저장탱크 : 세척제(TCE) Tank 청소
- 좁은 공간에서의 내연 기구 사용
- 오래 사용하지 않은 우물이나 지하공간의 작업 : 사망사고 가장 높음

2) 산소농도 저하에 따른 인체 영향

① 12～16(%) : 맥박과 호흡수 증가, 정신집중 곤란, 두통, 오심

② 9～14(%) : 판단력 둔화, 불안정한 정신 상태로 술에 취한 것 같은 증상(다행증), 기억 상실, 호흡장해

③ 6～10(%) : 의식불명, 중추신경 장해, Cheyne-stoke 호흡(청색증)

④ ～6(%) : 호흡의 감소 및 정지 6～8분 후 심장 정지, 즉시 인공호흡실시 생존가능

3) 관리 대책

① 허용기준 : 18%는 하한선, 21% 이상유지

② 시설과 작업방법의 관리

- 환기, 산소농도측정, 보호구 착용(송기, 송풍마스크)
  ☞ 작업시작 전에 반드시 산소농도 확인
  피난 용구의 배치, 주입작업자 선정, 감시자 배치

③ 건강관리

- 문제 발생 시는 즉시 인공호흡 실시 등 응급처치

학습문제

01 수심 50 m에서 인체가 받는 압력은 다음 중 어느 것인가?

① 5기압 ② 50기압 ③ 6기압 ④ 7기압

02 고압환경에서 생기는 잠함병(Caisson disease)의 주된 원인이 되는 물질은?★

① 산소(O_2) ② 이산화탄소(CO_2) ③ 아황산가스(SO_2) ④ 질소(N_2)

해설 잠함병은 너무 급격한 감압에 따라 혈액과 조직에 용해되어 있는 질소가 기포를 형성하고 이 기포가 순환기에 장해와 조직에 손상을 초래한다.

03 잠함병의 원인은 다음 중 어느 것인가?★

① 저기압 상태에서 산소가 부족할 때
② 고기압 상태에서 산소가 부족할 때
③ 저기압 상태에서 고기압 상태로 이동할 때
④ 고기압 상태에서 정상기압 상태로 이동할 때

해설 잠함병은 너무 급격한 감압에 따라 혈액과 조직에 용해되어 있던 질소가 기포를 형성하고 이 기포가 순환기 장해와 조직에 손상을 초래한다.

04 잠함병(caisson disease)의 직접적인 원인은?★

① 혈중에 질소기포가 증가 ② 체액 및 지방조직에 CO_2 증가
③ 체액 및 지방조직에 질소 기포 증가 ④ 체액 및 지방조직에 O_2 부족

해설 잠함병(잠수병)은 이상 고기압 상태에서 체액 및 지방조직에 녹아들어간 질소기포가 증가되어 급감압 시 체외로 배출되지 못함으로서 발생된다. 따라서 비만자, 순환기 이상자는 고압하의 작업을 금해야 하며, 잠함병 예방을 위하여 감압 시는 서서히 단계적으로 감압하여야 한다. 잠함병은 관절통증이 주 증상이고, 반신불구, 마비, 피부소양증이 나타날 수 있다.

05 잠수나 잠함 작업에서 볼 수 있는 감압증의 발생에 가장 관계가 깊은 가스는 다음 중 어느 것인가?

① 이산화탄소 ② 메탄 ③ 질소 ④ 일산화탄소

해설 일정한 기압 하에서는 공기 중의 질소농도와 혈액 중의 질소농도는 평형상태로 있으나 혈중에 녹는 양은 기압에 비례(헨리법칙 : 용액을 충분히 희석하면 비 해리 용질의 용해도는 그 농도에 비례한다고

하는 법칙)하기 때문에 고기압 하에서는 다량의 질소가 녹아 있다. 그러나 통상 질소는 불활성으로 체내에서는 화학변화를 일으키지 않기 때문에 다량이 체내에 녹아 있더라도 산소만 충분하면 장해를 일으키지 않는다. 고기압 하에서 대기압의 상태로 단시간에 돌아오면 신체의 내외 평형상태가 깨져 혈중의 질소배설이 임시변통의 길이 없어 혈중에서 기포화하고 이 때문에 혈액의 흐름이 저해되어 피부의 소양감, 관절이나 근육의 동통·shock·뇌 장해를 나타낸다. 이것을 감압증이라 부른다.

06 고압환경에서 질소 가스는 몇 기압 이상에서 마취작용을 나타내어 작업력의 저하, 기분의 변환, 여러 정도의 다행증(Euphoria)이 일어나는가?

① 1기압　② 2기압　③ 3기압　④ 4기압

07 다음 중 기압에 의해서 일어나는 직업병에 영향을 주는 가스가 아닌 것은?★★★

① CO_2　② O_2　③ N_2　④ SO_2

08 화학적 장해인 2차적 가압현상에 관한 설명이다. 적합지 아니한 것은?

① 4기압 이상이면 공기 중의 질소 가스는 마취작용을 나타낸다.
② 산소분압이 4기압을 넘으면 산소중독증세가 나타난다.
③ 이산화탄소는 산소의 독성과 질소의 마취작용을 증강시킨다.
④ 고압환경의 이산화탄소농도는 대기압으로 환산하여 0.2%를 초과해서는 안 된다.

해설 산소분압이 2기압 이상일 때 산소중독현상이 나타난다.

09 잠함병의 증상과 관계없는 것은?

① 가스 색전증(Gas embolism)　② 심장 쇠약(Cardiac Weakness)
③ 폐섬유증(Fibrosis of lung)　④ 폐색전증(Pulmonary embolism)

해설 색전증은 정맥맥관이나 폐동맥에서 자주 일어나며 갑자기 흉통을 느끼고 쇼크사(shock死)하게 된다. 그러나 섬유증은 분진에 의해 섬유성 결합조직이 증식되어 조직의 실질이 손상을 입어 경화, 위축하게 되는 증상이다.

10 잠함, 잠수작업 등 고기압의 압축공기에 의한 폭로평가는 다음의 3가지 항목으로 평가한다. 해당되지 아니하는 사항은 어느 것인가?

① 압축공기의 압력　② 잠함 시의 물의 깊이
③ 감압시간의 준수　④ 폭로시간

해설 감압시간은 폭로평가의 대상이 아니고, 건강장해 방지를 위하여 지켜야 하는 시간이다.

11 잠함병에 대한 설명으로 옳은 것은?★

① 해저작업을 할 때보다는 높은 산에 올라갈 때 생긴다.
② Caisson이라고도 한다.
③ 치료법은 고농도의 산소를 불어넣는다.
④ 혈액이 응고하여 생긴 혈전증이 주 증상이다.

12 다음 중 고압환경에서의 작업을 금해야 하는 근로자가 아닌 것은?

① 고혈압자 ② 왜소자 ③ 비만자 ④ 고령자

13 감압병 예방으로 적절하지 못한 것은?★★

① 감압작업 시 헬륨가스를 사용한다. ② 작업 시간을 제한한다.
③ 순환기 장애자는 노동을 금지한다. ④ 가급적 빨리 감압시킨다.

해설 질소가스를 헬륨가스로 대체하여 공기 흡입, 1일 6시간 1주 34시간 작업, 고혈압, 비만자, 고령자 등은 작업 금지, 서서히 감압하고 감압병에 걸리면 치료갑에 넣어 서서히 재 감압시킨다.

14 저압환경은 몇 m 높이의 장소에서 작업하는 환경을 말하는가?

① 3,000 m ② 500 m ③ 2,000 m ④ 1000 m

15 3,000 m 이상의 고공에서 비행업무에 종사하는 사람에게 가장 문제가 되는 고공증상에 영향을 미치는 요인은 다음 중 어느 것인가?

① 산소부족 ② 가스팽창 ③ 질소부족 ④ 이산화탄소 과다

16 이상 저기압의 작업환경에서 나타나는 증상과 관계가 없는 것은?

① 고지대 거주 ② 항공병 ③ 잠함병 ④ 고산병

해설 3,000 m 이상의 항공, 등산 등은 산소부족증과 더불어 저기압 증상 발생

17 저 산소 작업환경에 관한 설명으로 맞는 것은?★

① 보통 대기 중에서도 산소분압이 160 mmHg이지만 기압이 이보다 낮아지면 충분한 산소 농도라도 신체이상을 나타낸다.
② 산소결핍증을 나타내는 농도는 5% 이하이다.
③ 중독률과 치명률이 상당히 낮은 편이다.

④ 산소 농도가 12～16%일 때는 cheyne-stokes 호흡을 한다.

해설 대기 중의 산소는 부피로 21%이므로 760 × 0.21 = 159.6 mmHg

18 아래의 이상기압 등에 관한 기술 중 틀린 것은 어느 것인가?

① 압력계의 지시치(게이지압)를 절대압이라 한다.
② 지표의 공기압은 약 1 kg/cm^2이고 이것을 1기압이라 부른다.
③ 잠함 작업으로 일어나는 관절이나 근육의 통증은 감압 방법이 부적당하기 때문에 일어난다.
④ 1기압은 수주로 약 10 m의 압력에 상당하기 때문에 수심이 깊어짐에 따라 약 1기압씩 압력은 증가한다.

해설 절대압에서는 진공상태를 0, 게이지압(gauge pressure)으로는 대기압(절대압에서 1기압)의 상태를 0으로 하고 있다. 예를 들어, 절대압 2기압은 gauge압으로는 1기압으로 된다. 압력을 표시하는데 많은 단위가 사용되고 있으나 이들의 관계는 다음과 같이 되어 있다. 1기압 ≒ 1kg/cm^2 ≒ 760(mmHg)(76 cmHg) ≒ 10(mmH_2O) ≒ 1013(mb)

19 다음 설명 중 옳지 않은 것은 어느 것인가?★★★

① 질소는 4기압 이상이면 알코올 중독증상과 비슷한 질소가스 마취작용을 일으킨다.
② 산소 분압이 2기압을 넘으면 안면경련, 정신혼란, 마비, 시력장해 등 산소 중독증상을 보인다.
③ 이산화탄소 농도가 고압환경에서 대기압으로 환산하여 0.2%를 넘으면 동통성 관절장해 증상의 발생율이 훨씬 높아진다.
④ 항공이염, 항공치통, 항공 부비강염 등 이른바 항공병은 50,000 m 이상의 고공에서 잘 나타난다.

20 이상기압에 의한 직업병이 아닌 것은?

① 항공병 ② 잠함병 ③ 고산병 ④ 생식불능

21 작업환경 내의 산소농도로 적당한 것은?

① 12～16% ② 18～22% ③ 9～14% ④ 6～10%

22 다음 항목 중 산소결핍의 위험이 적은 장소는?★

① 장기간 사용하지 않은 우물 내부 ② 전기용접을 실시하는 작업장
③ 물품저장을 위한 지하실 내부 ④ 장시간 밀폐된 보일러 탱크 내부

23 산소결핍증에 관한 다음의 기술 중 틀린 것은 어느 것인가?

① 산소결핍증은 초기에는 안면 창백 또는 홍조, 맥박 및 호흡수의 증가 호흡곤란 등이나 말기에는 의식불명이 되어 호흡 및 심장이 정지한다.

② 산소결핍증은 지층이 산소를 소비하는 물질로 구성되어 있어 통기 불충분의 경우에 발생하기 쉽다.

③ 산소결핍증 방지를 위해서는 통기, 산소농도의 측정과 더불어 공기호흡기 사용이 필요하다.

④ 산소결핍증을 일으킬 우려가 있는 작업장에 근로자를 종사시킬 때에는 그 작업장 공기 중의 산소농도를 12% 이상으로 유지하도록 환기해야 한다.

24 산소결핍증에 관한 설명을 가장 적절히 표현한 것은?★

㉠ 산소결핍증은 주로 대뇌피질에 장해를 가져온다. ㉡ 산소결핍증은 맥박 및 호흡수가 증가하고 10% 이하에서는 호흡이 정지된다. ㉢ 산소결핍증은 서서히 진행된다. ㉣ 산소결핍증의 위험성이 있을 때는 방독 마스크를 사용한다. ㉤ 산소결핍증은 거의 후유증이 없다.

① ㉠, ㉡　　② ㉠, ㉣　　③ ㉡, ㉢　　④ ㉣, ㉤

25 산소결핍 위험 작업 시 산소농도를 측정해야 할 시기는?★★★

① 작업 전　　② 작업 중　　③ 작업 후　　④ 작업 전·후

26 산소농도가 18% 이하의 작업 장소에서 작업할 때 산소결핍증의 예방대책이 아닌 것은 어느 것인가?★

① 적절한 환기　　② 주임 작업자 선정 및 감시자 배치
③ 공기공급식 마스크 사용　　④ 작업 중 수시로 산소농도 측정

27 다음 중 잠함병(Caisson disease)의 설명 중 옳지 않은 것은?★

① 급격한 압력의 감소에 의해 야기된다.
② 관절통 및 근육통
③ 무균성인 뼈의 괴사
④ 암모니아가 혈액내에 유리되어 중독증상을 야기한다.

28 감압병 예방으로 맞지 않은 것은?

① 가압 작업 시 헬륨 혼합가스로 호흡한다. ② 작업시간을 제한한다.
③ 가급적 빨리 감압시킨다. ④ 순환장애자는 취업을 금지시킨다.

29 수심 30 m, 수온 25℃인 연안 해저에서 수산물을 채취하던 근로자가 수면에 상승하여 1시간 후 오심, 구토, 어지럼증, 좌측 하지에 통증을 호소하였다. 작업당시에 압축공기를 사용하여 50분간 작업하였으며 반복 잠수는 하지 않았다고 한다. 이 근로자의 가능한 진단명은?★★

① 감압증 ② 산소중독증 ③ 질소마취증상 ④ 고산증

30 다음 중 잠함병(Caisson disease)의 설명 중 옳지 않은 것은?

① 급격한 압력의 감소에 의해 야기된다.
② 무균성인 뼈괴사
③ 관절통 및 근육통
④ 증상조직 내 암모니아의 혈액내 유리로 증상을 야기한다.

31 잠수부가 해저작업을 마치고 잠수직후 수면에 상승하였을 때 팔과 다리의 통증, 오심, 구토, 어지러움, 호흡곤란 등의 증상이 나타났을 때 가장 먼저 해주어야 할 처치는?★

① 절대안정 ② 혈액검사 ③ 헬륨가스 공급 ④ 단계적 감압

32 감압병에 걸릴 수 있는 요인으로서 맞는 것은?

㉠ 근래 국소적인 신체손상을 입었을 때	㉡ 탈수상태
㉢ 충분한 감압 없이 반복 잠수	㉣ 비만

① ㉠, ㉡, ㉢ ② ㉠, ㉢ ③ ㉡, ㉣ ④ ㉠, ㉡, ㉢, ㉣

과년도 출제 및 예상문제

01 잠수부가 수심 20 m인 곳에서 작업하는 경우 이 근로자에게 작용하는 절대압은?

① 2기압 ② 3기압 ③ 4기압 ④ 5기압

02 수심 100 m에서 작업을 할 때 작업자가 받는 절대압은?

① 10기압 ② 11기압 ③ 13기압 ④ 15기압

해설 수면 하에서의 압력은 수심이 10m 깊어질 때마다 약 1기압씩 더 올라간다. 이때 대기의 압력을 포함한 압력을 절대압이라 한다.

03 통상 고압환경이라 함은 게이지(Gauge)압으로 얼마인 경우를 말하는가?

① 1 kg/cm^2 이상
② 2~3 kg/cm^2
③ 4 kg/cm^2
④ 6 kg/cm^2 이상

04 이상기압에 대한 작업방법으로 다음 중 적합하지 않는 것은?

① 고기압에서 작업을 행할 때는 규정시간을 넘지 않도록 한다.
② 고기압 작업의 강압은 압력의 2분의 1까지는 매분 1 kg/cm^2 비율로 감압한다.
③ 감압이 끝날 무렵에 순수한 산소를 흡입시키면 감압시간을 단축시킬 수 있다.
④ 고압환경에서 작업할 때에는 질소를 헬륨으로 대치한 공기를 호흡시킨다.

05 다음 압력에 관한 설명 중 거리가 먼 것은?

① 수면 하에서의 압력은 수심이 10 m 깊어질 때마다 약 1기압씩 더 올라간다.
② 수심에서 대기의 압력을 포함한 압력을 절대압이라 한다.
③ 대기압을 포함하지 않는 압력을 게이지(Gauge)압이라 부른다.
④ 수심 100 m에서 절대압은 10기압이 된다.

06 고압환경에서 2차적 가압현상이 아닌 것은?

① 일산화탄소(CO)작용
② 질소(N_2)작용
③ 이산화탄소(CO_2)작용
④ 산소(O_2)중독

해설 질소의 마취작용 : 4기압 이상, 산소중독 : 2기압 이상
CO_2의 작용(호흡작용) : 산소의 독성과 질소의 마취작용을 증가시킴

07 고압환경(2차적인 가압현상 : 화학적 장해)에 관한 설명 중 옳지 않는 것은?

① 공기 중의 질소 가스는 4기압 이상이면 마취작용을 일으킨다.
② 산소 분압이 2기압을 넣으면 산소중독증상을 보인다.

③ 이산화탄소농도가 고압환경에서 대기압으로 환산하여 0.2%를 초과해서는 안 된다.
④ 고압환경에서 일산화탄소는 산소의 독성과 질소의 마취작용을 완화시키는 경향이 있다.

08 기압으로 인한 화학적 장해(2차적인 가압현상) 중 질소로 인한 마취작용은 보통 몇 기압 이상에서 발생하는가?

① 2기압 ② 3기압 ③ 4기압 ④ 5기압

09 질소 마취작용이 나타나는 기압기준은?

① 2기압 이상 ② 3기압 이상 ③ 4기압 이상 ④ 5기압 이상

10 고압환경에서 생기는 잠함병(Caisson disease)의 주된 원인이 되는 물질은?

① 산소(O_2) ② 이산화탄소(CO_2) ③ 일산화탄소(CO) ④ 질소(N_2)

11 다음 중 고압환경에 폭로될 때 4기압 이상의 공기 중 질소가스에 의해 마취작용을 나타내는 질환은?

① 다행증 ② 산소중독 ③ 잠함병 ④ 동통성 관절장해

12 (   )안에 알맞은 내용은?

(   )안에서 공기 중의 질소 가스는 마취작용을 나타내서 작업력의 저하, 기분의 변환, 여러 정도의 다행증이 일어난다.

① 4기압 이상 ② 6기압 이상 ③ 8기압 이상 ④ 10기압 이상

13 질소가스 등에 의한 마취작용, 다행증 등을 일으키는 기압은?

① 1기압 ② 2기압 ③ 3기압 ④ 4기압

14 감압에 따르는 조직 내 질소기포 형성량에 영향을 주는 요인인 조직에 용해된 가스량을 결정하는 인자로 가장 알맞은 것은?

① 기온 ② 체내 지방량
③ 감압속도 ④ 폐내의 이산화탄소 농도

15 감압병의 증상 등에 관한 설명으로 틀린 것은?

① 동특성 관절장애(Bands)는 감압증에서 흔히 나타나는 급성 장애이다.
② 질소의 기포가 뇌의 소동맥을 막아서 비감염성 뼈괴사를 일이키기도 한다.
③ 마비는 감압증에서 주로 나타나는 중증 합병증이다.
④ 극도의 우울증, 식욕상실 등의 임상 증세를 보이며 가장 특징적인 것은 흥분성이다.

16 감압병(Decompression sickness) 예방을 위한 환경관리 및 보건관리 대책으로 바르지 못한 것은?

① 질소가스 대신 헬륨가스를 흡입시켜 작업하게 한다.
② 감압을 가능한 한 짧은 시간에 시행한다.
③ 비만자의 작업을 금지시킨다.
④ 감압이 완료되면 산소를 흡입시킨다.

17 인양 작업 시 작업조건으로 적합하지 않은 내용은?

① 무릎은 항상 굴절시킨다.
② 등은 가능한 한 지면 대에 수평이 되도록 유지시킨다.
③ 한쪽 발은 들어 올릴 물건을 따라 고정시키고 다른 발은 그 뒤에 고정시킨다.
④ 최초의 힘은 뒷발 쪽에 힘을 주어 인양한다.

18 감압병(Depression disease)이 발생하는 환경은?

① 저기압에서 정상기압 상태로 이동 시
② 저기압에서 고기압으로 상태로 이동 시
③ 고기압에서 저기압 상태로 이동 시
④ 고기압에서 정상기압 상태로 이동 시

19 다음 감압병(Depression disease)에 대한 설명 중 거리가 먼 것은?

① 급격한 감압 과정 시 발생한다.
② 주로 저기압에서 고기압으로 상태로 이동시 발생한다.
③ 혈액에 용해되어 있던 질소 기포가 순환장해와 조직손상을 일으킨다.
④ 예방하기 위해서는 1분에 10 m씩 잠수하는 것이 안전하다.

20 감압에 따른 기포 형성량에 영향을 주는 세 가지 요인과 가장 거리가 먼 것은?

① 조직에 용해된 가스량
② 혈류를 변화시키는 상태
③ 감압속도
④ 감압환경 및 조건

21 감압병의 예방 및 치료에 관한 설명으로 알맞지 않은 것은?

① 고압환경에서의 작업시간을 제한한다.
② 특별히 잠수에 익숙한 사람을 제외하고는 10 m/min 속도 정도로 잠수하는 것이 안전하다.
③ 헬륨은 질소보다 확산속도가 작고 체내에서 안정적이므로 질소를 헬륨으로 대치한 공기를 호흡시킨다.
④ 감압이 끝날 무렵에 순수한 산소를 흡입시키면 감압시간을 25% 가량 단축시킬 수 있다.

22 감압병을 예방하기 위한 방법으로 거리가 먼 것은?

① 감압 시 압축공기로 헬륨가스를 사용한다.
② 작업시간을 줄이거나 제한한다.
③ 혈관, 심장등 순환기장애가 있는 근로자는 작업을 금한다.
④ 가급적 빨리 감압작업을 실시하도록 한다.

23 잠수작업 후 감압할 때 기포 형성량에 관여하는 인자가 아닌 것은?

① 공포감 ② 작업자의 체지방량 ③ 음주 ④ 최대환기량

24 정상적인 대기 중의 산소분압(㎜Hg)은?(단, 해면 기준)

① 약 100 ② 약 120 ③ 약 140 ④ 약 160

25 저압환경에 폭로되었을 때 나타나는 증상과 거리가 먼 것은?

① 항공치통 ② 폐수종 ③ 급성고산병 ④ 산소중독

26 다음 저압환경에 의해서 발생하는 현상과 거리가 먼 것은?

① 산소 부족 ② 동통성 관절장애 ③ 고산병 ④ 질소가스에 의한 마취작용

해설 질소가스에 의한 마취작용은 고압환경에 의해서 발생

27 저산소증에 관한 설명으로 맞지 않는 것은?

① 산소공급정지가 2분 이상일 때는 뇌의 활동성이 회복되지 않고 비가역적 파괴가 일어난다.
② 산소농도가 6%라면 혼수, 호흡감소 및 정지, 6~8분 후 심장이 정지한다.
③ 산소결핍에 가장 민감한 조직은 뇌 특히, 대뇌 피질이다.

④ 정상공기의 산소함유량은 21% 정도이며 질소가 78%, 탄산가스가 1% 정도를 차지하고 있다.

28 저산소 상태에서 발생할 수 있는 질병(산소결핍증)으로 가장 알맞은 것은?

① Oxygen poison ② Caisson disease ③ Crowd poison ④ Hypoxia

29 생체 중에서 산소결핍에 대하여 가장 민감한 조직은?

① 소뇌피질 ② 중뇌 ③ 대뇌피질 ④ 뇌간척수계

해설 대뇌피질로 중추신경계 장해 : 의식불명

30 다음 중 산소결핍장소에 해당하는 곳은?

① 작업장 내 산소가 18% 미만
② 작업장 내 산소가 19% 미만
③ 작업장 내 산소가 20% 미만
④ 작업장 내 산소가 21% 미만

31 다음 중 산소결핍장소와 거리가 먼 것은?

① 옥외 페인트 작업대
② 오래된 우물 안
③ 곡물 및 사료 창고
④ 분뇨 등 부패하기 쉬운 물질이 들어 있는 정화조

32 상온의 범위로 가장 알맞은 것은?

① 0～15℃ ② 15～25℃ ③ 1～35℃ ④ 25～35℃

12 방사선(Radiation)의 관리

학습목표

1. 방사선의 구분
2. 비전리 방사선의 파장범
3. 자외선
4. 적외선
5. 가시광선
6. 레이저
7. 마이크로파
8. 전리 방사선
9. 전리 방사선의 관리

1. 방사선의 구분

① 진동수(주파수)나 파장에 따라 비전리 방사선(non-ionizing radiation)과 전리 방사선(ionizing radiation)으로 분리함

- 전리 : 물질을 이온화시킬 수 있는 에너지
- 인체 내부에 영향 : 신경계, 장관계, 조혈기관에 작용하여, 염색체, 세포, 조직의 파괴나 사멸에 영향을 미치는가의 여부

② 비전리 방사선

- 자외선(ultraviolet), 적외선(Infrared rays), 가시광선(visible radiation), 레이져광선(laser beams), 초음파(supersonic waves), 마이크로파(Micro waves) Radiowaves 등
- 자외선, 적외선, 가시광선 : 유해광선

③ 전리 방사선

- X-rays, α-rays, β-rays, γ-rays, 중성자(Neutrom), 양성자 등

2. 비전리 방사선의 파장범위

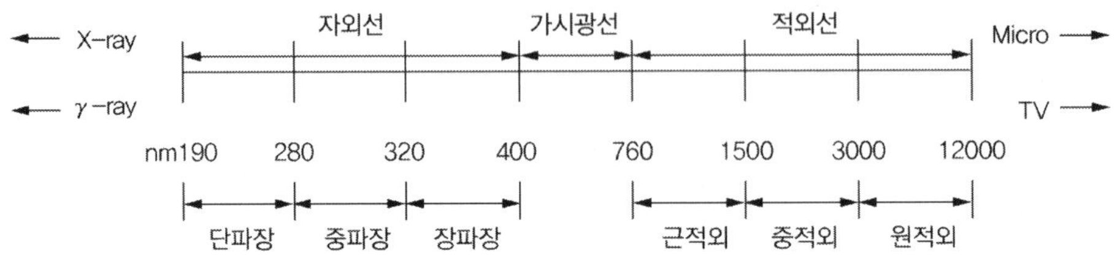

• 단위 : Å(Angostom) 10 Å = 1 nm or 1 mμ, 1 nm = 10^{-9} m

3. 자외선(Ultraviolet rays)

진공 자외선 : 160 nm의 파장, 매질(기체, 액체, 고체)이 없는 상태를 말함

• 진공상태에서만 존재하며 발생되면 흡수되어 소멸 : 현실성 없음

① 물리적 특성

- • Dorno-Ray : 사진 감광작용, 형광작용, 광 이온작용을 가지며 생체와 밀접한 관계
  - 생명선이라 하며 280～315 nm(중 파장역 : UV-B)
- • 280～320 nm 파장은 광화학 작용에 의해 살균 및 소독, 비타민 D형성, 피부의 색소침착 등 생물학적 작용이 강함

② 생물학적 작용

- • 피부에 대한 작용
  - 홍반형성 : 피부에 붉은색의 얼룩점, 250～300 nm
  - 색소침착 : 멜라닌 색소가 진피 층으로 이동, 색소의 증식
  - 피부 비후(노화) : 표피와 진피의 두께 증가
  - 피부암 발생 : 280～320 nm(중 파장역 : UV-B)
- • 선원, 임업 종사자, 농부들에게 흔히 발생되며 흑인은 발생률이 낮으나, 백인은 발생률이 높음

  ☞ 지하 공간 장기간 생활자들은 자외선 미흡수로 인해 피부암 발생 높음
- • 눈에 대한 작용
  - 각막에 염증 : 각막염(전광성 안염)
  - 전기용접, 자외선 살균 등 취급자에 발생
- • 눈에 모래가 들어간 것 같은 이물감, 눈이 붓고 충혈, 눈물이 나고 눈꺼풀의 경련(백내장)

③ 발생작업 : 눈이나 얼음 위 작업, 자외선 살균 작업, 전기 용접 또는 용단 작업, 염색 공장(색깔구별), 조폐공사(돈 세는 업무) 등

④ 자외선 대책 : 안보호구 착용(차광), 거리이격, 피부노출금지, 투과율이 낮은 포프린 재료로 만든 작업복 착용

* 안전보건 매뉴얼 100선, 고용노동부, 안전보건공단 자료 인용

자외선(UV, Ultraviolet)이란?

- 태양광선에는 적외선, 가시광선, 그리고 자외선이 있다. 적외선은 열을 전달하여 따뜻하게 해주고, 가시광선은 사물이 여러가지 색깔을 띌 수 있도록 만들어주며, 자외선은 살균, 비타민 합성 등의 역할을 한다.
- 자외선은 태양광의 스펙트럼에서 가시광선의 단파장보다 바깥쪽에 나타나는 눈에 보이지 않는 빛으로 약 100~400nm 파장으로 된 넓은 범위의 전자기파를 말한다.
- 자외선은 인체에 유익한 작용을 하기도 하지만, 피부 노화나 피부암을 일으키는 원인으로도 작용한다.

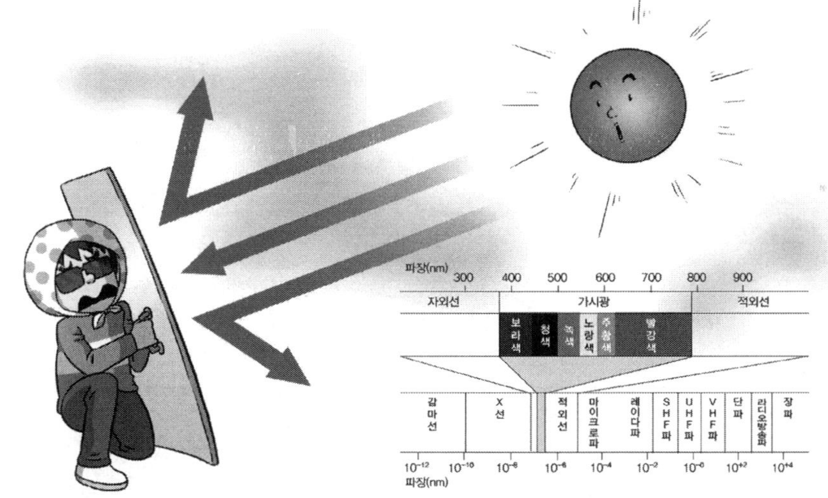

[생물학적 작용에 따른 자외선의 분류]

국제조명위원회(CIE)

구분	파장[nm]	생물학적 작용
UV-A (흑광영역)	315 ~ 400	에너지가 가장 낮음
UV-B (홍반영역)	280 ~ 315	화학선, Dorno선(소독작용, 비타민 D 형성, 피부 색소 침착 등 생물학적 작용이 활발함
UV-C (살균영역)	100 ~ 280	화학선, 파괴력은 가장 강하나 오존층에서 대부분 흡수됨
Vacuum	100 ~ 180	생물학적 작용 없음. 공기 중에 쉽게 흡수됨

- 파장이 긴 자외선일수록 투과력이 강함
  - 300nm 이하 단파장의 자외선 : 표피 내 흡수
  - 390nm 이상 장파장의 자외선 : 진피까지 도달

자외선의 활용분야

- 최근 냄새나 잔재물 없이 간편하게 정수, 살균이 가능하다는 장점을 이용하여 자외선 살균소독(음식점, 병원, 식품산업, 특수 공업용), 수처리(먹는 물, 물놀이 시설, 근해 양식장 등), 실내공기정화, 실험연구, 미용산업(인공태닝) 등 다양한 분야에서 활용되고 있다.
- 제조 및 생산현장 뿐 아니라 일상생활 등 다양한 분야에서 활용됨에 따라 자외선 노출위험 또한 커지고 있다.

[자외선의 발생원과 활용분야]

발생원	활용분야	노출위험 직종
태양, 백열광, 수은등, 형광, 아크용접, 유리제조, 모니터, 실험실, 의학용 실험기자재, 살균등, 일광욕 기기	물질 보존, 선탠, 화학물질 제조, 피부병 치료, 살균 · 소독, 광고, 오락, 수질정화 등	건설업, 조선업, 농업 등 옥외작업자, 용접공, 주물업 종사자, 유리제조 사업장, 금속절단사업장 등

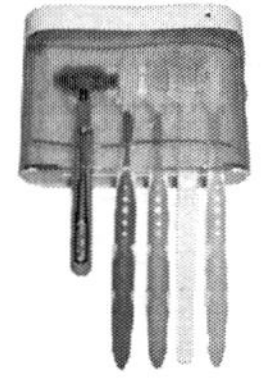
자외선 칫솔 소독기

업소용 식기 살균소독기

자외선 수처리기(고압용)

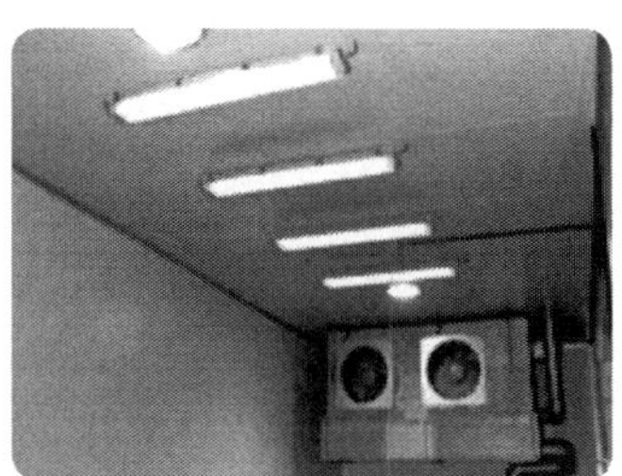
산업현장 설치사례(식품창고)

산업현장 설치사례(식품생산공정)

자외선의 유해위험성

- 태양에서 발생되는 자외선 중에서 UV-C와 UV-B의 대부분은 오존층에 의하여 차단된다. 하지만 UV-B의 일부와 UV-A는 차단되지 않고 지상까지 도달하여 영향을 미친다.
- 적당한 자외선 노출은 비타민 D를 생성시키며 기분을 상쾌하게 하는 등 좋은 영향을 주지만, 지나친 자외선 노출은 피부노화, 주름, 변색, 화상 등의 건강장해를 일으킬 수 있으며 심한 경우 결막염이나 피부암 등으로 이어질 수 있다.

[자외선으로 인해 발생될 수 있는 피부암]

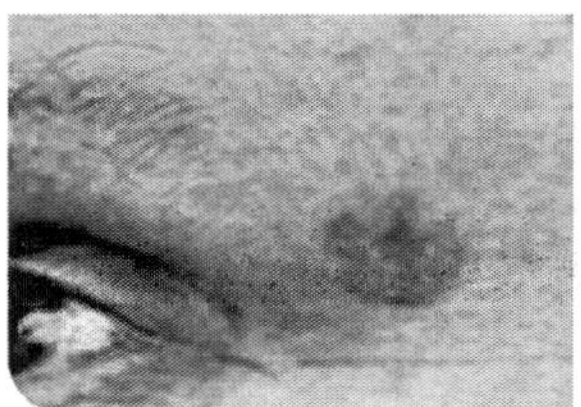
기저세포암

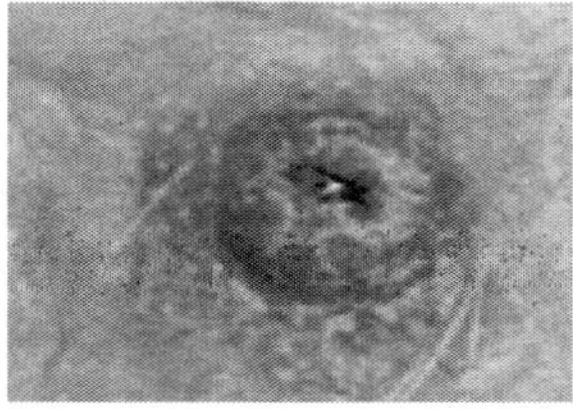
편평세포암종

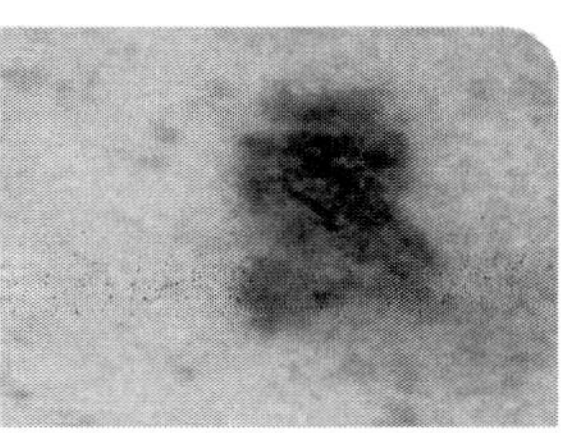
악성흑색종

- 자외선이 생물학적으로 영향을 미치는 주요 부위는 눈과 피부이며 눈은 270nm, 피부는 295nm에서 가장 민감한 영향을 받는다. 특히 UV-B는 피부홍반, 각결막염, 소독작용, 피부 색소침착, 발암작용 등 다양한 작용을 일으킬 수 있으며 신체 부위별 주요 영향은 다음과 같다.

– 눈
  - 자외선에 노출되면 눈물이 흐르고 동통, 출혈, 모래알이 들어간 듯 한 이물감, 안검 경련, 안검 및 안검 피부에 홍반과 종창을 수반하는 급성의 광각결막염(Arc eye)를 일으킬 수 있다.

– 피부
  - 피부가 빨개지는 홍반현상이 일어나며 홍반이 소실된 이후 말피기층에 있던 멜라닌 색소가 진피층으로 이동하며 색소가 증식하여 색소침착이 일어나 피부가 까맣게 되는 흑화 현상이 일어난다.(자외선에 의해 멜라닌 색소가 생성되는 것은 아님)
  - 보통 홍반현상은 노출 즉시 증세가 나타나며 심할 경우 부종과 수포가 같이 나타난다.
  - 피부암은 자외선의 영향을 받은 몸속 세포 중의 핵산이 피리미딘수화물 형성, DNA-단백질 결합, DNA 가닥 절단 등의 2차 반응을 일으킨 이후 치료되지 못하고 죽거나 돌연변이가 일어날 경우 발생된다.

– 전신작용
  - 자외선의 자극작용에 의해 물질대사가 촉진되며 지나치면 두통, 흥분, 피로, 불면, 체온상승 등을 일으킬 수 있다.

자외선에 의한 건강장해예방

호주, 미국 등 백인종이 많은 나라의 경우 자외선 노출에 의한 피부암이 사회적 이슈로 다뤄지고 있으며 국가적인 차원에서 주기적으로 자외선지수(UV Index)를 발표하고 자외선 지도를 그려 위험성을 홍보하고 있다. 이와 함께 자외선의 과다한 노출을 방지하기 위한 5가지 방법을 알려 건강장해를 예방하고 있다.

자외선 차단제와 관련된 용어

- SPF(Sun Protection Factor)
  자외선B의 차단효과를 표시하는 단위로 자외선 차단지수라고 부른다. [차단제를 바르고 홍반이 생기는 최소시간]을 [차단제를 바르지 않고 홍반이 생기는 최소시간]으로 나누어 준 값으로 장시간 야외작업을 할 때에는 SPF값이 높은 것을 사용한다. 자외선 차단지수는 2부터 50까지 있으며 50 이상의 제품은 SPF 50+로 표시한다.
- PA(Protection Grade of UVA)
  피부노화의 원인인 자외선A에 대한 차단지수이다. +로 차단효과를 표시하며 +가 많을수록 효과가 높다.

4. 적외선(Infrared rays)

① 특징 : 전자파로 발생(열선)

- 태양으로부터 방출되는 복사에너지의 51%가 적외선, 5%가 자외선, 34%가 가시광선으로 구성

근적외선	중적외선	원적외선
7500Å ~ 15000Å	15000Å ~ 30000Å	30000Å ~ 120000Å

② 생체작용

- 피부장해 : 충혈, 혈관확장에 이어 괴사
- 안장해 : 백내장(눈의 각막이 회백색으로 흐려지는 시력장애, 노안)
- 두부작용 : 일사병(고열, 체온의 급격한 상승, 체온조절 중추신경의 마비)

③ 발생작업 : 용광로 등의 고열 물체 앞에서 작업, 주물 작업에서의 용탕이나 주탕 작업, 유리의 불기 작업, 용융 철강의 압연처리 작업, 초자공, 대장공, 용접, 용단 작업 등

④ 대책

- 차광보호구
- 고열작업의 대책과 유사
  - 절연 : 단열제(석면, 암면, 유리섬유, 세라믹섬유 등)
  - 차폐 : 차폐판(알루미늄)

5. 가시광선(Visible rays)

4000～7600Å의 파장을 갖는 전자파(최대강도 4800Å 부근)

- 볼 수 있는 광선(감광, 색광 : 망막의 시신경을 자극)

1) 빛과 밝기의 단위

① 촉광(Candle) : 지름이 1인치되는 촛불이 수평방향으로 비칠 때를 1촉광

② 루멘(Lumen) : 1촉광의 광원으로부터 한 단위 입체각으로 나가는 광속의 단위 (1루멘＝1촉광/입체각, 1촉광＝4π루멘)

③ 후드 캔들(Foot candle) : (Lumen/ft^2) : 1 루멘의 빛이 1 ft^2의 평면상에 수직방향으로 비칠 때 그 평면의 조도

④ 룩스(Lux) : (Lumen/m^2) : 1 루멘의 빛이 1 m^2의 평면에 비칠 때 빛의 밝기

⑤ Lambert : 빛을 완전히 확산시키는 평면의 1 cm^2에서 1 Lumen의 빛을 반사시킬 때의 밝기

2) 조도

① 허용기준

- 초정밀 작업 : 750 Lux
- 정밀 작업 : 300 Lux
- 보통 작업 : 150 Lux
- 기타 작업 : 75 Lux

② 반사율(Reflectance) : 평면에서 반사되는 빛의 밝기(조도에 대한 휘도의 비)

③ 휘도(Brightance) : 단위 평면적에서 발산 또는 반사되는 광량(눈으로 느끼는 광원)

3) 생체작용

① 가시광선 장애는 조명부족이나 조명과잉에 의해 발생

- 조명부족 : 갱 내부 등 어두운 작업, 공간에서 작업
  → 안구진탕증 : 무의식적으로 눈이 움직이는 증상으로 한 방향으로는 부드럽게, 다른 방향으로는 경련을 유발함
- 조명과잉 : 시력장애, 시야 협착, 사고발생의 원인으로 작용

4) 작업의 종류

- 제도작업, 전자제품 조립작업, 조각 및 보석 세공작업, 시계 제작작업 등

5) 측정기계의 종류

- 조도계(Lux meter) : 인간의 눈 밝기에 따른 보정회로가 있어 눈의 밝기와 비례하여 측정
- 광전지 조도계, 광전관 조도계
- 막베스(Macbeth) : 정밀조도계 또는 휘도계

6) 조명의 중요사항

- 조도의 균일 분포, 눈부심과 휘도가 없을 것, 빛의 색조화

• 인공조명 시 고려해야 할 사항
  - 조도는 작업상 충분하며, 광색은 주광색에 가까울 것
  - 유해가스를 발생하지 않으며, 폭발과 발화성이 없을 것
  - 균등한 조도를 유지하며, 취급이 간단하고 경제적일 것
  - 광원은 작업상 간접조명이 좋으며 좌• 상방에서 비치는 것이 좋다.

6. 레이저(Light Amplification by Stimulated Emission of Radiation : LASER)

① 특징 : 강한 에너지를 인공적으로 주어 유도방사 과정에 의해 증폭시킨 광선
  • 직선방향을 가진 광선으로 공기 중 흡수력이 낮아 먼 거리까지 나감

② 생체작용
  • 자외선 이용 레이저 - 자외선 장해 : Nd glass(106 nm), He-Cd(325 ~ 442 nm)
  • 가시광선 이용 레이저 - 가시광선 장해 : Argon(458 ~ 515 nm), He-Ne(632.8 nm)
  • 적외선 이용 레이저 - 적외선 장해 : Ga-As(850 ~ 950 nm)

  ☞ 적외선 레이저는 피부접촉 시 뜨거운 느낌으로 판별가능
    • 안장해 : 각막염, 백내장
    • 피부장해 : 세포조직 파괴, 홍반, 색소침착 등

③ 발생작업
  • 광화학을 이용한 응용화학 공업, 계측, 통신, 의료 등 레이저 취급 업종(피부이식수술), 전기기계, 정밀기계, 전자공업 등

④ 대책
  • 건강진단(직력, 작업력 - 안질환, 피부질환)
  • 취급 장소 : 격리, 차폐, 차단
  • 경고표시, 보안경

7. 마이크로파(Micro waves)

① 특징 : 전자파의 일부
  • 파장 : 1 ~ 300 cm
  • 주파수 범위 : 10 ~ 300 MHz

② 생체작용

- 열작용 : 불쾌감
- 중추신경에 대한 작용 : 두통, 피로감, 정서불안
- 눈에 대한 작용 : 백내장
- 유전 및 생식기능에 미치는 영향 : 유산, 기형아 출산

☞ 레이더 기지 작업 시 마이크로파에 노출되어 몽고아이(mongolism) 출산

- 몽고반점 : 유아의 엉치뼈 근처 또는 아래피부 등에서 진피 내 멜라닌색소의 침착에 의한 압정색의 반점

③ 발생작업 : 자동차 공업, 고기 등의 포장에 이용 : 식료품 제조, 플라스틱 열 접착, 유리섬유 건조 작업

④ 대책 : 폭로시간 조절, 발생원에서 이격, 위험표시, 개인보호구 착용

8. 전리 방사선(Ionizing Radiation)

1) 정의

어떤 물질에 방사선을 분사하였을 때 그 물질을 이온화시킬 수 있는 방사선

- 이온화 : 원자 내에서 정상적인 전자의 평형상태를 변화시키는 에너지의 이동과정

2) 물리적 특성

① X-선과 γ선 : 전자 형태

- 고속의 전자가 어느 목표물을 강타하여 갑자기 속도가 느려질 때 에너지를 잃으면서 X-ray가 방출
- 발생 작업 : 사진 감광 작용 및 형광 작용이 가능하여 사진 작업, 의료이용 작업, 주물이나 용접부의 내부 결함 탐지 작업, 비파괴 검사 작업 등
  - X-ray : 전자 현미경 제작이나 사용 시 방출, 병원의 방사선 기사에 노출
  - γ-ray 종류 : Cobalt-60, Cesium-137, iridium-192 등

② α선, β선, 중성자 : 입자 형태

- α-ray : 방사성 동위원소의 붕괴 과정 중에 원자핵에서 발생
  - 투과력이 가장 약함 : 종이나 수층에 차단

- 전리작용 가장 강함 : 체내에 흡수되면 조직세포의 피해 큼
- β-ray : 투과력과 전리작용은 중간
  - 나무(약 4cm), 인체(0.2~0.3 cm) : 피부에 화상
- 중성자 : 원자핵이 분열할 때 방출되며 전하를 갖지 않는 방사선
  - 투과력이 크고 인체 미치는 영향 큼

3) 단위

- 공기 중에 생성된 이온의 단위로 Roentgen(R) : 공기의 이온화, Curie(Ci)
- Roentgen Equivalent Man(rem : 생체실효선량)
  = 특정 물질에 의한 흡수 에너지 단위(rad) × 생체에 미치는 작용의 정도를 나타내는 상대적 생물 효과 비 RBE(Roentgen Biological Eftectiveness)
  ⇒ 사람에 대한 방사선의 양(rem)을 나타냄

4) 생체작용

- 인체 미치는 영향은 투과력, 전리작용, 피복방법, 피복선량, 조직의 감수성에 따라 다름
- 투과력의 크기순 : $\gamma > x > \beta > \alpha$
- 전리작용의 크기순 : $\gamma < x < \beta < \alpha$: 체내 흡수 시 조직세포에 영향을 초래함

5) 방사선 측정계

- 병원 등에서 방사선의 축척량 측정 : Film bage
- Pocket Ionization chamber
- 방사선량계(Dosimeter) : 위험한계를 즉시 파악할 때 필요
- Geiger Counter : 계속적인 방사선 측정
- Scintillation Counter : 계속적인 방사선 측정

6) 대책

- 폭로시간 감소, 반감기가 낮은 것 사용, 거리의 제곱에 반비례함으로 거리 이격
- 차폐 : X-ray 기사의 납 판, 납 앞치마 사용

☞ Half-life : 방사선 물질이 붕괴되어 활성의 절반을 잃어버리는데 소요되는 시간(수 초~수천 년)

9. 전리 방사선의 관리

1) 전리방사선의 오염원

① 자연조사(natural radiation) : 콘크리트건물, 도로 등에 사용된 시멘트, 화강암에서 라돈이 발생됨

- 우주선, 건물, 흙에 있는 γ-선 등 체외로부터 조사되는 것
- 우라늄, 토륨과 그 붕괴물질, 방사능 칼륨 및 방사능 탄소 등 방사능 핵종이 음식물, 공기와 더불어 체내에 들어가서 체내 조사를 하는 것
- 개인이 1년 동안 받는 자연 조사량
  - 평균 125 mrem(체외 조사 100 mrem, 체내 조사 25 mrem)
  - 개인에 따라서 최소 100 mrem 이하이거나 400 mrem 이상에 이른다.

② 환경조사(environmental radiation)

- 핵무기 시험에 의한 낙진, 핵 물질을 취급하는 곳에서 배출되는 폐기물, 야광도료
- TV 수상기와 같은 고전압을 사용하는 전자제품 등
- 각 개인이 받는 환경조사량은 자연조사량의 5% 내외로 추산된다.

③ 의료용 조사

- 암세포를 파괴시킬 목적으로 X-선이나 다른 방사선을 조사한다.
- 치료 목적으로서는 β-선, γ-선, X-선에 의한 외부조사와 방사선 핵종의 복용 또는 주사에 의해 내부조사가 널리 사용된다.
- 임신 중 태아의 크기와 위치를 확인하기 위하여 X-선 사진을 촬영한다.
- 결핵환자 발견을 위한 집단 X-선 촬영을 실시한다.
- 의료목적으로 받는 연평균 조사량은 평균 50～70 rem이다.

④ 산업용 X-선 조사

- X-선 기계의 조작, 방사능 물질의 제조, 운반, 폐기물 처리

2) 방사능 발생 작업장 관리

① 외부조사에 대한 관리원칙

- 거리 : 효과가 크고, 대부분의 경우 적용하기 쉽다.
  - β-입자의 에너지는 공기 중에서 멀리가지 않으므로 원격 조정장치를 사용하여 완전히 외부조사를 막을 수 있다.

- X-선, γ-선, 중성자에 대한 조사량은 거리의 제곱에 반비례하여 감소한다.
- 차폐(shielding)
  - 방사선 에너지량에 따라서 차폐물 안에서 2차적으로 다른 방사선이 발생되어 1차 방사선과 함께 차폐를 뚫고 나오는 수가 있다.
  - 방사선은 산란(散亂)한다.
  - 빠른 중성자는 대부분의 물질에 잘 흡수되지 않으므로 그 속도를 줄여서 잘 흡수되게 해야 한다.
  - 납과 콘크리트는 X-선, γ-선을 막는 대표적인 물질이다.
- 폭로시간의 규제

② 내부조사에 의한 관리

- 내부조사에 의한 피해는 방사선의 종류, 에너지량, 물리적 및 생물학적 반감기, 조직의 감수성에 따라 다르다.
- 내부조사의 견지에서 α-입자 및 β-입자가 가장 위험한 핵종이다.
- 가장 효과적인 관리방법은 보호구 착용과 환경관리이다.
- 방사능 물질의 취급은 특별히 설계된 후드 안에서 한다.
- 보호용 작업복과 보호용 마스크를 착용한다.
- 방사능 물질을 취급하는 장소에서는 음식물을 먹거나 담배를 피우지 않는다.
- 전리방사선을 취급하는 장소에서는 반드시 위험표시를 붙여서 출입을 제한한다.
- 방사능 물질이 많은 장소에서는 마루바닥, 벽, 천장, 장비들을 뒤집어 씌웠다가 오염이 없어진 후 벗겨서 잘 처리한다.

* 안전보건 매뉴얼 100선, 고용노동부, 안전보건공단 자료 인용

방사선이란?

- 방사선은 불안정한 방사성 핵종이 좀 더 안정한 핵종으로 변환될 때 방출되는 입자나 전자파의 형태를 갖고 있는 에너지의 집합체로서, 어떤 매질을 직접 또는 간접으로 전리시킬 수 있는 에너지의 흐름이다.
- 알파(α)선, 베타(β)선, 감마(γ)선, X선, 중성자선 등이 있으며, 일반적으로 '방사선'이라 하면 전리현상을 일으켜 인체에 해를 줄 수 있는 X선, 방사선 동위원소, 우주선 등의 '전리방사선'을 일컫는다.

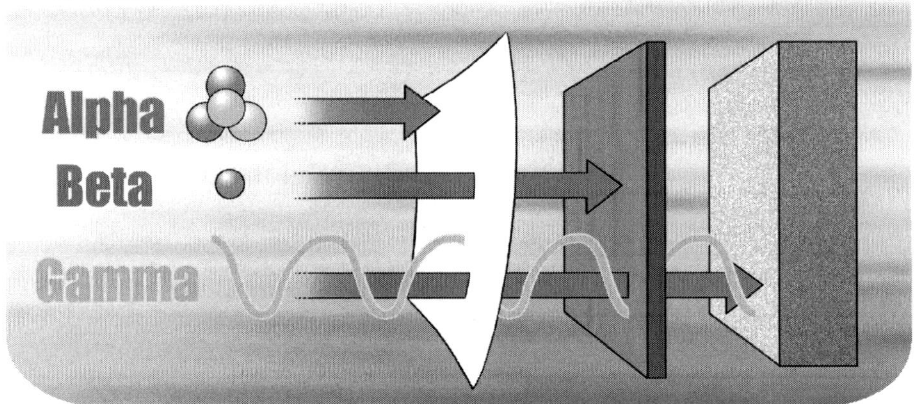

방사선의 투과 성능

자연방사선과 인공방사선

- 자연방사선은 땅속의 광물질, 우주, 음식물, 우리의 몸속으로부터 발생된다. 자연 방사선은 방사선을 내는 물질인 우라늄의 매장량이 많고 적음과 해발 고도의 차이 등에 따라 지역별로 차이가 있다.
- 인공방사선은 인위적인 행위에 의해 발생되는 방사선을 말하는데, 병원에서 검사에 쓰이는 진단방사선과 치료에 쓰이는 치료방사선, 공항에서 쓰이는 보안 검색장치, TV 등과 같은 전자제품에서 발생되는 방사선, 원자력발전소에서 발생되는 방사선 등을 인공방사선이라고 부른다.

방사선의 종류

- 방사선은 물질을 투과하는 투과력에 따라 알파(α)선, 베타(β)선, 감마(γ)선, X선으로 나눌 수 있다.
- α선은 에너지는 강하나 무겁기 때문에 이동거리가 짧고 종이 한 장으로도 차폐가 가능하다.
- β선은 α선보다 약 500배 정도 투과력이 크며, 알루미늄으로 차단이 가능하다.
- γ선은 파장이 짧은 전자파로서 방사선 중에서도 매우 높은 에너지를 가지며 투과력이 가장 강하다.
- X선은 감마선과 성질이 거의 유사하나 감마선보다 파장이 길며 투과력이 약하다.

인체에 미치는 영향

- 방사선의 위험성은 과거 체르노빌 원전폭발과 최근 일본의 후쿠시마 원전폭발사고를 계기로 일반인에게 잘 알려져 있으며 사고로 인한 피폭 외에도 자연 방사선 노출, 의료기관 X선 발생장치 취급 근로자 방사선 노출, 대형 철구조물 등에 대한 비파괴 시험업체 종사자 백혈병 발생 등 다양한 급성/만성 건강장해를 나타내고 있다.

원자력 발전소 폭발사고

- 방사선에 대해 가장 감수성이 높은 것은 조혈기이며, 방사선 장해의 유무를 조사하려면 혈액검사를 하는 것이 가장 좋다.
- 급성 변화로서 뚜렷한 것은 백혈구의 변동이며, 조사된 선량에 따라서 백혈구의 감소가 인정된다.
- 생식기 역시 방사선에 민감하여 X선이나 γ 선에 닿으면 생식능력을 상실하게 된다.
- 피부는 그만큼 민감하지 않으나 국부적으로 대량 피폭하면 그 부분이 피부에 변화가 발생한다.
- 피폭의 정도와 기간에 따라서 탈모, 색소 침착, 피부염, 궤양 등이 발생하며 장기간의 피폭을 받으면 암, 백혈병, 백내장 등이 발생할 위험이 있고, 수명의 단축이나 유전적 영향으로 이어질 수 있다.

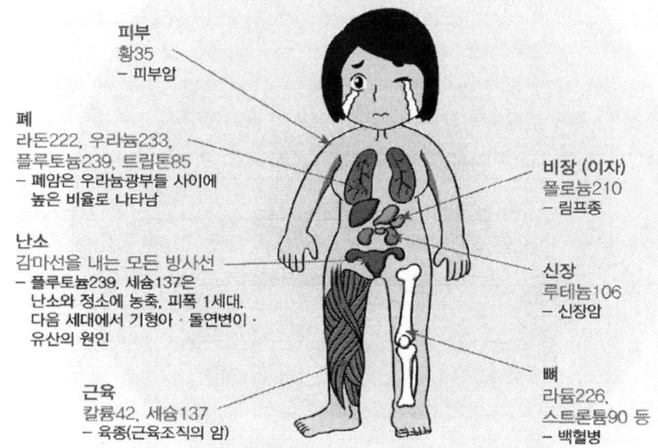

방사선에 의한 건강장해 예방

방사선 취급 시 유의사항

- 방사선 물질을 취급하여 방사선 업무를 하는 경우 방사성 물질의 밀폐, 차폐물의 설치, 국소배기장치 및 경보장치를 설치한다.
- 방사선 업무 수행시 방사선 관리구역을 지정하여 다음 사항을 게시하고, 관계자 외 출입을 금지시킨다.
  - 방사선량 측정용구의 착용에 관한 주의사항, 방사선 업무상 주의사항, 사고발생시 응급조치 사항 등
- X선 장치 등 방사선 발생장치는 전용의 작업실에 설치하여야 한다. (적절한 차단/밀폐된 구조의 장치를 수시로 이동하여 사용하는 경우 등은 예외)
- 방사선 발생장치에는 기기의 종류, 내장하고 있는 방사성물질에 함유된 방사성 동위원소의 종류와 양, 해당 방사성물질을 내장한 연월일, 소유자의 성명 또는 명칭 등을 게시한다.
- 방사성 물질 취급근로자의 건강장해 예방을 위해 보호복, 보호장갑, 신발덮개, 보호모 등의 보호구를 착용한다.
- 방사성 물질을 취급하는 작업장 주변에서는 음식을 마시거나 먹지 말아야 하며, 취급 근로자에게 방사선이 인체에 미치는 영향, 안전한 작업방법, 건강관리 요령 등을 알린다.

방사선 방호의 3원리

- 시간 : 방사선에 대한 위험은 노출시간이 길어질수록 비례적으로 증가한다.
- 거리 : 방사선 발생원에 의한 선량율은 떨어진 거리의 제곱에 역비례한다.
- 차폐 : 콘크리트, 납 등을 이용한 차폐시설을 활용하고 납안경, 납치마, 방호장갑 등 개인보호구를 착용한다.

비파괴 검사 시 안전작업방법

- 콘크리트 등으로 만들어진 별도의 장소에서 작업한다.
- 선원에 콜리메타 및 리모콘 등을 올바르게 장착시켜 사용한다.
- 작업 시 개인보호구, 방사선량 측정기(알람모니터 등) 등을 반드시 착용한다.
- 방사선 노출근로자에 대한 특수건강진단 실시 및 적정한 보호조치를 한다.

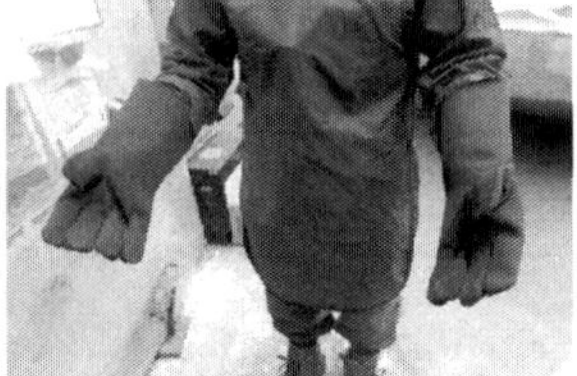

비파괴검사 시의 안전보건조치

건강장해사례 : 장기간 비파괴 검사 업무 수행 중 건강장해 발생

비파괴 검사 회사에서 약 10년 정도 자분탐상검사, 초음파탐상검사, 액체침투탐상검사, 방사선투과검사비파괴 검사업무를 수행하던 피재자가 다리 부분에 통증을 느껴 치료를 하던 중 골수이성형 증후군 진단을 받음

발생 원인

- 시간, 거리, 차폐 등 기본적인 안전조치를 준수하지 않음

1. 방사선 취급작업 시 방사선 방호 3원리(시간, 거리, 차폐) 준수
2. 검사업무 수행 시 정상적인 작업시간을 보장하여 작업이 안전하게 이루어지도록 관리

학습문제

01 방사선을 전리방사선과 비전리방사선으로 분류하는데 이용되는 성질이 아닌 것은?★

① 진동수 ② 물질을 이온화시키는 성질 ③ 파장 ④ 투과력

02 전자파 방사선을 전리방사선 및 비전리방사선으로 분류하는데 이용하는 다음의 성질 중 틀린 것은?

① 투과력 ② 파장 ③ 진동수 ④ 물질을 이온화시키는 성질

03 사업장에서 발생되는 자외선의 작용에 관한 설명이다. 적합지 아니한 사항은 어느 것인가?★★★

① 공기 중의 NO_2와 광화학적 반응을 일으켜 O_2를 발생시킨다.
② 공기 중의 올레핀계 탄화수소와 광화학적 반응을 일으켜 산화체(oxidant)를 발생시킨다.
③ 트리클로로에틸렌과 광화학적 반응을 하여 독성이 강한 포스겐을 생성한다.
④ 사업장에서 발생되는 인공적 자외선과 태양광선의 천연자외선은 그 성질이 반드시 같지 않다.

해설 인공적이건 천연적이건 자외선의 특징은 같다. 다만 파장의 차이에 기인하여 특성이 달라진다.

04 자외선의 설명 중 틀린 것은 다음 중 어느 것인가?

① 지구에 도달하는 파장은 4000Å 이하이다.
② 눈에 대한 피해는 주로 망막에서 일어난다.
③ 자외선 폭로량은 거리의 제곱에 반비례한다.
④ 전기용접 작업 시에 발생하는 자외선이 오존을 형성할 수 있다.

05 자외선 중 인체의 건강선인 도노선(Dorno-ray)의 파장은 다음 중 어느 것인가?★★

① 400～700 nm ② 290～315 nm ③ 315～400 nm ④ 700～1,400 nm

해설 ①은 가시광선, ②는 UV-B(중파장 자외선), ④는 IR-A(근적외선)를 가리킨다.

06 소독작용과 비타민 D 형성 및 피부의 색소 침착 등 생물학적 작용이 강력한 도노선(Dorno-ray)은 어느 정도의 파장을 갖는 자외선인가?

① 2,920～4,000Å ② 2,800～3,150Å ③ 3,200～4,000Å ④ 2,800～3,200Å

해설 자외선의 파장은 2,920～4,000Å이고, 1,600Å 이하의 자외선은 진공자외선, 2,800Å 이하의 원자외선, 2,800～3,200Å는 중자외선, 3,200`4,000Å은 근자외선이다.

07 다음 중 도노선(Dorno-ray)을 가장 잘 표현하고 있는 것은?★

① 가시광선 ② 인체에 해로운 광선
③ 감각온도 ④ 자외선 중 2,900~3,200Å

08 자외선에 의한 피부보호에 가장 효율적인 역할을 하는 피부 부위는?★

① 멜라닌 ② 피치(pitch) ③ 타르(tar) ④ 자외선

해설 멜라닌 : 상피세포 밑에 있는 멜라닌세포에서 형성되어 상피세포로 전달되며, 자외선에 의한 피부손상을 방지하는 역할을 함

09 광선이 인체에 대한 홍반 작용을 크게 일으키는 파장은?

① 2,500Å ② 3,000Å ③ 2,500~3,000Å ④ 3,500Å

10 자외선(uv-ray)이 인체에 대한 작용 중 틀리는 것은 어느 것인가?

① 피부암 유발 ② 살균작용 ③ 전광성 안염 ④ 관절결핵에 유해작용

11 전광성 안염(photophthalmia)의 1차적인 원인은?

① 자외선 ② 전리방사선 ③ 가시광선 ④ 적외선

12 자외선에 대한 피부손상을 가장 효율적으로 보호하는 피부 부위는 어느 것인가?★

① 각질층 ② 상피 ③ 진피 ④ 멜라닌

해설 ① 각질층 : 수분의 증발을 방지하고 외부 물질의 침입을 막는다. ② 멜라닌 : 자외선에 대한 피부손상을 방지한다. ③ 피지막 : 항박테리아 작용, 완충작용, 수분증발 억제작용

13 다음 중 색소 침착을 감소시키는 대표적인 물질은?★★

① 적외선 ② Phenol(석탄산) ③ Tar ④ Pitch

해설 색소 침작물질 : tar, pitch 등, 감소물질 : phenol, catechol

14 다음 중 자외선의 작용이 아닌 것은?

① 색소 침착 ② 피부 비후 ③ 피부암 발생 ④ 구루병 발생

15 태양 복사광선 중의 가시광선은 어느 정도의 파장을 갖고 있는가?

① 190～290 nm ② 290～380 nm ③ 380～760 nm ④ 760～900 nm

16 다음 중 가시광선의 직접적인 피해증상이 아닌 것은?

① 안정 피로 ② 안구진탕증 ③ 망막 변성 ④ 녹내장

17 다음 중 적외선관련 작업에 해당하는 것은?

① 전기 용접 ② X선 촬영작업 ③ 보일러작업 ④ 유리가공작업

해설 적외선 관련 작업은 노전작업, 유리가공, 제철, 도금 등의 고열작업이 있다.

18 유리공, 용광로의 화부들에게 후극성 백내장을 일으키는 유해광선은?

① 자외선 ② 적외선 ③ 가시광선 ④ 레이저광선

19 열선이라고 불리는 태양의 복사광선은 어떠한 것인가?

① 자외선 ② 적외선 ③ 가시광선 ④ 원적외선

해설 적외선은 열 효과를 나타낸다.

20 적외선의 생체작용으로 볼 수 없는 것은?★

① 색소 침착(Melanin pigment) ② 초자공 백내장(Glass blower's cataract)
③ 각막 손상 ④ 뇌막 자극으로 경련을 동반한 열사병

해설 색소침작은 자외선을 말하며 초자공 백내장은 일명 대장공 백내장이라 함

21 다음 중 백내장을 일으키는 광선은?

① 자외선 ② 적외선 ③ 가시광선 ④ 레이저광선

22 다음 중 일광(日光)의 작용이 아닌 것은?

① 피부를 튼튼하게 한다.
② 장기기능을 억제하고 식욕을 감소시킨다.
③ 살균작용을 한다.
④ 자외선은 구루병의 예방과 치료에 효력이 있다.

23 비전리방사선(non-ionizing radiation)에 관하여 올바르게 설명된 것만으로 연결된 것은 다음 중 어느 것인가?★

> ㉠ 310～380 nm의 파장을 가진 자외선을 Dorno선이라 하며 자외선 중 가장 강력한 살균력을 가진다.
> ㉡ 레이저광선은 자외선, 적외선, 가시광선의 인체 영향을 모두 발생시킨다.
> ㉢ 자외선의 살균작용은 핵단백의 파괴작용에 의한다.
> ㉣ 자외선의 작용이 주로 피부와 눈에 국한됨은 그 조직의 투과력이 크기 때문이다.
> ㉤ 초자공 백내장은 적외선에 장기간 폭로된 초자공의 화부 등에서 흔히 발생한다.

① ㉡, ㉢, ㉤　② ㉠, ㉡, ㉢
③ ㉠, ㉡, ㉣　④ ㉡, ㉣, ㉤

24 다음의 유해광선 등과 그 건강장해에 관한 배열 중 부적당한 것은?

① 레저광선－눈의 결막장애　② 자외선－전광성 안염
③ 적외선－백내장　④ 초음파－녹내장

해설 레이저광선(laser beam)은 단일파장의 광으로 강력하며 예리한 지향성이 있다. 조사에 따른 화상과 눈의 각막장해가 있다. 자외선은 화학선이라고도 부르며 여러 가지 물질에 화학변화를 일으키게 한다. 조사되어진 부분에 장해를 일으키고, 특히 강한 자외선이 눈에 닿으면 조사 후 수 시간이 되어 안통과 심한 아픔을 호소하는 급성각막염인 전광성 안염을 일으킨다. 적외선은 열선이라고 하며 생체에 조사되면 조직의 심부에 달하거나 흡수되어 그 부분을 따뜻하게 한다. 눈에 조사되면 눈의 수정체가 변질 혼탁해지고 시력장해를 일으킨다. 이것을 백내장이라 부른다. 마이크로파(microwave)는 고주파라고도 하여 적외선보다 파장이 긴(파장 1 mm～1 m) 전자파를 총칭한다. 특히 1,000～3,000 MHz의 것은 체내의 심부까지 도달된다. 1,000～10,000 MHz의 것은 안구의 온도를 상승시켜 백내장을 일으킨다(보통 파장이 0.3～30 cm의 전자파이고 주파수로는 1～100MHz에 대응한다). 초음파란 사람 귀로 들을 수 있는 한계 이상의 높은 주파수를 갖는 음파를 말하는데, 일반으로 16 KHz 이상인 것이다. 최근에 문제로 되고 있는 것은 15～60 KHz의 초음파 용착기의 사용에 의하여 신경장애(불쾌감, 두통, 구토, 어지러움, 이명, 사고력 저하)가 발생하는 것을 볼 수가 있다. 초음파는 ultrasonic wave 또는 ultra audible sound로 2,000 Hz 이상의 음파를 말한다.

25 다음 중 인체에 미치는 영향 및 발생기전에 대한 설명이 잘못 연결된 것은 어느 것인가?★

① 열경련 : 체내수분 및 염분의 결핍
② 전광성 안염 : 강렬한 적외선에 폭로되어 일어난 급성 각 결막염
③ 소음성 난청 : 소음에 장기간 폭로된 결과로 내이의 신경말단 손상
④ 국소진동 장해 : 진동의 반복 작용으로 일어난 손가락의 혈관운동 신경 실조

26 비전리방사선의 종류별 파장범위를 연결한 것이다. 틀린 것은 어느 것인가?

① 자외선 : 100～380 nm ② 적외선 : 760～12,000 nm
③ 가시광선 : 400～760 nm ④ 마이크로파 : 100～3,000 Hz

27 작업환경 내의 유해광선에 관한 설명이다. 적합지 아니한 사항은 어느 것인가?

① 레이저 광선은 아주 복잡한 파장을 가지고 있으며 무지향성인 것으로 위험한 유해광선이다.
② 마이크로파는 적외선보다 파장이 긴 전자파로서 레이더 등에 이용되고 있다.
③ 적외선은 가시광선보다 파장이 긴 전자파이며, 백내장을 일으킬 수 있다.
④ 가시광선보다 파장이 짧은 것이 자외선이며, 자외선은 전광성 안염을 유발한다.

해설 레이저광선은 단일파장이고 지향성이 강하며 눈이나 피부에 장해를 미친다.

28 물질을 통과하면서 전리능력을 발휘하는 방사선을 전리방사선 또는 이온화방사선(ionizingradiation)이라고 한다. 다음의 방사선 중에서 이온화방사선(전리방사선)에 속하는 방사선은 어느 것인가?★

① 자외선 ② 마이크로파 ③ 감마선 ④ 레이저

해설 감마선은 투과력이 강한 전자파이며, 이온화시킬 수 있는 능력이 있다.

29 다음의 방사선 중 전리성이 가장 강한 것은?★

① α선 ② β선 ③ γ선 ④ 중성자

해설 전리성 : 물질을 이온화 시킬 수 있는 에너지, 인체조직의 손상크기는 $\alpha > \beta > X > \gamma$ 순

30 전리방사선 중 피부 투과력이 가장 큰 것은?★

① 알파선 ② 감마선 ③ 베타선 ④ 자외선

해설 피부 투과력의 크기 : $\gamma > X > \beta > \alpha$ 순

31 전리방사선의 인체에 미치는 영향에 관여하는 인자가 아닌 것은 어느 것인가?★★★

① 전리작용 ② 피폭선량 ③ 조직의 감수성 ④ 파장 및 진동수

해설 ④ 투과력, ⑤ 피폭방법이 포함됨

32 방사선장애의 주요 증상에 속하지 않는 것은?

① 악성 종양의 유발 ② 혈중 NaCl의 감소
③ 유전적 돌연변이 발생 ④ 백혈구, 적혈구 수의 감소

해설 ②는 열경련의 증상이다.

33 인체가 방사선에 노출되었을 때 그 영향을 가장 직접적인 값으로 나타내주는 것은 다음 중 어느 것인가?★★

① Roentgen × rad ② rad × RBE ③ RBE × rem ④ rad × rem

해설 Roentgen Equivalent Man(REM : 생체실효선량 : 사람에 대한 방사선량)
REM = rad(특정물질에 의한 흡수에너지 단위) × RBE(생체에 미치는 작용의 정도인 상대적 생물효과)
* RBE(Roentgen Biological Effectiveness)

34 전리방사선의 단위 중에서 인체피해를 고려한 단위는 다음 중 어느 것인가?

① Roentgen ② Rem ③ Curie ④ Rad

35 전리방사선에 대한 감수성이 큰 조직(예민한 조직)의 순서가 옳은 것은?

① 골수 > 성선 > 혈관 > 결제조직 > 근육조직
② 성선 > 골수 > 혈관 > 결제조직 > 근육조직
③ 혈관 > 성선 > 골수 > 결제조직 > 근육조직
④ 근육세포 > 결제조직 > 혈관 > 성선 > 골수

해설 근육세포 < 결제조직 < 혈관 < 성선 < 골수

36 전리방사선의 피폭 시에 장해가 예민한 기관을 나타내었다. 비교적 거리가 먼 것은 어느 것인가?

① 눈 ② 조혈기관 ③ 생식기관 ④ 심장

해설 눈은 백내장, 조혈기관은 백혈병, 생식기관은 기형아 발생이다.

37 인체에 영향을 주는 방사선으로서 다음 중 제일 투과력이 강한 것은?

① γ선 ② α선 ③ β선 ④ X-선

해설 투과력은 γ선과 X선이 제일 크고 다음으로 β선의 순서로 된다. α선은 공기 중에서 수 cm, 신체 속에서 0.2 mm 정도밖에 투과하지 않는다. β선은 공기 중에서 수십 cm에서 1 m 정도, 수중이나 신체 속에서는 1 cm 정도 투과한다.

38 인체에 영향을 주는 방사선으로서 다음 중 제일 투과력이 작은 것은?

① γ선 ② α선 ③ β선 ④ X-선

39 전리방사선이 체외에서 인체에 해로운 순서는?★★

① γ-ray > α-ray > β-ray
② β-ray > γ-ray > α-ray
③ β-ray > α-ray > γ-ray
④ γ-ray > β-ray > α-ray

40 작업환경 내 전리방사선의 폭로평가에 관한 사항이다. 적당치 아니한 설명은 어느 것인가?★

① G-M 계수기는 방사성물질의 입자수를 검출한다.
② 신티레이션 계수기는 체내방사성 동위원소의 농도를 측정한다.
③ 필름뱃지, dosimeter 등은 환경방사선량을 측정한다.
④ 방사성물질의 공기오염측정은 필터나 흡수제로 채집하여 분석한다.

해설 필름뱃지나 도시미터는 개인폭로량, 즉 개인피폭량의 측정용이다.

41 방사능 작업장에서 피폭량을 적게 하는 방법으로 곤란한 것은?★

① 시간 ② 거리 ③ 차폐방법 ④ 대치

해설 방사능은 대치하기가 곤란하다.

42 작업환경 내 전리방사선의 폭로관리에 대한 대책이다. 거리가 가장 먼 사항은 어느 것인가?★

① 폭로시간의 단축
② 폭로거리의 확장
③ 흡수물질로 차폐
④ 호흡용 보호구 착용

해설 개인보호구나 개인위생관리는 외부의 방사선원에 대한 폭로관리방안이 아니고, 방사성 물질분자의 체내 침입을 방지하는 대책이다.

과년도 출제 및 예상문제

01 자외선에 관한 설명으로 틀린 내용은?

① 자외선의 주요 표적기관은 눈과 피부이다.
② 자외선에 계속 폭로되면 혈액의 적혈구, 혈소판이 감소하고 신진대사에 지장 초래

③ 자외선에 의하여 피부의 표피와 진피 두께가 증가한다.

④ 조직을 통과하는 거리는 수 mm 정도이다.

해설 ② 자외선은 피부 깊숙이 침투할 수 없다.

02 자외선에 관한 설명으로 알맞지 않는 것은?

① 신체 대사를 억제하여 적혈구, 백혈구, 혈소판이 감소한다.

② 피부의 표피와 진피의 두께가 증가한다.

③ 생체조직을 통과하는 거리는 수 mm 정도이다.

④ 일명 화학선이라고도 하며 여러 물질에 화학변화를 일으킨다.

03 자외선은 살균작용, 각막염, 피부암 및 비타민 D 합성에 밀접한 관계가 있다. 이 자외선의 가장 대표적인 광선은 Dorno-Ray라 하는데 이 광선의 파장은?

① 290～315Å ② 2800～3150Å ③ 390～515Å ④ 3900～5700Å

04 다음 중 Dorono 선의 파장 범위는?

① 260 nm～290 nm ② 280 nm 이하 ③ 280nm～320 nm ④ 320 nm 이상

05 유해 광선 중 3200～3800Å 파장에서 상피층 및 각화층과 말피기층(Malpighian layer)에서 흡수되며 피부에 홍반작용과 색소침착을 일으키는 광선은?

① 자외선 ② 적외선 ③ 레이저광선 ④ 마이크로파

06 다음 중 자외선이 피부에 작용하는 설명으로 틀린 것은?

① 홍반형성에 이어 색소침착이 발생

② 280～320 nm의 자외선에 노출되면 피부암 발생 가능

③ 자외선 조사량이 너무 많을 때에는 모세혈관의 투과성이 증가

④ 자외선에 노출되면 표피 및 진피의 두께가 감소

해설 피부구조 : 각질층, 상피층 - 표피, 멜라닌 세포 - 진피로 구성되어 있으며 멜라닌 세포는 자외선에 의한 피부손상을 방지하며 진피의 두께는 증가한다.

07 반복하여 쪼일 경우 피부가 건조해 지고 갈색으로 변하며 주름살이 많이 생기도록 작용하면, 눈의 각막과 결막에 흡수되므로 안질환을 일으키기도 하는 것은?

① 자외선 ② 적외선 ③ 가시광선 ④ 레이저(Laser)

08 피부홍반, 색소침착 및 비후, 피부암 등을 일으키는 유해광선으로 옳은 것은?

① 자외선 ② 적외선 ③ 레이저 ④ 가시광선

09 다음 자외선에 대한 인체 영향으로 거리가 먼 것은?

① 피부암
② 피부홍반
③ 색소침착
④ 초자공 백내장(Glass blower's cataract)

해설 초자공 백내장(Glass blower's cataract) → 적외선에 의한 안 장애

10 다음 중 자외선 투과율이 가장 높은 재료는?

① 보통유리 ② 코렉스 유리 ③ 창호지 ④ 비닐박막(Film)

11 다음 중 자외선이 통과하지 못하는 물질은?

① 투과성 비닐 ② 셀로판지 ③ 석영 ④ 보통유리

12 가시광선의 조명부족에 의한 피해증상이라고 할 수 없는 것은?

① 안정피로 ② 안구진탕증 ③ 녹내장 ④ 눈의 피로

13 다음 작업환경에서 적외선의 영향이 현저한 작업은?

① 살균 등의 취급작업
② 전기용접작업
③ 옥외 건설작업
④ 용광로 작업

14 직업성 질병을 일으키기 쉬운 작업과 연결한 것이다. 잘못 연결된 것은?

① 황화수소중독 – 오수조 내의 작업
② 비중격천공 – 크롬도금작업
③ 안구진탕증 – 적외선을 발생하는 작업
④ 근막통증후군 – VDT 작업

15 적외선의 생체작용에 관한 설명으로 잘못된 내용은?

① 적외선이 조직에 흡수되면 화학반응을 일으켜 조직의 온도가 상승한다.
② 적외선이 신체에 조사되면 일부는 피부에서 반사되고 나머지는 조직에 흡수된다.
③ 조직에서의 흡수는 수분함량에 따라 다르다.
④ 조사 부위의 온도가 오르면 혈관이 확장되어 혈액량이 증가되며 심하면 홍반을 유발하기도 한다.

16 다음 적외선에 관한 설명 중 거리가 먼 것은?

① 일명 열선이라고 한다.
② 태양에너지의 약 52%를 차지한다.
③ 국소혈액순환을 돕고, 진통작용이 있다.
④ 400～700 nm 범위의 파장에 해당된다.

해설 적외선은 700～12000 nm 범위에 오며 400～700 nm 범위의 파장은 가시광선에 해당함

17 유리공, 용광로 화부에게서 후극성 백내장을 일으키는 원인은?

① 자외선 ② 가시광선 ③ 적외선 ④ X-ray

18 다음 중 파장이 가장 긴 선은 무엇인가?

① 자외선 ② 적외선 ③ 가시광선 ④ X-선

19 유해광선과 거리와의 폭로관계를 바르게 표현한 것은?

① 폭로량은 거리의 제곱에 반비례한다.
② 폭로량은 거리의 제곱에 비례한다.
③ 폭로량은 거리에 비례한다.
④ 폭로량은 거리에 반비례한다.

20 레이저광의 폭로량을 평가하는데 알아야 할 사항으로 틀린 것은?

① 각막 표면에서의 조사량(J/cm^2) 또는 폭로량(W/cm^2)을 측정한다.
② 레이저광과 같은 직사광과 형광등(백열등)과 같은 확산광은 구별하여 사용해야 한다.
③ 레이저광에 대한 눈의 허용량은 그 파장에 따라 수정되어야 한다.
④ 조사량의 서한도는 1 cm 구경에 대한 평균치이다.

21 마이크로파에 의한 생물학적 작용으로 적합지 않은 것은?

① 인체에 흡수된 마이크로파는 기본적으로 열로 전환된다.

② 마이크로파에 의한 표적기관은 눈이다.
③ 마이크로파는 중추신경계통에 작용하며 혈압은 폭로초기에 상승하나 곧 억제효과를 내어 저혈압을 초래한다.
④ 5～25 cm의 파장의 것은 세포조직과 신체기관까지 투과한다.

22 [일반적으로 ( )의 마이크로파는 신체에 흡수되어도 감지되지 않는다.] ( )안에 알맞은 내용은?

① 150 MHz 이하 ② 300 MHz 이하 ③ 500 MHz 이하 ④ 1000 MHz 이하

23 마이크로파의 생체작용과 가장 거리가 먼 것은?

① 열작용 ② 중추신경에 대한 작용
③ 피부 및 내장조직 변형 작용 ④ 혈액의 변화

24 초음파에 관한 설명으로 틀린 것은?

① 가청영역 이상의 주파수를 가진 음을 초음파라고 한다.
② 고주파성 초음파는 공기 중에서 쉽게 전파되지 않는다.
③ 저주파성 초음파는 직접 접촉 시를 제외하고 건강상 문제를 일으키지 않는다.
④ 초음파는 흡수매체를 가열하는 성질을 지녔으나 주파수가 높을수록 전달매체 내에서 크게 흡수되어 조직투과력은 약해진다.

해설 저 주파성 초음파는 생체에 전신 및 국소 작용을 미친다. 전신작용은 공기가 전파될 경우에 일어나며, 국소작용은 처리 대상물이나 초음파 기기에 신체 접촉으로 발생한다.

25 초음파의 생체작용에 대한 설명으로 맞지 않는 것은?

① 고주파성 초음파는 공기 중에서 쉽게 전파되어 생체의 전신 및 국소적으로 문제를 일으킨다.
② 작업자가 초음파에 폭로되더라도 8 KHz까지의 가청음에 대한 청력장해는 오지 않는다고 알려져 있다.
③ 인간의 피부는 폭로된 초음파의 1%만을 흡수하고 나머지는 반사되고 있다.
④ 자각증상으로는 초음파폭로 3개월 이내에 음에 대한 불쾌감이 가장 많이 오며 두통, 피로, 구역 등이 나타난다.

26 다음 중 전리방사선에 속하는 것은?

① 가시광선 ② X선 ③ 적외선 ④ 마이크로파

27 다음 중 전리방사선이 아닌 것은?

① α-선 ② X-선 ③ γ-선 ④ 레이저

28 전리방사선의 특성을 잘못 설명한 것은?

① X-선의 에너지는 파장에 역비례하며 에너지가 클수록 파장은 짧아진다.
② α-입자는 핵에서 방출되는 입자로서 헬륨 원자의 핵과 같이 두 개의 양자와 두 개의 중성자로 구성되어 있다.
③ β-입자는 핵에서 방출되며 음전기로 하전되어 있다.
④ γ-입자는 하전되어 있지 않으며 투과성이 거의 없다.

29 전리방사선 중 α-입자의 성질로 적절한 것은?

① 전자핵에서 방출되며 양자 1개를 가진다.
② 투과력이 가장 강하다.
③ 전리작용이 약하다.
④ 외부조사로 건강상의 위해가 오는 일은 드물다.

30 방사성 동위원소의 붕괴과정 중에서 원자핵에서 방출되는 입자로서 투과력은 가장 약하나 전리작용은 가장 강하며, 투과력이 약하기 때문에 외부조사로 건강상의 위해가 오는 일은 드물지만, 동위원소를 흡입, 섭취할 때의 내부조사로 심한 위해를 일으키는 전리방사선은?

① 중성자 ② X선 ③ α선 ④ β선

31 원자핵에서 방출되는 전자의 흐름으로 알파(α)입자보다 가볍고 속도는 10배 빠르므로 충돌할 때마다 튕겨져서 방향을 바꾼다. 외부 조사도 잠재적 위험이 되는 내부 조사가 더 큰 건강상의 문제를 일으키는 방사선은?

① 베타(β)입자 ② 감마(γ)입자 ③ 양자 입자 ④ 중성자 입자

32 원자핵 전환 또는 원자핵 붕괴에 따라 방출되는 자연발생적인 전자파이며 투과력이 커 인체를 통과할 수 있어 외부조사가 문제가 되는 방사선은?

① X(엑스)선 ② γ(감마)선 ③ β(베타)선 ④ α(알파)선

33 X-선과 동일한 특성을 가지는 전자파 전리방사선으로 원자의 핵에서 발생되고 깊은 투과성 때문에

외부노출에 의한 문제점이 지적되고 있는 것은?

① 알파(α)선 ② 베타(β)선 ③ 감마(γ)선 ④ 중성자

34 방사선 피폭으로 인한 체내 조직의 위험정도를 하나의 양으로 나타내는 유효선량을 구하기 위해서는 조직 가중치를 곱하게 된다. 가중치가 가장 높은 조직은?

① 골수 ② 생식선 ③ 피부 ④ 갑상선

35 전리방사선의 영향에 대하여 감수성이 가장 큰 인체 내 기관은?

① 근육 ② 신경조직 ③ 조혈기관 ④ 골

36 방사능 물질에 가장 예민한 신체 부위는?

① 간 ② 신장 ③ 임파선 ④ 골격

37 전리방사선 중 인체에 투과되는 양이 큰 순서대로 나열한 것은? (단, α : 알파선, β : 베타선, γ : 감마선)

① $\gamma > \beta > \alpha$ ② $\beta > \gamma > \alpha$ ③ $\alpha > \beta > \gamma$ ④ $\alpha > \gamma > \beta$

38 전리방사선의 단위인 램(Rem)을 알맞게 설명한 것은?

① 공기 1 cm^3에 X선을 조사해서 발생한 ion에 의하여 1정전단위의 전기량이 운반되는 선량이다.
② 1초간에 3.7×10^{10}개의 원자 붕괴가 일어나는 방사선 물질의 양이다.
③ 생체에 대한 영향의 정도에 기초를 둔 단위이다.
④ 피조사체 1 kg당 0.01 J의 에너지가 흡수되는 선량의 단위를 나타낸다.

39 전리방사선 단위 중에서 인체피해(생체실효선량)를 고려한 것은?

① Cl ② R ③ rem ④ rad

40 1Rad(흡수선량단위)에 해당하는 것은?

① 100 ergs/gram ② 0.1 curies ③ 1000 rems ④ 1 reps

41 단위 "rem"에 대한 설명과 가장 거리가 먼 것은?

① 생체실효선량(Dose-equivalent)

② rem = rad × RBE(상대적 생물학적 효과)
③ 피조사체 1 g에 100 erg의 에너지 흡수
④ REM은 Roentgen Equivalent Man의 머리글자

42 전리방사선의 단위를 잘못 표시한 것은?

① R = 조사선량
② rem = rad × RBE
③ rad = 흡수선량
④ RBE = 방사선량

해설 ④ → Roentgen(R) : 방사선량

43 전리방사선이 인체에 미치는 영향에 관여하는 인자와 가장 거리가 먼 것은?

① 전리작용
② 피폭선량
③ 조직의 감수성
④ 파장 및 진동수

44 자장에 관한 설명으로 적합하지 않은 것은?

① 자장은 자석상호간, 전류상호간 또는 자석과 전류간의 힘이 작용하는 장을 말한다.
② 자장의 강도는 자속밀도와 자화의 강도로 구한다.
③ 산업장의 환경에서 직류자장으로는 발전기, 변압기, 유도가열장치 등이 있다.
④ 자장 측정장치 중 작업환경측정용으로는 Gausmeter, Electronic 자속계가 쓰인다.

45 한 지점에서 전리방사선의 강도가 18 J/cm^{2}인 경우 여기서 약 3cm^2 떨어진 지점에서 강도는?

① 변화 없다.
② 9 J/cm^2 · 인
③ 6 J/cm^2 · 인
④ 2 J/cm^2

해설 유해광선의 폭로량은 거리의 제곱에 반비례하므로 C = 18 J/cm^2 × 1/9 = 2

46 방사능에 관한 방어대책으로 적합한 설명이 아닌 것은?

① 방사능은 거리의 제곱에 비례해서 감소하므로 먼 거리일수록 쉽게 방어가 가능하다.
② 알파선의 투과력은 약하여 얇은 알루미늄 판만 있어도 방어 가능하다.
③ 충분한 시간의 간격을 두고 방사능 취급 작업을 하는 것은 반감기가 긴 방사능 물질에 유용한 방법이다.
④ 큰 투과력을 갖는 방사선의 차폐물은 원자번호가 크고 밀도가 큰 물질이 효과적이다.

13 VDT 및 전자파의 관리

학습목표

1. VDT의 개념
2. VDT 작업의 종류사무자동화에 따른 사용되는 모든 기기
3. VDT에서 발생하는 유해방사선
4. VDT 증후군이 인체에 미치는 장해
5. VDT 작업장의 관리
6. 세계보건기구(WHO) 권고사항
7. 전자파

1. VDT의 개념

1) 용어 정의

- VDT는 Visual(또는 Video) Display Terminal의 약자이며, 입출력 기능을 가진 컴퓨터의 시각표시 단말장치
- VDU(Visual Display Unit) 라고 부르는 경우도 있다.

2) VDT 작업의 특징

- 사용기기 : CRT(Cathode Ray Tube: 음극선관, 브라운관, 컴퓨터 모니터), 키보드
- 작업자 : 남녀노소
- 작업내용 : 다양
- 작업자가 보는 대상 : 화면, 키보드, 서류
- 소음 : 프린터 작동 시
- 건강영향 : 시각계, 근골격계

2. VDT 작업의 종류 사무자동화에 따른 사용되는 모든 기기

자료입력, 자료검색, 대화형 임무(컴퓨터와 대화식 작업), 워드프로세싱, 컴퓨터 프로그래밍

등 단순 사무직에서 전문직에 이르기까지 매우 다양하다.

- 대부분의 VDT 작업은 종래 사무작업에 비해 작업자를 고립시키고 심리적 불편상태를 초래하는 경우가 많고, 자료입력, 자료검색과 같은 작업은 단순, 반복적인 특성을 가짐

3. VDT에서 발생하는 유해방사선

① X-선 방출

- 전압이 높을수록 X-선 방출이 증가하고 생성된 대부분의 X-선은 CRT에 의하여 흡수
- 미국, 캐나다, 독일 등에서 칼라 TV, VDT에 대하여 허용한계의 1/1,000～6/1,000 보고

② 자외선과 적외선, 라디오파, 극저주파

③ 정전기장

- 정전기는 CRT 스크린 위에 전기충전으로 일어난다.
- 발생된 정전기장의 세기는 스크린으로부터 일정 거리에서 감소된다.
- 전기적인 충전을 디스플레이의 밝기, 스크린상의 문자 조성 빔의 ON/OFF 율과 터미널의 조작에 따른다.
- 정전기는 피부 및 공기 중에서 이온평형에 변화를 주어 간접적인 영향을 미친다.

④ 음파

4. VDT 증후군이 인체에 미치는 장해

1) 장해를 일으키는 요인

- 작업조건 : 상지의 무리한 사용, 작업 부하량 과다, 단순 반복성
- 주변 환경 : 조명, 실내공기, 소음
- VDT 기기 : 화면의 화질, 유해광선, 정전기
- 개인적 요인 : 개인체질, 정신적 스트레스

2) 장해의 유형

- 경견완 장애 및 기타 근골격계 : 누적 외상성 질환, 반복작업 및 불합리한 작업자세로 인하여 발생
- 뒷머리, 목, 어깨, 팔, 손 및 손가락의 통증 또는 불쾌감

- 근육이나 힘줄 등의 이완, 수축 등 기질적 변화
- 눈 장해 : 전자파, 유해광선 등에 노출되어 눈 충혈, 시력저하, 눈물분비 기능의 저하
- 정신적 스트레스성 질환 : 초조감, 피로, 불안, 수면장애 및 소화기계통의 이상
- 피부 장해 : 정전기 발생에 따른 얼굴 및 피부의 발진현상

5. VDT 작업장의 관리

1) 바람직한 VDT 작업 자세

- 화면에 필터를 사용한다.
- 화면은 경사조절 및 회전이 가능할 것
- 문서홀더와 화면은 높이가 동일할 것
- 팔의 각도는 90° 이상일 것
- 화면과 눈의 거리는 두 뼘(40 cm) 이상 유지할 것
- 화면을 향한 눈의 높이는 화면보다 약간 높을 것
- 키보드는 손이 닿는 책상 앞쪽에 위치시킬 것
- 상박과 몸의 중심선이 일치할 것
- 요추에 알맞게 조정될 수 있는 등받이용 의자를 사용할 것
- 의자는 높낮이 조절이 가능할 것(지상에서 35～45 cm)
- 작업대나 책상은 높낮이 조절이 가능할 것(지상에서 60～75 cm)
- 키 작은 사람을 위하여 발 받침대를 사용할 것

2) VDT 작업장

① 작업대 및 의자

- 의자는 다섯 개의 다리를 가지고 있어야 하고, 바퀴가 있으면 안정된 자세를 유지하기 위한 충분한 마찰을 가져야 한다.
- 일반적으로 팔걸이는 적합하지 않다.
- 만약 팔걸이가 있으면 높이를 조절할 수 있고, 쉽게 분리될 수 있어야 한다.
- 발걸이는 높이와 각도가 적당한 범위에서 조정되어야 하고, 안락함을 위해서 발을 움직이는데 충분한 넓이가 확보되어야 한다.
- 작업대는 손이 편안하게 놓여질 수 있도록 낮게 하여 키보드를 올려놓는 것이 좋다.

• 작업대가 너무 낮아 대퇴부가 들어갈 수 없어서는 안 된다.

② 작업 자세

• 머리는 전방으로 20° 가량 기울인다.

• 눈에서 스크린까지의 거리는 40～70 cm 이내이어야 한다.

3) 작업장의 조명상태

① 반사

• 창을 가린다. 스크린을 그늘지게 후드를 설치한다. 반사 방지용 필터를 사용한다.

• 무광택 키보드를 사용한다. 창문을 등지고 앉는다.

② 눈부심 : 눈의 불쾌감, 불편함, 시력감퇴의 원인을 제공하는 것이다.

• 시야 내의 과다한 빛이 발광함으로서 생성된 감각이다.

• 눈부심의 원인은 창문, 벽, 광원, 업무용 빛이다.

• 눈부심의 영향을 줄이려면 작업자는 밝은 창을 향하여 앉지 않고, 창문을 블라인더나 커텐 등으로 가려야 한다.

• 작업자는 창문에 직각을 이루도록 앉아야 한다.

③ 작업장 조도

• 작업장의 주변 조도는 일반 사무실에서 요구하는 조도보다 다소 어두워야 한다.

• 타이핑은 480～1,625 Lux(평균 750 Lux), VDT 작업은 50～750 Lux(평균 300 Lux)가 적당하다.

• 작업자를 위해 특수 반사를 제거하도록 한다.

④ 조명과 대조

• 밝기는 35～45 촉광이 적당하다.

• 대조비는 주변과 3 : 1～4 : 1 정도가 적당하다.

⑤ 색 : 글자의 식별이 좋아야 한다.

• 청색, 적색은 눈의 색채 이상으로 인하여 좋지 못한 화상을 만든다.

4) 실내환경

① 온도

• 온도는 겨울에 19.5～23℃, 여름에 22.6～26℃로 유지한다.

• 습도는 노점으로 환산하여 겨울에는 9～13℃, 여름에는 12～16.7℃로 유지한다.

② 상대습도

• 60% 정도가 적당하다.

• 북아메리카에서 허용되는 최소농도는 20%이다.

• VDT를 사용할 때 습도는 최소한 30% 이상으로 유지한다.

③ 소음

• VDT는 키보드 소리만 발생하는 조용한 장소이어야 한다.

• 작업시간당 평균 55 dB(A) 이하로 억제하는 것이 적당하다.

• 구 모델 프린터는 방음장치를 설치하여 소음을 감소하여야 한다.

5) 작업관리의 개선

① 작업시간과 휴식시간

• 작업시간은 하루에 4시간 이하로 한다.

• 1회 연속작업은 50분이 넘지 않도록 한다.

• 50분마다 10분간 휴식을 취한다.

• 피로회복에 적합한 여가시설 내지는 휴식공간이 마련되어야 한다.

• VDT 이외의 다른 작업을 같이 수행하는 경우에는 심리적 부담이 크기 때문에 휴식이 더 요구되고 작업시간은 단축되어야 한다.

② 작업량

• 하루의 타건 수가 40,000번을 초과하지 않도록 1일 작업량을 선정한다.

• 개인 간의 경쟁을 유발하지 않도록 주의한다.

③ 작업편성

• 1일 작업량의 수행은 작업자에게 맡겨서 자주적인 조정에 의해서 하도록 한다.

• 작업계획을 세우게 한다.

• 교대제 직장에서는 특히 심야 업무는 피하는 것이 좋다.

6. 세계보건기구(WHO) 권고사항

• 고도의 시력이 요구되는 다른 직종과 마찬가지로 필요하다면 VDT 작업자들은 적절한 안

경으로 그들의 시력을 교정해야 한다.

- VDT의 설계는 질적으로 고도의 영상을 보증하는 것이어야 한다. 필수요소는 해상도, 디스플레이 안정도, 디스플레이 극성 발광 콘트라스트이다.
- 조명상태는 시각적인 불편함이 제거되어야 한다.
- 현재의 디스플레이는 낮은 반사도가 보장되는 특수하게 처리된 유리표면을 가지고 있으며 외부 보안필터가 요구되지 않는다.
- 작업요구가 VDT 작업자에게 놓여지기 때문에 온도, 습도, 소음 등이 허용한계 이내에 지켜지게 해야 한다.
- 가장 중요하면서도 해결하기 어려운 문제는 디자인과 작업장 공장배열이다.
- 주기적인 X-선 체크는 요구되지 않는다.
- 작업자가 임신 중이건 아니건 X-선에 대한 보호구(앞치마)는 착용할 필요가 없다.
- VDT에서 발생하는 라디오 파에 의한 건강의 영향은 중요하지 않다.
- VDT를 사용하던 작업자가 임신하였을 때 만약 이상이 발생되면 이것이 VDT에서 기인된 물리적 인자들이 원인이라고 과학적으로 정당화될 수 없다.
- VDT 작업 시 시력의 문제를 경험한 사람은 시력검사를 정기적으로 받아야 한다.
- 작업자가 피부질환을 경험한 경우에는 실내기후요인(습도)인 정전기를 측정하고 적당히 조절해야 한다.

7. 전자파

1) 전자파의 개념

- 전자파는 전자기장의 진동이 진공 또는 물질 속으로 전파되는 현상
- 전기장과 자기장의 혼합된 파동

2) 전자파의 구분

- 전원(100V, 60 Hz)에 의한 극 저주파(0 ~ 1,000 Hz)
- 컴퓨터 모니터 및 TV화면에서 발생되는 저주파(1 ~ 500 KHz)
- 전기오븐 및 무선통신기기 등에서 발생되는 라디오파, 마이크로파(100 ~ 3,000 MHz)

3) 전자파의 종류

- 파장 및 주파수에 따라 구분 : 극저주파, 라디오파, 마이크로파, 적외선, 가시광선, 자외선, 레이저광선, X-선 및 감마선 등

4) 측정단위

- 전기장의 세기 : V(Volt)/m
- 자기장의 세기 : A(Ampha)/m

5) 전자파의 발생환경

- 변전소 및 송·배전선, 가정용 전기기구, 산업체 전기설비 및 전기기계, 전철(지하철) 등

6) 인체에 미치는 영향

- 지각수준 저하, 신경 생리적 영향, 유전, 생식 및 발육에 영향, 혈액 및 면역계통 영향

7) 전자파의 허용기준 및 관리대책(ACGIH의 RF/MW파의 TLV)

주파수(f)	전기장, E(V/m)	자기장, H(A/m)	Power밀도, S(mW/cm^2)	평균시간(minutes)
30~100 KHz	614	163	-	6
100 KHz~3 MHz	614	16.3/f	-	6
3~30 MHz	1842/f	16.3/f	-	6
30~100 MHz	61.4	16.3/f	-	6
100~300 MHz	61.4	0.163	1	6
300MHz~3 G Hz			f/300	6
3~15 G Hz			10	6
15~300 G Hz			10	616.000/f^{12}

* f : 주파수(MHz), ACGIH TLVs and BEIs(1998)

- ACGIH에서 제시하고 있는 관리지침은 전자파의 노출이 연속적이든 간헐적이든 관계없이 적용된다. 그러나 이것은 RF파에 피폭되는 것을 규제하기 위한 지침으로 사용하되 안전과 위험의 경계선으로 판단하여서는 안 되며 적용상 다음의 사항에 주의한다.
  - 평균출력이 10 mW/cm^2 이하인 때는 총 피폭시간이 1일 8시간을 넘지 말아야 한다(연속 피폭).

- 평균출력이 10~25 mW/cm^2 이하인 경우는 총 피폭시간이 8시간 근무 중 1시간에 10분을 넘어서는 안 된다(간헐피폭).
- 평균출력이 25 mW/cm^2 이상인 초단파에 피폭되어서는 안 된다. 출력이 일정하지 않을 때에는 평균출력=최대출력 × Duty Cycle로 계산한다. 단, Duty Cycle=Pulse 지속시간[초] × Pulse수[Hz]

8) RF파 및 MW의 방호대책

RF/MW 전자파의 방호를 위해서는 무엇보다도 피폭에 따른 문제로부터 작업자 및 일반인을 보호하기 위한 책임한계가 정부에서 개인에 이르기까지 명확히 부여되어야 한다.

• 정부차원의 책임
- 피폭한계에 대한 연구·규정 및 지침의 설정, 그리고 피폭으로부터 방호할 수 있는 지침 준수 Program의 제도화
- 발생원이 되는 기기 장비의 성능개선 및 방출기준의 개발
- 출력과 방호지침에 따른 발생원의 구분
- 개별적인 지침이나 주의 표시에 관계없이 대량으로 방출하는 기기에 대한 방출 제어수단의 의무화
- 전자파 에너지의 안전사용에 관한 사용자 실무지침서의 작성
- 표준화된 측정절차 및 조사방법의 개발
- 피폭 주의 및 방호방법에 대한 작업자 및 일반인의 교육

• 사업장 차원의 직무
- 폭로 한계치 이상의 전자파를 방출할 가능성이 있는 모든 시설 및 기기장비에 대한 측정조사
- 조사 보고서를 통한 정확한 피폭 상황의 파악과 한계치 초과에 대한 대책의 수립 및 시행
- 모든 피폭위험 집단에 대하여 안전사용 절차 및 관리 요령에 대한 숙지 확인과 교육
- 사업장의 제반절차를 고려하여 필요한 경우 개인 보호구 사용, 그러나 이 방법은 관리의 최종적 수단이 되어야 함

* 안전보건 매뉴얼 100선, 고용노동부, 안전보건공단 자료 인용

전자파란?

전자파란 전자기파의 줄임말로서 주기적으로 그 세기가 변하는 전자기장이 진공이나 물속 등을 전파해 가는 현상으로 전기장과 자기장 두 성분으로 구성된 파동을 말한다.

전자파의 발생원

- 전자파는 자연계에서 발생되는 전자파와 인공적으로 생성되는 전자파로 구분된다.
- 자연발생 전자파는 번개와 같이 대기 중에서 자연적으로 생성된 전자기장과 나침반을 움직이는 지구 자기장을 들 수 있다.
- 인공발생원으로는 X-선 발생장치, 저주파 전자기장이 생성되는 전기 소켓, 그리고 고주파 라디오파장이 생성되는 TV 안테나, 라디오 방송, 핸드폰 등 다양한 정보통신기기 등이 있다.

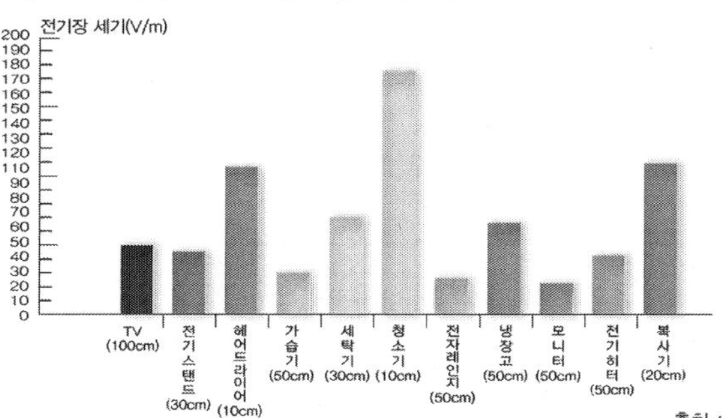

출처 : 한국전자파학회

가전제품 주변의 전기장 세기 측정값

전자파의 종류

전파

- 전자파 중에서 주파수가 3×10^{12}Hz 이하인 것을 말한다.(즉 1초에 3조번 진동)
- 우리 주변에서 흔히 볼 수 있으며 생활에서 쉽게 노출 될 수 있다.

전파의 종류	이용형태
마이크로파 (Microwaves)	이동전화, 위성TV, 통신, 전자레인지 등
극초단파 (UHF, Ultra High Frequency)	텔레비전방송, 디지털텔레비전방송
초단파 (VHF, Very High Frequency)	FM 라디오 방송, Radio controlled model
단파 (Short wave)	경찰 라디오, 항공기 라디오
중파 (Medium wave)	AM 라디오 방송
장파 (Long wave)	해안과 선박용 AM 라디오 방송

적외선

- 전자기 스펙트럼의 일종으로 초단파와 가시광선 사이에 존재하며 전기 히터 등과 같이 따뜻한 물체에서 복사된다.

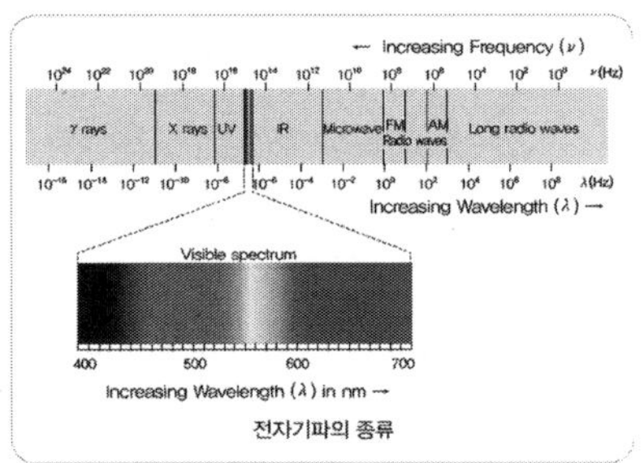

전자기파의 종류

가시광선

- 사람이 볼 수 있는 빛을 말하며 파장은 대략 10만분의 5 가량이다.

자외선

- 지상에 도달하는 태양 광선중 파장이 200~400nm 사이인 광선으로 강력한 화학작용을 일으킨다.
- 양은 지구표면에 도달하는 태양광선의 5~6%에 불과하지만 인간의 피부에 다양한 광생물학적 반응을 유발한다.

X선

- 인체를 통과하는 특성을 가지고 있고 주로 의학적 목적으로 사용된다.
- X선의 물질에 대한 강한 투과력은 생체에 대한 특정 종류의 효과와 더불어 발견 후 의료 및 공업기술 분야에 응용된다.

Gamma 선

- 핵반응과 원자폭탄에서 발생하는 위험한 광선으로서 전자기 스펙트럼의 한 부분으로, 대략 10억 분의 1cm가 되는 가장 짧은 파장을 가지고 있으며, 전자기 스펙트럼 중에서 가장 높은 주파수를 가지고 있다.

전자파의 유해 · 위험성

새로운 위험요인

- 전자기파는 20세기 이후 급격하게 이루어진 통신장비의 발달, 고전압 전력공급 수요 증대 등의 원인으로 대두된 새로운 건강장해 요인으로서 전세계적으로 그 건강장해를 명확히 하기 위해 노력하고 있다.
- 일반적으로 에너지가 강한 X선, 감마선 등 방사선의 위험성이나 자외선이 피부암 등의 여러 질병을 일으킨다는 것은 이미 널리 알려진 바이며, 최근 전자파 유해성 논란의 대상은 송배전 선로나 가전제품 등에서의 '극저주파'(Extremely Low Frequency: ELF)와 이동통신 단말기 사용과 기지국 시설의 증가에 따른 무선 주파수에서의 '고주파'(Radio Frequency: RF)이다.

고압송전선에 의한 전자파

휴대전화에 의한 전자파

전자파가 일으킬 수 있는 증상

- 전자파에 의한 증상에는 나른함, 불면, 신경예민, 두통, 어지러움, 피부노화, 멜라토닌 등 호르몬의 감소, 생체리듬의 변화, 근 무력증, 세포와 조직에서의 기능 변화, 면역시스템의 변화, 인체의 뇌 활동과 심박수 변화 등이 있다.

전자파가 유발할 수 있는 질병

- 전자파가 유발할 수 있는 질병으로는 어린이 백혈병, 남성의 생식기능 파괴, 임산부 유산 및 기형아 출산, 암세포 증식의 가속, 수정체 이상, 알츠하이머병, VDT 증후군 등이 있다.
- 최근 한국전자통신연구원(ETRI) 등의 연구결과 7세 어린이들은 성인에 비해 특정 주파수 대역에서 전자파가 더 높게 흡수되는 것으로 조사 되었으며 휴대폰을 많이 사용하는 어린이가 주의력 결핍 · 과잉행동 장애(ADHD) 가능성이 높은 것으로 조사됐다.

UN산하 국제암연구기구(IARC)는 1999년에 전자파를 발암인자 2등급으로 분류, '발암가능성이 있는 물질'로 규정했으며, 세계보건기구(WHO)에서는 1996년부터 2005년까지 0-300 GHz 사이의 전자파 노출에 대하여 국제적으로 일치된 기준을 마련하기 위해 건강영향평가와 환경영향평가 연구를 수행하고 있다.

전자파에 의한 건강장해 예방

■ **전자파 차단 제품 활용하기**

- 판매되고 있는 시판 휴대전화 전자파 차단 스티커는 전자파를 20~30% 감소시키나 실제적인 영향은 미미한 편이다.
- 콘센트에 플러그 모양으로 꽂아서 쓰는 외장형 전자파 필터는 전원에서부터 전자파 생성 자체를 억제하므로 전자파 차단에 효과적이다.

■ **제품 구입 시 전자파 관련 사항 체크하기**

- 전자제품을 구매할 때 TCO(The Swedish Confederation Of Professional Employees)인증여부를 확인한다.
- TCO 인증은 스웨덴전문직조합에서 운영하는 인증규격으로 전자파 방출, 소비전력 등 기준에 부합해야 받을 수 있다.
- 휴대전화는 각 휴대전화 제조사의 홈페이지나 사용설명서를 통해 'SAR(Specific Absorption Rate, 전자파인체흡수율)' 표시를 확인한 뒤, 되도록 'SAR'이 낮은 제품을 구입한다.

■ **가능한 한 전자파와 멀리 떨어지기**

- 전자파는 거리의 제곱에 비례하여 감소한다.
- TV는 최소 1.5m, 컴퓨터 모니터는 30cm 이상 거리를 유지한다.
- 전자레인지는 전자파 발생량이 상당히 높기 때문에 조리 중에는 가까이 있지 않는다.
- 전기를 사용하지 않아도 꽂아 놓은 콘센트에서 전류가 흐르므로 안 쓰는 코드는 뽑아 놓는다.

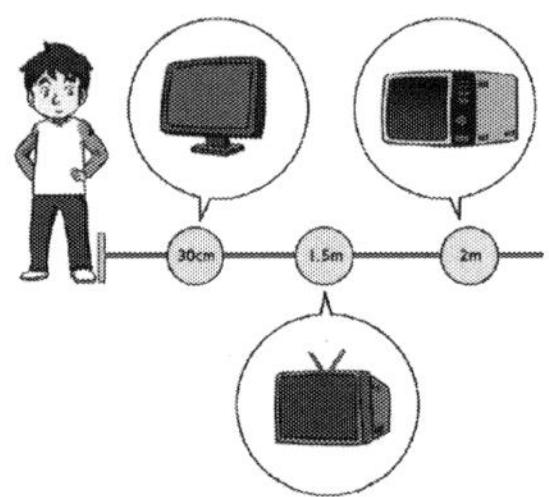

■ **모니터와 사람 사이에 식물 놓기**

- 모든 식물은 정도의 차이는 있지만 전자파를 흡수하는 능력이 있다. 식물 내부의 물분자가 전자파의 진동에너지를 흡수하는 원리다.
- 식물이 전자파를 효율적으로 차단하려면 모니터와 사람 사이에 놓는 게 좋다.
- 숯도 우수한 흡착성과 축전성이 있어 가전제품 옆에 두면 좋다.

■ **휴대전화 통화 시 많이 듣고 적게 말하기**

- 휴대전화는 발신자의 말을 전송하는 과정에서 전자파를 많이 발생시키므로 통화할 때 말을 줄이거나 핸즈프리나 이어폰, 스피커를 사용한다.
- 되도록 통화보다는 전자파가 적게 발생되는 문자메시지를 이용하고, 신호감도가 높은 곳에서 통화하는 것이 좋다.
- 수신감도가 낮은 곳에서는 휴대전화가 중계기의 신호를 잡으려 해 더 많은 전자파를 발생시킨다.

> 전자파를 오래 쐬면 칼슘 소모와 유해산소의 활동이 활발해질 수 있다. 전자파에 오래 노출되기 쉬운 직업이라면 건강을 위해 녹차, 멸치나 미역 등의 해조류, 채소류 등을 섭취해 칼슘을 보충하고 유해산소를 줄인다.

학습문제

01 컴퓨터 단말기인 VDT(Visual Display Terminal) 작업의 종류라고 볼 수 는 사항은 어느 것인가?★★

① 자료입력 및 검색작업 ② 대화형 및 주입형 작업
③ 워드프로세싱 및 편집작업 ④ 컴퓨터프로그래밍작업

해설 컴퓨터단말기를 이용한 자료입력 작업이 주입형 작업이라고 하지는 아니한다. VDT란 말 대신에 VDU(Visual Display Unit)라는 말을 사용하는 사람들도 많이 있다.

02 VDT 작업에 있어서 작업부하를 발생시키는 잠재적인 유해요인이다. 적합지 아니한 사항은 어느 것인가?★★★

① 화면표시장치 ② 작업환경 및 작업시간
③ 작업강도와 인간공학적 요인 ④ 작업조건과 개인의 적응성

해설 작업강도란 작업조건의 요소이므로 이와 동등한 유해요인이라 볼 수 없다.
① 화면표시장치 : 깜박거림, 밝기, 눈부심, 선명도, 콘트라스트
② 작업환경 : 습도, 온도, 환기, 소음, 조명
③ 작업시간 : 휴식시간, 휴식방법, 연속작업시간
④ 개인의 적응성 : 적응도, 숙련도
⑤ 작업조건 : 단조로움, 긴장, 작업강도, 작업유형(입력형, 대화형, 감시형), 자율성
⑥ 인간공학적 요인 : 작업자세, 작업배치, 조작방법, 작업공간, 의자높이, 작업대높이

03 장시간 VDT 작업으로 인하여 초래 가능한 건강장해요인(VDT 증후군)이라고 볼 수 없는 사항은 어느 것인가?★

① 시각부담 및 정신적 부담 ② 근골계장해 및 작업요통
③ 유해광선에 의한 장해 ④ 피부발진

해설 골계장해로서 요통장해가 간접적으로 초래되기도 하지만, 물건의 이동과 들어올림 등으로 인한 작업요통의 직접적 요인은 아니다.
① 시각부담 : 조절기능, 근시화, 누액분비, 안압변화
② 근골계장해 : 경견완(목, 어깨, 팔), 배와 허리부, 손가락과 손목근육
③ 정신적 부담 : 초조, 불안, 근심, 위축, 긴장, 무기력, 소화불량, 혈압상승, 심박수 증가, 두통, 아드레날린 분비촉진
④ 유해광선에 의한 장해 : 전자파 방출로 인한 건강장해, 유산율 증가, 이상임신율 증가
⑤ 피부발진 : 브라운관에 의한 전기장의 형성으로 먼지입자가 얼굴 및 피부에 흡착하여 발진

04 금전등록기 취급원과 같이 상지작업을 하는 근로자의 생체에 부담을 주는 요인이 아닌 것은?★★★

① 작업부하의 과중
② 인간공학적 결함
③ 경견완장해의 이해부족
④ 다량의 분진 발생 등 환경조건의 미비

05 VDT 작업에 있어서 작업환경개선의 대책이 될 수 없는 사항은 어느 것인가?

① 키보드의 조건 및 작업자세
② 작업자의 복장과 의복색상
③ 채광, 조도, 공기 및 소음
④ 휘도, 대조비, 화면 배경색, CRT의 색상

해설 작업자의 의복(미니, 핫팬츠) 및 요란한 색상도 개선의 여지는 있지만 VDT 작업환경개선의 대책으로 볼 수는 없다.

06 시각표시단말장치(Visual Display Terminal : VDT) 취급사업장의 작업환경관리가 아닌 것은?★★

① 외부 태양광선의 차단을 위해 창에 커튼을 친다.
② 키보드상의 조도는 300~500 LUX 유지
③ 키보드 주변의 조도비는 1 : 3 : 10 유지
④ 벽의 색채는 회백색으로 한다.

해설 화면을 주시하는 시간이 많은 작업일수록 화면과 작업주변의 밝기는 가급적 같도록 유지한다. 특히 화면, 키보드, 서류 등의 표면과 주변의 밝기는 같도록 한다.

07 시각표시단말기(VDT)증후군 예방을 위한 작업관리가 아닌 것은?★

① 입력형, 감시형 작업자는 1회 연속작업을 1시간 이내로 조절한다.
② 휴식 중에는 눈, 손가락의 피로회복을 위해 독서를 한다.
③ 눈, 손가락의 위치나 높이를 작업자에게 적합하도록 한다.
④ 의자높이 조절 시는 등받이가 요배부에 부담을 주지 않도록 한다.

14 채광 및 조명의 관리

학습목표

1. 자연조명
2. 자연조명에 관여하는 인자
3. 인공조명
4. 조명방법
5. 인공조명 시 고려해야 할 사항
6. 작업구분에 따른 조명의 기준
7. 조도계의 종류

작업장에서 채광과 조명이 부족하면, 피로증대, 작업능률의 저하, 산업재해 증가의 원인이 된다.

1. 자연조명

• 자연조명(채광)은 태양을 광원으로 한다.

• 직접 실내에 조사되는 빛과 옥외에서 확산되거나, 반사된 빛이 옥내에 들어와서 이루어지는 것

1) 천공광(sky light) : 자연광, 채광

① 자연광원은 태양의 복사에너지에 의한 광이며, 이것이 하늘에서 구름, 먼지 등으로 확산되어 산란하는 광이다.

2) 주광(day light) : 조명

① 태양 직사광+천공광의 합계로 나타내며 이것의 조도를 가리켜 총도라고 한다.

3) 밝기의 표시

① 전 천공조도(가장 밝을 때) : 50,000 Lux

② 밝을 때 : 30,000 Lux

③ 보통 밝을 때 : 15,000 Lux

2. 자연조명에 관여하는 인자

1) 창의 방향

① 남향이 가장 밝고, 일조시간은 여름이 짧고 겨울에는 길며 방한상 유리하다.

② 동지일에도 1일 4시간 이상 일조시간을 얻기 위해서는 남창 앞에 인접한 집과의 거리가 건물 높이의 2～3배 떨어져 있어야 한다.

③ 톱날지붕을 갖는 작업장의 경우 북창을 내어 직사광선을 피하므로 조도의 동요가 작고, 평등하여 눈의 피로가 적다.

2) 창의 높이와 면적

① 조도는 창을 크게 하면 증가하고, 폭을 크게 하는 것보다 높이를 증가하는 것이 효과적이다.

② 세로로 긴 창은 조도를 고르게 분포시키나 가로로 긴 창은 창 근처에 집중한다.

③ 창의 면적은 방바닥 면적의 15～20%(1/5-1/6)가 이상적이나 개각에 따라 틀린다.

3) 개각과 입사각

① 개각 : 실내의 1점이 창의 상단과 창 밖의 차광물 상단 사이로 이루어지는 각

② 입사각 : 실내의 1점이 창의 상단과 창의 하단 사이로 이루어지는 각

③ 창의 면적이 일정하면 실내의 조도는 입사각의 sin 또는 개각의 cosin에 비례하여 증가한다.

④ 보통 입사각은 28°, 개각은 4～5° 이상이어야 한다.

⑤ 개각 1의 감소를 입사각으로 보충하려면 2～5°의 증가가 필요하다.

4) 유리창의 차광

① 유리창은 청결하여도 10～15% 조도를 감소시킨다.

② 유리창을 깨끗이 닦은 지 10일 후에는 35～40%, 30일 후에는 80% 감소한다.

각종 창문재료의 자외선 투과율 표

재료	두께(mm)	투과율(%)	재료	두께(mm)	투과율(%)
보통유리	2.0	0	vinyl판	2.0	40～70
vita 유리	2.0	36	창호지	-	4.3～20
corex 유리	2.3	90	셀로판	-	76

3. 인공조명

- 광원의 휘도가 높거나 그림자가 생기지 않도록 하고, 되도록 골고루 분포되어야 한다.
- 광선의 방향은 음영도와 관계가 있으며 심리적 영향을 준다.
- 상방 광원은 정적이고 명랑하나, 하방 광원은 동적이고 저속한 감정을 준다.

1) 조명기구

① 형광방전등

- 자외선을 방사하는 방전관의 관 벽에 형광물질을 칠한 것
- 백열등이나 수은등보다 효율이 높으며 기타 등에 비하여 1/3～1/4의 전력으로 같은 조도를 얻을 수 있다.
- 형광물질의 교환에 따라 색상교환이 용이하다.
- 백열전구에 비해 7배의 수명을 갖는다.
- 전압이 낮으면 들어오지 않고 보조기구가 필요하며 빛이 흔들리는 단점이 있다.

② 수은등

- 방전 시 수은 증기압의 여하에 따라 저압수은등, 고압수은등, 초고압수은등으로 구분
- 형광수은등은 일반수은등의 청색에 백색을 가한 것으로서 조명도가 좋아 작업장, 운동경기장용으로 주로 사용된다.

③ 백열등

- 유리구 안에 필라멘트를 봉입하여 전류를 통하는 조명등으로 가장 역사가 길다.
- 온도가 높아짐에 따라 백광이 되고, 전구의 광도가 증가한다.

④ 나트륨등

- 나트륨 증기를 넣은 방전등
- 효율은 높으나 광색이 등황색이어서 색의 식별이 곤란하다.
- U자로 구부린 것은 휘도를 낮추기 위함이다(차도의 조명에 사용).

4. 조명방법

① 직접 조명법

- 경제적이고, 벽체, 천장 등의 오염에 의한 조도의 감소가 적다.

- 심한 음양과 과도 휘도를 일으키며 천장이 어둡다.
- 국부적인 채광에 이용되며, 천장이 심히 높거나 암색일 때 사용한다.

② 간접 조명법

- 그림자가 없고, 과도 휘도가 없다.
- 반사적 현휘가 없는 균등한 조명을 얻을 수 있는 좋은 방법이다.
- 천장의 높이가 적당하고, 천장의 벽체 상부가 밝은 색이어서 반사가 잘 될 때만 사용한다.
- 천장과 벽체의 반사 유지에는 비용이 들며, 백색페인트도 85%밖에 반사하지 않으므로 광원의 촉광 수는 그만큼 높아야 한다.

③ 반 직접 또는 반간접 조명

- 직접, 간접 조명법의 장·단점을 용도에 따라 적절히 혼용하여 사용

5. 인공조명 시 고려해야 할 사항

- 조도는 작업상 충분할 것
- 광색은 주광색에 가까울 것
- 유해가스가 발생하지 않을 것
- 조명도를 균등히 유지할 수 있을 것
- 폭발과 발화성이 없고, 취급이 간편하며 경제적일 것
- 가급적 간접조명이 되도록 설치할 것

① 직접적인 눈부심을 덜기 위한 방법

- 광원 또는 전등의 휘도를 줄인다.
- 휘도가 심한 부위의 면적을 줄인다.
- 눈이 부신 물체와 시선과의 각을 크게 한다.
- 눈이 부신 물체가 있는 주위 및 배경의 휘도를 높인다.

② 반사체에 의한 눈부심을 덜기 위한 방법

- 작업 중에 발생하는 광원과 작업환경에 존재하는 발광체의 휘도를 될수록 낮춘다.
- 광원 또는 발광체의 휘도를 낮추지 못할 경우에는 조명등이나 작업대의 위치를 바꾸어 반사광이 눈에 들어오지 않도록 한다.
- 때로는 반사체의 표면을 변경시켜 현휘가 생기지 않도록 한다.

- 일반조명의 조명도를 높여 반사체와 주위와의 대조를 감소시킴으로써 반사되는 현휘를 줄일 수 있다.

6. 작업구분에 따른 조명의 기준

작 업 구 분	기 준 조 명
초정밀 작업	750 Lux 이상
정밀 작업	300 Lux 이상
보통 작업	150 Lux 이상
기타 작업	75 Lux 이상

7. 조도계의 종류

① 광전지 조도계(Photocell illuminometer)

- 아황산동이나 Selen(Se)의 광전지에 의해 광 에너지를 전류로 바꾸어 조도측정
- 낮은 조도(0.1 Lux 이하) 측정하지 못하며 감도가 일정치 않음

② 광전관 조도계(Phototube illuminometer)

- 금속전극에 빛을 조사하면 전자가 튀어나오는 현상을 이용
- 시간의 지체 없이 조도와 전류가 비례하여 빛에 민감하나, 피로현상이 없다.

③ 룩스계(Lux meter, Foot candle meter)

- 간이 조도계의 대표적인 것으로 Light box, 건전지, 저항기, 전압계로 구성

④ 막베스 조도계(Macbeth illuminometer)

- 정밀 조도계 또는 휘도계로 쓰인다.

학습문제

01 다음의 조명에 관한 설명 중 옳지 못한 것은?★★

① 조명은 직접조명과 간접조명이 있다.
② 작업장 조명은 밝을수록 능률이 올라간다.
③ 직접조명은 눈의 피로를 촉진시킨다.
④ 자연조명을 채광, 인공조명을 조명이라 한다.

해설 산업안전보건법에는 작업 종류에 적정한 조도를 명시하고 있는데, 초정밀 작업은 750 Lux, 정밀작업은 300 Lux, 보통작업은 150 Lux, 기타작업은 75 Lux로 정하고 있다.

02 작업장 등의 환경조건에 관한 다음 기술 중 부적당한 것은 어느 것인가?

① 전체조명과 국소조명을 병행할 때는 전체조명의 조도는 국소조명의 조도의 1/10 이상으로 한다.
② 여름철의 냉방은 실온과 바깥기온의 차를 10℃ 정도로 한다.
③ 작업장내의 기적은 보통 1인당 10 m^3 이상으로 한다.
④ 사무실의 위생적 기류는 0.5 m/sec로 이상 기류는 좋지 않다.

03 작업장의 조명이 불량해서 발생될 수 있는 직업병이 아닌 것은?

① 백내장 ② 근시 ③ 안정피로증 ④ 안구진탕증

해설 적외선의 과도한 조사가 장기간 계속되면 백내장을 일으킬 수도 있다.

04 저조도(low illumination) 또는 불량 조명에 의한 현상으로 볼 수 없는 것은?

① 시력저하 ② 안정(눈알)의 피로
③ 백내장 ④ 작업능률의 저하

05 자연채광이 좋을 때 활발하게 일어나는 현상이 아닌 것은?★★

① 골대사 ② 살균작용 ③ 발육 ④ Vitamin E 형성

해설 자연채광이 좋을 때는 자외선 작용이 활발하게 일어난다. 즉 살균작용, 골대사 및 발육왕성, Vitamin D형성(곱추병 예방)이 일어나나 피부암을 유발시키거나 색소가 침착되기도 한다.

06 작업환경 내의 자연채광을 결정하는 인자가 아닌 사항은 어느 것인가?★★★

① 작업장의 면적 ② 건물의 높이와 면적
③ 창의 면적 ④ 출입문의 방향과 면적

해설 출입문은 자연환기에 기여하는 인자이다.

07 실내에서 자연채광을 많이 받을 수 있는 조건이 아닌 것은 다음 중 어느 것인가?

① 창의 개각은 4～5° 이상 ② 창문의 입사각은 28° 이상
③ 창 면적은 방바닥 면적의 1/10 이상 ④ 입사각이 개각보다 커야 한다

해설 실내 채광율을 높이기 위해서는 창문면적은 바닥 면적의 1/7～1/5 정도가 좋다.

08 자연채광이 좋을 때 활발하게 일어나는 현상이 아닌 것은?

① 골대사 ② 발육 ③ Vitamin C 형성 ④ 살균작용

해설 자외선은 Vitamin D를 형성하며 구루병을 예방한다.

09 창문을 통해 채광효과를 높이기 위한 조건으로 적당한 것은 어느 것인가?

① 입사각＞개각 ② 입사각＝개각 ③ 입사각＜개각 ④ 입사각과는 무관

10 창문을 통한 채광효과를 가장 높일 수 있는 조건은?

① 개각＞입사각 ② 개각＜입사각 ③ 개각＝입사각 ④ 개각과는 무관

해설 창문을 통한 채광효과를 높이기 위해서는 입사각(앙각)이 개각보다 커야 한다. OAB : 창의 개각 4～5° 이상, OAC : 창의 입사각 28° 이상

11 채광을 위해서 창의 면적은 바닥면적의 몇 %인가?

① 15～20% ② 10～15% ③ 15～30% ④ 20～25%

해설 통상적으로 1/6～1/5이 적절하다.

12 작업상의 조명은 어떤 위치에 조명시설이 있어야 하나?

① 정면 ② 좌측 상방 ③ 우측 상방 ④ 등 뒷면

13 인공조명 시 고려해야 할 사항 중 틀린 것은 어느 것인가?★★★

① 광색은 주광색에 가까울 것
② 유해가스를 발생하지 않을 것
③ 취급이 간편하고 경제적일 것
④ 광원을 작업상 간접조명이 좋고 우상방에 비치한다.

해설 인공조명 시 고려해야 할 사항은 다음과 같다.
① 조도는 작업상 충분할 것
② 광색은 주광색에 가까울 것
③ 유해가스를 발생하지 않을 것
④ 폭발과 발화성이 없을 것
⑤ 취급이 간편하고 경제적일 것
⑥ 균등한 조도를 유지할 것
⑦ 광원은 작업상 간접조명이 좋으며 좌 상방에 비치하는 것이 좋다

14 공장조명이나 스포츠조명 등에 많이 사용되는 조명기구는 어느 것인가?

① 형광방전등 ② 형광수은등 ③ 백열등 ④ 나트륨등

15 쾌적한 작업환경을 조성하기 위해 작업 장소에 직접조명을 설치하는 데 적합하지 않은 것은?★★★

① 조명기구의 구조에 따라 눈을 부시게 한다.
② 작업장 내의 균일한 조도 확보가 곤란하고 음영이 강하다.
③ 조명기구가 간단하고 조명기구의 효율이 좋다.
④ 벽, 천장의 색조에 따라 좌우되는 경향이 있다.

16 눈의 보호를 위한 가장 좋은 조명방법은 어느 것인가?

① 직접조명 ② 간접조명 ③ 반간접조명 ④ 반직접조명

17 조명기구가 간단하기 때문에 효율이 좋고 벽·천장의 색소에 좌우되지 않으며 설치비용이 저렴한 조명방법은?

① 직접조명 ② 간접조명 ③ 전반조명 ④ 국소조명

18 보통작업에 적당한 조도(Lux)는 어느 정도인가?

① 600 Lux ② 300 Lux ③ 150 Lux ④ 100 Lux

19 정밀작업 시 작업면의 적당한 조도를 아래에서 골라라.

① 50 Lux ② 300 ~ 100 Lux ③ 300 Lux 이상 ④ 1,000 Lux 이상

해설 초정밀작업은 5,000～1,000 Lux, 정밀작업은 1,000～300 Lux, 보통작업(기계, 철물, 용접)은 300～100 Lux, 조(목공)작업은 100～50 Lux이다.

20 다음 중 산업안전보건법에서 정하고 있는 초정밀작업의 허용조도는 얼마인가?★

① 1000 Lux 이상 ② 750 Lux 이상 ③ 600 Lux 이상 ④ 300 Lux 이상

21 인공조명의 단위는 다음 중 어느 것인가?

① dB ② Lux ③ Hz ④ REM

22 다음 중 조도계의 종류가 아닌 것은?

① 광전지 조도계 ② 광전분광 광도계 ③ 룩스계 ④ 광전관 조도계

해설 조도계의 종류

① 광전지 조도계(photocell illuminometer) : 아황산동이나 Selen(Se)의 광전지에 의해 광에너지를 전류로 바꾸어 조도를 측정한다. 이 조도계는 낮은 조도(0.1 lux 이하)는 측정할 수 없는 것과 감도가 일정하지 않다는 결점이 있다.

② 광전관 조도계(phototube illuminometer) : 금속전극에 빛을 조사하면 전자가 튀어 나오는 현상을 이용한 것으로 시간의 지체 없이 조도와 전류가 비례하여 빛에 민감하며 피로 현상이 없는 장점이 있다.

③ 룩스계(Lux meter, foot candle meter) : 간이 조도계의 대표적인 것으로 light box, 건전지, 저항기, 전압계로 구성되어 있다.

④ 막베스 조도계(Macbeth illuminometer) : 정밀조도계 또는 휘도계로 쓰인다.

23 조명을 할 때 눈의 보호를 위해 가장 좋은 방법은?★★

① 직접조명 ② 간접조명 ③ 반직접조명 ④ 반간접조명

과년도 출제 및 예상문제

01 조명에 대한 설명으로 틀린 것은?

① 조명이 불충분한 작업환경에서는 눈이 쉽게 피로해지며 작업능률이 저하된다.

② 조명 부족 하에서 작은 대상물을 장시간 직시하면 근시를 유발할 수 있다.

③ 백내장 망막변성은 기질적 안질환으로 조명부족에 의한 안질환이다.
④ 조명과잉은 망막을 자극해서 잔상을 동반한 시력장해 또는 시력 협착을 일으킨다.

02 다음은 실내작업장의 자연채광에 관하여 설명한 것이다. 가장 알맞은 사항은?

① 조명의 평등을 요하는 작업장의 창은 남향창이 좋다.
② 톱날지붕을 갖는 작업장의 창은 남향창이 좋다.
③ 창의 면적은 바닥 면적의 25～30%가 적정하다.
④ 창을 통한 자연채광의 입사각은 28° 이상이 좋다.

03 다음 설명에 알맞은 공장별 조명방법은?

전반조명으로 작업장 전체에 비치게 하고, 필요 최소한의 조도를 주고, 협조형의 반사등을 이용해서 광원을 적당한 높이로 하여 높은 조도를 준다.

① 천장이 낮고 넓은 작업장
② 천장이 높고 좁은 작업장
③ 천장이 높고 폭이 넓은 작업장
④ 천장이 낮고 폭이 좁은 작업장

04 올바른 조명 설치와 거리가 먼 것은?

① 눈의 피로를 줄이기 위해서는 간접조명을 택한다.
② 광원의 색은 주광색이 적당하다.
③ 보통작업의 경우 조도를 150 Lux 이상 되도록 한다.
④ 작업자 오른쪽 위에 설치한다.

해설 그림자가 생기는 것을 예방하기 위해서 작업자 왼쪽 상방에 설치한다.

05 균일한 조명을 요하는 작업장 창의 방향으로 알맞은 것은?

① 남향 ② 동남향 ③ 북향 ④ 서북향

해설 채광을 필요로 하는 경우 : 남향

06 아래의 설명 중에서 조명의 정도를 높여야 하는 경우와 가장 거리가 먼 것은?

① 취급물체와 주위의 색깔의 대조가 뚜렷하지 않을 때
② 밝은 색깔을 취급할 때와 같이 피사체의 반사율이 커져 음영이 발생될 때
③ 계속적으로 눈을 쓰고 정밀작업을 할 때
④ 생산성 향상을 위해 물체를 정확하고 빠르게 보는 것이 필요할 때

07 인공조명 시 고려해야 할 사항과 가장 거리가 먼 것은?

① 소음수준 ② 경제성, 취급용이성
③ 발화성, 폭발성 ④ 균등한 조도

08 형광방전등에 관한 설명으로 알맞지 않은 것은?

① 주로 자외선을 방사하는 방전관의 관벽에 적당한 조성비의 형광물질을 칠한 것으로 대부분은 백색에 가까운 빛을 얻는 광원으로 사용된다.
② 백열전구나 수은등보다 효율이 높다.
③ 백열전구에 비하여 수명이 길며 전원의 전압이 일정하지 않아도 조도세기에 영향이 없고 보조기구가 필요 없다.
④ 방전으로 방사되는 에너지의 60% 내외는 수은의 공명선이며 전 압력의 20%가 형광으로서 방출된다.

09 일정량의 전력으로 조명 시 가장 밝은 조명을 얻을 수 있는 방법은?

① 직접조명 ② 간접조명 ③ 반직접조명 ④ 반간접조명

10 [국부조명에만 의존할 경우에는 작업장의 조도가 너무 균등하지 못해서 눈의 피로를 가져올 수 있으므로 전체조명과 병용하는 것이 보통이다. 이와 같은 경우에는 전체조명의 조도는 국부조명에 의한 조도의 ( ) 정도가 되도록 조절한다.] ( ) 안에 알맞은 범위는?

① 1/10～1/5 ② 1/20～1/10 ③ 1/30～1/20 ④ 1/50～1/30

11 효과적인 자연채광을 위해 바닥면적에 대한 유효창의 면적 비율은?

① 1/2～1/3 ② 1/5～1/6 ③ 1/8～1/6 ④ 1/10～1/15

12 일반적으로 작업장의 조도를 균등하게 하기 위해 국소조명과 전체조명이 병용될 때 전체조명의 조도는 국소조명의 얼마로 조정하는가?

① 1/2～1/5 ② 1/5～1/10 ③ 1/10～1/15 ④ 1/15～1/20

13 다음 국소조명과 전체조명을 병행하여 설치할 경우 국소조명은 얼마로 하는 것이 적당한가?

① 1/3～1/5 ② 1/5～1/10 ③ 1/10～1/15 ④ 1/15 이상

14 채광과 조명단위에 관한 다음의 기술 중 부적당한 것은?

① 촉광은 빛의 광도를 나타내는 단위로 지름이 1인치되는 촛불이 수평방향으로 비칠 때 대략 1촉광의 빛을 낸다.

② 루멘은 1촉광의 광원으로부터 한 단위입체각으로 나가는 광속의 단위이다.

③ 창면적은 바닥면적의 16～20%가 이상적이다.

④ 종(從)으로 긴창보다 횡(橫)으로 넓은 창이 채광에 유리하다.

15 1루멘(Lumen)의 빛이 1 m^2의 평면에 비칠 때의 밝기를 무엇이라 하는가?

① 촉광(Candle) ② Lambert ③ 룩스(Lux) ④ 푸트 캔들(Foot candle)

16 조도에 대한 설명 중 틀린 내용은?

① 1촉광(candle-power)은 12.57루멘(Lumen)과 같다

② 1루멘(Lumen)은 1촉광의 광원으로부터 단위 입체각으로 나가는 광속의 단위이다

③ 1럭스(Lux)는 1 m^2의 평면에 1푸드 캔들(Foot candle)의 빛이 비칠 때의 밝기이다.

④ 1푸드캔들(Foot candle)의 10.8럭스이다.

17 [CRT화면 : 키보드 : 주변]의 조도비로 가장 적당한 것은?

① 1:5:20 ② 1:50 :200 ③ 1:3:10 ④ 1:30 :100

15 화학물질과 독성

학습목표

1. 화학물질과 유해작용
2. 용량-반응 관계
3. 유해물질의 단위
4. 화학물질의 분류
5. 유해물질의 체내 침입 형태
6. 유해물질의 흡수, 분포, 대사, 배
7. 유해작용을 결정하는 인자
8. 화학물질의 유해성 평가

1. 화학물질과 유해작용

① 전 세계적으로 유통되고 있는 화학물질 수는 30여만 종

- 사업장에서 단일물질로 사용되고 있는 화학물질은 5만 5천여 종으로 대단히 많음
- 또한 5만여 종의 단일물질이 합성, 반응 등을 거쳐 매년 1000여 종의 새로운 화학물질이 생산되고 있음

☞ 기존화학물질 : 독성, 유해성 등이 이미 실험을 통해 알려진 화학물질 – 물질안전보건자료(MSDS) 활용
신규화학물질 : 새로이 만들어지는 화학물질로 독성, 발암성, 돌연변이성 실험 → 고용노동부, 환경부에 승인(심사)

② 유해작용의 유·무 결정 : 독성(Toxicity), 유해성(Hazard)의 유·무로 평가

- 독성(Toxicity) : 어떤 화학물질이 생체조직을 손상시키는 능력, 동물실험을 통해 파악가능
- 유해성(Hazard) : 어떤 환경이나 상황 속에서 생체조직을 손상시킬 가능성

☞ 벤젠이 병에 있는 경우 조혈기관 장해 등 독성은 파악할 수 있으며, 유해성은 없으나 밀폐공간 등 사업장에서 접착, spray 공정 등에서 사용하는 경우에는 인체의 호흡기, 피부, 소화기를 통해 체내에 침투되어 인체에 유해성을 미침

2. 용량-반응 관계(Dose-Response relationship)

① 유해물질의 폭로량에 따라서 상관 관계적으로 나타나는 생물학적 관계

- 동물에게 유해물질의 일정량을 투입하여 사망 여부를 관찰하고 결과에 따라 용량을 조절하여 투여 용량에 따라 전체동물 중 몇 %가 죽는지의 자료획득 가능

② LD_{50}(Lethal Dose 50) : 용량반응 곡선에서 실험동물군의 50%가 일정기간(보통 30일) 동안에 죽는 치사량 → 단위체중당(wt/kg)

③ LC_{50}(Lethal Concentration 50) : 용량반응 곡선에서 실험 동물군의 50%가 일정기간(보통 30일) 동안에 죽는 치사농도 → ppm, mg/m^3

④ ED_{50}(Effective Dose 50) : 실험동물의 50%가 반응하는 약물 투여량

3. 유해물질의 단위

① ppm(가스상 물질) : 용량농도 → 공기 1 m^3 속에 들어있는 유해물질의 mL 수
유기용제 증기, 암모니아 가스 등으로 발생되는 유해물질의 농도 표시에 사용

② mg/m^3(입자상 물질) : 중량농도 → 공기 1 m^3 속에 들어있는 유해물질의 mg 수
납, 카드뮴, 망간 등 중금속이나 유기·무기성 분진, 흄 상태로 발생되는 유해물질의 농도 표시

☞ • 수은은 증기 상태로 발생 → mg/m^{3}로
• mist 상태로 발생되는 금속 → mg/m^3 산, 알카리 등 액체 : ppm
• ppm → mg/m^{3}로 환산 = ppm × MW/24.45

4. 화학물질의 분류

1) 물리적 형태에 의한 분류

형태	발생상태	정의
기체	Gas	상온, 상압 하에서 일정 형태를 갖지 않는 기체
액체	Gas	
	Vapour	상온, 상압 하에서 외부작용(압력, 온도)에 의한 기체
	Mist	액체물질이던 것이 미립자가 되어 공기 중 분산
고체	Dust	작업과정에서 공기 중 비산하는 미립자
	Fume	고체 —(열)→ 기체 —(O_2, 산화등 화학적 변화)→ 고체

2) 화학적 구조에 의한 분류

① 산 및 알카리 화합물 : HCl, H_2SO_4, HNO_3, NaOH(수산화나트륨), KOH 등

② 지방족 탄화수소 : 구조식이 —C—C—C—의 체인 모양

- 석유계 용제인 휘발유, 등유, n-Hexane 등

③ 방향족 탄화수소 : 벤젠, 톨루엔, 크실렌, 에틸벤젠, 스틸렌 등

④ 할로겐화 탄화수소 : 염소(Cl) 결합

- Trichloroethylene(TCE) : 화학식(C_2HCl_3), 포스겐($COCl_2$)

⑤ 금속 : Pb, Cd, Cr, Mn, Cu 등

3) 생리적 작용에 의한 분류(작용기전)

(1) 자극제

① 피부 및 점막에 작용하여 부식, 수포 형성

- 호흡기 : 호흡정지, 구강 : 치아산식증, 눈 : 결막염, 각막염 발생

② 호흡기에 대한 자극작용 : 유해물질의 용해도(물에 녹는)에 따라 다름

- 상기도 점막 자극제 : 물에 잘 녹는 물질 → 용해도가 높은 물질
  - 코 및 상기도 점막에 부착 후각을 자극(냄새 등으로 유해물질 존재 파악 가능)
    크롬 : 비중격천공, 비소 : 비강암, 알레르기성 입자인 목 분진이나 암모니아 가스
- 상기도 점막 및 폐 조직 자극제 : 물에 녹는 용해도가 중등도 물질 – 오존, 염소, 불소
- 종말 기관지 및 폐포 점막 자극제 : 물에 잘 녹지 않는 물질 즉, 용해도가 낮은 물질은 폐포까지 들어가 폐수종(삼출액이 폐포까지 참)을 일으켜 사망 – 포스겐, 삼염화 비소, 이산화 질소(NO_2)

  ☞ 물에 녹지 않고(용해도 낮음), 지방에는 잘 용해되는 물질인 유기용제, 농약 등은 폐에 대한 자극작용 없으나 흡수되어 간, 신장, 조혈기관 등 특정 장기에 작용

(2) 질식제 : 조직 내의 "산화작용"을 방해

① 단순 질식제 : 생리적으로 아무런 작용 없음

- 공기 중에 다량 존재 → 산소 분압 저하 → 조직 내에 필요한 산소공급 부족 초래
- 저기압환경(비행기, 등산) 저산소증 발생환경(탱크, 맨홀 등)
- 수소, 헬륨, 탄산가스, 이산화탄소(CO_2), 질소, 메탄 등

② 화학적 질식제 : 혈액 중 혈색소(Hemoglyobin)와 결합하여 산소운반 능력 방해

- O_2 + Hb → O_2Hb가 되어야 하나 CO는 결합을 방해하여
- CO + Hb → COHb(carboxyhemoglyobin)의 농도를 증가시켜 혈색소로부터 산소의 결합능력 방해가 250～300배 높음
- 청산(HCN, KCN, NaCN) : 세포내의 산화효소와 결합하여 조직 내의 산화 과정 방해
- 황화수소(H_2S) : 호흡마비, 고농도 일 때는 냄새를 맡지 못하므로 중독가능

(3) 마취제 및 진정제(진통제)

- 단순마취작용 : 중추신경 작용 억제가능
- 에스테르류 : 체내에서 가수분해하여 유기산, 알코올 형성 → 2차적 마취 작용

(4) 전신중독제

- 흡입 또는 피부를 통해 흡수 전신중독증 유발 물질

5. 유해물질의 체내 침입 형태

① 유해물질의 작용부위 ⇒ 피부(염증), 점막(궤양)에 직접 영향

② 피부 소화기, 호흡기를 통해 "체내 침입"하고 일정량 축척되어 여러 가지 장해 유발

- 호흡기를 통한 침입 : 인간은 공기 중의 산소(O_2)를 흡입하고, 이산화탄소(CO_2)를 배출하는 작용을 위해서 "4～7 L/min"의 속도로 공기를 호흡하나 작업 강도가 크고, 산소 소비량이 증가하면 호흡량이 20～30 L/min에 달할 수 있어 유해물질 흡입량이 증대됨
- 소화기를 통한 침입 : 손가락 → 음식물, 담배 → 입
  - 입 흡입 → 장관에 흡수 → 불 용해되는 것은 대변으로 배출, 침이나 소화액에 용해되는 것은 간장에 도달하여 분해, 해독작용에 의해 제거됨
  - 혈류에 의해 전신으로 순환되어 중독을 유발하나 호흡기 침투보다는 독성 낮음
- 피부를 통한 침입 : 피부는 신체 표면 전체를 덮고 있으며, 면적은 약 1.6 m^2로 유해물질의 좋은 장벽 역할
  - 기체물질이나 물, 지방에 잘 용해될 수 있는 물질은 땀이나 피부에 녹아서 흡수됨
  - 호흡작용에 있어 전 호흡량의 1.5%
  - 물(수용성)이나 기름(지용성)에 용해하기 쉬운 화학물질일수록 독성이 큼

6. 유해물질의 흡수, 분포, 대사, 배설

유해물질에 의한 중독은 연속적인 흡수, 분포, 대사, 배설의 과정임

① 흡수(폭로) : 유해물질이 폭로장기의 세포막을 경과하여 혈류 내로 침입

② 분포 : 흡수된 유해물질은 신체 내 운반을 거쳐 각 조직에 분포 ⇒ "축척 저장소"

③ 대사 : 흡수된 장기나 간장에서 효소에 의해 대사되어 해독화 ⇒ 정상, 활성화 : 발암성 유발 가능

④ 배설 : 신장이 주된 역할을 하여 폐, 땀이나 눈물, 침, 젖 등으로 배설

- 반감기(Half-Life) : 원래 주어진 양에서 반이 제거될 때까지 걸리는 시간
  - 수은 : 70일, 카드뮴 : 수년~10년, 납 : 수개월~3년
  - 개인의 감수성 차이가 크고, 반감기가 길수록 독성이 큼

7. 유해작용을 결정하는 인자

① 인체 내 침입 경로

- 유해물질 폭로방법은 호흡기, 소화기, 피부 이외의 "주사"도 가능
- 흡수 정도의 순서 : 정맥주사 > 흡입 > 경피 > 경구

② 물리·화학적 성상

Hg(수은) ┬ 감홍(아말감 - 치과용) Hg_2Cl_2 : 신경계 이상 없으나 신장장해 유발
　　　　 └ 메틸 및 에틸수은 : 강한 신경 독성 있음

③ 농도와 폭로 기간

- 유해물질 농도가 높고, 독성이 크다는 것은 단순 비례가 아님
  - 농도 상승률보다 독성의 증대율이 훨씬 큼
- 2가지 이상의 혼합물질이 존재할 때 그 독성은 개개물질의 합(독립적)이 아니라 상승적, 상가적, 길항적으로 작용

  ☞ Haber의 법칙 : K(유해물질 지수) = C(농도) × T(폭로시간)

④ 개인의 감수성 : 민족, 연령, 성별, 습관, 연소자, 부녀자, 태아

- 납(Pb)의 TLV는 ACGIH : 0.05 mg/m^3 OSHA : 0.05 mg/m^3
- 반도체, 전자회사 등에 가입여성 증대됨에 따라 태아 건강 보호를 위해 TLV 강화

⑤ 작업강도 : 노동 강도가 크고 체내산소 요구량이 많으면 호흡량이 증가하여 유해물질 다량 폭로

⑥ 기상조건

- 여름철 : 고온, 다습, 무풍 시 → 유해물질 확산 안 됨
- 더운 공기는 상부로, 찬 공기는 밑으로 순환되어야 하나 기상역전 현상이 발생하여 상승공기가 두절됨에 따라 Smog 현상 발생

  ☞ 대표적 대기오염 사건 : 런던스모그 사건, 로스앤젤레스 사건 등

8. 화학물질의 유해성 평가

① 흡입독성 실험의 목적

- 화학물질의 호흡에 의한 유해성 평가
- 호흡기 또는 피부, 신체의 국부적 유해성 검토
- TLV, LC_{50} 등 기준 설정 자료
- 호흡기 및 각종 질병의 실험적 재현
- 화학물질의 악성종양 등 발암성 연구
- 흡입물질의 생체 내 거동 연구
- 독성예측 및 생체의 질병 모델연구

② 흡입실험의 분류

- 폭로방식에 의한 분류 : 전신 폭로방식, 두부(頭部) 폭로방식
- 환기방식에 의한 분류 : 폐쇄방식, 유동방식
- 실험물질의 종류에 의한 분류 : 가스상 물질, 입자상 물질
- 실험계획에 의한 분류
  - 급성 흡입 실험 : LC_{50}을 구하기 위한 실험, 폭로기간은 1시간에서 1주간 정도
  - 아만성 흡입 실험 : 독성과 그 축적성의 예측을 위한 예비실험, 30~90일간 흡입폭로
  - 만성 흡입 실험 : 발암성 및 유해성 평가 실험 등 장기간 흡입시킨 후 생체에의 영향 연구 ⇒ 1일 6시간, 주 5일로 하여 18개월 또는 2년간에 걸쳐 흡입 폭로

* 안전보건 매뉴얼 100선, 고용노동부, 안전보건공단 자료 인용

물질안전보건자료(MSDS)의 이해

물질안전보건자료(MSDS)란?

- 물질안전보건자료(MSDS, Material Safety Data Sheet)란 물질에 관한 여러 가지 정보를 담은 자료를 말한다.
- 물질에 관한 정보는 그 물질의 이름, 성분, 유해성, 위험성, 보관방법, 다룰 때 주의할 점, 필요한 보호구, 몸에 묻거나 먹었을 때 등의 응급조치 등 여러 가지 정보가 포함된다.

물질안전보건자료의 필요성

[사 례]

- 사례 1 : 경기도 소재 사업장에서 수산화테트라메틸암모늄(TMAH)이라는 세척제가 몸에 쏟아졌으나 해당물질의 유해 · 위험성을 알지 못한 근로자가 작업이 끝난 후 닦으려고 하다가 급성 중독으로 사망
- 사례 2 : 충북 소재 사업장에서 수산화테트라메틸암모늄(TMAH)이 작업자의 얼굴, 목 등 부위에 분사되어 샤워실에서 얼굴, 목 등을 닦았으나 20여분이 지난 후 급성중독으로 사망

- 수산화테트라메틸암모늄에 대한 물질안전보건자료(MSDS)의 유해위험문구에 "피부와 접촉하면 치명적임", "근육약화 및 호흡기마비를 야기함", "미스트 및 에어로졸 형태로 흡입시 기도에 자극성이 있음" 등의 정보가 포함되어 있으나 작업자는 해당 내용을 알지 못하고 일하던 중 사망하였다.
- MSDS 교육을 통해 안전한 작업방법 및 보호구를 착용하고 작업을 할 경우 사고를 예방할 수 있다.

물질안전보건자료의 정보 및 게시

물질안전보건자료의 정보

[물질안전보건자료에 포함되는 정보]

구분	정보
화학제품과 회사에 관한 정보	제품명, 제품의 권고용도와 사용상의 제한 등
유해 · 위험성 정보	유해 · 위험성 분류, 예방조치문구를 포함한 경고표지 항목 등
구성 성분의 명칭 및 함유량	화학물질명, 관용명 및 이명, CAS 번호 또는 식별번호, 함유량
응급조치 요령	눈에 들어갔을 때, 피부에 접촉했을 때, 흡입했을 때 등
폭발 · 화재 시 대처방법	적절한 소화제, 화재 진압 시 착용할 보호구 및 예방조치 등
누출 사고 시 대처방법	인체 보호를 위한 조치사항 및 보호구, 정화 또는 제거방법 등
취급 및 저장방법	안전취급요령, 안전한 저장방법
노출방지 및 개인보호구	노출기준, 적절한 공학적 관리, 개인보호구 등
물리화학적 특성	외관, 냄새, 인화점, 인화 또는 폭발한계 상 · 하한, 자연발화온도 등
안정성 및 반응성	화학적 안정성, 유해반응의 가능성, 피해야 할 조건 등
독성에 관한 정보	가능성이 높은 노출경로에 대한 정보, 단기 및 장기노출에 의한 영향 등
환경에 미치는 영향	수생 · 육생 생태독성, 잔류성과 분해성, 생물 농축성 등
폐기시 주의사항	폐기방법, 폐기 시 주의사항
운송에 필요한 정보	유엔번호(UN No.), 유엔 적정 운송명, 운송 시의 위험등급 등
법적 규제 현황	산업안전보건법에 의한 규제, 유해화학물질관리법에 의한 규제 등
기타 참고사항	자료의 출처, 최초 작성일자, 개정횟수 및 최종 개정일자 등

물질안전보건자료 게시 · 비치

- 게시 · 비치 방법(산업안전보건법 시행규칙 제92조의 4)
  - 취급 근로자가 쉽게 보거나 접근할 수 있는 장소에 각 화학물질별로 물질안전보건자료를 항상 게시하거나 갖추어 둠
  - 취급 작업자가 물질안전보건자료를 쉽게 확인할 수 있는 전산장비를 갖추어야도록 함
- 게시 내용(산업안전보건법 시행규칙 제92조의 4)
  - 물리 · 화학적 특성 – 독성에 관한 정보 – 폭발 · 화재 시의 대처 방법 – 응급조치 요령 등
- 게시 장소
  - 대상화학물질 취급작업 공정 내 – 안전사고 또는 직업병 발생우려가 있는 장소
  - 사업장 내 근로자가 가장 보기 쉬운 장소 등

화학물질 관리요령 게시

- 물질안전보건자료에 적힌 내용을 참고하여 취급 공정별로 화학물질 관리요령을 게시
  - 대상화학물질의 명칭 및 유해성 · 위험성
  - 취급상의 주의사항 및 적절한 보호구
  - 응급조치 요령 및 사고 시 대처방법 등
- 유해성 · 위험성이 유사한 화학물질의 그룹별로 작업공정별 관리요령을 작성하여 게시 가능

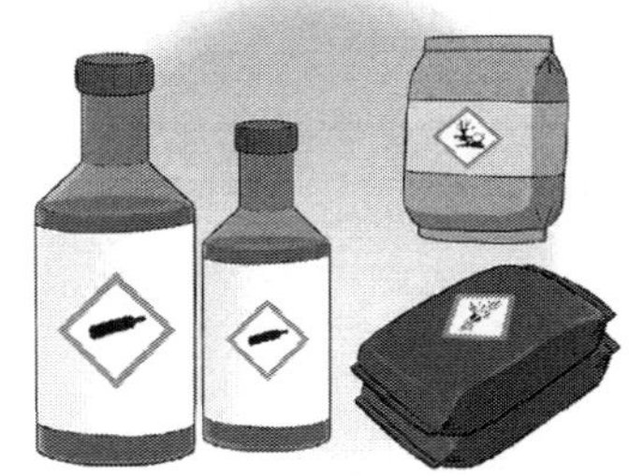

대상화학물질 경고표시

- 경고표시 방법
  - 대상화학물질 단위로 유해 · 위험정보를 명확히 알 수 있도록 경고표지를 작성
  - 대상화학물질을 담은 용기 및 포장에 붙이거나 인쇄
- 경고표시 의무자
  - 대상화학물질을 양도하거나 제공하는 자
  - 취급 사업장 사업주
- 경고표시 대상
  - 대상화학물질을 담은 용기와 포장
  - 작업장에서 사용하는 대상화학물질을 담은 용기
  - 대상화학물질을 담은 용기와 포장에 담는 방법 외의 방법으로 양도하거나 제공할 때는 경고표시 기재 항목을 적은 자료를 제공
- 경고표시 제외대상
  - 양도 · 제공 대상화학물질을 담은 용기와 포장에 아래 해당 표시한 경우
    - 「유해화학물질 관리법」 제29조에 따른 유독물에 관한 표시
    - 「위험물안전관리법」 제20조 제1항에 따른 위험물의 운반용기에 관한 표시
    - 「고압가스 안전관리법」 제11조의 2에 따른 용기 등의 표시
    - 대상화학물질을 양도 · 제공하는 자가 대상화학물질을 담은 용기에 이미 경고표시를 한 때
    - 근로자가 경고표시가 되어 있는 용기에서 대상화학물질을 옮겨 담기 위해 일시적으로 용기를 사용하는 경우
- 경고표지에 들어갈 내용
  - 명칭: 해당 대상화학물질의 명칭
  - 그림문자: 화학물질의 분류에 따라 유해 · 위험의 내용을 나타내는 그림

  - 신호어: 유해 · 위험의 심각성 정도에 따라 표시하는 "위험" 또는 "경고" 문구
  - 유해 · 위험 문구: 화학물질의 분류에 따라 유해 · 위험을 알리는 문구
  - 예방조치 문구: 화학물질에 노출되거나 부적절한 저장 · 취급 등으로 발생하는 유해 · 위험을 방지하기 위하여 알리는 주요 유의사항
  - 공급자 정보: 대상화학물질의 제조자 또는 공급자의 이름 및 전화번호 등

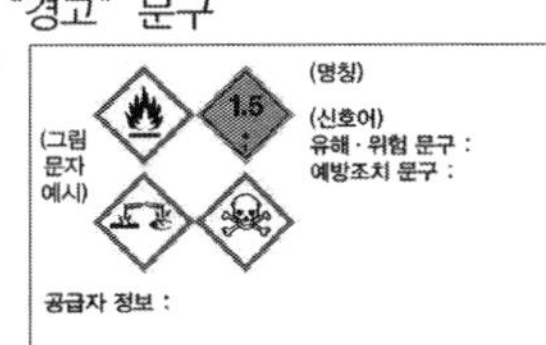

물질안전보건자료 교육

물질안전보건자료 교육

- 유해성 · 위험성이 유사한 대상화학물질을 그룹별로 분류하여 교육 가능
- 교육을 했을 때에는 교육시간 및 내용 등을 기록 · 보존
- 교육시기
  - 대상화학물질을 제조 · 사용 · 운반 또는 저장하는 작업에 근로자를 배치하게 된 경우
  - 새로운 대상화학물질이 도입된 경우
  - 유해성 · 위험성 정보가 변경된 경우
- 교육내용
  - 대상 화학물질의 명칭(또는 제품명)
  - 물리적 위험성 및 건강 유해성
  - 취급 주의사항
  - 적절한 보호구
  - 응급조치 요령 및 사고시 대처방법
  - 물질안전보건자료 및 경고표지를 이해하는 방법

물질안전보건자료의 작성 · 비치 등 제외 제제

(산업안전보건법 시행령 제32조의 2)

- 「원자력안전법」에 따른 방사성물질
- 「약사법」에 따른 의약품 · 의약외품
- 「화장품법」에 따른 화장품
- 「마약류관리에 관한 법률」에 따른 마약 및 향정신성의약품
- 「농약관리법」에 따른 농약
- 「사료관리법」에 따른 사료
- 「비료관리법」에 따른 비료
- 「식품위생법」에 따른 식품 및 식품첨가물
- 「총포 · 도검 · 화약류 등 단속법」에 따른 화약류
- 「폐기물관리법」에 따른 폐기물
- 위 10 가지 외의 제제로서 주로 일반 소비자 생활용으로 제공되는 제제
- 그 밖에 고용노동부장관이 독성 · 폭발성 등으로 인한 위해의 정도가 적다고 인정하여 고시하는 제제
  - 위 적용대상 물질의 분류기준에 해당되지 않는 물질. 다만, 물리적 위험성에 해당하는 물질이 1% 미만 함유된 제제를 포함
  - 고형화된 완제품으로서 취급근로자가 작업 시 그 제품과 그 제품에 포함된 대상화학물질에 노출될 우려가 없는 제제(다만, 발암성물질이 함유된 제품은 제외)

학습문제

01 다음 중 최소 치사농도를 나타내는 것은?

① LD_{50} ② LC_{50} ③ ED_{50} ④ TLV

02 공기 중의 SO_2와 HCN과 같이 반응양상에 따른 유해물질이 일으키는 작용은?

① 길항작용 ② 상가작용 ③ 독립작용 ④ 상승작용

03 작업장에서 황산과 카드뮴이 동시에 발생할 때 이들은 어떤 작용을 하는가?

① 독립작용 ② 복합작용 ③ 길항작용 ④ 상승작용

해설 독립작용 : 각각의 혼합물이 절대로 상가 작용을 하지 않고 신체의 전혀 다른 부위에서 독립적으로만 작용할 때를 말하며 각각의 허용농도와 비교해야 한다.

04 알코올과 염소화 탄화수소류가 혼합될 때 독성 크기는 어떻게 나타나는가?★

① 상가작용(additive action) ② 상승작용(synergism)
③ 가승작용(potentiation) ④ 상쇄작용(antagonism)

해설 2+3=5(상가), 2+3=20(상승), 2+0=10(가승), 4+0=1(상쇄)

05 공기 중 화학적 유해인자의 성상에 대한 설명이다. 틀리게 설명한 것은?★

① 25℃, 1기압에서 기체 상태인 물질인 염소, 암모니아, 일산화탄소 등을 가스라 한다.
② 미스트는 액체의 미세한 입자가 공기 중에 부유하고 있는 것으로 공정의 스프레이, 발포, 교반 등으로 생길 수 있다.
③ 고체물질의 증기가 응축되어 생긴 미세한 기체입자를 흄이라 하며 용접과정에서 발생되는 금속 등을 말한다.
④ 증기는 25℃, 1기압에서 액체 상태이나 증기압에 의해 공기 중으로 휘발되어 기체로 되는 물질로 각종 유기용제가 해당된다.

해설 공기 중 화학적 유해인자의 존재형태는 증기, 가스 미스트, 흄, 먼지 등으로 존재한다. 이 중 흄은 고체물질의 증기가 응축되어 생긴 미세한 고체입자를 말하며 용접과정이나 용해 등의 고열을 이용하여 고체물질을 녹이는 공정에서 발생된다.

06 유해물질과 작업환경 내 존재 상태에 관한 설명이다. 적합지 아니한 사항은 어느 것인가?

① 통상적으로 액체 상태이던 유해물질이 어떠한 원인으로 미립자가 되어 작업환경내의 공기 중에 분산되어 있는 것을 유해 미스트(hazardous mist)라 한다.
② 통상적으로 기체 상태이던 유해물질이 응결하여 액체상태의 미립자로 변하여 작업환경 중 또는 공기 중에 존재하는 것을 유해안개(hazardous fog)라 한다.
③ 유기성 또는 무기성의 고형물질이 작업과정 중에 분쇄되어 작업환경 중 또는 공기 중으로 비산되어 있는 미립자를 흄이라고 한다.
④ 분진은 서로 뭉치는 성질이 있으며 공기 중에서 무한히 확산되지 않고 중력으로 서서히 가라앉는다.

해설 공기 중에서 비산되는 미립자는 분진이다. 공기 중에 부유하는 미립자는 부유분진이라고 한다.

07 작업환경 공기 중의 유해물질 중에서 입자상 물질이라고 볼 수 없는 사항은 어느 것인가?

① 증기(vapor) ② 흄(fume) ③ 분진(dust) ④ 미스트(mist)

해설 가스와 증기는 기체상 물질이다.

08 작업환경 공기 중에 부유하는 입자상 물질을 총칭하여 무엇이라 하는가?

① 스모그(smog) ② 분진(dust) ③ 흄(fume) ④ 에어로졸(aerosol)

09 다음의 물질 중 공기 중에서 미스트로 존재할 수 있는 것은?

① 황산 ② 납 ③ 수은 ④ 철

10 가스상으로 발생된 물질이 공기 중에서 화학반응을 일으켜 입자상의 화합물로 되어 부유되고 있는 상태의 물질은?

① Particle ② Dust ③ NOx ④ Fume

11 작업환경 공기 중 유해물질의 분류에 있어 기체상 물질인 것은 다음 중 어느 것인가?

① 분진, 가스 ② 가스, 증기 ③ 흄, 미스트 ④ 미스트, 증기

12 다음의 물질 중 공기 중에서 Vapor(증기) 상태로 존재할 수 있는 것은?★★★

① 황산(H_2SO_4) ② 납(Pb) ③ 수은(Hg) ④ 철(Fe)

13 작업환경오염의 원인이 되는 유해가스, 증기, 분진 등에 관한 다음의 기술 중에서 적당치 아니한 사항은 어느 것인가?

① 유해물질이 호흡기로 들어오면 바로 혈액 중으로 들어가므로, 음식물이나 손가락 등을 경유하여 소화기로 들어가는 경우보다도 유해성이 높다.
② 작업자의 허파로 흡입되어 섬유증식증을 일으킬 수 있는 분진에는 유리규산 분진이나 석면분진 등이 있다.
③ 어떠한 화학물질이 작업자에게 유해한가 아니한가의 여부는 화학물질의 종류에 의하여서만 결정된다.
④ 작업환경 공기 중의 일산화탄소, 시안화물 등은 작업자에게 화학적 질식성을 나타내게 되는 물질들이다.

해설 화학물질의 유해성은 물질의 종류와 존재량에 의하여 결정된다.

14 작업환경 공기 중의 유해분진, 가스 및 증기가 인체에 미치는 작용에 관한 다음의 기술 중에서 적합지 아니한 사항은 어느 것인가?

① 면, 마, 목재 또는 전분 등의 분진은 작업자의 체질에 따라 천식이나 기관지염 및 결막염을 일으킨다.
② 석면분진, 크롬산 미스트, 비소분진 등은 작업자에게 폐암을 일으킬 염려가 있다.
③ 광물성 분진은 분진입자의 입경에 관계없이 작업자의 폐까지 도달하여 진폐를 일으킨다.
④ 광물성 분진 중에서 유리규산 분진이 가장 진폐를 발생시키기 쉬운 분진이다.

해설 호흡성 분진만이 사람의 폐까지 도달한다.

15 작업환경 공기 중의 유해가스나 증기 및 분진 등이 작업자의 인체에 미치는 영향이다. 적당치 아니한 사항은 어느 것인가?★

① 염화비닐, 크롬산, 콜타르 등은 암을 일으키기도 한다.
② 아연이나 구리 등의 금속 흄을 흡입하면 체질에 따라 고열을 일으킨다.
③ 탄산가스, 메탄, 프로판은 인체에 미치는 영향에서 보면 상기도 자극물질이다.
④ 노르말 헥산은 다발 신경염을 일으키고, 벤젠은 백혈구나 혈소판감소를 일으킨다.

해설 탄산가스, 메탄, 프로판은 단순질식성 물질이다.

16 작업환경 중의 유해가스나 분진이 작업자의 인체에 미치는 영향에 관한 설명이다. 올바른 사항은 어느 것인가?

① 분진이나 가스의 유해성을 분진이나 가스의 종류에 따라 다르지 않다.

② 동일한 분진이나 가스는 체내 침입하는 경로가 달라도 유해성은 변하지 아니한다.
③ 분진, 가스가 인체에 미치는 유해성정도는 폭로농도, 폭로시간에 따라 달라진다.
④ 분진에 의한 장해는 광물성 분진에 의한 것만으로 발생하며 식물성 분진은 무해하다.

17 작업환경 중의 유해가스, 증기, 분진에 관한 기술이다. 적합지 아니한 사항은 어느 것인가?

① 폐암이 발생될 우려가 있는 물질로서는 베타나프틸아민과 벤지딘이다.
② 유해성이 낮은 물질이라도 발생량이 많으면 위해성도 증가한다.
③ 유해물질의 허용농도란 직업병 발생의 유무판정에 이용하는 수치가 아니다.
④ 작업시간이 길고 작업강도가 크면 인체에의 침입량도 많아지고 유해성도 높아진다.

해설 베타나프틸아민과 벤지딘은 방광암을 일으킨다.

18 작업환경 중의 유해가스나 증기가 인체에 미치는 영향이다. 적당한 설명이 아닌 사항은 어느 것인가?

① 염소, 불소, 브롬은 폐 조직을 자극하는 물질이다. 메탄과 에탄은 단순 질식성 물질이다.
② 유기용제류는 체내로 흡입되면 체내의 지방조직과 쉽게 결합하기 때문에 지방조직의 기능 장해를 일으킨다.
③ 일산화탄소와 시안화물은 호흡 시 상기도를 자극하는 물질이다.
④ 톨루엔, 크실렌, 알코올류는 흡입 시 중추신경계를 자극하는 물질이다.

19 다음 중 화학적 질식제라고 할 수 없는 화학물질은 어느 것인가?★

① 일산화탄소(CO) ② 니트로벤젠 ③ 메탄(NH_3) ④ 황화수소(H_2S)

20 다음 중 단순 질식제라고 할 수 없는 것은 어느 것인가?★

① 수소 ② 질소 ③ 일산화탄소 ④ 이산화탄소

해설 단순 질식제는 생리적으로는 아무런 작용도 하지 않으나 공기 중에 많이 존재하면 산소분압을 저하시켜 조직에 필요한 산소공급의 부족을 초래하는 것으로 산소, 헬륨, 탄산가스, 질소, 에탄, 메탄, 일산화질소 등이다. 일산화탄소, 아닐린, 톨루딘 등은 화학적 질식제로서 혈액 중의 혈색소와 결합하여 산소운반능력을 방해하거나, 조직 중의 함철 산화수소를 불 활성시켜 조직이 산소를 받아들이는 능력을 잃게 하여 내질식을 일으킨다.

21 화학적 질식제로 산소 결핍장소에서 보건학적 의의가 큰 것은?

① CO_2 ② CO ③ CH_4 ④ NO_2

해설 ①은 공기 중에 0.03~0.06% 있으나 3%일 때는 호흡곤란, 7~10%일 때 두통, 이명, 의식상실된다(TWA=5,000 ppm). ②는 카나리아 새를 이용 생명의 위험을 경고하는 신호로 사용하여 Carboxy hemoglobin을 형성, 질식하게 된다(TWA=50 ppm). ③은 1.5~4.5%, 2.5% 이상이면 경계해야 한다.

22 공기 중에 존재하면 산소가 부족하여 질식하는 단순성 질식을 일으키는 물질이라고 할 수 없는 것을 골라라.★

① 아세틸렌 ② 일산화탄소 ③ 에탄 ④ 부탄

해설 질소, 아세틸렌, 에틸렌, 에탄, 부탄 등은 공기를 희석하여 산소 부족에 따라 질식을 일으킴. 일산화탄소는 화학작용에 의하여 질식을 일으키는 물질이다.

23 폐를 자극하는 물질로서 다음 중 적당하지 않은 것은?

① 포스겐 ② 브롬 ③ 불소 ④ 암모니아

해설 암모니아는 코와 인후를 자극하여 염증 등을 일으키는 유해물질이다.

24 분진, 가스 등에 관한 기술 중 틀린 것이 몇 개 있는지 보기에서 골라라.

> ㉠ 가스는 상온·상압에서 기체로만 존재하는 것
> ㉡ 증기는 상온·상압에서 액체 또는 고체 물질의 기상으로서 존재하는 것
> ㉢ Mist는 대기 중에 부유하는 액체의 미세한 입자를 말한다.
> ㉣ Fume은 대기 중에 부유하는 미립자 중 입경이 0.1μm 이하의 것을 말한다

① 4개 다 틀림 ② 3개 틀림 ③ 2개 틀림 ④ 1개 틀림

해설 흄(fume)은 용융금속이나 아크 용접 등의 고온상태에서 금속 증기 등의 기체가 발생하고 이것이 공기 중으로 확산하는 과정에서 응고 또는 화학변화를 일으키고 고체의 미세립자로 되어 부유하고 있는 것으로 입경은 보통 0.1~1 μm 정도인 것이다.

25 유해물질의 산업중독에 관한 기술이다. 적절치 아니한 사항은 어느 것인가?

① 망간중독에서는 근육의 굳어짐, 보행곤란, 여타의 신경증상이 일어난다.
② 염화비닐중독에서는 손가락뼈의 용해나 간장의 혈관육종이 발생된다.
③ 납중독에서는 산통, 앞 팔의 요골신경 마비, 빈혈, 소변 중의 델타아미노레부린산 등이 나타난다.
④ 수은중독에서는 비 중격천공과 고질적인 피부습진이나 피부궤양 등이 나타난다.

해설 비중격천공이나 피부궤양 등은 크롬중독의 결과이다.

26 직업성 질병에 관한 다음의 기술 중에서 적합지 아니한 사항은 어느 것인가?

① 금속열은 아연을 용융하는 작업자에게 나타나는 증상이다.
② 치아 부식증은 염산, 황산, 질산 등을 취급하는 작업자에게 나타나는 증상이다.
③ 니트로글리콜 중독은 다이나마이트 제조공장의 작업자에게 나타나는 증상이다.
④ 수은중독은 도장작업자에게 나타날 수 있는 증상이다.

해설 도료에는 납과 크롬은 필요시 함유되어 있지만 도료 내의 수은은 중독을 일으킬 만큼 존재하지 아니한다.

27 다음의 괄호 내에 알맞은 사항은 어느 것인가?★

(A)는 혈액 암이라고 하는 백혈병을 일으키고, 크롬과 타르 및 석면 등은 (B)을 일으키며, 염료 중간체의 일종인 베타 나프틸아민과 (C)는 방광암을 일으키는 유해화학물질이다.

① 중크롬산 – 뇌종양 – 벤젠
② 벤지딘 – 위암 – 석면
③ 엑스선 – 폐암 – 벤지딘
④ 벤젠 – 간장암 – 마젠타

28 작업환경 중의 유해물질과 작업자에게 미치는 장해를 비교하였다. 적절한 비교가 아닌 사항은 어느 것인가?

① 콜타르 – 폐암
② 벤젠 – 조혈장기장해
③ 염소 – 폐수종
④ 톨루엔 – 단순질식

해설 단순질식은 탄산가스 및 산소결핍이고, 화학적 질식은 일산화탄소이며, 마취작용이 톨루엔이다. 혈액이나 조직과 작용하여 체내 질식시키는 물질은 포름알데히드이다.

29 직업성 천식을 유발하는 업종과 원인물질이 잘못 연결된 것은?

업종	원인물질
① 피혁 제조	포르말린, 크롬화합물
② 식물성 기름 제조	아마씨, 목화씨
③ 페인트 도장 작업	디이소시아네이트, 디메틸에탄올아민
④ 프라스틱 제조(PVC, ABS 등)	스피라마이신, 설파티아놀

30 다음 중 연결이 잘못된 것은?

① 메탄올 – 광란, 시력감소, 위경련
② 벤젠 – 두통, 흥분, 메스꺼움
③ 사염화탄소 – 결막염, 두통, 현기증
④ 염화비닐 – 호흡기암

31 다음과 같은 직업병을 일으키는 원인 물질은 무엇인가?

> ㉠ 조혈기관 장해(재생 불능성 빈혈, 백혈병) ㉡ 피부질환
> ㉢ 호흡기계 장해 ㉣ 간장해 ㉤ 신장해

① 연(鉛) ② 유기 용제 ③ 비소 ④ 인

해설 납은 빈혈, 소화기계, 신경계가 주증상이고 비소는 소화기계, 피부염, 인은 악골괴저, 순환기계 장해가 주증상이다.

32 다음의 물질 중에서 발암성 물질로 인정되고 있는 것은?

① α-나프틸아민 ② 염소 ③ 아황산가스 ④ 아세톤

33 다음 중 옳게 연결된 것은?

① 잠함병－ CO_2 감소
② 열중증－안염
③ 불량 조명－시력 저하
④ 납중독－백혈구 파괴

34 다음에 열거한 직업병 중 작업요인을 잘못 설명한 것은?

① 정신작업 : 신경증, 위장계질환, 불면증
② 이상자세 : 척추만곡증, 하지통, 위장병(좌 입시)
③ 근육작업 : 건초염, 수지경련, 신경증
④ 타공작업 : 건초염, 견경완증후군

해설 ③은 근육통, 관절염, 요통, 탈장, 자궁탈, 척추돌기골절, 경견완장해 등이 생긴다. 오히려 고속도 작업을 설명한 것이다.

35 원인물질과 질환의 연결이 잘못된 것은

① 방향족 amine, 석면 : 악성종양
② 소음폭로 : C5-dip 현상
③ 벤젠, 전리방사선 : 백혈구 감소
④ 진동 : 땀 손실

해설 C5-dip 현상은 소음성 난청이 4,000 Hz에서 가장 많이 일어나는데 청력손실의 강도를 audiogram에 표시한다. ④의 진동은 골괴저, Raynaud씨 증상을 유발한다.

36 다음 중 유해물질의 인체 침입 계통에 속하지 않는 것은?★

① 소화기 계통 ② 생식기 계통 ③ 호흡기 계통 ④ 피부 계통

37 공업중독을 가장 잘 발생시킬 수 있는 인체의 침입경로는?

① 경구침입 ② 경피침입 ③ 점막침입 ④ 호흡기계 침입

38 작업환경 내 유해물질의 경피 흡수에 관한 설명이다. 적합지 아니한 사항은 어느 것인가?

① 유해물질이 흡수될 수 있는 피부의 면적은 폐포의 표면적보다 훨씬 넓다.
② 피부에서도 호흡작용이 일어나고 있으며 전체 호흡량의 1.5% 정도이다.
③ 기체상태의 유해물질이 피부로 흡수되며, 수용성 물질과 지용성 물질은 피부지방에 녹아서 침투한다.
④ 한선 및 피지선에 있는 모세혈관으로부터 유해물질이 흡수되어 전신장해를 발생시키기도 한다.

해설 피부표면적은 1.6 m^2로 폐포의 표면적 140 m^2 보다 훨씬 좁다. 또한 피부의 표피층에 있는 임파관의 개구부를 통하여 유해물질이 체내로 들어가기도 한다.

39 다음 내용 중 바른 내용의 것이 몇 개 있는가?★★

㉠ 유해물질의 체내 섭취 경로에서 가장 그 기회가 많은 것은 경구적 경로이고 경피·호흡기로의 경로가 이것의 다음이다. ㉡ 체내 섭취된 중금속은 특정한 장기에 축적(예를 들면, 납은 주로 뇌에 축적)된다. ㉢ 체내로 섭취된 화학물질은 체내에서 변화하는 일이 없이 그대로 배설된다. ㉣ 자극이 있는 물질에 장기간 폭로하고 있으면 그 물질에 대한 저항력이 발생하고 장해가 일어나기 어렵다.

① 전부 틀림 ② 3개 틀림 ③ 2개 틀림 ④ 전부 옳다.

해설 체내 섭취되는 유해물질의 침입경로에서 제일 중요한 것은 호흡기계이고 다음이 피부로부터의 흡수, 소화기계로부터의 흡수로 연속된다. 체내에 섭취된 유해물질은 체내에서 화학변화를 받은 후 점점 요·간·호기·분변과 같이 체외로 배설되는 것이 일반적이다. 그러므로 소변의 대사물질을 측정함으로써 유해물에 의한 폭로상태를 추정할 수 있는 것도 있다. 체내로 흡수된 중금속은 체내에 균일하게 분산하고 있는 것이 아니고 그 화학적 형태에 의하여 축적되는 부분에 특성이 있는 것이 많다. 예를 들어서 무기연이나 바나듐(V)은 주로 골에, alkyl 수은은 뇌에 축적된다. 자극성 화학물질에 대한 저항력이 발생하는 것이 아니고 이미 점막이나 신경 등을 침입하여 감지할 수 없이 지나치고 장해를 일으킬 수 없는 일은 없다. 따라서 이전보다 위험하다.

40 다음은 유해물질이 체내에 축적 또는 작용기전을 설명한 것이다. 맞는 것은?

① 납은 90% 이상이 뼈에 축적되며 신장, 중추신경, 조혈기관에도 영향을 미친다.
② 염소계 탄화수소류는 단백질에 농축된다.

③ 클로로포름은 수용성으로 호흡기를 통하여 혈액에 도달한다.
④ 석면은 단백질 조직의 메탈로티오네인(metallothionein)에 결합한다.

해설 ②의 경우는 지방질 내에 농축되고, ③의 경우는 지용성이며, ④의 경우는 카드뮴을 설명한 것이다.

41 공업중독 발생에 영향을 미치는 인자가 아닌 것은?★★★

① 폭로시간 ② 유해물질의 농도 ③ 인체침입 경로 ④ 조명의 강도

해설 물리화학적 성상, 작업강도, 개인의 감수성, 기상조건이 있다.

42 작업장의 유해화학물질에 의한 유해성은 무엇에 의해서 지배를 받는가?★

① 독성과 폭로량 ② 독성과 허용농도
③ 화학반응과 인체 유해도 ④ 허용농도와 폭로량

43 인체에 대한 유해물질의 유해성을 좌우하는 인자는 어느 것인가?★

① 농도 ② 폭로시간 ③ 개인의 감수성 ④ 이상 모두

해설 유해성을 좌우하는 인자는 농도, 폭로시간, 침입경로, 물리화학적 성상, 개인의 감수성, 작업강도, 기상조건 등이다.

44 작업환경 내 유해물질의 인체흡입에 관한 설명이다. 틀린 사항은?

① 공기 중에 분산하는 유해물질이 호흡기를 통하여 침입되는 가능성이 가장 높다.
② 흡입에 의하여 폐포에까지 이르는 유해물질은 140 m^2의 폐포면 내의 모세혈관으로부터 전신으로 급속히 확산된다.
③ 호흡기로 흡입된 분진입자는 5 μm 이상의 크기이면 폐포에까지 이르고 더 작은 입자들은 상부의 기도에서 잡혀버린다.
④ 기관지의 소기관지에서는 섬모가 5 μm 이상의 분진을 잡아서 주기적 섬모운동에 의하여 밖으로 배출시킨다.

해설 5 μm 이하의 입자가 폐포까지 도달하며, 5 μm 이상의 입자들은 상부의 기도에서 잡히게 되며, 폐포에까지 이른 5 μm 이하의 입자들은 대식세포에 먹히게 되어 진폐증의 원인으로 된다.

45 작업환경 내에서 폭로되는 유해물질의 농도(C)와 폭로시간(t)과의 관계를 설명한 것이 Haber의 법칙이다. 이의 법칙에 맞는 상관성은 어느 사항인가? (단, 인체에 대한 위해성을 K라고 하자)★★

① K = C × t ② K = C ÷ t ③ K = Ce t ④ K = C log t

해설 인체의 위해성(risk)은 폭로농도와 폭로시간과의 곱이 일정하다는 것이다.

46 작업환경 내 유해물질 농도와 폭로시간에 관한 설명으로 틀린 것은?★★★

① 유해물질의 농도가 높아지며 직선적으로 비례하는 상관성이 있다.
② 두 가지 이상의 유해물질이 동시에 작용하게 되면 상가작용, 상승작용, 가승작용 혹은 상쇄작용을 미치기도 한다.
③ 인체 내에서 축적작용(accumulation)이 있는 유해물질은 아주 저농도라도 장기간 폭로되면 만성독성을 일으킨다.
④ 유해물질의 폭로시간이 길수록 인체영향은 크지만, 동일한 폭로시간에 대하여서도 계속 폭로되는 편이 단속적(간헐적)인 폭로의 편보다 영향이 크다.

해설 유해물질의 농도와 위해성은 상관성을 가지지만 직선적 비례관계는 없다.

47 유해화학물질에 폭로되어 단기간 내에 독성이 발생되는 것을 무엇이라고 하는가?

① 급성 중독 ② 만성 중독 ③ 준급성 중독 ④ 아급성 중독

해설 급성중독은 일반적으로 단기간을 말하는데 1~14일을 지칭하고, 일종의 가역적인 영향을 미친다.

48 유해인자의 폭로상태를 알기 위한 방법에 속하지 않는 것은?★★

① 체액, 소변 등 신체조직 검사에 의한 폭로물질의 직접 정량
② 조직 및 체액에서 대사산물에 정량
③ 호기(呼氣) 중에서 유해물질을 정량
④ 근로자의 심리상태를 파악하여 유해물질을 정량

해설 작업환경측정은 공기 중의 폭로농도를 평가, 생물학적 모니터링은 혈액, 소변, 호기 중의 농도를 평가하여 유해물질의 체내 축척량을 평가한다.

과년도 출제 및 예상문제

01 다음 흄(fume)에 관한 설명 중 거리가 먼 것은?

① 액체의 미립자로서 공기 중에 부유한다.

② 입경은 0～1 μm 정도이다.
③ 주로 용융금속의 표면에서 발생하고 산화물이다.
④ 산화납, 산화카드뮴, 산화베릴륨 등

해설 흄은 기체(금속의 증기 등)가 공기 중에서 응고, 화학변화를 일으켜 고체의 미립자로 되어 공기 중에 부유하고 있는 것(입경 0～1 μm 정도)으로 주로 용융금속의 표면에서 발생하는 산화물이다.

02 유기물의 불완전 연소 시 발생한 액체와 고체의 미세한 입자가 공기 중에 부유되어 있는 혼합체를 무엇이라 하는가?

① 흄(Fume) ② 연무질(Aerosol) ③ 미스트(Mist) ④ 증기(Vapor)

03 다음 중 상온에서 기체가 아닌 물질은?

① Cl_2 ② O_3 ③ $COCl_2$ ④ Br_2

해설 ① → 액체

04 다음 전기용접(Arc welding) 시 발생하는 유해 가스상 물질로 옳은 것은?

① O_3 ② CO_2 ③ SO_2 ④ CH_4

해설 전기용접(Arc welding) 시 발생하는 자외선 공기 중의 산소분자를 해리하여 오존을 생성시킨다.

05 위해도 평가(Risk Assessment) 시 고려하여야 할 요인과 가장 거리가 먼 것은?

① 유해인자의 관리 ② 시간적 빈도와 기간
③ 공간적 분포 ④ 노출대상의 특성

해설 유해성 좌우 인자 : 농도, 폭로기간, 개인의 감수성, 작업강도, 기상조건 등

06 독성실험에 관한 용어의 해설로 적합하지 아니한 것은?

① ED_{50} : 사망을 기준으로 하는 대신에 약물을 투여한 동물의 50%가 일정한 반응을 일으키는 양
② LD_{50} : 시험유기체의 50%를 죽게 하는 독성 물질의 양
③ LC_{50} : 시험유기체의 50%를 죽게 하는 독성 물질의 농도
④ TD_{50} : 시험유기체의 50%가 살아남을 수 있는 독성 물질의 최대 농도

07 다음 LD_{50}(Lethal Dose) 혹은 LC_{50}(Lethal Concentration)에 관한 설명 중 거리가 먼 것은?

① 실험동물의 50%를 치사시키는 최저 농도치를 말한다.

② LD_{50}은 유독물을 경구 투여했을 때 치사시키는 양이다.
③ LC_{50}는 호흡기를 통해 유독물을 흡입하였을 때 치사시키는 양이다.
④ 수치가 낮을수록 인체에 독성이 약하다.

08 유해물질 작용범위 결정의 예비독성검사에서 작용량–반응 곡선(Dose–response curve) 50%의 실험동물이 일정시간 동안 죽는 치사량을 나타내는 것은?

① LC_{50} ② LD_{50} ③ ED_{50} ④ MAC

09 화학물질의 투여에 의한 독성범위를 나타내는 '안전역'을 알맞게 나타낸 것은?(단, LD_{50} : 치사량, TD_{50} : 중독량, ED_{50} : 유효량)

① 안전역 $= ED_{50} / TD_{50}$
② 안전역 $= TD_{50} / ED_{50}$
③ 안전역 $= ED_{50}/LD_{50}$
④ 안전역 $= LD_{50}/ ED_{50}$

10 동물실험을 통하여 산출한 독물량의 한계치(NOED : No–Observable Effect Dose)를 사람에게 적용하기 위하여 인간의 안전 폭로량(SHD)을 계산할 때 무엇을 기준으로 외삽(extrapolation)하는가?

① 체중 ② 축척도 ③ 평균수명 ④ 감응도

11 상대적 독성(수치는 독성의 크기)이 2+2 → 4와 같은 결과를 타나내는 화학적인 상호작용은?

① 상승작용 ② 상가작용 ③ 길항작용 ④ 동일작용

해설 2+3=20 : 상승작용, 2+3=2 : 길항작용으로 독성이 감소되는 작용

12 다음은 화학적 상호작용의 독성을 수치로 표현한 것이다. 잘못된 것은?

① additive action : 2+3 → 5
② synergism : 2+3 → 20
③ potentiation : 2+0 → 2
④ antagonism : 4+6 → 8

13 한 개 또는 두 개 이상의 유해물질이 공존하여 건강에 미치는 작용 중 현재 허용 기준이 설정되어 있는 것으로 알맞게 짝지어진 것은?

① 독립작용과 상승작용
② 상가작용과 길항작용
③ 상승작용과 상가작용
④ 독립작용과 상가작용

14 독성물질 간 상호작용의 설명으로 적절치 않은 것은?

① 상가작용(3+3=6)
② 상승작용(3+3=5)
③ 길항작용(3+3=0)
④ 가승작용(3+0=10)

15 단위 작업장의 공기 중에 질산과 카드뮴이 동시에 발생되어 작업자가 노출되었을 때 이들은 어떤 작용을 나타내는가?

① 상승작용
② 복합작용
③ 길항작용
④ 독립작용

16 페노바비탈은 디란틴을 비 활성화시키는 효소를 유도함으로써 급·만성의 독성이 감소될 수 있다. 이러한 상호작용을 무엇이라고 하는가?

① 상가작용
② 길항작용
③ 부가작용
④ 단독작용

17 공기 중의 SO_2와 HCN과 같이 반응양상이 다른 유해물질이 일으키는 작용은?

① 길항작용
② 상가작용
③ 독립작용
④ 상승작용

18 폭로물질에 대하여 간장이 표적장기가 되는 이유와 가장 거리가 먼 것은?

① 간장은 체액의 전해질 및 pH를 조절하여 신체의 항상성 유지 등의 신체조정역할을 수행하기 때문에 폭로에 민감하다.
② 간장은 혈액의 흐름이 매우 풍성하기 때문에 혈액을 통하여 쉽게 침투가 가능하다.
③ 간장은 매우 복합적인 기능을 수행하기 때문에 기능의 손상가능성이 매우 높다.
④ 간장은 문정맥을 통하여 소화기계로부터 혈액을 공급받기 때문에 소화기관을 통하여 흡수된 독성물질의 일차표적이 된다.

19 화학적 발암작용 기전인 체세포 변이원설의 증거로 틀린 것은?

① 암이란 세포에서 다음 세대의 세포로, 즉 세포차원에서 유전된다.
② 발암물질들은 그 자체로써 혹은 대사됨으로써 DNA와 공유결합을 형성한다.
③ 암세포는 여러 개의 분지계로부터 유래된다.
④ 전부는 아니지만 대부분의 암은 염색체 이상을 나타낸다.

20 암의 발생원인 중 그 기여도가 가장 낮은 것은?

① 노화
② 만성감염
③ 환경오염
④ 부적절한 음식섭취

21 염료, 합성고무경화제의 제조에 사용되며 급성중독으로는 피부염, 급성방광염을 유발하며, 만성중독으로는 방광, 뇨로계 종양을 유발하는 유해물질은?

① 벤지딘 ② 이황화탄소 ③ 이염화메틸렌 ④ 노말헥산

22 유기인제 살충제의 급성독성 원인으로 적절한 것은?

① 파라치온의 가수분해 억제
② 조혈기능의 장애
③ 혈액 응고작용 억제
④ 아세틸콜린에스테라제의 활동 억제

23 다음 중 가스 상태에 있어서 비중이 가장 작은 물질은?

① 암모니아 ② 포스겐
③ 일산화탄소 ④ 황화수소

24 유독가스에 관한 내용 중 틀린 것은?

① 이산화질소는 종말기관지 및 폐포점막 자극제
② 크롬산은 상기도 점막 자극제
③ 단순질식제로는 일산화탄소, 질소 등이 있다
④ 황화수소는 화학적 질식제이다.

25 유해물질을 생리적 작용에 의하여 분류한 자극제에 관한 설명으로 틀린 것은?

① 호흡기관의 종말기관지와 폐포점막에 작용하는 자극제는 물에 잘 녹는 물질로 심각한 영향을 준다.
② 상기도의 점막에 작용하는 자극제는 크롬산, 산화에틸렌 등이 해당된다.
③ 상기도 점막과 호흡기관지에 작용하는 자극제는 불소, 요오드 등이 해당된다.
④ 피부와 점막에 작용하여 부식작용을 하거나 수포를 형성하는 물질을 자극제라고 하며 고농도가 눈에 들어가면 결막염과 각막염을 일으킨다.

26 다음 자극제(Lrritants)에 관한 설명 중 거리가 먼 것은?

① 자극제는 주로 피부 및 점막에 작용하여 부식시키거나 수포를 형성한다.
② 유해물질의 용해도에 따라 크게 자극의 범위가 다르다.

③ 상기도 점막자극제는 물에 잘 녹는 물질이다.
④ 이산화질소, 삼염화비소, 포스겐 등이 상기도를 자극한다.

27 상기도 점막 자극성 물질과 가장 거리가 먼 것은?

① 암모니아　② 아황산가스
③ 알데히드　④ 포스겐

28 다음의 유해가스 중 단순질식성 가스가 아닌 것은?

① 수소가스　② 일산화탄소가스　③ 질소가스　④ 메탄가스

29 단순질식제의 설명이 아닌 것은?

① 혈액중의 혈색소와 결합하여 산소운반 능력을 방해함
② 수소, 탄산가스 등임
③ 산소분압의 저하로 산소공급부족
④ 환경 공기 중에 다량 존재하여야 함

해설 ① 화학적 질식제로서 작용을 의미함(예 : CO가스)

30 다음 중 단순질식제가 아닌 것은?

① 수소　② 일산화탄소　③ 메탄　④ 질소

해설 일산화탄소(CO) → 화학적 질식제

31 Methemoglobin을 형성하는 화학적 질식제는?

① 일산화탄소　② 질소　③ 황화수소　④ 아닐린

해설 CO : CO + Hb → COHb(carboxy hemoglobin) 농도를 증가시켜 혈색소로부터 산소의 결합능력을 방해한다. N_2 : 단순질식제, H_2S : 호흡마비 작용

32 통상적인 작업환경 공기에서 일산화탄소의 농도가 어느 정도로 되면 사람의 헤모글로빈 50%가 불활성화된다고 할 수 있는가?

① 0.1%　② 0.01%　③ 0.001%　④ 0.0001%

33 다음 폐를 직접 자극하는 물질과 거리가 먼 것은?

① 오존 ② 암모니아 ③ 포스겐 ④ 이산화질소

해설 ② → 암모니아는 상기도 자극 물질임

34 화학적 질식성 가스로만 조립된 것은?

① 이산화탄소 – 청산가스
② 메탄 – 에탄
③ 아황산가스 – 암모니아
④ 일산화탄소 – 황화수소

35 다음의 화학적 유해요인 중 자극성 가스로 보기 어려운 것은?

① 염소(Cl_2) ② 암모니아(NH_3) ③ 불소(F_2) ④ 일산화탄소(CO)

36 직접적인 마취작용은 없으나 체내에서 가수분해하여 2차적으로 마취작용을 내는 화학물질은?

① 에스테르류
② 파라핀계탄화수소
③ 이소프로필에테르
④ 아세틸렌계탄화수소

37 유해화학물질이 체내로 침투되어 해독되는 경우 해독반응에 가장 중요한 작용을 하는 것은?

① 적혈구 ② 효소 ③ 림프 ④ 백혈구

38 체내에 섭취된 화합물은 체내에서 해독되는데 이들 반응에 중요한 작용을 하는 것은?

① 백혈구 ② 효소 ③ 적혈구 ④ 임파구

39 독성물질의 생체과정인 흡수, 분포, 생전환, 배설 등에 변화를 일으켜 독성이 낮아지는 길항작용의 종류로 적절한 것은?

① 화학적 길항작용 ② 기능적 길항작용 ③ 배분적 길항작용 ④ 수용적 길항작용

40 다음 유해물질에 대한 인체침입경로에 관한 설명 중 거리가 먼 것은?

① 크게 세 가지 경로, 즉 호흡기, 피부 및 소화기를 통하여 이루어진다.
② 침입물질의 물리적 성상(입자크기, 용해도 등)에 영향을 받는다.
③ 공기 중 화학물질의 경우 소화기를 통한 침입이 가장 높다.
④ 유기용제나 수용성 화합물의 경우 피부에 흡수되어 영향을 미칠 수 있다.

해설 공기 중 유해물질은 주로 호흡기를 통해서 유입된다.

41 공장에서 작업 중 유해물질이 인체에 침입하는 경로이다. 가장 영향이 작은 것은?

① 호흡기 ② 피부 ③ 소화기 ④ 경피흡수

42 작업장 내 유해물질에 의한 노즐에서의 유해성(유해, 위험성)은 어느 사항에 의하여 지배되는가?

① 노출기준과 노출량 ② 노출기준과 노출농도
③ 독성과 노출량 ④ 배출농도와 사용량

43 환경 속에서 중독을 일으키는 유해물질의 공기 중 농도(C)와 폭로시간(t)의 곱은 일정(K)하다는 법칙은?

① Halden의 법칙 ② Lambert의 법칙
③ Henry의 법칙 ④ Haber의 법칙

44 다음 중 Haber의 법칙을 가장 잘 설명한 공식은? (단, K : 유해지수, C : 농도, t : 시간)

① K=C 2t ② K=Ct ③ K=C/t ④ K=t/C

45 유해물질의 농도를 C, 폭로시간을 t라 하였을 경우 작업장에서 발생되는 유해물질 지수 K는?

① $K = C\sqrt{t}$ ② $K = \frac{C}{t}$ ③ $K = \frac{t}{C}$ ④ $K = Ct$

46 독성실험단계 중 제2단계(동물에 대한 만성폭로시험)에 관한 내용과 가장 거리가 먼 것은?

① 치사성과 중독성장해에 대한 반응곡선을 작성한다.
② 장기 독성 실험을 한다.
③ 변이원성에 대하여 2차적인 스크리닝 실험을 한다.
④ 행동특성을 시험한다.

47 화학물질의 독성을 결정하기 위한 만성폭로시험과 가장 거리가 먼 것은?

① 생식영향과 산아장해를 시험한다.
② 눈과 피부에 대한 자극성을 시험한다.

③ 상승작용과 가승작용 및 상쇄작용에 대하여 시험한다.
④ 거동특성을 시험한다.

48 다음 중 실내 공기오염의 지표가 되는 것은?

① 일산화탄소(CO) ② 오존(O_3) ③ 질소(N_2) ④ 이산화탄소(CO_2)

49 발암성물질로 알려진 Polychlorinated Biphenyl (PCB)가 과거에 가장 많이 사용되었던 업종은?

① 식품공업 ② 전기공업 ③ 섬유공업 ④ 폐기물 처리업

16 유기화합물(Organic Compound)의 관리

학습목표

1. 서론
2. 유기화합물 정의 및 특성
3. 유기화합물의 분류
4. 유기화합물 중독을 일으키는 요
5. 중독 증상
6. 주요 유기화합물의 특성
7. 유기화합물의 독성
8. 유기화합물 중독 예방 대책
9. 유기화합물 취급 작업장의 관리

1. 서론

「유기용제 업종 직업병위험 심각」이라는 제목으로 최근 일부 언론에서 보도되고 있는 바와 같이 많은 사업장에서 유기화합물의 사용으로 인해 작업성 중독 환자의 발생이 증가되고 있는 실정이다.

- 최근 한국노동보건직업병 연구소에서 민주금속노련 산하에 있는 현대중공업, 현대미포조선, 대림자동차 등 15개 사업장의 유기화합물 취급근로자 93명을 대상으로 유기화합물에 대한 건강장애 여부를 조사한 결과, 약 40%에 해당하는 35명이 직업병의 소견을 갖고 있는 것으로 판명되었을 뿐만 아니라
  - 작업환경측정 시 사용되고 있는 유기화합물을 정확히 측정하지 않는 등 작업환경관리가 잘 이루어지지 않는 것에 대해 언론의 기사화됨
- 이와 같이 최근 유기화합물에 대한 사회적 관심이 높아지고 있는 실정임
  - 우리나라에서 집단적으로 발생된 직업병으로 전 세계적으로 널리 알려진 원진레이온의 이황화탄소 중독이나 LG전자의 2-브로모프로판이 주성분인 솔벤트 5200의 사용에 의한 생식기능 장애가 대표적 유기화합물에 의한 중독사례임
- 기아자동차 아산공장 플라스틱 제조부에서 도장작업 근로자의 「후각기능장애」 6명 발생
- 울산 현대중공업의 도장 부서 근로자 「백혈구 감소」 3명 발생
- 테니스공 접착제 제조 공정의 태국인 근로자 7명이 노말헥산에 중독되어 다발성 말초신경증 발생, 전자부품 세척제 사용 공정의 필리핀 근로자 5명이 트리클로로에틸렌에 중독되어

스티븐스존슨 증후군 발생, 삼성, 하이닉스 등 반도체 제조공정의 백혈병 발생, CNC 선반 기계의 세척제로 사용한 메틸알콜에 의한 시신경 장애 발생 등 최근 많은 근로자들이 유기화합물에 노출되고 있는 실정인 반면에 유기화합물 중독으로 인한 직업병 보상자는 매우 낮은 수준임

- 이는 유기화합물의 종류와 사용분야가 매우 광범위하고 단일 용제보다는 혼합된 용제로 사용되기 때문에 직업성 중독을 일으키는 원인 유기화합물을 규명하기가 어려운 실정임

• 앞으로 많은 사업장에서 광범위하게 사용되는 유기화합물로 인한 중독은 계속 증가될 뿐만 아니라 사회적 관심이 점차 높아질 것으로 생각됨

2. 유기화합물 정의 및 특성

1) 정의

탄소를 함유하고 있는 유기화합물로서 피 용해물질의 성질을 변화시키지 않고 다른 물질을 용해시킬 수 있는 물질을 총칭하며 C, H, O, Cl 등이 결합된 화합물을 말함

☞ 상업적 목적으로 약 400여 종 이상 사용 – 고체(제품 : 자체의 성질) + 액체(희석제 : 유기용제)로 사용

2) 사용되는 작업장

• 섬유업 : 염색, 염료
• 가죽업 : 무두질(가죽을 부드럽게함), 가죽표면에 색상
• 제화업 : 구두, 신발 등의 접착을 위해 본드, 고무풀 등 접착제, 색상을 위한 도료
• 목제업 : 실내 장식용의 접착제, 표면처리용, 조립식 간이 목재, 주택의 제작이나 카페트깔기(락카)
• 인쇄업 : 옵셋(종이 : 압축롤러청소), 그라비아(라면포장지), 실크(화장품 병, 금속, 프라스틱 등)
• 페인트 제조업
• 석유정제업, 농약 제조업(살충제 등), 건설업(벽면에 도장, 마루깔기 등)
• 자동차 정비업, 세탁소(드라이크리닝)

3) 사용 명칭

접착제, 희석제(점도를 맞춤), 착색제, 세척제(이물질 제거), 금속 코팅제(부식 방지), 탈지제

(기름 제거), 함침제(전도성 있는 액체 사용), 도장제(부식 및 미관)

- 사용 목적에 따른 분류
  - 단독 : 일부세척제로 사용(TCE, 1,1,1-TCA는 지방질제거에 사용, 탈지작업)
  - 혼합 : 사업장에서 사용되는 유기용제의 77%가 혼합 유기화합물임

  ☞ 도료(페인트) : 93%, 신너(희석제) : 85%, 잉크 : 73%, 접착제 : 67%

4) 공통된 성질

① 물질을 녹이는 성질

② 실온에서 액체이며 휘발하는 성질이 있으며

③ 증기상태로 발생

④ 유지류(지방)를 녹이는 성질이 있어 호흡기뿐만 아니라 피부 흡수 가능

☞ 유기화합물은 대부분 2종 이상의 혼합용제로 사용되기 때문에 여러 성분의 유기화합물이 복합적으로 존재하여 인체에 미치는 영향은 상가적으로 작용

$$R = \frac{C_1}{TLV_1} + \frac{C_2}{TLV_2} + \ldots + \frac{C_n}{TLV_n} = 1$$

여기서, C_n : 각각의 측정농도

TLV_n : 각각의 허용농도

5) 산업안전보건법에서 정하고 있는 유기화합물 취급 작업장

산업안전보건법에서 유기화합물 취급 사업장에 대해 6개월에 1회 이상 작업환경측정 실시 의무 규정

① 유기화합물 등을 제조하는 공정에서 유기화합물 등을 여과·혼합·교반 또는 가열하거나 용기 또는 설비에 주입하는 업무

② 염료·의약품·농약·화학섬유·합성수지·유기안료·유지·향료·감미료·화학·사진약품·고무·가소제 또는 이들의 중간체를 제조하는 공정에서 유기화합물 등을 여과·혼합·교반 또는 가열하는 업무

③ 유기화합물을 사용하는 인쇄업무

④ 유기화합물을 사용하여 글씨를 쓰거나 그림을 그리는 업무

⑤ 유기화합물 등을 사용하여 광택 또는 방수작업을 하거나 물체표면을 가공하는 업무

⑥ 접착을 위한 유기화합물 등의 도포업무

⑦ 유기화합물 등이 도포된 물체의 접착업무
⑧ 유기화합물 등을 사용하는 세정업무
⑨ 유기화합물 함유물을 사용하는 도장업무
⑩ 유기화합물 등이 부착된 물체의 건조업무
⑪ 유기화합물 등을 사용하는 시험 또는 연구업무
⑫ 유기화합물 등을 넣었던 탱크 내부에서의 세정업무 및 도장업무

3. 유기화합물의 분류

1) 화학적 성상(구조)에 따른 분류

(1) 탄화 수소계 유기화합물 : 화학식이 C와 H의 결합된 물질

① 지방족 탄화수소 : 석유화학계열인 휘발유, 등유 등이 속한다.

- 유기화합물 중독성이 가장 적은 용제
- 노말-헥산에 의한 신경염 증세가 보고된 뒤로 사용상의 주의 대상
- 묻으면 피부를 자극하고 일반적으로 인화성이 강하므로 취급에 주의

② 지환식(指環式) 탄화수소 : 탄소가 고리모양으로 연결되어 방향족 화합물과 같은 구조를 하고 있으나 그 성질이 방향족이 아니고 지방족에 가까운 것

- 피부에 묻으면 자극을 주고 고농도에 마취작용
- Cyclohexanol, methyl cyclohexanol, cyclohexanone, methyl cyclohexanone

③ 방향족 탄화수소 : 탄소가 고리모양으로 연결된 물질로 대표적인 것이 벤젠, 톨루엔, 크실렌 등이 여기에 속한다.

- 고농도에서는 중추신경계에 영향을 미쳐 흥분상태, 심하면 의식불명까지 이를 수 있고, 저 농도에 장기간 폭로되면 혈액의 조혈장애를 일으키고, 피부와 점막을 자극하고 간장이나 신경에도 장해를 유발시킨다.

(2) 할로겐화 탄화수소 : 화학식에 염소와 결합된 탄화수소

- 지방족 염화탄화수소 : 염소와 결합하지 않은 탄화수소류에 비하여 난연성, 불연성으로 우수한 특징이 있으며, 염소화가 진행될수록 현저하나 독성은 비례적으로 커진다.
  - 중독 작용으로는 마취작용, 피부자극, 간장 및 신장장해를 일으키고 인화의 위험성은

적지만 가열하거나 가열된 금속류와 접촉하면 분해되어 포스겐과 같은 맹독성 가스를 발생시켜 폐수종을 일으키며 심하면 사망한다.

- Dichloromethane, chloroform, dichloroethane, trichloroethane, tetrachloroethane, dichloroethylene, trichloroethylene(TCE, C_2HCl_3), tetrachloroethylene.

• 방향족 염화탄화수소 : 방향족 탄화수소에 염소가 결합된 물질을 말하며 일반적으로 마취작용이 있고 신장이나 간장에 장해를 주는 것이 보통이다.

- 일시적으로 다량 흡입하면 급성중추신경장해를 일으켜 갑자기 의식을 잃을 수 있다.
- 벤젠 염화물이 대표적이며 chlorobenzene, o-dichlorobenzene 등이 있다.

(3) 알코올류(-OH) : 증기를 흡입하면 가벼운 마취성이 있고 피부점막에 자극성이 있다.

• 메탄올(C_2H_5OH)은 시신경에 독작용이 있으며, 지방족 알코올의 독성은 그 분자량이 클수록 독성도 커지므로 주의를 요한다.

• 1-butanol, 2-butanol, iso-butylalcohol, iso-pentylalcohol, iso-propylalcohol 등

(4) 알데히드류(-CHO)

• 휘발성이 강한 인화성 물질로서 화재의 위험성이 크다 - 포름알데히드(HCHO)

(5) 에테르류(R-O-R)

• 뛰어난 마취작용이 있어 외과용 마취제로 많이 사용하며 흡입 후 대부분 대사작용을 일으키지 않고 호흡을 통하여 외부로 방출된다.

• Ethylether, dioxane, tetrahydrobutane 등

(6) 에스테르류($-CH_3COO$)

• 에스테르가 유기용제로 사용되는 것은 초산에스테르이다.

- 일반적으로 심한 건강장해를 일으키는 경우는 없으나 고농도가 되면 점막을 자극하여 마취작용이 일어난다. 체내에서 가수분해하여 알콜을 형성하며 2차적 마취작용을 한다.
- 수분에 의해 체내에서 쉽게 분해되며 초산 메틸은 시신경장해가 일어날 수 있으며 심하면 실명될 수가 있다.
- Methylacetate, ethylacetate, propylacetate, iso-propylacetate, butylacetate, pentylacetate

(7) 케톤류(-CH_3CO)

- 전신중독 작용은 그리 강하지 않으나 대량 폭로되면 마취작용이 있고 눈 및 상기도를 자극한다.
  - 케톤류의 대부분은 대사 작용을 통하지 않고 호흡을 통해 방출된다.
  - Acetone, methylethylketone(MEK), MBK, MIBK 등

(8) 글리콜에테르(셀로솔브)류

- 생식기능장애를 유발하며, 셀로솔브란 에틸렌글리콜 모노에테르를 말하는 것으로 이 중에서 산업적으로 중요한 것은 에틸셀로솔브, 메틸셀로솔브, 부틸셀로솔브가 있다.
  - 니트로 셀롤로오스의 용매나 도료의 용제로 사용된다.
  - 증기를 흡입하거나 피부에 대량으로 장기간 접촉하면 만성적인 간기능 장해나 신장장해를 일으키는 경우가 있다.
  - 에틸렌글리콜모노메틸에테르(메틸셀로솔브), 에틸렌글리콜모노에틸에테르(에틸셀로솔브), 에틸렌글리콜모노에틸에테르아세테이트(셀로솔브아세테이트), 에틸렌글리콜모노부틸에테르(부틸셀로솔브)

(9) 기타의 유기용제

- 이황화탄소, 크레졸 등이 산업안전보건법에 규정

2) 끓는 온도(비점)에 따른 분류 : 액체가 끓어 오르는 온도

① 저비점 용제 : 비점이 100℃ 이하 : CCl_4, TCE 등

② 중비점 용제 : 비점이 100～150℃ 이하 : Toluene, Xylene 등

③ 고비점 용제 : 비점이 150℃ 이상 : O-Dichlorobenzeme 등

☞ • 비점(Boiling point) : 액체가 비등(끓어오름) 하였을 때의 온도
- 융점(Melting point) : 고체물질이 녹아서 액체로 변할 때의 온도
- 인화점(Flash point) : 가연성(불에 타는 성질) 액체 또는 고체가 공기 중에서 가열되어 발화원(불꽃)에 의하여 연소하기 시작하는 최저온도
- 발화점(Ignition point) : 공기 중 또는 산소 중에서 물질을 가열 할 때 발화원이 없이도 스스로 연소하기 시작하는 최저온도

4. 유기화합물 중독을 일으키는 요인

① 유기화합물의 성상(구조) : 방향족, 지방족 등 11개로 분류

② 폭로농도와 폭로기간 : Dose(양) = 농도 × 폭로기간(Haber의 법칙)

③ 다른 유기화합물과의 혼합폭로 여부 : 상가 작용

- 단일물질 평가보다 혼합물질 평가 시 노출기준 초과율이 2배 이상 높아짐

④ 작업강도 및 개인의 감수성에 따라 다름

- 술(에탄올) : 같은 양을 섭취해도 사람에 따라 취하는 상태 다름

5. 중독 증상

1) 일반증상

① 유기화합물은 공통으로 고농도에 급성폭로 시 발생

- 탱크 내의 유기화합물 혼합작업, 용제 저장탱크 세척 시 무지에 의해 방진 마스크 착용 작업 : 급성중독
- 유기화합물의 종류별 정화통(흡수통)의 종류가 다르며 일반용 방독 마스크 및 면 마스크 착용으로 중독 발생
- 자극증상 : 눈, 피부, 호흡기 점막 등에 이상 초래
- 중추신경계 억제증상 : 어지러움, 두통, 구역질, 도취감, 혼돈, 혼수, 마비, 경련, 사망

  ☞ 이런 증상은 유기화합물 자체의 원인이므로 폭로를 중단하고 일정기간 휴식 후면 곧 회복

2) 특이증상

① 저농도의 장기간 폭로 시 발생

- 지각장애 : 감각 이상
- 정서장해 : 기억력 저하, 신경질, 우울증, 무관심 등
- 운동장해 : 사지의 무력감, 작업수행 능력 저하, 피로, 떨림 등

② 유기화합물 종류별 특이 증상

- 벤젠 : 조혈기관의 장애 – 빈혈 – 백혈병(혈액암)
- 사염화 탄소수소 : 간 장애 – 간암
- 메탄올 : 시신경 장애

• 노말－헥산 : 말초신경 장애(손, 발 등의 마비)
• 에틸렌글리콜 에테르 : 생식기능 장애
• 이황화탄소 : 중추신경 장애
• 트리클로로에틸렌(TCE) : 스티븐슨 존슨 증후군

6. 주요 유기화합물의 특성

1) 벤젠(Benzene)

① 화학적으로 고순도인 것은 벤젠이라 하고, 공업용의 불순물이 있는 것을 벤졸(benzol)이라 함

• 무색의 휘발성 액체로 향긋한(방향성) 냄새

② 원유에서 추출하여 50% 이상은 스틸렌(styrene) 제조에 이용

③ 휘발성이 매우 크고, 가격이 저렴하여 용제로 널리 사용

④ 벤젠이 조혈기관 장해(백혈병 유발) 보고 후 국가별로 규제

• 한국은 허용기준 설정 물질로 관리하며 일본은 특정화학물질 제 2류로 분류하고, 벤젠이 5% 이상 함유한 고무풀은 제조금지 하도록 규정

☞ 상업용 용제(thimmer)는 용도에 따라 성분의 차이가 있으나 Toluene, Xylene, MIBK, Cyclohexane, 휘발유 등이 혼합

2) 지방족 탄화수소

① 물감, 염료, 잉크 등의 제조와 용제로 널리 사용

• 탄소수가 4개 이하인 것은 단순 질식제의 역할 외에는 인체 영향이 비교적 작다.

② n-헥산(n-Hexane)

• 1964년 일본의 센달을 제조하는 17명의 여공에게서 집단 다발성 말초신경병을 보고하였으며, 폭로 시작 후 수개월 내지 수년 경과 후 증상 출현

• 고무풀이나 접착제에 주로 사용

3) 할로겐화 탄화수소

① 가연성, 폭발의 위험성이 낮은 비교적 안전한 유기용제이나 인체에 강한 독성 있음

- 약 50여 종이 있으며, 냉각제, 금속세척, 플라스틱과 고무 용제, 염색, 세탁, 가정용 분무제 등

② 종류

- 사염화탄소(CCl_4) : 소화제, 세척제 → 간암
- 클로로포름 : 마취제 → 간장, 신장에 암 유발
- 트리클로로에텔렌(TCE) : 세척제 → 중추신경계 억제 작용
- 1,1,1-트리클로로에탄(TCA) : 세척제 → 독성 낮음, 세척제 대체 물질로 사용
- 불화탄소수소(Fluorochlorocarbons, Freon)
  - 다른 염소 화합물보다 독성이 낮으나 오존층 파괴 원인 물질이며 가격이 고가임
  - 20여 가지 종류로 냉각제, 분무제, 소화제, 전기기구의 세척제로 사용
  - 공기보다 가벼워서 고공으로 상승하여 오존층 파괴로 지구상에 도달하는 자외선의 양을 증가시켜 피부염, 피부암 등을 유발하고 지구 온난화 현상을 초래하여 환경문제 야기

4) PCB(Polychlorimeted Biphenyls)

① 방향족 염화 탄화수소류에 속하는 화학물질 모두를 총칭

② 특징 : 화학적으로 안정, 절연성이 높음

③ 용도 : 변압기와 콘덴서의 절연 용액, 반도체 회사에서의 열매체

④ 환경문제 : 생태계에서 미 분해되어 환경오염 유발, 인체에 축적되면 고염소 화합물이므로 잔류성이 매우 높음

- 수질환경에 악영향, 내분기계에 영향을 주어 기형 물고기가 발생하며 변압기에 사용을 금지하고 있음

⑤ 건강장해 : 피부에 홍반, 간 기능 및 신경 장해

☞ 염소수에 따라 독성의 차이가 매우 큼

- 분자식 : $\left(C_6H_5 - \frac{n}{2}\right)_2 Cl_n \frac{n}{2}$
- 염소수가 적은 물질 : 무색, 투명한 액체
- 염소수가 많은 물질 : 고체

7. 유기화합물의 독성

① 신경장해 : 유기화합물의 중추신경에 대한 마취작용(술 취한 기분), 동작이 둔해짐, 졸림, 의식불명 ⇒ 계속되면 사망함

- 이황화탄소에 의한 뇌신경세포 파괴, 환각작용, 우울증, 치매 등의 신경장애
- 이황화탄소, 노말- 헥산 등에 의한 다발성 신경염

② 소화기장해 : 유기화합물의 중추신경에 대한 작용은 2차적으로 위장에 영향

- 구토증, 변비, 소화불량, 식욕부진 등
- 벤젠, 사염화탄소는 소화기장해 후 조혈기관이나 간장에 대한 작용

③ 호흡기장해 : 식초산, 개미산은 자극성이 강하고 크실렌 등도 코 점막을 강하게 자극하여 염증을 일으킨다.

- 4염화탄소, 염화에틸렌이 화기에 의해 분해되어 포스겐(phosgene) 발생

④ 간장장해 : 사염화에탄, 사염화탄소, 클로로포름 등은 간에 대한 작용이 강하고, 염화에틸렌, 사염화에틸렌 등은 간장에 대한 독성작용이 비교적 약하다.

⑤ 신장장해 : 간장장해가 일어날 때 신장도 침해를 받는 경우가 많다.

- 글리콜의 유도체가 신장에 대하여 장해를 나타내어 신장염을 일으킨다.

⑥ 조혈장해

- 벤젠은 조혈장기인 골수에 직접 작용하여 조혈기능 장해를 일으키는 대표적인 유기화합물로서 폭로 초기에는 빈혈을 나타내고 계속 폭로되면 혈소판감소, 백혈구 특히, 중성다핵 백혈구의 감소를 초래하며, 백혈병으로 이행하여 재생 불능성 빈혈로 되어 사망한다.
- 니트로 화합물은 혈색소 대사에 영향을 주어 메트 헤모글로빈을 형성하여 피부에 암자색(청색증)을 일으킬 수 있다.

8. 유기화합물 중독 예방 대책

① 유기화합물의 위생 공학적 관리

- 작업 공정의 밀폐, 물질의 대치, 국소배기 장치의 설치

② 근로자들의 정기 검진 : 소변 중 대사산물, 배설물, 배설량 측정, 조혈기능 검사, 피부검사, 중추신경계 및 말초신경학적 검사, 간장 및 신장 검사

- 흡수 : 호흡기, 소화기, 피부

- 분포 : 혈액이나 체액을 통해 운반
- 대사 : 해독화되면 정상, 활성화되면 암으로 발생
- 배설 : 대사반응을 거쳐 혈액, 소변, 호기 등을 배설, 생물학적 모니터링 실시

③ 보호구 착용 : 고무장갑, 보호의 보안경, 방독마스크

9. 유기화합물 취급 작업장의 관리

1) 도장 작업

(1) 유기화합물 : 철, 나무 등 고체의 부식이나 미관 목적으로 사용

① 니트로셀룰로오스

- 용제 : 케톤류, 에스테르류, 글리콜류
- 보호제 : 알코올류
- 희석제 : 탄화수소계 용제

② 도료나 시너의 용제 성분

- 방향족 탄화수소류 : 톨루엔, 크실렌, 에틸벤젠
- 알코올류 : 메탄올, IPA, IBA
- 에스테르류 : 초산에틸, 초산부틸, 초산이소부틸
- 케톤류 : 아세톤, MEK, MIBK
- 글리콜 에테르류 : 에틸렌 글리콜 모노에틸 에테르 아세테이트, 에틸렌 글리콜 모노 부틸 에테르

③ 유기화합물의 위험성

- 인화성과 폭발성 : 휘발성이 강하고 가연성이며 증기가 공기보다 비중이 크다.
- 흡입으로 인한 인체에 대한 독성 : 지용성이 강하며 지질이 많은 신경조직과 친화성이 크다. 휘발성이 크며 분자량이 작고 극성이 작기 때문에 뇌로 들어가기 쉽다. 피부에 접촉되면 보호피막이 용제에 의해 파괴된다.

(2) 안료 : 반응의 목적으로 사용

① 중금속을 함유한 안료로 도장할 때 공기 중에 안개상태로 흡입된다.

- 납 화합물, 크롬 화합물, 아연 화합물 등

② Zine rich primer로 도장한 철재의 용접, 용단 시 금속 흄이 발생되어 흡입된다.

③ Zine rich primer는 물과 반응하여 발열하기 때문에 자연 발화할 위험성이 있다.

④ 선저 도료에는 유기주석화합물이 사용된다.

(3) 수지 : 색을 내기위한 목적으로 사용

① 고분자화합물로 그 자체는 유해성이 적다.

② 미 반응 모노머와 분자량이 적은 오리고머가 잔류해 있으면서 건강을 위협한다.

③ 폴리우레탄 도료

- 이소시아네이트류 : 톨루엔 디 이소시아네이트 등이 있다.
- 알러지성 기관지천식을 발생시킨다.
- 악기, 목 제품, 플라스틱 제품의 도장에 사용한다.

④ 에폭시 수지

- 비스페놀과 폴리아민류를 함유하고 있다.
- 접촉성 피부염을 발생시킨다.
- 도장 전에 에폭시수지를 사용하여 도장 면을 매끄럽게 하는 연마작업을 했던 작업자에게 접촉성 피부염이 발생하였다.

⑤ 폴리에스테르에도 에틸렌과 나프틸산 코발트가 함유되어 있는데, 스틸렌이 휘발되어 중독을 일으킨다.

⑥ 콜타르 함유도료, 타르 에폭시 도료 등에 콜타르가 함유되어 접촉성 피부염과 폐암의 원인이 된다.

(4) 작업관리

① 작업복, 양말, 장갑 등이 유기용제에 오염된 상태로 착용되면 피부를 통하여 흡수

② 국소환기장치를 설치한다.

③ 옥외 또는 국소환기장치를 설치할 수 없는 경우

- 스프레이 도장을 할 때 등은 유해가스용 방독마스크를 사용
- 탱크 내, 지하실, 선창 내 등 밀폐장소에서 작업을 하는 경우 반드시 송기마스크 착용
- 도장의 박리, 마무리 처리 등 분진이 발생할 때는 방진마스크, 보호안경의 착용

  ☞ 박리 : 벗겨내고 그 위에 재 도장을 함 : 여러 번 할수록 내구성이 증가됨
- 보호 장갑은 유기용제 등 오염물질을 흡수하지 않는 재질로 착용

2) 유기화합물 세정작업 : 기름때나 이물질을 제거

(1) 금속세정

① 금속표면은 도금, 화성처리, 도장 등을 하기 전에 세정하지 않으면 밀착성이 나빠져서 내구성이 떨어진다.

② 화학적 청정법으로 탈지와 녹 제거를 행한다.

③ 탈지의 종류 : 용제, 알칼리, 침지, 계면활성제, 에멀션, 전해 탈지 등

④ 용제 탈지

- 종류 : 염화탄화수소계 용제 : 트리클로로에틸렌, 퍼클로로에틸렌, 1,1,1-트리클로로에탄 등이 있다.
  - 석유계 용제 : 가솔린, 솔벤트 나프타, 노말－헥산 등이 있다.
- 세정방법 : 용제를 적신 수건으로 닦아내는 방법, 용제 중에 제품을 침지해서 씻는 방법
  - 용제 증기로 세정하는 방법 : 기상법, 액상 기상법, 다중 액상법, 스프레이법 등

(2) 의류의 세정

① 의류에 부착되는 더러움의 종류

- 인체에서 유래되는 더러움 : 땀, 피지방, 혈액, 분뇨, 때 등
- 외부로부터 오는 더러움 : 토양, 매연, 먼지, 동물성 및 식물성 유지류, 단백질, 색소 등과 그 밖의 모든 물질

② 세정방법의 종류

- 세탁 : 물을 사용하는 세정법
  - 무 염색의 면이나 마, 유사한 성질을 가진 합성섬유를 소재로 한 셔츠, 이불깃(시트), 흰옷 등을 비누와 강알칼리성 조제를 병용하여 비교적 고온에서 세정하는 방식
  - 유기용제는 사용하지 않는다.
- 웨트 크리닝
  - 내열성, 내마찰성, 내알칼리성이 약한 섬유나 염색에 대해 사용한다.
  - 물을 사용하는 세정법이다.
  - 계면활성제의 세정력을 최대한으로 이용하기 때문에 모든 계면활성제가 사용된다.
  - 지질성 때를 제거하기 위하여 유기용제를 유화, 가용화하여 이용한다.
- 드라이 크리닝
  - 내구성이 약한 모나 견사

- 일부의 염색 섬유류를 유기화합물을 사용하여 세정하는 방법
- 최근에 사용하는 유기화합물
  섬유계 용제 : 각종 탄화수소 화합물, 크리닝 솔벤트
  염소화 탄화수소계 용제 : 퍼클로로에틸렌, 1,1,1-트리클로로에탄

(3) 작업환경관리

① 금속세정의 경우
- 세정 조에 국소환기장치를 한다.
- 세정조의 냉각관 등 안전장치가 충분히 작동되는지를 항상 정비한다.

② 의류세정의 경우
- 세정장치의 정비
- 의류를 염색 작업할 때 국소환기장치가 필요하다.
- 세정작업실에는 전체환기가 필요하다.

③ 세정조의 수리, 청소, 탱크 내로 떨어진 부품의 회수 등을 위해 고농도의 탱크로 들어갈 경우에는 송기마스크를 사용해야 한다.

④ 세정장치에서 의류를 꺼낼 때는 충분히 건조시키고 꺼낸다.

학습문제

01 유기용제의 성질에 관한 다음 설명 중 올바른 것은 어느 것인가?★

① 메탄올이나 아세톤은 극성이 적은 용제이다.
② 극성이 큰 유기용제는 silicagel에 잘 흡착된다.
③ 이황화탄소는 무극성의 물질이기 때문에 silicagel에 잘 흡착한다.
④ 4염화탄소는 극성이 크고 silicagel에 흡착되기 쉽다.

해설 유기화합물과 같은 분자성 물질은 여러 무기화합물과 같은 ion성 물질에 비교하면 전하의 분리가 없으나 분자 중에서 상대적으로 전하의 치우침에 의하여 ion성을 갖는 일이 많다. 물 분자의 경우 분자 중에서 산소원자 쪽이 수소원자보다 전기음성도가 크기 때문에 전자는 산소원자 쪽에 끌리게 된다. 이와 같이 분자 중에서 전하의 중심이 분리되어 있을 때 이 분자를 극성분자라 한다. 물 분자는 유기용제에 비하여 훨씬 극성이 크다. 메탄올(CH_3OH), 아세톤(CH_3COCH_3), 클로로포름($CHCl_3$), C_2HCOCH_3, 초산메틸($CH_3CO_2CH_3$), N,N-dimethyl formamide [$HCON(CH_3)_2$] 등은 극성이 큰 물질이다. 반대로 CCl_4, CS_2, C_6H_6, $C_6H_5CH_3$, C_6H_{14} 등은 극성이 없는 물질로 일부에 예외는 있으나 일반적으로 물에 녹기 쉬운 물질일수록 극성이 크다고 한다.

02 유기용제의 공통적인 독성작용은?★★★

① 중추신경계의 억제작용　② 말초신경 장애
③ 신장기능 장애　④ 조혈기능 장애

03 다음 설명 중 괄호에 들어갈 적당한 단어를 옳게 나타낸 것은?

유기용제 중 (　　)는 마취작용이 주이므로 저급인 것보다 고급인 것일수록 마취성이 강하다.

① 방향족 탄화수소　② 지방족 탄화수소　③ 연쇄상 탄화수소　④ 할로겐화 탄화수소

04 다음 중 직접적인 마취작용은 없으나 체내에서 알코올로 가수분해하여 2차적으로 마취작용을 나타내는 것은?★

① 아세틸렌계 탄화수소　② 올레핀계 탄화수소
③ 에틸 등 지방족탄화수소　④ 에스테르류

05 유기용제에 의한 건강장해에 관한 기술 중 옳다고 생각되는 것은 어느 것인가?★★★

① 시너는 단일 성분으로 된 용제로 중추신경과 신장에 대하여 친화성이 강하다.
② 사염화탄소는 염소계 유기용제로 간 장해나 간에 독이 있는 것으로 알려지고 있다.
③ 톨루엔이나 벤젠 등은 방향족 탄화수소이며 어느 것이나 조혈장기에 장해를 미친다고 알려져 있다.
④ 유기용제는 피부로부터 흡수되는 것이 많고 여성이 남성보다 유기용제에 대한 감수성이 높다.

해설 유기용제의 대부분은 지용성이고, 인체에 대한 공통적인 작용은 피부에 대한 자극과 마취성이지만 조직이나 기관을 침입하여 다양한 증상을 보이게 한다. 이 중에서도 염소계 포화탄화수소의 사염화탄소(CCl_4), 클로로포름(C_6H_6Cl : 별명 트리클로로 메탄), 사염화아세틸렌(1,1,2,2-테트라클로로에탄, 사염화 에탄, $Cl_2CHCHCl_2$) 등은 간장에 대한 장해가 현저하다. 더욱이 염소계 탄화수소는 염소의 수가 많아짐에 따라 독성은 강해진다고 말하고 있다. 시너(thinner)는 여러 가지 유기용제의 혼합물로 그 용도에 의하여 성분, 농도가 다르다. 유해물질 대한 건강장해에서 남녀 간의 감수성의 차이는 보통 확인되지 않는다. 유기물의 혈액에 대한 영향을 조사할 수 있으나 그 반대로 적혈구 그 외의 혈액 성분을 검사하더라도 폭로되어진 물질을 판단하는 일은 곤란한 것이다. 벤젠은 조혈장기에 장해를 주는 것이 인정되고 있으나 톨루엔, 벤젠 등 다른 방향족탄화수소에 관해서는 확인되어 있지 않다.

06 작업장에서 용제로 많이 사용되는 벤젠은 중독증상을 일으킨다. 벤젠중독의 특이 증상은 다음 중 어느 것인가?★★★

① 간과 신장의 장해
② 피부염과 피부암 발생
③ 조혈기관의 장해
④ 호흡기계 질환 및 폐암 발생

07 벤젠은 골수를 손상시켜 혈소판 감소증, 백혈구감소증, 악성빈혈증, 재생불능성 빈혈증 및 백혈병 등을 발생시킨다. 벤젠이 신진대사 되었을 때의 주요대사산물은?

① 스티렌 ② 크실렌 ③ 페놀 ④ 니트로벤젠

해설 벤젠이 체내에서 수산화되어 페놀이 된다. 벤젠은 골수독소라는 점에서 다른 유기용제와 다르다.

08 다음의 화학물질 중 특히 백혈구와 적혈구, 혈소판을 감소시키는 원인이 되는 것은 어느 것인가?

① 크롬산 ② 시안화나트륨 ③ 카드뮴 ④ 벤젠

해설 벤젠중독의 주된 건강장해는 조혈기의 장애로서 재생불량성 빈혈이나 드물게는 백혈병을 일으킨다. 조혈기 장애는 권태·어지러움 등의 빈혈증상, 세균감염에 대한 저항력의 저하, 비출혈, 치은출혈 등을 일으킨다. 벤젠의 중독과 백혈병과의 관계에 관해서는 질병의 많은 사례가 보고되어 있다. 벤젠은 백혈병을 발생시키는 암원성 물질로 보고 있다.

09 작업환경 내 벤젠의 폭로에 의하여 야기되는 질병이 아닌 사항은 어느 것인가?

① 백혈병 ② 범혈구감소증 ③ 청색증 ④ 재생불능성 빈혈

해설 청색증이란 cyanosis(치아노제)를 의미한다. 베릴륨의 중독시에도 나타나는 증상으로 혈액 중의 산소부족에 기인한다.

10 자동차 및 기타 연료의 옥탄가를 향상시켜 녹킹(knocking) 방지제로 주로 연료에 첨가되는 것은?

① Benzene ② Ketone ③ TML ④ TEL

해설 자동차 연료의 옥탄가 향상과 knocking 방지제로 4-에틸납을 주입한다.

11 이황화탄소(CS_2) 중독이 발생될 수 있는 사업장은?

① 자동차 수리공장 ② 인견 및 고무공장 ③ 제철공장 ④ 도자기 공장

12 다음 중 인견제조 공장에서 많이 발생되는 중독성 가스 성분은?

① 황화수소 ② 이황산가스 ③ 일산화탄소 ④ 암모니아

해설 황화수소 가스는 유황정제, 고무, 인견제조 공장에서 많이 발생되는 가스로서 두통, 졸림, 경련, 혼수를 일으키는 중독성 가스이다.

13 이황화탄소(CS_2) 중독에 대한 설명 중 옳지 않은 것은?

① 이황화탄소는 액체나 가스의 흡입으로 중독될 수 있다.
② 인견, 인조섬유공장에서 이황화탄소가 발생된다.
③ 이황화탄소의 증상은 신경장애, 부신피질의 기능장애 등이다.
④ 온도계 제작, 인쇄소 등에서 이황화탄소가 발생된다.

14 모 인조견 제조공장에서 약 5년간 근무 중이던 젊은 여자가 갑자기 두통, 우울증, 하지근육 위축 및 시야협착 등의 소견으로 공장부속의원에 내원하였다. 어떤 물질에 의한 직업성질환으로 우선 짐작하겠는가?★

① 벤젠 ② 황화수소 ③ 이황화탄소 ④ 염화비닐

15 구리스 제거용 용매로 사용되는 물질로 간장, 신장에 만성적인 영향을 미치는 것은 무엇인가?

① 크롬 ② 사염화탄소 ③ 유리규산 ④ 메탄올

해설 결막염, 두통까지 증상이 다양하다.

16 다음의 유기용제 중에서 간 장해가 현저한 물질은 어느 것인가?

① 헥산 ② 초산부틸 ③ MEK ④ 사염화탄소

해설 염소계 유기용제는 간이나 위장에 장해를 주는 경향이 강하지만 이 중에 염소화포화탄화수소인 hloroform(tririchloromethane : $CHCl_3$) 및 tetraacethylene(1,1,2,2-tetra chloroethane, $ClCHCHCl_2$)은 특히 간에 대하여 뚜렷한 장해를 끼친다. 4염화탄소(CCl_4)는 간독으로 잘 알려져 있다. 또 최근에는 dimethyl formamide[$HCON(CH_3)_2$]에 의한 간장해 중에는 독성이 낮은 것으로 생각한 n-hexane(di-n-propyl, $CH_3(CH_2)CH_3$)에 의한 다발성 신경염 등이 주목되고 있다.

17 작업환경 내 사염화탄소의 폭로관리에 관한 사항이다. 적합지 아니한 사항은 어느 것인가?★

① 사염화탄소는 무색의 휘발성액체이며 에테르와 비슷한 냄새를 풍긴다. 비점은 76.8℃이나 불이 붙지는 아니한다.

② 화학기술자, 탈지작업자, 곡물훈증 소독자, 잉크, 살충제 및 냉동제의 생산 작업자들이 폭로될 위험성이 크다.

③ 사염화탄소는 그 증기가 주로 폐를 통하여 흡수된다. 피부를 통하여 흡수되는 양은 적지만 접촉되지 말아야 한다.

④ 활성탄관으로 되어 있는 시료채취기로 공기 중의 사염화탄소 증기를 흡착시킨 다음 원자흡광법으로 분석한다.

해설 CCl_4는 가스크로마토그래피법으로 분석한다.

18 다음 중 신경계 침입물질이 아닌 것은?

① 4-에틸납 ② 이황화탄소
③ 메틸알코올 ④ 사염화탄소

해설 4염화탄소는 간, 신장에 침입하는 물질이다

19 다음 유기용제의 특이적인 독작용의 연결 중 옳지 않은 것은?★

① 이황화탄소 – 급성 정신증 ② n-hexane – 말초신경장해
③ 사염화탄소 – 방광암 ④ 벤젠 – 조혈기능 장해

20 유기용제의 특이적인 중독작용에 대한 연결이 잘못된 것은 어느 것인가?

① CCl_4 – 방광암 ② n-hexane – 말초신경장해
③ Benzene – 조혈기능장해 ④ Methanol – 시신경장해

21 근로자의 건강을 위해 최근에 벤젠 대신에 사용하고 있는 유기용제는?

① 아세톤 ② 사염화탄소 ③ 트리클로로에탄 ④ 석유나프탈린

22 작업장에서 용매작용이 좋기 때문에 벤젠을 사용하였으나 독성이 너무 강해서 대치하고자 할 때 다음 중 어느 것을 사용하면 신체 장해를 줄일 수 있겠는가?★

① Alcohol ② Bolic acid ③ Methyl chloroform ④ Toluene

해설 독성이 적은 toluene이나 xylene으로 대치 가능하다.

23 근로자의 건강보호를 위해 최근에 세척제로 사염화탄소 대신 많이 사용하고 있는 유기용제는 어느 것인가?

① 1,1,1-Trichloroethane ② Trichloroethylene(TCE)
③ CS_2 ④ Perchloroethylene

24 다음 중 반감기는 배설속도를 표시하는 기준이 되고 있다. 반감기가 수주 내지는 수개월 이상인 것은 어느 것인가?★

① 톨루엔 ② 삼염화탄소 ③ 수은 ④ 크실렌

해설 반감기가 2시간인 것은 16시간이면 모두 제거되고, 48시간인 것은 1~2주면 모두 배설된다. 보통 중금속은 반감기가 길고, 유기화합물의 반감기는 5분 이내로 매우 짧다.

25 작업환경 내의 톨루엔 폭로를 알아내기 위한 생물학적 모니터링에서는 소변 중의 무엇을 측정하는가?★

① 페놀 ② 마뇨산 ③ 글루쿠론산 ④ 벤조익산

해설 흡수된 톨루엔의 60~80%는 벤조익산으로 대사되어 글리신과 결합하여 마뇨산을 형성한다. 크실렌의 폭로는 소변 중의 메틸마뇨산으로 확인한다.

26 다음은 어느 유기용제 취급 사업장의 작업환경측정결과이다. 이 작업부서의 작업환경은 어떠한가?★

작업환경측정결과표

측정항목	측정치(ppm)	시간가중평균치(TWA)
벤젠	0.5	1
톨루엔	50	100
노말헥산	25	50

① 허용기준을 초과한다.
② 허용기준에 미달한다.
③ 허용기준에 일치한다.
④ 시간가중 평균치에는 미달되지만 혼합물질허용농도를 초과하였다.

해설 상가 작용을 하므로 $R = \frac{0.5}{1} + \frac{50}{100} + \frac{25}{50} = 1.5 > 1$

27 옥내 작업장에서 유기용제 업무에 근로자 종사 시 필히 게시해야 할 사항이 아닌 것은?

① 유기용제가 인체에 미치는 영향　② 유기용제의 사용목적 및 용량
③ 유기용제의 취급 시 주의사항　④ 유기용제에 의한 중독시의 응급처치

28 이황화탄소 중독의 위험이 가장 많은 작업 장소는?

① 자동차수리　② 인견공장, 고무공장　③ 제철공장　④ 기차 운전업

29 재생 불능성 빈혈이나 백혈병을 유발하는 화학물질은?

① Toluene　② Trichloroethylene　③ Pyridine　④ Benzene

30 소변 속의 마뇨산을 정량하여 어떤 유기용제의 폭로지표를 삼고 있나?

① 벤젠　② 톨루엔　③ 나프탈렌　④ 이황화탄소

31 호흡기에 직업성 암종을 유발하는 것은?★

㉠ 비소　㉡ 석면　㉢ 니켈카보닐　㉣ 벤젠　㉤ 비닐클로라이드　㉥ 베타 나프틸아민

① ㉠, ㉡, ㉢　② ㉡, ㉢, ㉣　③ ㉢, ㉣, ㉤　④ ㉤, ㉥, ㉠

32 다음 중 화학적 질식성 가스로 연결된 것은?

① 일산화탄소－아질산염　② 메탄－에탄
③ 암모니아－황화수소　④ 이산화탄소－청산가스

33 다음 유해가스 중 무색의 가연성으로서 달걀 썩는 냄새가 나며, 눈에 대한 자극과 장시간 흡입할 경우 폐수종을 일으키고 조직에서 산화작용에 관여하는 효소작용을 저해하여 저산소증을 일으키는 것은?★

① 황화수소 ② 포스겐 ③ 일산화탄소 ④ 아닐린

34 다음 유해가스 중 건강장해와 연결이 잘못된 것은?

① 암모니아 – 무 후각증
② 이산화질소 – 폐암
③ 아황산가스 – 폐암
④ 포스겐 – 폐부종

35 축적작용이 있는 작업장의 오염물질이 아닌 것은?

① 전리방사선 ② 연 ③ 일산화탄소 ④ 벤젠

36 전기절연체, 윤활유, 가소제의 제조 시 발생되고 국소작용으로 염소낭창을 일으키며 가네미유중 사건을 일으켰던 유해물질은?★

① n-hexane ② CS_2 ③ PCB ④ Vinyl chloride

37 다음 중 유기용제와 그의 대사산물을 짝지어 놓은 것이다. 맞는 것으로 조합된 항은?★★

㉠ Benzene- phenol	㉡ Toluene- hippuric acid
㉢ Xylene- methyl hippuric acid	㉣ TCE(trichloroethylene)- trichloroacetic acid

① ㉠, ㉢ ② ㉠, ㉡, ㉢ ③ ㉡, ㉢, ㉣ ④ ㉠, ㉡, ㉢, ㉣

38 유해물질과 그에 대한 생물학적 감시(Biological Monitoring)물질의 관계가 옳지 않은 것은?

① Thichloroethylene – mandelic acid
② 벤젠 – phenol
③ 톨루엔 – 소변 중 마뇨산
④ 납 – 소변 중 코푸로포피린

39 유기용제는 종류에 따라 신체부위에 작용하는 것이 다르다. 다음 중 관계가 없는 것은?

① 메탄올 – 시신경장애
② 벤젠 – 재생 불능성 빈혈
③ 클로로포름 – 간장장애
④ 사염화에틸렌 – 소화기장애

40 다음 중 유기용제의 특이적인 독작용을 연결한 것 중 옳지 않은 것은?

① 벤젠 – 조혈기능장애
② 메칠알코올 – 축성시신경염
③ 사염화탄소 – 방광암
④ n-hexane – 말초신경장애

41 다음 중 맞는 내용은 어느 것인가?★

① 벤젠 중독의 주 증 용해되어 있던 산소가스가 혈중에 배출되어 공기 전색을 일으키기 때문이다. 상은 피부염이다.
② 크롬 중독에서 주로 비점막의 형성과 비중격 천공을 일으킨다.
③ 소음성 난청은 감음계 난청으로 처음에 400 Hz에서 청력 저하가 나타나고 점차 회화음력까지 침범한다.
④ 감압병은 지방조직 등에 용해되어 있던 산소가스가 혈 중에 배출되어 공기 전색을 일으키기 때문이다.

42 유기용제가 신체에 어느 정도 흡수되었는가를 알기 위해 Biological monitoring을 한다. 다음 중 알맞게 연결된 것은?

① 벤젠－적혈구 수　② 톨루엔－메칠 마뇨산
③ 삼염화 에틸렌－삼염화 초산　④ 크실렌－마뇨산

43 다음 유기용제와 소변 중 생체 감시물질의 연결이 맞는 것은?

① Styrene－trichloroacetic acid　② Toluene－methyl hippuric acid
③ Benzene－phenol　④ Xylene－hippuric acid

44 유해물질과 그에 대한 생물학적 감시물질의 관계가 옳지 않은 것은?

① Benzene－Phenol　② Toluene－Hippuric acid
③ Xylene－Hippuric acid　④ n-hexane－2,5-hexane

45 유기용제 취급 작업장의 환경측정결과 벤젠 1 ppm, 톨루엔 25 ppm, 크실렌 25 ppm, 클로로포름 5 ppm이었다. 각 유기용제의 시간가중평균치는 벤젠 10 ppm, 톨루엔 100 ppm, 크실렌 100 ppm, 클로로포름 25 ppm이다. 이 작업장의 유기용제의 농도는?

① 8시간 허용농도에 미달한다.　② 8시간 허용농도를 초과한다.
③ 6시간 허용농도를 초과한다.　④ 혼합 유기용제임으로 평가하기가 곤란하다.

46 다음 중 피부암의 원인물질이 아닌 것은?

① 전리방사선　② 염화비닐
③ 비소　④ Coal tar

47 유해물질의 허용한계로서 널리 쓰이고 있는 것 중 근로자들의 조직과 체액 또는 호기를 검사해서 건강 장애를 일으키는 일 없이 폭로될 수 있는 양을 규정한 것은?

① 시간가중 평균치 허용농도 ② 단시간 폭로의 허용농도
③ 최고치 허용농도 ④ 생물학적 허용 한계치

48 디젤기관 배기가스 중의 발암성 물질은 다음 중 어느 것인가?

① Tetraethyl lead ② 3,4-Benzopyrene
③ Tetramethyl lead(TML) ④ Benzene

49 다음 물질에 의한 공통적인 인체 영향은 무엇인가?

㉠ 삼산화비소 ㉡ 염소화비페닐 ㉢ 광유 ㉣ 에폭시수지 ㉤ 크롬산

① 피부장해 ② 발암작용
③ 상기도 자극증상 ④ 마취작용

50 직업병에 관한 설명 중 옳은 것은?★

① 진폐증은 광물성 분진의 흡입 때문에 폐 내에 분진이 축적되어 이것 때문에 생기는 조직반응이다.
② 용제의 사용으로 생기는 benzene 중독의 주증상은 피부염이다.
③ 잠함병은 지방조직에 용해되어 있던 산소가 가스 상으로 되어 혈 중에 배출되어 공기 전색을 일으키기 때문에 생기는 장애이다.
④ 최근 석면폭로에 관하여 폐암과 악성 중피종의 발생이 지적되고 있다.

51 시야 협착은 다음 중 어느 경우에 나타나는가?

① 크롬(Cr) 중독 ② 아황산가스(SO_2) 중독
③ 일산화탄소(CO) 중독 ④ 인(P) 중독

과년도 출제 및 예상문제

01 벤젠(C_6H_6)에 관한 설명으로 알맞지 않는 것은?

① 주요 최종 대사산물은 페놀이며 이것은 황산 혹은 글루크론산과 결합하여 소변으로 배출된다.
② 급성중독은 주로 골수손상으로 인한 급성 빈혈이며 심하면 사망에 이르기도 한다.
③ 고농도 벤젠증기는 마취작용이 있으며 약하기는 하지만 눈 및 호흡기 점막을 자극한다.
④ 벤젠 폭로의 후유증은 백혈병이 발생한다는 것이 알려져 있다.

02 방향족 탄화수소 중 조혈장해를 유발시키는 물질로 페놀 등의 화학물질제조에 사용하는 것은?

① 톨루엔 ② 크실렌 ③ 벤젠 ④ 포스겐

해설 벤젠은 백혈구의 생성장애를 유발하며 대사반응 물질은 페놀임

03 방향족 탄화수소 중 저농도에 장기간 폭로되어 만성중독을 일으키는 경우 가장 위험한 것은?

① 톨루엔 ② 크실렌 ③ 벤젠 ④ 에틸렌

04 방향족 탄화수소 중 급성 전신 중독을 유발하는 데 있어서 독성이 가장 강한 물질은?

① 벤젠 ② 크실렌 ③ 톨루엔 ④ 스타이렌

05 향기로운 방향이 있는 무색액체로서 백혈병을 유발하는 것으로 확증된 물질은?

① 톨루엔 ② 벤젠 ③ 시클로헥산 ④ 크실렌

06 인체 내 조혈기관에 만성적 장해를 유발시키는 물질은?

① 트리클로로에틸렌(TCE) ② 케톤
③ 벤젠 ④ 아세톤

07 다음 설명 중 틀린 것은?

① 벤젠은 백혈병을 일으키는 원인물질이다.
② 벤젠은 모든 방향족 탄화수소와 마찬가지로 만성장해로서 조혈장해를 유발한다.
③ 벤젠은 주로 페놀로 대사되며 페놀은 벤젠의 생물학적 노출 지표로 이용된다.

④ 방향족 탄화수소 중 저 농도에 장기간 노출되어 만성중독을 일으키는 경우에는 벤젠의 위험도가 크다.

08 벤젠이 함유된 물질을 다량 취급하여 발생되는 빈혈증은 일반적으로 어떤 것을 말하는가?

① 용혈성빈혈증 ② 소적혈구색소감소빈혈증
③ 재생 불량성 빈혈증 ④ 적혈구모세포빈혈증

09 다음 벤젠에 의한 건강장해와 거리가 먼 것은?

① 신장장해 ② 조혈기능의 장애
③ 백혈구 감소, 재생불량성 빈혈 등 ④ 피부에 탈지작용

10 방향족 탄화수소 중 급성전신 중독을 유발하는 데 있어서 독성이 가장 강한 것은?

① 크실렌 ② 에틸벤젠 ③ 벤젠 ④ 톨루엔

11 다음 벤젠 대신 사용할 수 있는 유기용제로 적당하지 않은 것은?

① IPA(이소프로필 알코올) ② 아세톤
③ 에틸알코올 ④ 메틸알코올

해설 메틸알코올의 경우 강한 탈지 작용과 함께 마취작용 및 시신경에 영향을 주는 비교적 독성이 강한 화학물질이다.

12 다음 조혈기관에 영향을 주는 물질과 거리가 먼 것은?

① 벤젠 ② 납 ③ 이황화탄소 ④ 전리방사선

해설 이황화탄소는 주로 신경계통에 장해를 주는 것으로 알려져 있다.

13 신경계통 중 중추신경계에 작용하여 파킨슨 증후군을 유발하는 유해물질로 가장 적절한 것은? (단, 생물학적 폭로지표로는 iodine-azide 검사 이용)

① 스타이렌 ② 이황화탄소 ③ 수은 ④ 납

14 다핵방향족 화합물(PAH)에 대한 설명으로 틀린 것은?

① PAH는 벤젠고리가 2개 이상 연결된 것으로 20여 가지 이상이 있다.

② PAH의 대사에 관여하는 효소는 시토크롬 P-448으로 대사되는 중간산물이 발암성을 나타낸다.
③ 톨루엔, 크실렌 등이 대표적이라 할 수 있다.
④ PAH는 배설을 쉽게 하기 위하여 수용성으로 대사된다.

15 다음의 유기용제 중 할로겐화 탄화수소에 관한 설명으로 틀린 것은?

① 할로겐화 탄화수소의 독성의 정도는 할로겐원소의 수가 커질수록 증가한다.
② 할로겐화 탄화수소의 독성의 정도는 화합물의 분자량이 커질수록 증가한다.
③ 대개 중추신경계의 억제에 의한 마취작용이 나타난다.
④ 가연성과 폭발의 위험성이 높아 취급 시 주의하여야 한다.

16 다음 물질 중에서 독성이 제일 강한 것은?

① CCl_4 ② CH_2Cl_2 ③ CH_3Cl ④ CH_4

해설 할로겐 탄화수소의 경우 포화도가 높을수록 독성이 강하다.

17 유해화학물질에 의한 간의 중요한 장해인 중심소엽성괴사를 일으키는 물질 중 대표적인 것은?

① 에틸렌글리콜 ② 사염화탄소 ③ 이황화탄소 ④ 수은

18 다음 중추신경계통에 영향을 주는 물질과 거리가 먼 것은?

① 이황화탄소(CS_2) ② 트리클로로에틸렌(TCE)
③ 메틸수은 ④ 사염화탄소

해설 대부분의 할로겐화 탄화수소의 경우 강한 마취작용이 있으며, 특히 사염화탄소의 경우 마취작용보다는 간장에 특이적인 독성을 나타내는 것으로 알려져 있다.

19 다음의 화학물질 중 간에 특징적인 독성을 나타내는 화합물은?

① $CHCl_3$ ② CCl_4 ③ CH_3CCl_3 ④ $Cl_2C=CHCl$

해설 할로겐화 탄화수소는 대개 중추신경계기능을 억제하는 것으로 알려져 있으며 특히 사염화탄소는 간에 특이적인 독성을 나타낸다. ① $CHCl_3$(클로로포름) ③ CH_3CCl_3(메틸 클로로포름) ④ $Cl_2C=CHCl$: 트리클로로에틸렌(TCE)

20 트리클로로에틸렌(TCE)을 사용하는 작업장 주변에서 용접작업을 하는 경우 발생 가능한 유해물질로 적당한 것은?

① $COCl_2$ ② HCl ③ NO_3 ④ HCHO

해설 자외선은 염화탄화수소와 결합하여 포스겐을 생성하기도 한다.

21 도금 사업장에서 금속표면의 탈지 및 세정으로 사용되며, 간 및 신장 장해를 유발시키는 유기용제는?

① 톨루엔 ② 노르말헥산 ③ 트리클로로 에틸렌 ④ 클로르포름

22 인체의 주요 기관별로 유해물질에 의한 중독영향을 고려할 때, 각 기관과 장해 유해 물질을 옳게 짝지은 것은?

① 신장 : 4-Aminodiphenyl ② 조혈기관 : 카드뮴과 수은
③ 방광 : 벤젠과 TNT ④ 간 : 사염화탄소(CCl_4)

23 다음 화학물질과 인체피해 기관과의 관계가 잘못 연결된 것은?

① 벤젠 → 조혈기관 ② 베릴륨 → 폐
③ 트리클로로에틸렌(TCE) → 중추신경계 ④ 이황화탄소 → 간

해설 ④ → 중추신경계

24 다음 중 만성 폭로 시 중추신경계통에 특징적인 장해를 일으키는 물질은?

① 벤젠 ② 이황화탄소 ③ 톨루엔 ④ 사염화탄소

25 다음 근로자의 생물학적 감시를 위한 시료로서 거리가 먼 것은?

① 머리카락 ② 소변 ③ 혈액 ④ 공기

26 유기용제 노출을 생물학적 모니터링으로 평가할 때 일반적으로 가장 많이 활용되는 생체시료는?

① 혈액 ② 피부 ③ 모발 ④ 소변

27 톨루엔에 대한 생물학적 노출지표물질로 적합한 것은?

① 혈액 ② 소변 ③ 공기 ④ 타액

28 다음 중금속 및 유기용제에 대한 생물학적 노출지표물질로 연결이 틀린 것은?

① 납 : 혈중 납
② 수은 : 혈중 수은
③ 톨루엔 : 혈중 마뇨산
④ 크실렌 : 소변 중 메틸마뇨산

해설 ③ 혈중 마뇨산 → 소변 중 마뇨산

29 유기용제별 생체 내 대사물의 종류를 잘못 짝지은 것은?

① 톨루엔 – 소변 중 마뇨산
② 크실렌 – 소변 중 메틸마뇨산
③ 메탄올 – 소변 중 메틸이소부틸케톤
④ 이황화탄소 – 소변 중 TTCA

30 유기용제인 크실렌의 생물학적 폭로지표로 이용되는 대사산물은?

① 만델릭산
② 벤젠
③ 메틸마뇨산
④ 톨루엔

31 유기용제 중 스티렌의 생체 내 대사물질(측정물질)은?

① 소변 중 마뇨산
② 소변 중 만델릭산
③ 소변 중 총 페놀
④ 소변 중 메틸마뇨산

32 다음 중 유기용제 중독예방을 위한 가장 중요한 대책은?

① 일반 건강진단 실시
② 작업환경 개선
③ 보호구 착용
④ 작업시간 단축

해설 ① 공학적 관리 – 대치, 밀폐, 격리, 환기 ② 행정적 관리 – 작업시간 단축 ③ 개인 보호장구 착용

33 비교적 높은 증기압(vapor pressure)과 낮은 허용 기준치를 갖는 유기용제를 사용하는 작업장을 관리할 때 가장 효과적인 방법은?

① 전체환기를 실시한다.
② 국소배기를 실시한다.
③ Fan을 설치한다.
④ 칸막이를 설치한다.

17 금속(Metal)의 관리

학습목표

1. 일반적 특성	2. 납(Pb)
3. 수은(Hg)	4. 카드뮴(CCd)
5. 크롬(Cr)	6. 망간(Mn)
7. 베릴륨(Be) 중독	8. 금속취급 작업장의 종류별 관리방안

1. 일반적 특성

1) 정의

고체상태로 변성(變性 : 성질이 달라짐), 연성(軟性 : 유연한 성질)이 많고 금속광택을 가지며 전도성(전기와 열을 잘 전하는 것)이 높은 것을 금속이라 한다.

- 보통 여러 가지 기계적 가공을 할 수 있는 특징

2) 분류

중금속 : 비중이 비교적 큰 금속이며 비중이 4 이상인 금속

- 수은, 납, 카드뮴, 크롬, 망간 등 금속이 공해의 주된 요인이 된 이래 중금속이라는 용어 사용(수천년 전부터 인류에 사용된 금속, Ancient metal)
  - 경금속 : 비중이 비교적 작은 금속이며 비중이 4 이하인 금속, 베릴륨, 마그네슘, 알루미늄 등
  - 반금속 : 금속과 비금속의 중간에 속하는 금속이며 비소, 안티몬, 비스무트 등
  - 비금속 : 금속의 성질을 갖지 않는 것으로 상온에서 대부분 기체로 존재한다. 황, 인 등

2. 납(연, Lead, Pb)

1) 성상

비중 11.34, 융점 327.4℃, 비등점 1620℃

☞ 융점(Melting point) : 고체가 녹아서 액체로 변할 때의 온도
비등점 = 비점(Boiling point) : 액체가 끓어 오를 때의 온도

2) 분류

① 무기 연 : 금속 연(Pb)

- 연 산화물 = Pb + 산소 결합, 일산화 납(PbO, 리사지), 사산화 삼납(Pb_3O_4, 광명단 : 도자기의 유약 원료로 사용됨)
- 연 염류 = Pb + 다른 화학물질
  - 황산연, 크롬산연 → 안료, 염료
  - 비산연 → 농약
  - 스테아린산 연 → 플라스틱 제품(PVC)과 크리스탈 유리병의 착색 안정제

② 유기 연

- 4 에틸연 : 유연 휘발유(안티녹킹제)
- 4 메칠연

☞ 무기연보다 유기연의 독성 매우 강함, 유기연은 물에 잘 녹지 않으나 유기용제, 지방에 잘 녹음 → 피부폭로 가능

3) 주요발생 공정

① 연 제련(축전지) : 연광 → 분쇄(dust) → 용해(fume) → 주조(dust, fume) → 출고

- Dust보다 fume으로 흡입시 체액에 용해 높음

② 방청용 도료 : 선박, 철교의 부식방지 목적으로 paint에 연을 함유하고, spray 작업 시나 painting된 철 구조물의 해체 및 수리 시 용접함으로써 고열에 의해 연 fume 발생

③ 도자기의 유약, 크리스탈 유리 : PbO(리사지), Pb_3O_4(광명단) → 분말 혼합

④ 한국통신 근로자들이 맨홀 속에서의 전화케이블 접속 및 해체 작업 시 토치 Lamp 1500℃ 이상의 열에 의해 연 fume 발생, 1989년 집단 연 중독 환자 발생

☞ • 리사지 제조(PbO) : 납 괴를 공기 중에 태워 산소와 결합한 황색 고체가루 → 고무가황제로 사용
 • 광명단 제조(Pb_3O_4) : 적색의 고체가루로 유약, 납유리, 녹 방지용 도료에 사용

4) 체내대사 및 작용기전

① 흡수

- 무기연 : 호흡기, 소화기
- 유기연 : 호흡기, 소화기, 피부를 통해 흡수

② 체내대사

- 소화기 흡수 : 불용해 되면 대변 배설. 침, 소화액에 용해되면 간장에서 분해되어 해독

작용을 하며, 활성화 되면 암으로 전이됨

- 호흡기 흡수 : 작은 입자는 혈액에 흡수되어 여러 장기나 조직으로 운반 비교적 큰 입자는 상기도에 걸려 소화기를 통해 배설
- 생물학적 반감기 : 수개월~10년으로 체내에 장기간 축척
- 연은 태반을 통과, 모유로 배설됨에 따라 자궁내의 태아나 수유기의 유아에게 폭로 가능

☞ 사회 발전에 따라 가임 여성의 전자나 반도체 회사 근무 증가 추세

③ 작용기전

- Pb → 사람의 체내 흡수 → 혈색소 합성 작용 억제(Heme synthetase) → Heme의 전구물질인 Coproprophyrin이 Protoprophyrinogen으로 이행되는 것을 방해 → 혈액내의 Coproprophyrin이 증가 – 소변 중에 Coproprophyrin의 배설량 증가

☞ 무기 연의 체내 흡입정도를 파악
- 1차 건강진단 : 소변 중 Coproprophyrin 검사 및 혈중 ZPP(Zinc protoporphyrin)검사
- 2차 건강진단 : Blood-Lead 검사, Urine-Lead 검사

5) 임상 증상

① 입에서 금속 맛

② 자각증상 : 뼈 축척(약 90%정도) → 관절통, 위장장애 → 복통, 신장기능 장애

6) 예방 대책

① 저 독성으로 물질의 대체

- 도자기 산업의 유약(금속연) 사용을 용해도 낮은 "연 혼합 규산염" 사용으로 대체
- 건물 내부의 paint칠을 할 때는 연 탄산염이 혼합된 paint의 사용금지
  - 도장공, 제조공뿐만 아니라 어린아이들의 연 폭로 감소 가능

    ☞ ILO(국제노동기구) 등 일부 선진국은 건물 내부 연 함유된 paint 사용금지

② 연 분진 발생 억제

- 습식화 작업 : 연 제련 시 광석, 부스러기 발생
- 물을 뿌림으로써 다량의 분진발생 방지

③ 작업방법의 변경 : 연 함유된 paint 제조(방청도료) 시 가루를 반죽 형태로 공급하면 혼합공정에서 분진발생 감소

④ 작업공정의 밀폐 및 국소배기 장치 설치 : 온도가 550℃ 이상 되는 용해로는 연 fume이 발생되므로 밀폐 필요

⑤ 개인보호구
- 방진마스크 : 호흡기 폭로 방지
- 더운물 목욕시설 : 소화기 폭로 방지
- 식사, 흡연금지
- 진공청소기로 퇴적 분진 제거 : 2차적 비산 분진 제거

⑥ 노출기준 TLV-TWA : 0.05 mg/m^3 이하의 작업환경유지
⑦ 의학적 예방 : 6개월에 1회 이상 특수 건강진단 및 채용시 건강진단 실시

3. 수은(Mercury, Hg)

1) 성상

① 비중 13.55, 융점(M.P) −38.87℃, 비등점(B.P) 356.58℃
② 특징 : 상온에서 은백색의 액체 상태로 존재하는 유일한 금속으로 실온에서 증기 상태 발생

2) 분류

① 무기수은 = 금속수은(Hg)
- 뇌홍 : 수은을 초산에 용해하고, 에탄올을 넣어서 만든 화합물
  - 작은 충격에 의해 폭발 → 화약의 기폭제로 사용
  - 아말감(치과용) 금속과 혼합

② 유기수은 : 메틸 및 에틸 수은으로 농약의 원료로 사용
- 무기수은보다 뇌의 침투율 높아 독성 매우 강함

3) 주요발생공정

① 형광등, 온도계, 체온계 제조
② 화약 공장에서 뇌홍 제조
③ 도료, 안료 제조 : 배 밑에 해초가 붙지 않도록 특수 coating제로 사용
④ 살초제, 제초제 등 농약 제조 : 1978년 담양 집단수은중독 사건 이후 사용금지

4) 체내대사

① 흡수 : 호흡기, 소화기, 피부

② 생물학적 반감기 : 약 60일이면 소변으로 배설

5) 임상증상

특이적 3대 증상

① 구내염 : 금속성 입맛, 치은부가 붓고 압통, 침을 많이 흘림

② 근육진전 : 근육경련은 중절모를 만드는 사람에게서 최초 발견, "hatter's shake"(모자상 흔들림), 혀, 손가락에서 볼 수 있음

③ 정신증상 : 불면증, 근심걱정(겁이 많아지고 부끄러움 많아짐), 환각, 기억력 상실 등

6) 예방대책 : 납의 예방 대책과 동일

① 취급공정 밀폐

② 효과적 환기 장치(국소배기, 전체환기) 설치

③ 유해성 표시, 개인보호구 착용

④ 수은 취급 시 주의 사항 및 응급처치요령 등에 대한 교육

⑤ 개인 위생 철저

⑥ 작업시간 단축

⑦ 정기적 작업환경측정, 특수건강진단 실시

☞ 청소 시 주의 : 빗자루로 쓸지 말 것

4. 카드뮴(Cadmium, Cd)

1) 성상

비중 8.6(20℃에서), 융점 321℃, 비등점 767℃이며, 물에 잘 녹지 않으나 산성용액에 잘 용해됨

- 납과 같이 고열(용해로, 용접) 취급 장에서 fume 상태로 발생
  - Cd + 열을 가하면 공기 중에서 산소와 결합, 황갈색의 산화 카드뮴(CdO) fume으로 발생됨

2) 분류

① 산화 카드뮴(CdO)

② 카드뮴 염

- 수용성 : 황산, 질산, 염산과 반응하여 황산 카드뮴, 질산 카드뮴
- 불용성 : 황화 카드뮴(CdS)

3) 주요 발생 공정

① 아연, 동 등의 광석 제련 시 소량의 Cd 부산물로 생성

② 철, 강철 도금 : 부식되지 않는 성질 때문에 사용

③ 용접용 합금 제조

4) 체내대사

① 흡수 : 대부분 호흡기

② 축적 장기 : 간, 신장

③ 생물학적 반감기 : 5～30년

5) 임상증상

① 칼슘대사 장애 : 뼈에 작용하여 뼈의 통증유발

② 신장기능 장애 : 세뇨 기관 저하로 저분자 단백질, 아미노산의 배설 증가

6) 예방대책

납중독 예방 대책과 동일

5. 크롬(Chromium, Cr)

1) 성상

비중 7.19, 융점 1905℃, 비등점 2200℃

- 고열에 의한 fume 발생 거의 없고, 염산, 황산에 잘 용해되어 도금 공정에 사용(mist 상태로 발생)

2) 분류

① 금속 크롬 : 원자가 "0" → 다른 금속과 합금으로 사용

② 3가 크롬($Cr^{+3}(SO_4)_3^{-2}$ = 황산크롬) : 안료제조에 사용

③ 6가 크롬($Cr^{+6}O_3^{-2}$ = 무수 크롬산) : 도금 공정에 사용

☞ 크롬 화합물은 "원자가에 의해 독성"이 달라지는 금속
Cr^{+3} – TLV : 0.5 mg/m^3
Cr^{+6} – TLV : 0.05 mg/m^{3}로 3가 크롬보다 10배 독성이 강함

3) 주요 발생 공정

① 크롬 도금 : 6가 크롬으로 자동차 광택용 사용

② 가죽의 무두질 : 동물성 가죽을 부드럽게 하기 위한 유연제 역할로 사용

③ 시멘트

4) 체내대사 및 작용기전

① 흡수 : 호흡기, 소화기, 피부이며 크롬 분진 폭로나 크롬도금 작업 시 mist 발생

② 배설 : 소변을 통해 배설

③ 생물학적 반감기 : Cr^{+6}은 22일, Cr^{+3}은 92일

5) 임상증상

① 피부염, 비중격 천공(크롬 궤양)

② 기관지 천식, 기관지암 발생

6) 예방대책

① 공학적 대책

- 도금조에 push-pull type의 국소배기시설 설치
- 도금조와 근로자 사이에 비닐 커튼 설치
- 도금조의 개구 면에 PVC 볼을 띄워 미스트 발생 억제

② 관리적 대책

- 제로 미스트란 약품 투입 : mist 증발 억제
- 작업환경을 노출기준 이하로 유지
- 피부보호구 : 고무장갑, 장화, 고무 앞치마 등 착용

6. 망간(Manganese, Mn)

1) 성상

비중 7.2, 융점 1260℃, 비등점 2090℃

2) 분류

① 금속망간 : 망간 철공장, 용접봉 제조(용접작업 시 문제)
② 이산화망간 : 망간전지

3) 체내대사

① 흡수 : 호흡기, 소화기, 피부
② 배설 : 대변
③ 생물학적 반감기 : 39일

4) 임상증상

파킨슨씨 증후군, 정신분열증

5) 예방대책

납의 예방대책과 동일

7. 베릴륨(Beryllium, Be) 중독

1) 성상

비중 1.85, 융점 1,280℃, 비등점 2,970℃, 가장 가벼운 금속 중의 하나

2) 폭로

베릴륨 광석, 우주 항공산업, 정밀기계 제작, 컴퓨터 제작, 형광등, 네온사인 제조, 도자기 제조, 원자력공업의 핵 반응기 제조, 전자공업에서 트랜지스터, X-ray, 음극관, 열강하제 제조, 합금 제조

3) 중독증상 및 징후

① 급성중독

- 염화물, 황화물, 불화물과 같은 용해성 베릴륨화합물은 급성중독을 일으킨다.
- 인후염, 기관지염, 모세 기관지염, 폐부종의 증세
- 베릴륨화합물이 피부창상 부위에 접촉되면 난치성의 궤양인 피하 육하종이 생긴다.

② 만성중독

- 금속베릴륨, 산화베릴륨 등과 같은 비 용해성 베릴륨화합물은 만성중독을 일으킨다.
- 폐에 육아종성 변화가 나타나고 피부, 간장, 신장, 비장, 임파절, 심근층에 나타나기도 한다.
- 초기는 운동 시 호흡곤란, 마른기침, 열 등이 발생하며, 말기에는 호흡곤란이 심해지고 흉부통증, 피로감, 전신권태, 무력증, 체중 감소 등이 나타난다.
- 수술, 호흡기감염, 임신 시에는 질병의 진행이 급격하고 호흡부전, 심부전을 일으킨다.

4) 대책

① 급성폐렴의 치료에는 산소와 스테로이드를 투여하며, 만성중독 시에도 스테로이드를 투여한다.

② 피부 병소는 깨끗이 세척하고, 스테로이드 제재 연고를 바른다.

8. 금속취급 작업장의 종류별 관리방안

1) 도금 작업

귀 금속의 미관이나 부식 방지용으로 작업

(1) 일반적 특징

① 금속이나 비금속의 표면을 얇은 금속 막으로 밀착 피복시켜 마무리하는 것

② 상품의 내식성과 장식으로의 아름다움, 기계적 강도 등을 주기 위하여 행한다.

(2) 도금방법의 종류

① 전기도금 : 전기분해에 따라 음극에 금속이 석출하는 현상을 실용화시킨 것

② 용해도금 : 철판 등 구조용 재료(아연도금의 함석판, 주석도금의 부리키판 등)의 방식용

③ 진공 증착법 : 진공 속에서 알루미늄 등의 금속을 증발시켜 제품에 피복시키는 것

④ 금속 침착법 : 아연, 알루미늄 등의 분말금속과 함께 철강제품을 가열해서 금속을 부착시키는 것

⑤ 합세 판법 : 특수한 도금으로써 용융시킨 금속을 분무상태로 품어서 피복시키는 메타리콘과 소재 금속에 다른 금속을 부착시키는 것

☞ 표면처리 방법으로서 제품의 최종마무리 작업으로 하기 때문에 중요하다.

(3) 도금작업의 유해인자

① 도금종류 : 크롬, 동, 아연, 니켈, 주석, 금, 은도금 등

② 도금작업에 사용하는 약품

- 산 종류 : 염산, 황산, 초산 등
- 알칼리류 : 수산화나트륨, 수산화칼륨 등
- 시안화 화합물 : 시안화칼륨, 시안화나트륨 등
- 탈지 용제
  - 유기용제 : 트리클로로에틸렌, 1,1,1-트리클로로에탄
  - 크롬화합물

2) 용접작업

(1) 용접의 종류

① 용융 용접

- 아크 용접
  - 소모전극 : 피복아크 용접, MAG 용접, CO_2, 아크용접, MIG 용접, Arc Stud 용접, Submarged Arc 용접, 무 피복아크 용접
  - 비 소모전극 : TIG 용접, Plasma Arc 용접, 원자수소 용접, 탄소아크 용접
- Electro Slug Welding 용접
- 전자 Beam 용접
- 레이저 용접
- Thermit 용접

② 비용융 용접

- 저항 용접 : Spot 용접, Seam 용접, Projection 용접, Flash-butt 용접, Upset 용접, Butt

Seam 용접, Precussion 용접, 고주파 High Frequency 용접

- 압접 : 마찰 용접, 폭발 용접, 확산 용접, 초음파 용접, 가스 용접, 단접, 냉간 압접
- 땜납 접

(2) 용접작업의 유해인자

① 용접 흄과 가스 : 철이 용융되면 방법에 관계없이 산화철을 주성분으로 하는 흄이 발생되며, 흄의 화학 성분은 모재 금속의 영향을 크게 받는다.

- 대개 아크는 유해광선을 발생시키고, 특히 강한 자외선은 오존을 발생시킨다.
- 아크로 인해 방사된 광 에너지는 용접방법의 특성에 따른다.
- 용접방법과 조건은 흄과 가스발생에 영향을 주는데, 각 특성에 따른 영향이 크다.

② 아크 용접에서 용접 흄 발생량을 증가시키는 원인

- 아크전압이 높은 경우
- 토치의 경사각도가 큰 경우
- 용접봉의 극성이 (−)극성인 경우
- 아크의 길이가 긴 경우
- 용융지의 깊이가 얇은 경우

③ 흄의 형태 : 흄의 대부분은 구모양의 미소립 상태인데, 금속형태를 가진 것도 있다.

- 크기의 범위는 0.02～10 μm이며, 평균적으로는 0.3～0.4 μm이다.
- 스테인레스 강 용접 흄은 캅셀 상이다.
- 용접 흄은 모재, 용가재, Flux 등의 영향으로 각각 다른 조성을 가진다.

④ 발생하는 가스의 종류 : 오존, 질소산화물, 일산화탄소, 불화수소, 포스겐, 포스핀, 도료나 피막성분인 열분해 생성물 등

(3) 용접작업장의 관리

① 용접 흄 대책

- 용접조건(전류, 전압, 숙련도, 소재의 종류)에 따라 흄의 양, 성분이 변화한다.
- 환기량을 계산하여 국소 및 전체환기 장치를 설치한다.
- 용접작업자가 적절한 방진마스크를 착용하는 것이 매우 중요하다.

② 가스대책 : 문제가 되는 유해가스는 오존, 이산화탄소, 일산화탄소, 포스겐 등이다.

- 방지할 수 있는 마스크가 개발되지 않았으므로 완벽한 국소환기 장치의 설치가 중요하다.

③ 소음대책 : 소음도 80～110 dB에 달할 수 있으므로 귀마개 등을 사용해야 한다.

3) 탱크 내의 작업

(1) 작업장의 종류

① 지하실의 내부와 그의 통풍이 충분치 않은 실내작업장

② 선창의 내부와 그의 통풍이 충분치 않은 선박 내부

③ 보온 및 냉동 화물차의 내부와 그의 통풍이 충분치 않은 차량 내부

④ 실내작업장

- 탱크 내부
  - 저장 탱크류 : 원료탱크, 중간물 탱크, 제품탱크 등
  - 처리 탱크류 : 침전탱크, 회수탱크, 여과탱크 등
  - 탑류 : 합성탑, 정제탑, 재생탑, 증류탑, 분리탑, 세정탑 등
  - 기타 : 각종 가스저장, 압력용기, 시이로(silo) 및 각종 레시바 등
- 피트 내부, 갱의 내부, 상수도 및 하수도 내부, 배수로 또는 맨홀의 내부
- 주위가 철판이나 콘크리트로 싸여져 있는 것으로 교량, 천장 크레인에 이용되는 것이 포함된다.
- 닥트의 내부, 파이프의 내부(입구 직경이 큰 파이프)
- 기타 : 천장, 바닥, 주위 벽의 총면적에 대하여 직접 외기로 향하여 개방되어 있는 창 등의 개구부 면적비율이 3% 이하인 실내작업장
  - 선박, 차량, 탱크, 건조중인 것으로서 그 형태가 갖추어 있고, 통풍을 위한 개구율이 3% 이하인 것

(2) 탱크 내 작업의 종류

① 탱크 보존용 재료의 반입, 이동

② 기계, 화염에 의한 재료의 절단

③ 그리스나 녹 제거 작업, 연마, 깎기, 연삭 등

④ 용접작업

⑤ 내부구조물의 조립, 조정, 시운전

⑥ 녹 방지 작업

⑦ 내장도색, 내부의 내화성, 보온재의 조립부착 마무리

⑧ 내면 마무리 작업

⑨ 내부 검사

⑩ 완성전의 청소

(3) 작업의 부하인자

① 근력부화 : 모든 옥외작업의 경우와 거의 같은 양상의 근력부하를 갖는다.

② 작업공간 : 탱크 자체의 크기가 작은 경우

- 탱크 속에 다른 시설물로 인하여 공간 제약을 받는 경우

③ 작업환경

- 화학적 유해요인
  - 산소결핍, 황화수소, 황화물, 유기용제, 탄산가스, 불활성 기체, 분진, 흄
- 물리적 유해요인
  - 자외선, 전리방사선, 소음, 진동, 온도, 습도 등
  - 용접 : 아크에서는 자외선 발생
  - 검사기구 : X-선, 방사선, 동위원소로부터 방사선 발생
  - 연마, 깎기 등의 작업, 구동용 에어모터나 에어관 등에 의한 소음과 진동

(4) 탱크 내 작업관리

① 작업 지휘자의 선임 : 탱크 내 내용물, 취급물 등에 의한 인체의 건강장해 예방에 필요한 지식을 가진 자 중에서 지휘자를 선임한다.

② 탱크 내 안전 확인 : 작업방법과 작업순서의 확립을 작업자에게 철저히 주지시킨다.

- 작업인원의 확인, 작업자 개개인의 건강상태를 파악한다.
- 밸브, 코크의 완전한 밀폐 등에 의한 닥트의 유해요인 차단, 격리 확인, 표지판의 확인
- 작업구역의 표시, 탱크 내 작업표시판의 부착, 방사선 위험에 대한 관리구역의 표시, 전기스위치 투입금지 표지판, 작업 관계자 외 출입금지, 통행금지 표지판, 사다리 등 설치 확인
- 구급체제, 소화체제의 확인
- 보호구의 확인
- 작업 전에 측정해야 할 탱크 내 가스
  - 산소 : 18% 이상, 황화수소 : 18 ppm 이하, 폭발성 가스농도 : 폭발하한농도 10% 이하

- 유해가스 : 허용농도 이하
- 전리방사선 : 허용치 이하

• 동일 탱크 내의 서로 다른 작업자 간의 안전, 위생에 관한 연락, 작업시간의 조정
• 안전보건에 관한 수시 점검
• 상황변화에 따른 적절한 대응

학습문제

01 인쇄공에게 가장 많이 일어나는 직업병은 다음 중 어느 것인가?

① 레이노씨병 ② 진폐증 ③ 납중독증 ④ 비소중독증

02 다음 중 납중독과 관련이 있는 직업은?

① 축전지 공장의 직공 ② 석공
③ 시멘트공 ④ 산소 용접공

03 고농도 납 폭로의 가능성이 있는 작업인 것은?

① 전자제품 수리 ② 축전지 제조공장
③ 보석장 ④ 전선제조 작업

해설 ①, ③ : 납 폭로의 가능성이 적은 작업 ④ : 중농도 납 폭로의 가능성이 있는 작업

04 연합금은 납과 납 금속과의 합금으로서 이 합금의 중량 중 납이 얼마나 함유된 것인가?

① 3% 이상 ② 5% 이상 ③ 7% 이상 ④ 10% 이상

05 납이 호흡기를 통한 흡수에 영향을 주는 요소에 속하지 않는 것은?★

① 납 흄이나 분진의 입자 크기 ② 용해도
③ 성별 ④ 호흡량

해설 납이 호흡기를 통한 흡수에 영향을 주는 요소는 납 흄이나 분진의 입자크기, 용해도, 호흡량, 개인차 등을 들 수 있다.

06 납중독의 4대 증상이 아닌 것은?★

① 적혈구 증가 ② 치은의 납연선
③ 소변의 coproporphin 증가 ④ 빈혈

해설 납에 중독되면 적혈구 감소, 치은의 납연선, 소변의 coproporphyrin 증가, 빈혈이 오며 특히 납중독의 급성기는 간, 신장, 십이지장에서 납이 검출되며, 만성기는 난용성 인산염이 골에 침착된다.

07 유해물질에 의한 중독 중 납중독의 주요 증상이 아닌 것은 어느 것인가?

① 연선(lead line)이 생기고 빈혈증이 온다.
② 연선통이 생기고 중추신경 마비증상이 온다.
③ 요에 copropotphyrin이 검출된다.
④ 심한 시력장애가 오고 혼수상태에 빠진다.

08 납중독 시에 일어나는 병상이 아닌 것은?

① 구내염 ② 빈혈 ③ 근마비 ④ Coproporphyrine II

09 납의 체내 반감기는 어느 정도인가?

① 5년 이상 ② 10년 이상 ③ 15년 이상 ④ 10년 미만

10 작업장의 유해물질에 의한 근로자의 폭로상태를 직접 측정하는 물질은?

① 혈중 납 농도 ② 혈중 혈색소
③ 소변 중 – aminolevulinic acid ④ 소변 중 – coproporphyrin

11 체내에서 납(Pb)량을 측정할 때 사용하는 방법은?★

① Heme의 신진대사 작용 ② Ca-EDTA 이동시험
③ 신경전달수단 ④ 소변 중의 납

해설 1차 검진 : 소변 중 – coproporphyrin증가, 혈중 – zinc protoporphyrin
2차 검진 : 소변 중 – lead, 혈중 – lead

12 소변 중 Coproporphyrin 검사는 무슨 중금속 중독에 사용되는가?

① Chrome 중독 ② 아연 중독 ③ 납 중독 ④ 수은 중독

13 혈중 ZPP(Zinc Protoporphyrine)를 검사하여 알 수 있는 중금속 중독은?

① 납 ② 수은 ③ 카드뮴 ④ 비소

14 자동차 및 기타 연료의 옥탄가를 향상시켜 녹킹(knocking)방지제로 연료에 첨가되는 것은?

① Benzene ② Ketone

③ TML(Tetramethyl-lead)　　④ TEL(Tetraethyl-lead)

해설 자동차 연료의 옥탄가 향상과 knocking 방지제로 4-에틸납을 첨가한다.

15 온도계, 살충제 제조회사에서 발생하기 쉬운 산업중독 물질은 어느 것인가?★

① 카드뮴　　② 납　　③ 수은　　④ 크롬

해설 수은은 수은광산의 갱내작업, 전기 기구, 계기, 수은등, 온도계 살충제, 의약품 제조업에서 많이 폭로되고 있다.

16 다음 중 Hatter's shake 및 gingivitis 진사가 나타날 수 있는 중금속 중독은?

① 카드뮴 중독　　② 비소중독　　③ 수은중독　　④ 망간중독

해설 중절모의 깃털을 세우는 작업자에게 최초로 발견 : 모자상 흔들림.
진사는 수은의 원광을 말함

17 1953과 1963년 2차례에 걸쳐 일본에서 발생된 미나마따병의 원인이 된 물질은 어느 것인가?

① 메틸수은　　② 무기수은　　③ 메톡시수은　　④ 페닐수은

해설 알킬수은이다.

18 수은의 반감기는 약 (　　)이다.

① 1년 이상　　② 4주간 이상　　③ 6주간　　④ 8주 정도

19 다음 중 바르게 연결된 것은?

㉠ 이타이 이타이병－cadmium	㉡ 비중격천공－chrome
㉢ 백혈병－benzene	㉣ 미나마따병－PCB

① ㉠, ㉡, ㉢　　② ㉠, ㉡　　③ ㉡, ㉣　　④ ㉠, ㉡, ㉢, ㉣

20 수은중독에 대한 설명 중 옳지 않은 것은?

① 수은은 상온에서 액체 상태를 이루고 있는 유일한 금속이다.

② 수은중독의 위험이 높은 작업은 수은광산, 수은추출 작업이며, 수은증기에 폭로될 때 수은 중독의 위험이 있다.

③ 무기 수은화합물로서는 질산수은, 승홍, 감홍, 뇌홍 등이 있다.
④ 수은은 주로 골 조직에 다량 축적된다.

해설 수은은 간장과 신장에 많이 축적된다.

21 구내염을 일으키는 공업중독은?

① 크롬 ② 카드뮴 ③ 수은 ④ 납

22 형광등 제조공장에서 수년간 일해 온 근로자가 불면증, 정신흥분증, 의지성 진전 등의 증상을 보이고 소변검사에서 단백뇨가 나타났다. 다음으로 시행해 볼 수 있는 검사는?

① 혈중 무기수은 농도측정 ② 혈중 ZPP측정
③ 소변 중 카드뮴 농도측정 ④ 혈중 유기수은 농도측정

23 수은 취급 장소의 작업환경관리에서 적절하지 못한 것은?★★

① 작업장 바닥에 흘린 수은은 빗자루로 쓸어낸다.
② 수은주입기 상방에 국소배기후드와 공기청정기를 설치한다.
③ 비산된 수은은 아연가루를 살포하여 아말감으로 용이하게 한다.
④ 바닥은 경사지게 하고 pit를 설치하여 회수가 용이하게 한다.

해설 작업장 바닥에 흘린 수은은 빗자루로 쓸게 되면 분산되므로 진공청소기 등으로 즉시 제거하고 청소해야 한다.

24 수은중독의 예방대책으로 개인위생관리에 관한 설명이다. 옳지 못한 것은?

① 수은취급자는 술과 담배를 삼가야 한다.
② 작업 시 작업복은 착용하지 않아도 된다.
③ 수은취급 시 준수사항을 필히 숙지해야 한다.
④ 근로자는 개인 호흡용 마스크의 착용을 습관화한다.

해설 근로자는 작업 시 필히 작업복을 착용하도록 한다.

25 중금속인 카드뮴의 물리화학적인 특성이 아닌 것은?

① 은백색으로 내식성이 강하다. ② 카드뮴은 물이나 산에 용해되지 않는다.
③ 음료수나 담배에도 미량으로 존재한다. ④ 카드뮴의 금속광석은 존재하지 않는다.

해설 카드뮴은 물에 녹지 않으나 산에는 잘 용해된다.

26 금속카드뮴의 주된 생산과정은 다음 중 어느 것인가?

① 수은응축공정의 부산물　② 아연광제련공정의 부산물
③ 철광제련공장의 부산물　④ 우라늄기체확산공정의 부산물

해설 카드뮴은 비록 소량이기는 하지만 아연, 동, 연의 광석에 섞여 있으며 이들 금속, 특히 아연을 제련할 때 부산물로서 얻는다.

27 중금속인 카드뮴의 물리화학적인 특성 중에서 틀린 것은?

① 은백색으로 내식성이 강하다.　② 카드뮴의 금속광선은 존재하지 않는다.
③ 카드뮴은 물이나 산에 용해되지 않는다.　④ 음료수나 담배에도 미량으로 존재한다.

해설 카드뮴은 산에는 용해된다.

28 카드뮴 중독 중 그 장해 정도가 가장 심한 것은?★★

① 황산카드뮴　② 산화카드뮴　③ 질산카드뮴　④ 카드뮴스트레이트

해설 카드뮴은 호흡기를 통하여 흡입되든 경구로 섭취되든 체내에서 축적작용이 있으며, 산화카드뮴의 흡입에 의한 장애가 가장 심하다.

29 다음 금속 중 아연광석의 채광이나 제련과정에서 부산물로 생성되며, 신장장애로 인해 저분자 단백뇨(주로 β-microglobulin)를 특징적으로 볼 수 있는 금속은?

① 수은(Hg)　② 납(Pb)　③ 카드뮴(Cd)　④ 크롬(Cr)

30 1945년 일본에서 발생한 이따이 이따이병과 관계 깊은 중금속은?

① 납　② 수은　③ 카드뮴　④ 베릴륨

해설 1945년 일본에서 카드뮴 중독으로 인해 258명의 환자가 발생하였으며, 이 중 128명이 사망한 소위 이따이 이따이(itai-itai)병이란 중독사건이 발생하였다.

31 크롬화합물의 용도에 관한 설명이다. 옳지 못한 것은?

① 페인트, 고무, 잉크, 초자 기구와 요업에서 안료로 사용한다.
② 사진공업에서의 감광재로 사용된다.
③ 방수 페인트와 방청제로 크롬산아연 등이 사용된다.
④ 4-에틸연의 새로운 제조과정에 사용된다.

해설 ④는 디에틸카드뮴의 용도이다.

32 중추신경계, 신장 또는 조혈장기 등 특정장기에 작용하여 급성장해 또는 만성장해를 일으키는 전신중독성 분진이라고 할 수 없는 것은?★★

① 크롬산 ② 납화합물 ③ 수은 ④ 카드뮴

해설 크롬산 분진은 자극성 분진이다.

33 독성이 가장 강한 크롬의 형태는?

① 금속크롬 ② 2가 크롬 ③ 3가 크롬 ④ 6가 크롬

해설 6가크롬의 허용농도는 0.05 mg/m^{3}이고 기타크롬은 0.5 mg/m^{3}이다.

34 다음의 중금속 중 비중격 천공을 일으키는 것은 어느 것인가?

① 수은(Ag) ② 납(Pb) ③ 크롬(Cr) ④ 아연(Zn)

35 색소 제조공장에서 근무하는 사람에게서 비중격 천공(perfornation of the nasal septum)이 발생하였다. 이때 직업성 질환 여부를 확정하기 위하여 환경조사를 실시하고자 한다. 측정할 항목은?

① Chrome ② Cadmium ③ Lead ④ Zinc

36 비중격 천공을 일으킬 수 있는 중금속의 옳은 조합은?

㉠ 망간	㉡ 크롬	㉢ 수은	㉣ 니켈	㉤ 비소

① ㉠, ㉡, ㉤ ② ㉡, ㉢, ㉣ ③ ㉠, ㉢, ㉣ ④ ㉡, ㉣, ㉤

37 크롬 도금 작업 근로자에 관한 설명으로서 옳은 것으로 조합된 항은?

㉠ 손 부위에 둥근 궤양이 생겨서 그 부분이 매우 아프다고 하였다.
㉡ 이들을 검진 할 때는 미리 비경(rhinoscope)을 준비해야 되겠다.
㉢ 중추신경 장애에 대한 증상을 호소하는 경우가 많다.
㉣ 나이가 많은 경우에는 특히 흉부 X-선 촬영을 꼭 해보아야 한다.

① ㉠, ㉡ ② ㉡, ㉣ ③ ㉠, ㉡, ㉢ ④ ㉡, ㉢, ㉣

38 크롬 중독에 대한 설명 중 옳지 않은 것은?

① 인체에 유독하게 작용하는 크롬화합물은 3가 크롬과 그 염류이다.

② 인체에 유독하게 작용하는 것은 6가의 크롬을 포함하는 크롬산과 그 염류이다.
③ 크롬산(CrO_3)은 크롬도금, 알루미늄 양극산화, 석판인쇄, 사진술, 유기합성, 용접 등에 쓰인다.
④ 저 농도의 크롬 용액이나 분진 및 증기에 의하여 염증과 궤양을 일으킬 수도 있다.

39 니켈화합물 중에서 제일 독성이 강한 것을 다음에서 골라라.

① 금속의 니켈(Ni) ② 산화니켈(NiO_2)
③ 니켈합금 ④ 니켈카보닐[$Ni(CO)_4$]

40 장기간 폭로되면 간혈관 육종을 일으킬 우려가 있는 유해물질은 다음 중 어는 것인가?

① 콜-탈 ② 석면 ③ 삼산화비소 ④ 염화비닐 모노마

41 다음 중 가장 위험한 베릴륨 취급자에 속하지 않는 것은?★

① 비행기 및 항공기 기술자 ② 핵반응로 근무자
③ 베릴륨합금 제조자 ④ 도자기 취급자

해설 베릴륨합금 제조자, 비행기 및 항공기 기술자, 핵반응로 근무자 등이 가장 위험한 베릴륨 취급자들이다.

42 미량의 분진을 흡입하여도 심한 폐렴을 일으키고 후에 폐의 섬유성 증식이 남는 것으로 알려진 중금속은 다음 중 어느 것인가?

① 수은 ② 카드뮴 ③ 아연 ④ 베릴륨

해설 카드뮴은 급성 위장증상, 호흡기 증산, 신기능의 저하 등을 일으키고 아연은 니켈, 카드뮴 등과 같이 금속영릉 일으킴.

43 금속산화물의 증기를 다량 흡입했을 때 생기는 일시적인 발열현상을 무엇이라 하는가?

① 납중독 ② 금속열 ③ 석면폐증 ④ 진폐증

해설 금속 열은 Zn, ZnO에서 잘 생기므로 아연 열이라고도 한다.

44 금속 증기열(metal fume fever)에 관하여 옳은 것은?

① Zn, Na 등의 산화물을 흡입함으로써 발생한다.
② 기침, 오한, 흉통 등의 증상이 수일간 계속된다.
③ 산소용접공에서 흔히 발생한다.
④ 폐에 염증을 일으켜 화학성 폐렴을 일으킨다.

45 다음 중 중금속과 그 영향이 잘못된 것은?★

① 수은－파킨슨양 증후군
② 니켈 carbonyl－전신독
③ 크롬－비중격천공
④ 베릴륨－흉부 X선상 육아종

해설 수은의 3대 증상 : 구내염, 근육진전, 정신착란(환각, 환청 등)

과년도 출제 및 예상문제

01 금속의 증기 등이 공기 중에서 응고, 화학변화를 일으켜 고체의 미립자로서 부유하고 있는 것은?

① 미스트 ② 검댕(Soot) ③ 가스 ④ 흄(Fume)

02 원자량 207.21, 비중 11.34의 청색 또는 은회색의 연한 중금속으로서 중독되었을 때 초기증상을 피로, 수면장해, 두통, 뼈 및 근육통, 변비, 위통 및 식욕감퇴 등의 증상을 유발시키는 것은?

① Pb ② Cd ③ Hg ④ Cu

03 무기연의 만성노출에 의한 건강장해(만성작용)와 가장 거리가 먼 것은?

① 복부산통 ② 만성 신부전 ③ 피로 및 쇠약 ④ 빈문

04 다음 내용과 가장 관계가 깊은 것은?

• 코프로포르피린 측정 • 델타 아미노레블린산 측정 • 징크 프로토포르피린 측정

① 비소 ② 카드뮴 ③ 수은 ④ 납

05 납이 체내 축적될 경우 heme 합성계에서 증가하는 중간 대사물은?

① Coproporphyrin ② 마뇨산 ③ 메틸 마뇨산 ④ ETDA

06 다음 초기 납 중독의 주요 현상과 거리가 먼 것은?

① 혈색소 저하
② 빈혈

③ 소변 중 δ-ALA와 coproporphyrin 증가 ④ 간장 장해

07 중금속 중독에서 납(pb)중독의 중요 증상과 가장 거리가 먼 것은?

① 심한 시력장해가 오고 혼수상태에 빠진다.
② 연선(lead line)이 생기고 빈혈증이 온다.
③ 연산통이 생긴다.
④ 소변에 coproporphyrin 배설량이 증가된다.

08 납중독의 증상이 아닌 것은?

① 말초신경염이나 손처짐들을 포함한 신경근육계통의 장해
② Coproporphyrin뇨 증가
③ 망상적혈구와 친 염기성 점적혈구의 증가
④ 마뇨산 생성 및 배설

09 납이 인체 내로 흡수됨으로써 초래되는 현상이 아닌 것은?

① 혈청 내 철 감소 ② 소변 중 coproporphyrin 증가
③ 망상적혈구 수의 증가 ④ 혈색소량 저하

10 다음 중 인체의 납에 대한 폭로를 평가하기 위한 임상검사 방법으로 적당치 않는 것은?

① 빈혈검사 ② 혈중 납 농도
③ 혈중 δ-ALA와 Coproporphyrin ④ 혈중 δ-ALAD 활성치

해설 혈중이 아니고 소변 중의 양을 측정

11 다음 온도계, 살충제, 의약품 등의 제조회사에서 폭로받기 쉬운 화학물질은?

① 납 ② 수은 ③ 카드뮴 ④ 이황화탄소

해설 인견제조 공장 → 이황화탄소 카드뮴, 납 → 축전지, 합금 및 제련 등

12 다음 중금속 중 미나마타(Minamata)병과 관계가 깊은 것은?

① 납(pb) ② 아연(Zn) ③ 수은(Hg) ④ 카드뮴(Cb)

13 1954년 일본에서 발생한 공해병인 미나마타병을 일으킨 수은화합물은?

① 아릴수은 ② 메틸수은 ③ 무기수은 ④ 금속수은

해설 유기수은 화합물에 의한 중독이었다.

14 다음 중금속화합물의 독성에 관한 설명 중 거리가 먼 것은?

① 금속니켈보다는 니켈카보닐의 독성이 더 강하다.
② 유기수은보다는 무기수은의 독성이 더 강하다.
③ 크롬화합물의 경우 6가의 화합물이 독성이 제일 강하다.
④ 무기비소가 유기비소보다 독성이 더 강하다.

15 수은 중독에 관한 설명 중 틀린 항목은?

① 알킬수은화합물의 독성은 무기수은화합물의 독성보다 훨씬 강하다.
② 정리된 수은이온이 단백질을 침전시키고 thiol기(SH)를 가진 효소작용을 억제한다.
③ 주된 증상은 구내염, 근육진전, 정신증상으로 구분한다.
④ 급성중독인 경우의 치료는 10% EDTA를 투여한다.

16 다음 유해물질의 체내 축적기관과 거리가 먼 것은?

① 납 → 뼈 ② 카드뮴 → 신장 ③ 수은 → 췌장 ④ 크롬 → 신장, 간

17 수은중독 환자의 치료에 적합하지 않는 방법은?

① Ca-EDTA 투여 ② BAL(British Anti-Lewisite)투여
③ N-acetyl-D-penicillamine 투여 ④ 우유와 계란의 흰자를 먹인 후 위 세척

18 급성 노출 후에는 BAL(dimercaprol)을 체중 1 kg당 5 mg을 근육주사로 즉시 치료하는 것이 바람직한 금속(중독)은?

① 납 ② 카드뮴 ③ 수은 ④ 크롬

19 1945년 일본에서 '이타이 이타이병'이란 중독사건이 생겨 수많은 환자가 발생, 사망한 사례가 있었다. 어느 물질에 의한 것인가?

① 납 ② 크롬 ③ 수은 ④ 카드뮴

20 카드뮴에 의해 인체 내 폭로되었을 때 체내의 주된 축적기관은?

① 간, 신장, 장관벽
② 심장, 뇌, 비장
③ 뼈, 피부, 근육
④ 혈액, 신경, 모발

21 체내에서의 중금속 수송 및 해독에 저분자 단백질인 metallothionein이 관여하는 중금속 물질은?

① 납 ② 수은 ③ 크롬 ④ 카드뮴

22 중금속 중에서 칼슘대사에 장애를 주어 신결석을 동반한 신증후군이 나타나고 다량의 칼슘배설이 일어나 뼈의 통증, 골연화증 및 골수공증과 같은 골격계 장해를 유발하는 것으로 가장 알맞은 것은?

① 망간(Mn) ② 카드뮴(Cd) ③ 비소(As) ④ 수은(Hg)

23 다음 카드뮴에 의한 중독현상과 거리가 먼 것은?

① 백혈병 ② 뼈 및 관절장애 ③ 신장장애 ④ 폐기종

24 주요 독성을 나타내는 금속에 관한 설명으로 틀린 것은?

① 알킬수은 중 메틸수은은 미나마타병을 비롯하여 종종 집단적인 중독증 발생의 원인이 된다.
② 수은의 만성독성은 신장 기능장애를 일으킨다.
③ 크롬은 3가 크롬보다 6가 크롬이 체내 흡수가 많이 된다.
④ 체내의 3가 크롬은 6가 크롬으로 산화되어 독성을 나타낸다.

해설 메틸수은 : 미나마타병, 6가 크롬은 체내에서 3가 크롬으로 환원된다.

- Cr^{+6} : $Cr^{+6}O_3^{-2} = 0.05$ mg/m
- Cr^{+3} : $Cr^{+3}(SO_4)_3^{-2} = 0.05$ mg/m

] TLV

25 다음의 중금속 먼지 중 비중격천공의 원인물질로 알려진 것은?

① 카드뮴 ② 수은 ③ 크롬 ④ 니켈

해설 특히 크롬 6가 화합물이 건강에 더 큰 영향을 비친다.

26 이 물질을 체내로 흡입하게 되면 부식성이 강하여 점막 등에 침착되어 궤양을 유발하고 장기적으로 취급하면 비중격 천공을 일으킨다. 이 물질명은?

① 크롬산 ② 아세톤 ③ 수은 ④ 카드뮴

27 크롬 및 크롬중독에 관한 설명 중 알맞지 않은 것은?

① 3가 크롬은 피부흡수가 어려우나 6가 크롬은 쉽게 피부를 통과한다.
② 크롬중독으로 판정되었을 때 노출을 즉시 중단하고 EDTA를 복용하여야 한다.
③ 작업장에서 노출의 관점에서 보면 3가 크롬보다 6가 크롬이 더욱 해롭다고 할 수 있다.
④ 배설은 주로 소변을 통해 배설되며 대변으로 소량이 배출된다.

28 점막이 충혈되어 화농성비염이 되고 차례로 깊이 들어가서 궤양이 되고 비중격천공이 나타나는 물질은?

① 수은 ② 크롬 ③ 아연 ④ 납

29 다음 중 비중격천공을 잘 일으키는 물질로 알려진 것은?

① 납 ② 수은 ③ 카드뮴 ④ 크롬

30 크롬에 의한 급성중독의 특징으로 가장 알맞은 것은?

① 혈액장해 ② 신장장해 ③ 피부습진 ④ 중추신경장해

31 직업성 만성중독으로 무력증, 식욕감퇴 등의 초기증세를 보이다 심해지면 중추신경계의 특정부위를 손상시켜 파킨슨증후군과 보행 장해가 두드러지는 중금속은?

① 아연 ② 망간 ③ 납 ④ 니켈

32 중독증상으로 파킨슨씨(Parkinson) 증후와 비슷한 보행 장해가 나타나고 안면의 변화 및 배근력의 저하를 가져오는 중금속은?

① 카드뮴 ② 베릴륨 ③ 비소 ④ 망간

33 다음 중 비소에 대한 설명에 해당되지 않은 것은?

① 5가보다는 3가의 비소화합물이 독성이 강하다.
② 장기간 폭로 시 치아산식증을 일으킨다.
③ 급성중독은 용혈성 빈혈을 일으킨다.
④ 분말은 피부 또는 점막에 작용하여 염증 또는 궤양을 일으킨다.

34 다음 금속열(Metal fume fever)에 관한 설명 중 틀린 것은?

① 금속 흄을 흡입 시 발생한다.
② 주요 금속으로 카드뮴, 니켈, 수은 등이 있다.
③ 빠르고 일시적인 면역현상을 획득하게 된다.
④ 일명 Monday morning fever로 불린다.

해설 아연, 마그네슘, 동, 철 등 비교적 용융점이 낮은 금속의 용해, 제련, 도금, 용접 작업 시 발생하는 금속 흄을 흡입 시 발생한다.

35 금속 증기열은 고농도의 금속 산화물을 흡입함으로써 발병되는 질병이다. 그 원인물질로 알맞은 것은?

① 아연 ② 크롬 ③ 니켈 ④ 비소

36 아연을 다루는 작업조건에 금기 또는 고려되어야 하는 신체조건은?

① 간질환 ② 기관지염 ③ 고혈압 ④ 당뇨병

37 급성중독의 특징으로 심한 신장장해로 과뇨증이 오며, 더 진전되면 무뇨증을 일으켜 요독증으로 10일 안에 사망에 이르게 하는 물질은?

① 베릴륨 ② 크롬 ③ 벤젠 ④ 비소

18 직업성 피부질환의 예방

학습목표

1. 서론
2. 정의
3. 피부의 방어기전
4. 발생원인
5. 직업성 피부질환의 종류
6. 직업성 피부질환의 진단방법
7. 예방 및 관리

1. 서론

① 많은 직업성 질환, 즉 직업병 중 발생빈도가 가장 높은 질병 중 하나이며 높은 발병률에도 불구하고 정부의 공식통계에 집계되지 않고 있음

② 그 이유로는 무좀, 피부병 등 경미하고, 신체적 장해를 초래하지 않아 작업자 자신이 간과, 일과성으로 발생하였더라도 곧 회복되는 등 발견이 어려움

- 피부질환이 직업성 여부를 진단할 전문가 부족, 즉 병원의 피부과 전문의는 직업성 여부 진단이 어려움(보상과 연결)

③ 미국 노동부의 통계 : 20,000건의 직업성 질환 중 약 1/2이 피부질환으로 인한 경제적 손실액이 1년에 약 8,000억 원(6천만 달러)에 이르며, 일의 능률을 저하시키는 등 막대한 직접·간접적으로 경제적 손실 초래

2. 정의

① 직업과 연관되어 물리적, 화학적, 생물학적 요인과 접촉하여 발생되는 모든 피부질환

- 일반인, 즉 주부가 설거지 등 지속적으로 물을 사용하여 무좀, 습진 등이 발생된 것은 직업성 피부질환으로 정의될 수 없음

② 직업성 피부질환은 일반 피부질환과 식별하기 어렵기 때문에 직업성 피부질환으로 인정되기 위한 조건이 있음

- 근로자의 피부병변이 작업환경의 물리적, 화학적, 생물학적 요인에 부합되는 양상(발병부위, 발진모양, 증상 등)을 보여야 한다.

- 근로자는 작업장에서 질병을 일으킬 수 있을 정도로 유해물질에 충분히 폭로된 병력이 있어야 한다.
- 유해물질의 폭로와 질병의 발생 간에 시간적인 관련이 있어야 한다.
- 원인 물질을 제거할 경우 질환이 호전을 보여야 한다.
- 비직업성 요인, 즉 선천적 알러지성 피부(옻나무→두드러기 발생)를 배제하여야 한다.
- 첩포 시험(patch test) : 알러지성 접촉피부염 진단에 필수적
  - 환자의 등 부위에 원인 물질을 붙인 후 인위적으로 피부반응을 유발시켜 2일과 4일 후에 판독
  - 첩포 시험은 피부접촉검사, 알레르기 원인물질의 시험검사로 원인으로 의심되는 물질을 팔의 안쪽이나 등에 붙여 반응을 확인하는 검사임
    : 검사결과 미 반응이면 정상, 일정 시간이 지난 후에 발진과 부종의 정도로 판단함
  - Ni에 과민한 사람은 50% $NiSO_4$를 환자의 등 부위에 특수 tape로 붙인 후 2일 후(최근 30분 소요)에 떼어보면 피부반응 유발

3. 피부의 방어기전

① 피부는 신체표면을 덮고 있으며 그 면적은 1.6 m^2이고, 바깥쪽을 표피(각질층, 상피층)라 하고 그 두께는 0.1～0.3 mm로 모낭, 한선, 피지선의 개구부가 있음

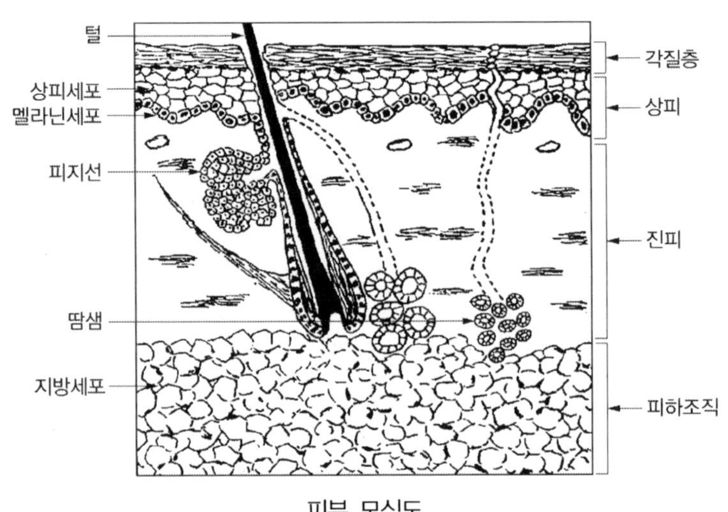

피부 모식도

② 표피 아래는 두께 0.3～2.4 mm의 진피가 있으며, 화학물질은 모낭, 한선, 피지선을 통해 피하조직인 체내로 녹아 들어오며 모세혈관에서 혈액 중으로 들어가 전신을 순환하여 장해

4. 발생원인

1) 직접원인

작업장에서 발생되어 직업병을 유발하는 물리적, 화학적, 생물학적 요인

① 물리적 요인 : 에너지 동반

- 고열 : 화상, 땀띠(금속제련 가공 → 용광로, 용해로)
- 한랭 : 진동과 같은 손가락 말단 부에 하얗게 변하는(무감각) 레이놀씨증(백납증)
- 비전리 방사선 : 자외선에 의해 피부에 홍반 형성(UV-C인 단파장 영역 : 190～280 nm)
- 기계적 마찰과 압박 : 단열제, 보온제 등에 사용하는 유리섬유를 재단하는 과정 중 잘게 잘려진 섬유가 피부에 박혀 자극성 피부염 유발

② 생물학적 요인 : 세균, 진균, 기생충 등

③ 화학적 요인 : 화학물질에 피부가 접촉 즉, 만지거나 부주의에 의해 화학물질이 묻은 경우 → 가스, 증기, 액체미립자(미스트), 분진의 형태로 노출된 피부에 접촉

- 1차 자극물질 : 접촉 직후 또는 2～3시간 경과 후 피부 장해 나타남
  - 산, 알칼리, 용매, 세척제, 비소, 수은 등의 금속
    ☞ 금속의 마모나 소음의 감소 목적으로 절단, 절삭 시 사용하는 절삭유로써 피부염, 피부암(방광염) 유발
- 피부 알러지 유발물질 : 감각제
  - 피부를 예민한 상태로 만드는 물질로 “만성장해” 유발,
  - 황산니켈, 수지(에폭시, 페놀), 코발트 등
- 여드름 유발물질 : 콜타르, 유기염소
- 발암물질 : 감광제
  - 어떤 유기물질 또는 화학물질이 광선에 의해 활성화되어 피부에 염증 유발
  - 피치(검댕), 카본블랙

2) 간접원인

① 인종 : 흑인 < 백인

② 피부종류 : 건조한 피부 → 산, 알칼리, 세제에 자극이 큼

③ 연령 : 젊은 〉 숙련공

④ 땀 등

5. 직업성 피부질환의 종류

1) 종류별 특징

① 급만성 습진

② 모낭염 : 금속업체에서 사용하는 절삭유

③ 색소 이상증 : 피부색소의 이상변색이나 멜라닌 색소의 증가 또는 감소로 인한 색소 침착 또는 탈색

- 멜라닌 세포 : 자외선을 받으면 멜라닌 색소가 생성되며, 주위의 표피세포로 이동하여 피부색을 검게 만듦
  - 색소 침착 물질 : 타르, 피치, 비소 등
  - 색소 감소 물질 : 페놀, 카테콜 등

④ 궤양 : 크롬산(비중격천공), 삼산화 비소, 비소산 칼슘, 질산칼륨, 소석회 등

⑤ 피부종양 : 자외선, 화학방사선, 기름류, 안트라젠, 무기비소, 라듐, 아스팔트, 콜타르, 광물성 오일류 등

2) 접촉피부염

① 작업현장에서 피부가 입게 되는 가장 흔한 피부질환

- 독성화학물질에 적절하게 폭로되기만 하면 누구에게나 발병 가능

② 종류

- 자극성 접촉피부염(Irritant contact dermatitis) : 유해화학물질이 일정한 속도와 시간으로 접촉되면 누구에게나 발생
  - 급성노출 : 강산, 강알칼리 등 강력한 자극성 물질에 피부 노출 시 발생 → 사고
  - 반복노출 : 비누, 절삭액, 용제, 세정제 등에 장기간 노출 시 발생
- 알러지성 접촉피부염(Allergic contact dermatitis)
  - 원인물질인 알레르겐 또는 항원에 감작(예민하게 반응)된 사람에게만 발생

- 광독성 및 광알러지성 접촉피부염(Phototoxic, Photoallergic contact dermatitis)
- 접촉두드러기 증후군(Contact urticaria syndrome)

6. 직업성 피부질환의 진단방법

원인물질 조사에 필요한 사항

① 현병력 : 환자의 업종, 직종, 최초 발병날짜, 발병부위 등

② 과거력 : 과거 발생질병, 특수물질들에 대한 알러지 병력, 약물투여 여부

③ 피부 병변의 관찰 : 발병부위, 발병모양 등의 확인

④ 특수검사 : 첩포 시험(Patch test) 실시

⑤ 공정 확인 : 화학물질의 폭로여부 파악

7. 예방 및 관리

① 유해인자의 파악

- 물리적, 화학적, 생물학적 인자 등 직업성 피부질환을 유발하는 직접원인의 존재 여부 파악
  - 물질안전보건자료(MSDS), 노동부 화학물질 및 물리적 인자의 노출기준에서 Skin표시 유무 확인, 기타자료를 통해 피부흡수 여부 확인

② 유해인자의 관리

- 강산, 강알칼리, 금속 염 등 유해인자가 피부접촉이 되지 않도록 저장통을 밀봉 또는 지정된 보관 장소에 보관

③ 적절한 보호구 사용

- 재료 : 가죽, 천연고무, 합성고무→ 취급물질(산, 알칼리, 용제 등)의 특성에 따라 선택
  - 가죽 : 액체의 침투용이 → 도금 작업장 기피
  - 천연고무 : 땀 증발 억제로 무겁기 때문에 장기간 착용 불편 → 고열작업장 기피
  - 합성고무 : 여러 가지 화학물질 첨가로 알러지성 접촉피부염 유발가능 → 화학물질 취급 작업장 기피

④ 피부보호 물질 사용 : 보호크림(Barrier creams)

- 화학물질 제거에 사용되는 세척제(Mild cleansing agents)

• 피부방어기능을 증강시키기 위한 습윤제(Moisturizers)

⑤ 법적 규제 : 유해물질의 표시제도

• 유해화학물질이 함유된 모든 용기나 생산품 등에 화학물질의 성상, 사용처, 사용 시 주의사항, 유해성 경고표시 등의 부착 의무화

⑥ 교육

• 유해화학물질의 취급방법, 독성, 개인 및 환경위생, 응급조치 등

⑦ 건강검진

• 정기적인 건강진단 실시

대표적인 피부보호크림의 종류와 성분 및 용도

구분	적용 화학물질	작용기능 및 용도
친수성 크림	- 스테아린산, 벤드나이드, 카르복실셀룰로즈, 밀랍 이산화티탄, 탈수라노림, 그리세린	- 내유성피막을 만들고 물과 친화성이 있음 - 유지, 도료, 염료, 화약, 타르, 유기산 취급 작업에 사용
소수성 크림	- 밀랍, 탈수라노린, 파라핀, 유동파라핀, 탄산 마그네슘	- 내수성 피막을 만들고 소수성으로 산을 중화함 - 광 산류, 유기산, 염류 및 무기염류취급 작업에 사용
차광 크림	- 그리세린, 산화제이철	- 적외선 차단 - 타르, 피치, 아크용접, 분진작업에 사용
피막형 크림	- 정제 벤드나이드겔, 염화비닐수지	- 내수, 내유 피막 형성 - 분진, 전해약품제조, 원료취급작업에 사용

학습 문제

01 외국에서 보상되는 피부질환 중 가장 많이 발생되는 것은?★

① 알러지성 접촉피부염 ② 피부 색소탈색
③ 모낭염 ④ 피부궤양

02 인간의 피부표면에는 주로 피지선과 상피세포로부터 유래된 피지막이 있다. 이러한 피지막의 작용이 아닌 사항은 어느 것인가?

① 항 박테리아 작용 ② 수분증발억제작용
③ 자외선의 손상방지 작용 ④ 완충작용

해설 멜라닌이 자외선에 대한 손상을 방지한다.

03 직업성 피부질환을 일으킬 수 있는 직업요인 중에 가장 많은 비율(90% 이상)을 차지하고 있는 요인은?★★

① 화학적 인자 ② 생물학적 인자 ③ 기타 요인 ④ 물리적 인자

해설 직업요인은 4가지로 구분 : 1차자극물질, 피부알레르기 유발물질로 감각제, 여드름 유발물질, 발암물질로 감광제는 광선에 의해 활성화됨

04 작업성 피부질환에 영향을 주는 인자 중 물리적인 인자는?

① 강산 ② 강알칼리 ③ 자외선 ④ 크롬

해설 직업성 피부질환에 영향을 주는 인자
- 물리적요인 : 진동, 고온, 저온, 자외선, X-ray, 유리섬유(fiber glass)
- 생물학적요인 : 박테리아, 바이러스, 진균
- 화학적요인 : 강산, 강알칼리, Ni, Cr, epoxy resin

05 직업성 피부질환 중 직접적인 생물학적 요인으로 발생하는 질환이 아닌 것은?

① 탄저병(Anthrax) ② 스포포트리쿰증(Sprotrichosis)
③ 캔디다증(Candidiasis) ④ 레이노씨병(Raynaud's disease)

06 다음 중 생물학적 요인으로 일어나는 직업성 피부질환이 아닌 것은?

① 스포로트리콤증 ② 캔디다증 ③ 레이노드증 ④ 유단독

해설 직업성 피부질환에 영향을 주는 간접적 요인들은 다음과 같다.
① 인종, ② 피부의 종류, ③ 연령, ④ 땀, ⑤ 계절, ⑥ 비직업성 피부질환의 공존 등

07 자외선에 의한 피부보호에 가장 효율적인 역할을 하는 피부 부위는?★

① 멜라닌 ② 각질층 ③ 진피 ④ 땀샘

08 다음 중 색소를 침착시키는 대표적인 물질은?★★

① 적외선 ② Phenol ③ Tar ④ Catechol

해설 색소를 침착시키는 물질로는 tar, pitch 등이 있고, 감소시키는 물질로는 phenol, catechol 등이 있다.

09 다음 중 피부색소의 탈색을 유발하는 물질은?

① Phenol ② 자외선 ③ Pitch ④ Tar

10 직업성 피부질환으로 모낭염을 일으키는 물질이 있다. 관계가 있는 것은?

① 디젤유 ② 크루드오일 ③ 절삭유 ④ 옻

11 다음 중 원발성 접촉피부염을 흔히 일으키는 물질은?★

① Nickel ② Chrome ③ Epoxy resin ④ H_2SO_4

해설 자극성 즉, 원발성 접촉피부염의 급성노출에 기인하는 물질은 강산, 강알카리이며 만성노출 물질은 비누, 절삭액 용제, 세정제등이 장기간 노출에 의해 발생함

12 작업환경 내의 접촉에 의하여 피부암을 유발하는 물질이 아닌 것을 골라라.

① Anthracene ② Pitch ③ Coal tar ④ Cement

해설 Cement는 원발성(자극성) 피부염을 일으키는 물질이다.

13 다음 중 알러지성 접촉피부염의 진단방법으로 적합한 것은?★★★

① 첩포 시험 ② 자외선 검사 ③ X-Ray 검사 ④ 세균 검사

해설 첩포 시험(patch test) : 알러지성 접촉 피부염의 진단에 필수적이며 환자의 등에 원인 가능 물질을 붙인 후 인위적으로 피부반응을 유발시켜 2일, 4일후 판독하는 검사법

14 다음 중 직업성 피부질환을 예방하는 방법으로 옳은 것은?★★★

① 환경조절 ② 의학적 관리 ③ 보호구 착용 ④ 이상 모두

해설 작업환경관리
- 위험인자의 파악 : 노출기준에 Skin 표시 확인
- 위험인자의 관리 : 밀봉, 보관
- 직접요인의 억제 : 물리적, 화학적, 생물학적 요인의 발생 억제
- 적절한 개인보호구의 착용
- 교육 및 건강검진 실시

과년도 출제 및 예상문제

01 직업성 피부질환에 관한 내용 중 알맞지 않은 것은?

① 대부분은 화학물질에 의한 접촉피부염이다.
② 근로자 직업병 발생의 25%를 점유하고 있지만 생산성에 큰 저해요인이 되지 않는 것이 특징이다.
③ 개인적 차원의 예방대책으로 보호구, 피부세척제, 보호크림의 활용이라 할 수 있다.
④ 직업성 피부질환의 간접요인으로는 인종, 연령, 계절 등이 있다.

02 직업성 피부질환에 관한 설명으로 알맞지 않은 것은?

① 보통 직업성 피부질환은 일반인에게서는 거의 발생하지 않고 직업적으로 직접 접할 수 있는 원인물질에 의하여 발생하는 피부질환에 국한한다.
② 직업성 피부질환으로 인한 근로자 휴직일수는 5% 미만으로 발생빈도에 비하여 생산성을 크게 저해하지 않는다.
③ 직업성 피부질환의 발생빈도는 타 질환에 비하여 월등히 많다는 것이 특징이다.
④ 생명에 큰 지장이 없는 경우가 많아 보고되는 것은 실제 질환빈도보다 매우 작다.

03 피부질환의 직접적 요인 중 화학적 요인에 관한 설명으로 알맞지 않은 것은?

① 색소변성 : 색소를 침착하는 물질로는 tar, pitch 등이 대표적이다.
② 모낭염 : 대표적인 것은 절삭유에 의한 것이다.
③ 알러지성 접촉피부염 : 직업성 접촉피부염의 80% 이상을 차지한다.
④ 원발성 접촉피부염 : 산, 알칼리, 용제 등이 원인이다.

04 다음 중 색소를 침착시키는 물질로 알려진 것은?

① 페놀 ② 적외선 ③ 타르(Tar) ④ 아세톤

05 직업성 피부질환의 간접적인 요인에 관한 설명으로 알맞지 않은 것은?

① 연령: 젊거나 일에 미숙한 근로자일수록 피부질환이 많이 발생하는 경향이 있다.
② 인종 : 인종특색에 따라 큰 차이가 있다.
③ 계절 : 여름에 빈발하게 된다.
④ 피부의 종류 : 지루성(oily skin)피부는 비누, 용제, 절삭유 등에 자극을 덜 받는 것으로 알려져 있다.

06 다음 중 직업성 피부질환에 영향을 주는 간접적 요인과 가장 거리가 먼 것은?

① 땀 ② 인종 ③ 성별 ④ 피부의 종류

07 직업성 피부질환 유발에 관여하는 인자 중 간접적 인자와 가장 거리가 먼 것은?

① 인종 ② 연령 ③ 땀 ④ 성별

08 피부를 통하여 인체로 침입하는 대표적인 유해물질은?

① 카드뮴 ② 4에틸납 ③ 수은 ④ 라듐

해설 ② 유기화합물은 함께 피부로 침입이 가능하다.

09 은빛 광택을 내는 비금속으로서 가열하면 녹지 않고 승화되며 피부, 특히 겨드랑이나 국부 등에 습진형 피부염이 생기며 피부암이 유발되는 물질은?

① 알루미늄 ② 크롬 ③ 베릴륨 ④ 비소

10 직업성 피부질환을 일으키는 원인 물질과 증상과의 관계로 거리가 먼 것은?

① 진동 → 레이노이드(Raynauid syndrome) ② 고온 → 열성 발진(Heat rash)
③ 저온 → 참호족(Trench foot) ④ 적외선 → 피부암(Skin cancer)

해설 자외선 → 피부암

11 알러지성 접촉피부염을 일으키는 물질이 아닌 것은?

① 산·염기류 ② 크롬 ③ 니켈 ④ 에폭시수지

해설 산·염기류는 원발성(접촉성) 피부염을 흔히 일으키는 물질임

12 피부접촉에 의해 심한 피부염을 일으키는 물질은?

① 황린 ② 흑린 ③ 청린 ④ 적린

13 직업성 피부염을 평가할 때 실시하는 임상시험은?

① 생체시험(invivo test) ② 실험생체시험(invitro test)
③ 첩포시험(patch test) ④ 에임즈시험(ames assey)

14 Allergy성 접촉피부염의 진단에 가장 유용한 방법은?

① 면역글로부린 검사 ② 조직 검사
③ 첩포 검사 ④ 일반혈액 검사

19 산업위생 보호구

학습목표

1. 일반적 개념
2. 보호구의 정의 및 필요성
3. 보호구의 분류
4. 보호구의 구비조건
5. 위생보호구의 종류별 특징

1. 일반적 개념

1) 역사적 고찰

원시 시대에 인류가 한파, 폭풍, 폭우 등 자연의 변화로부터 자신을 보호하기 위한 수단으로 동물의 가죽을 옷으로 입은 것이 시초

① 개인보호구에 대한 역사적 기록은 없으나 고대 그리스의 트로이 전쟁 때 투구(Helmet)와 갑옷 등을 착용하고 전쟁에 임하는 용사들에서 볼 수 있음

② 고대이집트에서는 동물의 방광을 말려서 호흡보호구로 사용하여 광산의 분진으로부터 보호했다는 기록이 있는데 아마도 이것이 개인보호구의 효시가 아닌가 생각됨

2) 보호구의 어원

① 미국 : Personal Protective Equipment = 개인보호구, 개인 보호장구

② 일본 : 산업재해 예방목적인 경우는 안전보호구, 직업성 질환과 건강장해 예방목적인 경우는 위생보호구로 편의상 분류

2. 보호구의 정의 및 필요성

① "근로자가 신체에 직접 착용하여 물리적, 화학적, 생물학적 요인으로부터 몸을 보호하기 위한 보호 장구"로 정의

② 사용조건

근로자 건강보호 대책 중 마지막 수단으로 사용하며, 사용할 경우의 제한 조건

- 공학적 대책이 기술적, 경제적으로 불가능할 때
- 공학적 대책으로도 환경이 개선되지 않을 때
- 공학적 대책이 세워지고 있는 중

3. 보호구의 분류

1) 위생보호구

① 방진 마스크 : 입자상 물질(dust, fume, mist)의 인체 흡입 방지

② 방독 마스크 : 유기용제 등 가스상 물질(vapor, gas)의 인체 흡입 방지

③ 차음 보호구(귀마개, 귀덮개) : 강렬한 소음에 대한 청력 손실 방지

④ 보안경 : 가공물의 chip 등이 비산되어 인체에 피해 및 용접작업 시 발생되는 자외선에 의한 안장해 예방

⑤ 보호의 : 유해물질의 피부접촉, 피부질환예방 → 도금(산, 알칼리 사용)

2) 안전보호구

- 안전모 : 낙하 • 안전대 : 추락 • 안전복 : 화상 • 안전화

4. 보호구의 구비조건

① 착용이 간편 : 착용과 벗을 때 수월하고, 착용 시 압박감이 적고 고통이 없어야 함

② 작업방해 없을 것 : 활동이 자유로워야 함

③ 유해요인에 대한 방호성능이 충분

④ 재료의 품질 양호 : 신체피부에 피부염 유발, 중이염(귀마개)

⑤ 외양 및 외관 양호

- 근로자가 착용 기피하면 소기목적 미달성, 착용률 높이려면 외관, 외양이 좋아야 함
- 안전화를 신사화 같이 하면 근무 외에도 구두로 착용 가능

5. 위생보호구의 종류별 특징

1) 차음 보호구

① 정의 : 강렬한 소음에 대한 청력장해(소음성 난청) 방지

② 종류 : 귀마개, 귀덮개

③ 귀마개의 장, 단점 비교

장 점	단 점
- 귀 구멍의 개인차가 심하여 귀마개의 크기 다양 - 안경과 안전모에 방해 없음 - 좁은 장소에도 방해 없음 - 처음가격 저렴하나 1회용이므로 누적가격 비쌈	- 휴대가 편리하나 경량으로 분실위험 높음 - 가까이에서 살펴보아야만 착용여부 판별가능 - 귀에 질병이 있는 자 착용 불가능 - 여름철 땀에 의해 염증 유발가능

④ 귀덮개의 장, 단점 비교

장 점	단 점
- 헤드밴드 조절 가능으로 누구나 잘 맞음 - 멀리서도 착용여부 판별 - 가벼운 귀의 질병자 착용가능	- 부피가 커 휴대 불편 - 안경과 안전모가 방해 - 처음 구매 시 비쌈.

⑤ 감음률

- 귀마개 : 25～35 dB 감소
- 귀덮개 : 35～40 dB 감소

☞ 50 dB 이상은 불가능함. 이는 소음이 뼈(이소골)를 통해 전달
120 dB 이상의 소음환경에서는 귀마개, 귀덮개 동시 착용(3～5 dB 더 감음 가능)

2) 호흡용 보호구

① 정의 : 호흡기를 통해 유해물질이 체내에 유입되는 것을 막는 보호구

② 종류

- 공기 청정식(Air purifying) : 여과식, 정화식
  - 작업장에서 발생되는 가스상 및 입자상 물질을 제거시키는 정화통, filter가 부착
  - 방진 마스크, 방독 마스크
- 공기 공급식(Air supplying)
  - 맨홀, 지하탱크, 화학물질 저장탱크 작업 시 산소공급
  - 송기 mask, 호스마스크, 에어라인 마스크 ⇒ 공기, 산소 공급

• 형태에 따른 종류
- Quarter mask(1/4) : 입, 코
- Half mask(1/2) : 입, 코, 턱
- Full face mask(1/1) : 이마~턱, 귀~귀까지

③ 방진 mask
• 종류 : 성능이 중요
- 포집 효율에 따라 : 특급 99.5%, 1급 95%, 2급 85% 이상
☞ 간이용 마스크(65% 포집) : 아주 낮은 농도의 유해물질 발생 시 착용가능

• 선택조건 : 포집 효율이 높아야 여과성능이 우수
- 흡, 배기 저항이 낮을 것
- 가볍고 시계가 넓을 것
- 안면 밀착성이 클 것
- 사용 후 손질이 간단할 것

☞ 미세먼지용 마스크 : 얼굴과 마스크 사이의 틈새유무가 중요하며 미세먼지용 마스크가 의약 외품으로서 효과가 검증되면 KF라는 문자가 붙는다.
KF는 Korea Filter의 약자이며, 해당 마스크의 입자 차단의 성능을 나타낸다. 보통 KF80은 평균 0.6 ㎛ 크기의 입자를 80% 이상 차단, KF94, KF99는 평균 0.4 ㎛ 크기의 입자를 각각 94%, 99% 이상 차단한다.

④ 방독마스크 : 정화통 사용

일본의 유해가스 대상별 정화통의 기호와 색 분류

종류	표지		대상 유해가스
	기호	색	
보통가스용	A	흑색/회색	염소 및 할로겐류, 포스겐, 유기 및 산성가스
산성가스용	B	회색	염산, 할로겐화수소, 산, 탄산가스, 이산화질소, 산화질소
유기가스용	C	흑색	유기가스 및 증기, 이황화탄소
일산화탄소용	E	적색	TEL, 일산화탄소
소방용	F	적색/백색	화재시와 연기방어용
연기용	G	흑색/백색	아연 및 금속흄, 기름 연기
암모니아용	H	녹색	암모니아
아황산용	I	등색	아황산 및 황산미스트
청산용	J	청색	청산 및 청산화물 증기
황화수소용	K	황색	황화수소

방독마스크 정화통의 국내 검정 기준

방독마스크 정화통의 종류	대상 유해물질
1. 유기가스용	유기화합물의 가스 또는 증기
2. 할로겐가스용	할로겐 가스 또는 증기
3. 일산화탄소용	일산화탄소
4. 암모니아용	암모니아
5. 아황산가스용(아황산,황용 제외)	아황산가스
6. 아황산, 황용	아황산가스 및 황의 증기 또는 분진

㉠ 흡착제 종류 : 활성탄, silicagel, 큐프라마이트, Hopcalite 등

㉡ 방독마스크의 사용방법

- 파과시간(Breakthrough time, 유효시간) : 정화통 내부에 있는 흡착제에 유해물질이 전부 흡착되어 유해가스가 더 이상 흡착되지 않고 그냥 통과되는 시간
  - 방독마스크에 부착된 정화통을 보면 사용 작업장의 공기 중 유해가스의 평균농도와 사용시간이 기록되어 있음
  - 기록 없는 경우의 계산 : 표준유효시간 × 시험가스농도

$$\text{유효시간} = \frac{\text{표준유효시간} \times \text{시험가스}}{\text{농도사용작업장의 공기 중 유해가스 농도}}$$

㉢ 호흡용 보호구의 할당보호계수(APF) > 노출농도 / 노출기준(PEL)

- 최대사용농도(MUC : mg/m^3) = 노출기준 × 호흡용보호구의 할당보호계수
- 적적히 밀착이 되는 호흡용보호구를 훈련된 근로자가 착용 시 기대가 되는 최소보호 정도치로 APF가 100인 보호구를 착용하고 근무하면 착용자는 유해물질로부터 최소한 100배 만큼의 보호가 가능하다.

> 예제) 반면형 마스크를 착용하기 위해서 작업장의 석탄분진(TLV : $2mg/m^3$)에 대한 최대 사용농도는?
> Maximum use concentration = $2mg/m^3$×(APF) / 10 = $20mg/m^3$이며 이 농도를 초과하면 전면형 마스크를 착용하여야 함

㉣ 방독마스크 착용금지 : 산소농도 18% 미만인 장소

- 유해가스 농도가 2%(20,000 ppm) 이상인 곳(NH_3 가스는 3% 이상)
- 유해가스 발생장소에서 장시간 작업할 경우

학습문제

01 위생보호구의 개념에 관한 설명 중 옳다고 생각되는 것은?★★

① 환경개선을 이룰 수 없어 어쩔 수 없을 때 최후수단으로 사용한다.
② 질이 좋은 보호구를 착용하면 건강장해는 전혀 없다.
③ 모든 보호구는 국가검정을 받아 착용하고 있다.
④ 호흡용 보호구에는 방독 마스크, 방진마스크가 전부이다.

02 OSHA에서 정의한 개인보호구란?

① 개인위생에 필요한 모든 장비
② 근로자의 생명보호를 위해서 착용해야 할 장비
③ 유해요인의 노출을 줄이기 위한 근로자 개인에 관한 물체의 착용
④ 근로자의 건강장해를 방지하기 위해서 설치하는 공장의 시설

해설 OSHA(Occupational Health and Safety Administration) : 근로자가 신체에 직접 착용하여 물리적, 화학적, 생물학적 요인으로부터 신체를 보호하기 위한 장구

03 위생보호구의 개념과 거리가 먼 것은 어느 것인가?

① 돌발적인 사고나 2차적인 대책으로 사용한다.
② 단시간 작업 시 일시적인 수단으로 사용한다.
③ 작업장에서 신체적 장해를 막는 유일하고 완전무결한 수단이다.
④ 근로자를 보호하기 위한 마지막 수단으로 사용한다.

04 다음 중 위생보호구를 선택할 때 필요한 구비조건이 아닌 것은?★★

① 사용목적에 적합해야 한다.
② 포집 효율과 흡기 저항은 높을수록, 배기 저항은 낮을수록 좋다.
③ 손질하기 쉽고 사용자에게 적합해야 한다.
④ 중심이 너무 앞쪽에 있지 말아야 한다.

해설 위생보호구의 선정기준은 ① 품질이 양호하고 사용목적에 적합해야 하고, ② 포집효율은 높을수록, 흡기저항과 배기저항은 적을수록 좋다. ③ 무게는 가벼운 것이 좋고, ④ 시야는 작업에 지장이 없어야 하고, ⑤ 중심이 너무 안쪽에 있는 것은 좋지 않고, ⑥ 손질하기 쉽고 사용자에게 적합해야 한다.

05 다음 중 위생보호구의 성능을 검사하는 기관은 어디인가?★★

① 국립환경연구소 ② 한국산업안전보건공단
③ 근로복지공사 ④ 대한산업보건협회

해설 검정필 ㉮ : 안전보건공단

06 다음에 열거한 위생보호구와 작업을 옳게 연결한 것은?

① 전기 용접 – 차광 안경 ② Tank 내 분무도장 – 방진마스크
③ 갱내 토석 굴착 – 송풍마스크 ④ 병타기 공정 – 고무제 보호의

해설 ②는 송풍마스크 ③은 방진마스크 ④는 귀마개가 적당하다.

07 다음 중 차음보호구라 할 수 없는 것은?★

① Ear plug ② Ear muff ③ Ear valve ④ Cotton

해설 소음수준을 안전한 수준으로 감소시키기가 힘들 때에는 노출되는 근로자에게 방음보호용구를 사용하도록 하는 방법을 고려해야 한다. 재사용 가능한 보호용구에는 귀마개(ear plug)와 귀덮개(ear muff)가 있고, 솜으로도 임시 변통할 수 있으나 솜은 방음능력이 있을 뿐 회화방해가 크므로 엄격히 말하면 보호구로 볼 수 없다.

08 차음보호구가 아닌 것은 어느 것인가?

① Ear valve ② Goggle ③ Ear plug ④ Ear muff

해설 Ear plug는 귀마개이고, ear muff는 귀덮개이다.

09 작업환경에서 귀덮개의 감음률은 고주파에서 어느 정도이겠는가?★

① 20～25 dB ② 35～45 dB ③ 40～50 dB ④ 15～25 dB

해설 귀덮개로서는 최대한 130～135 dB의 소음에서 작업이 가능한다.

10 귀덮개의 차음효과를 옳게 표현한 것은?

① 저음 20 dB, 고음 30 dB ② 저음 15 dB, 고음 20 dB
③ 저음 20 dB, 고음 45 dB ④ 저음 30 dB, 고음 50 dB

해설 귀마개의 경우는 저음 25 dB, 고음 40 dB 정도이다.

11 귀덮개를 사용할 수 없는 경우가 아닌 것은?

① 고온 작업 ② 좁은 공간 ③ 헬멧 착용 ④ 귀에 이상

12 작업환경에서의 귀마개의 감음률은 고주파에서 어느 정도이겠는가?

① 10～15 dB ② 15～20 dB ③ 20～25 dB ④ 25～35 dB

해설 귀마개로서는 최대한 115～125 dB의 소음에서 작업이 가능하다.

13 소음 작업환경에서 착용하는 개인보호구의 고주파에서 감음률이 맞게 연결된 것은?★★

① 귀마개 : 25～35 dB 귀덮개 : 35～45 dB
② 귀마개 : 15～20 dB 귀덮개 : 35～45 dB
③ 귀마개 : 35～45 dB 귀덮개 : 25～35 dB
④ 귀마개 : 20～25 dB 귀덮개 : 25～35 dB

14 다음 중 귀덮개와 귀마개를 동시에 사용해야 할 경우는 어느 때인가?★

① 120 dB 이상 ② 70 dB 이상 ③ 50 dB 이상 ④ 89 dB 이상

해설 3～5 db(A)의 감음 효과

15 다음의 방진마스크를 사용할 때 주의할 사항 중 틀린 것은 어느 것인가?

① 마스크는 사용 구분대로 사용하는 것이나 분진농도가 높을 때는 호스마스크 사용
② 중독의 위험이 있는 증기, 미스트가 혼재된 먼지가 발생할 때 방독 마스크를 사용
③ 마스크의 여과제는 수시로 손질하고 깨끗이 사용하면 영구적으로 사용
④ 유독물질을 함유하는 분진 농도가 2.0mg/m^3 이상일 때는 송풍(호스)마스크 사용

해설 마스크의 여과제는 수시로 손질을 하여 깨끗이 보관하고 3～4개월마다 여과재료를 교환한다.

16 방진마스크의 선정기준으로 옳지 않은 것은?★

① 무게가 가벼울 것 ② 시야가 좁을 것
③ 배기저항이 적을 것 ④ 포집효율이 높을 것

해설 방진마스크의 선정기준
① 무게가 가벼울 것, ② 시야가 넓을 것, ③ 배기저항이 적을 것, ④ 포집효율이 높을 것

17 유기용제를 취급하는 업무나 통풍이 불충한 옥내 작업장에서 사용하는 가장 적당한 보호구는?

① 방독마스크 ② 송기마스크 ③ 산소마스크 ④ 이상 모두

18 작업환경관리에 있어서 방독면의 사용상 주의사항을 열거하였다. 적합한 설명은 어느 것인가?

① 방독면은 방진마스크와는 달리 흡수관을 부착하고 있으므로 산소농도가 18% 미만인 장소에서 사용하여도 좋다.
② 흡수제인 활성탄 등은 흡습에 의하여 흡수능력이 저하되므로 흡수관의 보관에 있어서는 충분한 주의를 기울여야 한다.
③ 대상가스에 대한 사용농도한계, 즉 사용범위는 방독마스크의 형식과는 아무런 관계가 없다.
④ 방독면의 통기저항은 방진마스크보다 적으므로 작업강도가 큰 작업에서 사용한다.

19 방독마스크 흡수통의 파과현상에 대한 내용이 잘못 기재된 것은?★★

① 흡수제의 수명이 다한 것을 파과라 한다.
② 파과곡선으로부터 흡수필터의 여명이 추정 가능하다.
③ 유해물질의 농도가 높으면 파과 시간이 길어진다.
④ 방독마스크 착용 시 유해물질의 냄새를 느끼면 파과로 본다.

20 방독마스크 흡수관의 수명은 시험가스가 파과되기 전까지의 시간이다. 다음과 같은 조건일 때 방독마스크 흡수관의 사용 가능한 유효기간은? (조건 : 사염화탄소의 농도가 0.1%, 사염화탄소 흡수관의 사용능력이 0.5%, 100분간 사용)★★★

① 250분 ② 500분
③ 1000분 ④ 1500분

해설 유효시간 = 표준유효시간 × 시험가스농도 / 공기 중의 유해가스 농도
= 100분 × 0.5% / 0.1% = 500분

21 방독면의 필터에 사용되는 흡수제라고 볼 수 없는 물질은 어느 것인가?

① 활성탄소 ② 실리카겔
③ 소다라임 ④ 제올라이트

해설 Hopcalite와 kupramite도 사용되지만 제올라이트의 사용은 거의 없다.

22 장기간 사용하지 않았던 오래된 우물 속으로 들어갈 때 착용하여야 할 마스크는?★

① 일산화탄소용 방독마스크 ② 시야가 좁을 것

③ 호스마스크　　　　　　　④ 유기가스용 방독마스크

해설 장기간 사용하지 않았던 옛날의 우물 속은 산소의 결핍 위험장소에 해당된다. 따라서 공기호흡기·산소호흡기 또는 hose마스크를 사용하지 않고 들어가면 안 된다.

과년도 출제 및 예상문제

01 다음 위생보호구에 관한 설명 중 바른 것은?

① 분진농도가 높은 경우 방독마스크를 사용하도록 한다.
② 보호구는 유해물질로부터 인체를 막아주는 유일하고 완전한 수단이다.
③ 방독마스크의 경우 흡수제가 만능인 것이 대부분이어서 사후 관리가 필요 없고 보관만 잘하면 된다.
④ 보호구는 근로자를 보호하기 마지막 수단으로 사용되어져야 한다.

해설 보호구는 항시 차선책으로 사용됨을 잊지 말아야 한다.

02 다음에 열거한 위생보호구와 작업을 가장 적절하게 연결한 것은?

① 전기용접－차광안경　　　　　　② Tank 내 분무도장－방진마스크
③ 갱내 토석굴착－송풍마스크　　　④ 병타기공정－고무제 보호의

03 방진마스크에 대한 다음의 설명 중에서 알맞은 것은?

① 유해물질의 농도가 규정 이상의 농도인 경우라도 충분한 산소가 있으면 사용할 수 있다.
② 유해성 fume이나 mist 등 입자의 흡입을 방지하는 데는 사용할 수가 없다.
③ 필터의 여과효율이 높고 흡입저항이 클수록 좋다.
④ 여과효율이 좋으려면 필터에 사용되는 섬유의 직경이 작아야 한다.

04 다음 방진마스크 사용에 관한 설명 중 거리가 먼 것은?

① 단시간에 일시적 수단으로 사용되어져야 한다.
② 중독위험이 있는 증기, 미스트가 혼재된 경우 방독마스크를 사용한다.
③ 분진농도가 2.0 mg/m^3 이상인 경우 호스(송풍)마스크를 사용하도록 한다.

④ 방진마스크 여과제는 수시로 손질과 깨끗이 사용하면 영구적으로 사용할 수 있다.

05 방진마스크의 선정기준 중에서 틀린 내용은?

① 포집효율이 높은 것이 좋다.
② 흡기저항은 큰 것이 좋다.
③ 배기저항은 작은 것이 좋다.
④ 중량은 가벼운 것이 좋다.

06 방진마스크의 구비조건으로 틀린 것은?

① 여과재 포집효율이 높을 것
② 흡기저항이 높을 것
③ 배기저항이 낮을 것
④ 착용 시 시야확보가 용이할 것

07 다음 방진 마스크가 갖추어야 할 조건과 거리가 먼 것은?

① 흡기 및 배기 시 저항이 커야 한다.
② 가벼워야 한다.
③ 시야가 넓어야 한다.
④ 포집효율이 높아야 한다.

해설 흡기 및 배기 저항이 클수록 호흡이 커져 착용하기 어렵다.

08 방진마스크의 밀착성 시험 중 정량적인 방법에 관한 설명으로 알맞은 것은?

① 침입률을 1% 이하까지 정확히 평가할 수 있다.
② 누설의 판정기준이 지극히 개인적이다.
③ 간단하게 실험할 수 있다.
④ 시험장치가 비교적 저가이며 측정조작이 쉽다.

해설 보호구와 피부접촉면 사이로 오염물질의 누설이 현상이 발생하므로 보호구 안과 밖의 농도 차이나 압력의 차이로 밀착정도를 수치로 평가하는 방법

09 다음 베릴륨(Belirium) 취급하는 작업장에서 갖추어야 할 방진 마스크의 성능으로 옳은 것은?

① 99% 이상의 제거 효율
② 99% 이하의 제거 효율
③ 97% 이상의 제거 효율
④ 95% 이상의 제거 효율

해설 베릴륨 등 독성이 강한 물질은 특급 이상의 성능을 필요(99.95% 이상), 금속흄이나 석면분진은 1급(95% 이상), 기타는 2급(80% 이상) 성능이 필요

10 일반적으로 방진마스크의 배기저항의 기준으로 가장 적절한 것은?

① 15 mmH_2O 이하 ② 13 mmH_2O 이하 ③ 10 mmH_2O 이하 ④ 6 mmH_2O 이하

11 귀덮개에 대한 설명으로 틀린 것은?

① 귀마개보다 차음효과는 작지만 개인차가 적고 보호구 착용여부가 쉽게 확인된다.
② 귀마개보다 쉽게 착용할 수 있고 착용법이 틀리거나 잃어버리는 일이 적다.
③ 귀에 질병이 있을 때도 사용이 가능하다.
④ 크기를 여러 가지로 할 필요 없다.

해설 차음효과(감음률) : 귀마개 : 25～35 dB, 귀덮개 : 35～40 dB

12 방음 보호구의 설명 중 옳은 것은?

> ㉠ 귀덮개는 고온 착용에 불편이 없다.
> ㉡ 귀덮개는 부착된 밴드에 의해 차음효과가 감소될 수 있다.
> ㉢ 귀에 염증이 있는 사람은 귀덮개를 착용해서는 안 된다.
> ㉣ 귀덮개는 귀마개보다 일관성 있는 차음효과를 얻을 수 있다.

① ㉠, ㉡　② ㉡, ㉢　③ ㉡, ㉣　④ ㉠, ㉢

13 청력보호구의 차음효과를 높이기 위한 유의사항으로 틀린 것은?

① 사용자의 머리와 귓구멍에 잘 맞아야 할 것
② 흡음률을 높이기 위해 기공(氣孔)이 많은 재료를 선택할 것
③ 청력보호구를 잘 고정시켜서 보호구 자체의 진동을 최소화할 것
④ 귀덮개 형식의 보호구는 머리카락이 길 때 사용하지 말도록 할 것

14 청력보호구 사용 시 유의해야 할 사항이 아닌 것은?

① 귀덮개 형태의 보호구는 머리카락이 길 때 사용하지 말 것
② 청력보호구는 잘 고정시켜 그 자체의 움직임을 최소로 할 것
③ 청력보호구는 다공성재료로 흡음효과를 최대화할 것
④ 청력보호구는 머리모양이나 귓구멍에 잘 맞는 것을 사용토록 할 것

15 다음 귀마개와 귀덮개에 관한 설명으로 옳은 것은?

① 귀마개의 경우 제대로 착용하는데 시간이 걸린다.
② 귀마개의 차음효과가 크다.
③ 통상 귀덮개가 보다 저렴하다.
④ 소음이 120 dB 이상 발생하는 경우 귀마개와 귀덮개를 동시에 착용해야 한다.

16 귀덮개를 설명한 것 중 옳은 것은?

① 차음 효과의 개인차가 적다.
② 귀덮개의 크기를 여러 가지로 할 필요가 있다.
③ 근로자들이 보호구를 착용하고 있는지를 쉽게 알 수 없다.
④ 귀마개보다 차음효과가 적다

17 다음 귀덮개를 사용하기에 부적절한 경우가 아닌 것은?

① 고온작업 ② 안경착용 ③ 헬멧착용 ④ 귀의 염증

18 유해작업장 소음이 120 dB이상 폭로시 사용하는 보호구의 착용 중 맞는 것은?

① 귀마개(ear plug)만 착용한다. ② 귀덮개(ear muff)만 착용한다.
③ 귀마개와 귀덮개를 동시에 착용한다. ④ 유리섬유로 된 보호구를 착용한다.

19 귀마개와 귀덮개를 동시에 사용하여야 할 경우의 소음 정도는?

① 80 dB 이상 ② 95 dB 이상 ③ 110 dB 이상 ④ 120 dB 이상

해설 120 dB(A)이상의 소음에서 귀마개와 귀덮개를 동시에 착용하였을 경우에는 3～5 dB(A)의 감음효과가 더 있다.

20 호흡용 보호구 사용에 관한 설명이다. 바르지 못한 것은?

① 산소결핍이 우려되는 작업장에는 방독마스크가 필요하다.
② 방독마스크 사용 시 정화통 교환은 파과시간(breakthrough)을 고려하여 교환한다.
③ 송풍마스크는 중등 작업 시 대략 200 L/min 정도면 충분하다.
④ 방진마스크는 휘발성 유기물질의 농도가 규정 이하인 곳에서만 사용 가능하다.

21 산소가 결핍된 환경 또는 유해물의 농도가 높거나 독성이 강한 작업장에서 사용해야 할 마스크(보호구)로 적합한 것은?

① 방진마스크 ② 방독마스크
③ 공기공급식마스크 ④ 일반 면마스크

22 호스마스크의 종류를 송기법에 따라 구분한 것으로 알맞지 않는 것은?

① 송풍마스크 ② 압축공기식마스크

③ 흡입작용식마스크 ④ 통기마스크

23 유기용제를 제거하기 위하여 사용되는 방독마스크의 흡수제로서 가장 흔히 사용되는 것은?

① 활성탄 ② Soda lime ③ 산용액 ④ Hopcalite

해설 흡착제 종류 : 활성탄, 실리카겔, 큐프라마이트, Hopcalite 등

24 방독마스크의 흡수제의 재질로 적당하지 않은 것은?

① Fiber glass ② Silica gel ③ Activated carbon ④ Soda lime

25 방독마스크에 사용되는 흡수관의 종류와 표식이 잘못된 것은?

① 유기가스용－C. 검은색 ② 일산화탄소용－E. 빨간색
③ 암모니아용－H. 초록색 ④ 황화수소용－A. 회색

26 방독마스크의 대상가스에 대한 흡수관(정화통) 구분으로 적절치 못한 것은?

① 유기가스용 ② 암모니아용 ③ 황화수소용 ④ 질소가스용

27 방독면의 필터의 능력이 포스겐가스($COCl_2$) 0.1%에 대해서 표준유효시간 30분인 경우 염소의 농도가 0.25% 탱크 내에서 작업할 수 있는 시간은?

① 8분 ② 12분 ③ 20분 ④ 25분

해설 유효시간＝표준유효시간 × 시험가스농도 / 공기 중의 유해가스 농도
＝ 30분 × 0.1% / 0.25%＝12분

28 위생보호구인 Goggle은 다음 어느 보호구에 속하는가?

① 방진보호구 ② 호흡용보호구 ③ 차광보호구 ④ 피부보호구

29 방열복이나 방열장갑에서 복사열을 반사하도록 하기 위해서 가장 많이 사용하는 물질로 안전한 것은?

① 석면 ② 플라스틱 ③ 고무 ④ 알루미늄

30 강한 산이나 알칼리 등을 다루는 작업에서 사용되는 보호복의 재질(침투시킨 것)로 가장 적당한 것은?

① 석면 ② 알루미늄 ③ 면섬유 ④ 고무

31 피부에 직접 유해물이 닿지 않도록 하는 방법인 피부보호용 크림의 종류 중 피막 형성형 보호제의 주된 역할로 알맞은 것은?

① 주로 분진, 섬유유리 예방에 사용한다.
② 주로 산, 알칼리 등 산화제 예방에 사용한다.
③ 주로 수분보호 및 세균감염 예방에 사용한다.
④ 주로 자외선 장해예방에 사용한다.

해설 피부에 피막을 만들어 보호 : 분진, 유리섬유 등에 사용

32 산업용 피부 보호제에 관한 설명 중 틀린 것은?

① 피부에 직접 유해물질이 닿지 않도록 하는 방법으로 고안된 것이다.
② 피막형성 보호제는 분진, 유리섬유 등에 대한 장해 예방 등에 사용된다.
③ 광과민성 물질의 피부 보호제는 주로 적외선 즉, 열선에 대한 장해 예방에 사용된다.
④ 사용물질에 따라 지용성 물질, 광과민성 물질에 대한 피부 보호제, 수용성 피부 보호제, 피막형성 피부 보호제 중 선택하여 사용한다.

33 분진이나 섬유유리 등으로부터 피부를 직접 보호하기 위해 사용하는 산업용 피부 보호제는?

① 수용성 물질차단 피부 보호제 ② 피막형성형 피부 보호제
③ 지용성 물질차단 피부 보호제 ④ 광과민성 물질차단 피부 보호제

해설 ③은 유기용제류로 부터 피부 보호 시 사용함

34 타르, 피치, 아크용접, 분진작업 시 작업자의 피부보호를 위해서 사용하는 내유수화성 보호크림(주원료 : 아연화산화티탄, 산화철 등)으로 가장 적절한 것은?

① 피막형 크림 ② 차광성 크림 ③ 소수성 크림 ④ 친수성 크림

35 안전모의 사용방법과 보관방법에 대한 설명으로 적절치 못한 것은?

① 통풍의 목적으로 모체에 구멍을 뚫어서는 안 된다.
② 착장체는 최소한 1개월에 한 번 60℃의 물에 비누나 세척제로 세탁해야 한다.

③ 플라스틱제는 열화되므로 열경화성 수지는 약 3년, 열가소성 수지는 약 5년이 지나면 폐기 처분한다.

④ 안전모를 차에 싣고 다닐 때는 햇빛이 비치는 창 밑에 두어서는 안 된다.

해설 ④의 발등보호 안전화는 가죽제 안전화의 발등에 방호대를 추가한 것이다.

36 개인보호구 중 발보호구에 대한 설명으로 틀린 것은?

① 가죽제 발보호 안전화는 중작업용(H), 보통작업용(S), 경작업용(L)이 있다.

② 고무제 안전화는 장화에 강철제 선심을 넣어 낙하 및 충격에 대한 발끝을 보호하고, 물이나 기름, 화학 약품으로부터 발과 다리를 보호한다.

③ 전기 대전방지용 안전화는 고압의 활선작업이나 정전작업 등 전기에 의한 감전으로부터 신체를 보호하기 위한 것이다.

④ 발등보호 안전화는 가죽제 안전화의 발등에 방호대를 추가한 것이다.

20 기사시험 대비 실전문제

작업환경관리 총정리 문제

01 방진재료 관한 설명으로 다음 중 알맞지 않은 내용은?

① 방진고무는 설계 자료가 잘 되어 있어서 스프링 정수를 광범위하게 선택할 수 있다.
② 금속코일 스프링은 설계요소가 명확치 못하여 처짐양을 크게 할 수 없으나 구조가 간단하고 성능이 우수하다.
③ 코크르는 재질이 일정하지 않아 정확한 설계는 곤란하다.
④ felt는 재질도 여러 가지이며 방진재료라기보다는 지지용으로 강체간의 고체음전파를 차단시키는 데 사용한다.

02 진폐증 및 진폐증을 일으키는 원인이 되는 분진에 관한 설명 중 틀린 것은 ?

① 0.5～5u의 분진이 폐에 침착되어 진폐가 발생한다.
② 진폐의 증상으로서는 폐에 섬유 증식 또는 결절 형성 등이 발생한다.
③ 폐에서 산소의 흡수 능력을 방해하고 폐결핵 등의 합병증이 발생한다.
④ 주로 납, 수은 등 금속성 분진흡입으로 진폐증이 발생한다.

03 분진의 종류중 발암성 분진으로만 모아놓은 것은?

① 석면, 니켈카르보닐, 아민계색소 등
② 석탄, 석회석, 시멘트 등
③ 납, 수은, 카드뮴, 안티몬, 망간 등
④ 산, 알카리, 불화물, 크롬산 등

04 아연을 입힌 철판을 용접할 경우 작업장에 비산되는 산화아연은 어떤 형태로 발생되는가?

① 스모그(smog) ② 분진(dust) ③ 흄(fume) ④ 미스트(mist)

05 다음의 유기용제 중에서 발암성 물질로 추정되어 현재 Xylene으로 대체되어 사용되고 있는 물질은?

① carbon disulfide ② benzene ③ dimethyl sulfoxide ④ 2-hexanone

06 분진 노출에 따른 인체에 유해한 영향을 미치는 데 직접적으로 관여하지 않는 인자는 ?

① 유리규산(SiO_2)함량 ② 분진의 입경
③ 분진의 농도 ④ 분진의 무게

07 영상표시단말기(VDT)로 작업하는 사업장의 환경관리에 관한 설명으로 알맞지 않은 것은?

① 작업 중 시야에 들어오는 화면, 키보드, 서류 등의 주요 표면 밝기는 차이를 두어 입체감이 있도록 한다.
② 실내조명은 화면과 명암의 대조가 심하지 않고 동시에 눈부시지 않도록 하여야한다.
③ 정전기 방지는 접지를 이용하거나 알콜 등으로 화면을 세척한다.
④ 작업장 주변 환경의 조도는 화면의 바탕색이 검정색일 때 300～500Lux를 유지하여야 한다.

08 작업환경관리를 위해 유해물질의 대치방법으로 적절치 않은 것은 ?

① 성냥 제조 시 적린을 황린으로 대치한다.
② 가연성 물질을 화재예방을 위하여 철제통에 저장한다.
③ 염화탄소수소 취급장에서 폴리비닐 알코올 장갑을 사용한다.
④ 야광시계 자판에 Radium을 인으로 대치한다.

09 분진흡입에 대한 인체의 방어기전을 나타낸 것이다. 적합하지 않은 것은?

① 호흡기를 통하여 인체에 흡인된 먼지는 코 및 상기도 점막에서 분비되는 점액에 포착된다.
② 코 및 상기도에서 분비되는 점액은 소기관지에 이르기까지 섬모운동에 의하여 위쪽으로 3～4 cm/hour의 속도로 운반된다.
③ 먼지의 흡입량이나 점액의 분비량이 너무 많을 때에는 소기관지의 연동, 기침, 재채기 등에 의해 밖으로 배출된다.
④ 호흡기로 흡입되는 분진 중 주로 5～10 um 크기의 먼지가 폐포에 들어가 축척된다.

10 분진에 의한 방진대책에서 우선적으로 고려해야 할 사항으로 틀린 것은 ?

① 방진마스크의 착용 ② 생산기술의 변경과 개량
③ 국소배기의 장치의 설치 ④ 습식화에 의한 발진의 억제

11 분진으로 인한 진폐증을 예방하기 위한 대책으로서 적합하지 않은 것은 ?

① 분진발생원이 비교적 많고 분진농도가 높은 경우에는 국소배기장치의 설치보다 우선적으로 방진마스크 착용을 고려한다.
② 분진발생원이 많고 분진농도가 높지 않은 경우 전체환기를 이용하여 분진을 희석, 확산토록 한다.
③ 분진발생원과 근로자를 분리하는 방법으로 원격 조정장치 등을 사용할 수 있다.
④ 연마, 분쇄, 주물작업 시에는 습식으로 작업토록 하여 부유분진을 감소시키도록 해야 한다.

12 유해 화학물질에 대한 작업환경관리의 기본적 방법이라고 볼 수 없는 것은 ?

① 제조시설의 가동중지 ② 생산 공정의 변경
③ 환기에 의한 희석 및 확산방지 ④ 화학물질 취급 작업자의 격리

13 방사선 동위원소 등을 취급할 때 적용되는 작업환경관리의 기본원리는?

① 물질변경 ② 시설 및 공정격리 ③ 환기장치 ④ 교육실시

14 주로 인체피부에 작용하여 작용부위에 국소장해를 초래하는 진동의 주파수는 다음 중 어느 것인가?

① 1 Hz 이하 ② 1～50 Hz ③ 50～80 Hz ④ 80 Hz 이상

15 소음이 인체에 미치는 영향에 관한 설명 중 알맞지 않은 것은 ?

① 일시적 또는 영구적 청력장애가 일어난다.
② 대화의 방해를 받는다.
③ 작업능률이 저하되며 에너지 소비량이 크게 증가한다.
④ 혈압, 맥박이 현저히 감소한다.

16 재질이 일정하지 않고 균일하지 않아 정확한 설계가 곤란하며 처짐을 크게 할 수 없어 진동방지라기보다는 고체음의 전파방지에 유익한 방진재료는 ?

① 방진고무 ② 공기용수철 ③ 코르크 ④ 금속코일용수철

17 진동공구를 사용하는 근로자를 보호하기 위한 근로조건과 거리가 먼 것은 ?

① 장갑을 착용하게 한다. ② 쉬는 동안에 차가운 물로 손을 식힌다.
③ 작업 중에 금연시킨다. ④ 50분 작업 후 10분 동안 휴식을 취한다.

18 진동에 의한 생체반응을 고려하여 기준을 설정할 때 고려하지 않는 것은?

① 진동의 강도 ② 방향 ③ 진동수 ④ 변위

19 Noise dose meter 로 개인 소음 노출량을 측정한 결과 소음 노출량이 100%일 경우 시간가중 평균(TWA)은 몇 데시벨(dB)이 되는가?

① 90 dB ② 85 dB ③ 100 dB ④ 95 dB

20 소음작업장에서 근로자의 청력을 보호하기 위해 귀마개를 착용했다. 어떤 주파수의 음에 대한 차음효과가 가장 크겠는가?

① 회화음역 ② 주파수와 관계없다 ③ 저주파음역 ④ 고주파음역

21 음의 척도 중 물리적 척도로 볼 수 없는 것은 ?

① IL(sound intensity level) ② SPL(sound pressure level)
③ PWL(power level) ④ phon

22 이상기압 환경에 관한 설명 중 적합하지 않은 것은 ?

① 지구표면에서의 공기의 압력은 평균 1 kg/cm^{2}이며 이를 1기압이라고 한다.
② 수면 하에서의 압력은 수심이 10 m 깊어질 때마다 1기압씩 더 걸린다.
③ 수심 20 m에서의 절대압은 2기압이다.
④ 잠함작업이나 해저터널 굴진작업은 고압환경에 해당된다.

23 고온작업장의 고온대책에 관한 기술이다. 적합하지 않는 것은 ?

① 작업대사량 : 작업량감소
② 대류 : 신체노출부위보호
③ 급성고열폭로 : 공냉, 수냉식 방열복착용
④ 복사열 : 방열판으로 차단

24 한랭 환경에서 발생하는 제2도 동상의 증상으로 가장 적절한 것은 ?

① 수포를 가진 광범위한 삼출성 염증이 일어난다.
② 따갑고 가려운 감각이 생기고 혈관이 확장하여 발적이 생긴다.
③ 심부조직까지 동결하면 창백하고 조직의 괴사와 괴저가 일어난다.
④ 피부가 동결하면 창백하고 감각이 둔해지며 황백색으로 변한다.

25 다음의 열중증 중에서 인체의 체온조절기능에 장애를 일으키며 중추신경 장해를 일으키는 것은?

① 열피로 ② 열사병 ③ 열경련 ④ 열허탈

26 자외선에 대한 생물학적 작용 중 옳지 않은 것은 ?

① 홍반현상과 색소 침작
② 피부의 비후와 피부암
③ 전광성(전기성) 안염
④ 초자공 백내장

27 생체에 대하여 전리방사선중 투과력과 전리작용이 큰 순서로 된 알맞게 연결 한 것은 ?

투과력	전리작용

① α선 > β선 > γ선 γ선 > β선 > α선
② β선 > α선 > γ선 γ선 > β선 > α선
③ γ선 > β선 > α선 α선 > β선 > γ선
④ α선 > γ선 > β선 α선 > β선 > γ선

28 인공조명 시 고려해야 할 사항과 가장 거리가 먼 것은 ?

① 광원은 간접조명과 우상방에 설치
② 발화성, 폭발성이 없을 것
③ 경제성, 취급의 간편
④ 균등한 조도 유지

29 다음 중 자외선의 투과율이 가장 높은 재료는 ?

① 보통유리 ② 코렉스 유리 ③ 창호지 ④ 비닐박막(film)

30 장기간 사용하지 않은 오래된 우물에 들어가서 작업하는 경우 작업자가 반드시 착용해야 할 개인보호구는 ?

① 입자용 방진마스크
② 유기가스용 방독마스크
③ 일산화탄소용 방독마스크
④ 송기형 호스마스크

31 피부에 직접 유해물이 닿지 않도록 하는 방법으로서 피부보호용 크림이 사용되는데 다음 중 유리섬유 등 분진이 비산되는 작업장에서 사용해야 할 보호용 크림으로 가장 적절한 것은 ?

① 지용성 물질에 대한 피부보호제
② 수용성 물질에 대한 피부보호제
③ 광과민성 물질에 대한 피부보호제
④ 피막형성형 피부보호제

32 방독마스크의 흡수관은 적용가스의 종류에 따라 색깔을 다르게 표시한다. 유기가스용 방독면의 흡수관 색깔은?

① 회색 ② 검은색 ③ 빨간색 ④ 흰색

33 1급 방진마스크의 여과효율은 몇 % 이상이어야 하는가?

① 95% ② 96% ③ 98% ④ 99%

34 다음의 위생보호구 중에서 공기정화 식(Air purifying)호흡용 보호구는?

① 방독마스크 ② 호-스 마스크 ③ 에어라인 마스크 ④ 자급식호흡기

35 진동 대책에 관한 설명으로 알맞지 않는 것은?

① 체인 톱과 같이 발동기가 부착되어 있는 것을 전동기로 바꿈으로써 진동을 감소할 수 있다.
② 공구로부터 나오는 바람이 손에 접촉하도록 하여 보온유지 효과를 볼 수 있다.
③ 일반적으로 14℃ 이하인 작업장에서 진동공구를 사용 시는 보온대책이 필요하다.
④ 진동공구를 사용하는 작업시간은 1일 2시간을 초과하지 않도록 한다.

36 귀덮개에 비하여 귀마개 사용상의 단점이라 볼 수 없는 것은?

① 다양한 크기의 귀마개를 준비하여야 한다.
② 제대로 착용하는 데 시간이 걸리고 요령을 습득하여야 한다.
③ 외청도에 이상이 없을 때만 사용이 가능하다.
④ 고온작업 시 착용이 곤란하다.

37 옥수수 저장탱크의 맨홀 내에서 작업을 하고 있다. 이때 사용해서는 안 되는 보호구는?

① 방독마스크 ② 송기형 호스마스크
③ 송풍형 호스마스크 ④ 에어라인 마스크

38 방진마스크 필터의 흡입저항을 적게하는 방법은?

① 필터에 사용되는 섬유의 직경을 작게 한다.
② 필터의 표면적을 넓게 한다.
③ 필터에 사용되는 섬유를 조밀하게 압축 한다.
④ 필터의 두께를 가능한 두껍게 한다.

39 일반적인 분진대책을 나열하였다. 이 가운데서 가장 완벽하고 확실한 분진대책은?

① 전체환기에 의한 희석
② 분진발생 장소의 밀폐와 배기
③ 연속적으로 물을 뿌려가며 작업(습식작업)
④ 방진마스크의 착용

40 흡입분진의 종류에 따른 진폐증을 다음과 같이 분류하였다. 유기성 분진에 의한 진폐증은?

① 농부폐증　　② 용접공폐증
③ 탄소폐증　　④ 규폐증

41 방사선은 전리방사선과 비전리 방사선으로 구분 된다. 전리방사선은 생체에 대하여 파괴적으로 작용하므로 엄격한 허용기준이 제정되어 있다. 다음 중 전리 방사선으로만 짝지어진 것은?

① α선, 중성자, X선　　② β선, 레이저, 자외선
③ α선, 마이크로파, X선　　④ β선, 중성자, 마이크로파

42 고압환경의 생체작용은 1차성 압력현상과 2차성 압력현상으로 구분된다. 아래 중 1차성 압력현상에 해당되는 신체증상은?

① 마취작용, 작업력의 저하, 기분의 변환, 뇌 장해,
② 울혈, 부종, 출혈, 귀, 부비강, 치아의 압박 장해
③ 수지와 족지의 작열통, 시력장해, 현청, 정신혼란
④ 일산화탄소의 독성증가

43 호흡용 보호구 사용에 관한 설명이다. 바르지 못한 것은?

① 산소결핍이 우려되는 작업장에는 방독마스크가 필요하다.
② 방독마스크 사용 시 정화통의 교환은 파괴시간(breakthrough)을 고려하여 교환해야 한다.
③ 송풍마스크는 중등작업 시 대략 200 L/min 정도면 충분하다.
④ 방진마스크는 유해물질의 농도가 규정 이하인 곳에서만 사용 가능하다.

44 유해화학물질이 발산되는 사업장에서 근로자에게 가장 많이 침투되는 인체의 침입 경로는?

① 호흡기　　② 소화기　　③ 피부　　④ 점막

45 다음의 감압병 예방 및 치료에 관한 설명 중에서 적당하지 않는 것은?

① 감압병의 증상이 발생하였을 경우 환자를 원래의 고압환경으로 복귀시켜서는 안 된다.
② 고압 환경에서 작업할 때에는 질소를 헬륨으로 대치한 공기를 호흡시키는 것이 좋다.
③ 잠수 및 감압방법에 익숙한 사람을 제외하고는 1분에 10 m 정도씩 잠수하는 것이 좋다.
④ 감압이 끝날 무렵에 순수한 산소를 흡입시키면 예방적 효과와 감압시간을 단축시킬 수 있다.

46 환경개선에 관한 다음의 기술 중 잘못된 것은?

① 분진작업에는 습식으로 하는 방법의 고려가 필요함
② 유기용제를 사용하는 경우에는 가능한 한 휘발성이 적은 물질로 대체함
③ 제진장치의 선정에 있어서는 함유분진의 입경 분포를 고려함
④ 전체환기장치의 경우 공기 입구와 출구를 근접한 위치에 설치하여 환기효과를 증대함

47 사업장에서 흔히 삼염화에탄(1.1.1-trichloroethane)을 삼염화에틸렌(trichloroethylene)의 대체물질로 사용하는데 그 이유는 무엇인가?

① 비점이 낮으므로 ② 휘발성이 적기 때문에
③ 비점이 더 높기 때문에 ④ 허용기준치가 더 높기 때문에

48 다음의 광선에 대한 설명 중 적당하지 않은 것은?

① 가시광선은 4,000-7,600 Å의 파장을 갖는 전자파로서 망막을 자극해서 시력장해를 일으킨다.
② 자외선은 7,500-120,00 Å의 파장을 가진 전자파로서 열선이라고 부른다.
③ 레이저광선은 보통광선과는 달리 단일파장이고, 강력하고 예리한 지향성을 갖고 있다.
④ 적외선은 그 파장에 따라 근, 중 및 원적외선으로 구분하며, 태양에서 방출되는 복사에너지 중에 가장 많은 양을 차지하고 있다.

49 다음 중에서 방독마스크의 사용 가능 여부를 가장 정확히 확인할 수 있는 것은?

① 파괴곡선 ② 냄새유무 ③ 자극유무 ④ 용해곡선

50 기체에 액체와 고체의 미세한 입자가 섞여 있는 혼합체를 무엇이라 하는가?

① 흄(fume) ② 미스트(mist) ③ 증기(vapor) ④ 연무질(aerosol)

51 다음의 산소결핍 작업에 대한 설명 중 잘못된 것은 어느 것인가?

① 산소결핍 장소에서의 작업 시 방독마스크를 착용한다.
② 산소결핍증이란 산소가 결핍된 공기를 흡입하므로써 생기는 증상을 말한다.
③ 산소결핍 장소에서는 작업을 시작하기 전에 당해 작업장의 공기 중 산소농도를 측정하여야 한다.
④ 산소결핍 위험작업을 할 때에는 당해 작업장의 공기 중 산소가 규정농도 이상이 되도록 환기시켜야 한다.

52 음압도(sound pressure level : SPL)가 80 dB인 소음은 음압도가 40 dB인 소음보다 실제 음압(sound pressure)은 몇 배 더 강한가?

① 2배 ② 10배 ③ 100배 ④ 10000배

53 다음 중 방독마스크의 흡수제로 사용되는 물질이 아닌 것은?

① 실리카겔(silicagel) ② 활성탄(activated carbon)
③ 소다라임(sodalime) ④ 소우프스톤(soapstone)

54 침강속도(settling velocity) 또는 종단 속도(terminal velocity)에 의해 측정되는 먼지의 크기를 무엇이라 하는가?

① Martin 직경 ② Feret 직경 ③ 공기역학적 직경 ④ 등면적 직경

55 먼지의 한쪽 끝 가장자리와 다른 쪽 끝 가장자리 사이의 거리를 측정함으로서 입자상물질의 크기를 과대평가할 가능성이 있는 직경은?

① Martin 직경 ② Feret 직경 ③ 등면적 직경 ④ 공기역학적 직경

56 방진마스크 여과효율을 검정할 때는 국제적으로 몇 μm의 먼지를 사용하는가?

① 0.01 μm ② 0.1 μm ③ 0.3 μm ④ 1.0 μm

57 입자상물질이 호흡기 내에 침입하는 여러 가지 메카니즘 중에서 비교적 중요한 메카니즘이 아닌 것은?

① 정전기 침강 ② 충돌 ③ 중력침강 ④ 확산

58 국제표준기구(ISO)의 정의에 의하면 흡입성(inspirable) 먼지와 흉곽성(thoracic) 먼지는 평균입경(D_{50})이 각각 몇 μm인 먼지로 정의하고 있는가?

① 10, 4 ② 100, 5 ③ 150, 7.1 ④ 185, 10

59 1952년 영국 BMRC(British Medical Research Council)에서는 호흡성먼지를 폐포에 도달하는 먼지라 정의하였고 호흡성먼지란 입경이 몇 μm 미만으로 정의하였는가?

① 4 μm ② 5 μm ③ 7.1 μm ④ 10 μm

60 석면섬유를 위상차 현미경으로 관찰하여 계수할 경우 길이가 몇 μm 이상이고 길이 대 직경의 비가 얼마인 섬유만을 계수하는가?

	길이	길이 대 직경비		길이	길이 대 직경비
①	1 μm	5 : 1	②	3 μm	5 : 1
③	5 μm	3 : 1	④	7 μm	3 : 1

61 소음계에서 A 특성치란 대략 몇 phon의 등감곡선과 비슷하게 주파수에 따른 반응을 보정하여 측정한 음압수준을 말하는가?

① 30 phon ② 40 phon ③ 70 phon ④ 100 phon

62 우리나라 소음의 노출기준을 적용하여 소음노출량계로 측정한 노출량이 200%일 경우 8시간 평균치(TWA)는 몇 dB(A)가 되겠는가?

① 80 dB(A) ② 90 dB(A) ③ 95 dB(A) ④ 100 dB(A)

63 B공장 집진기용 송풍기의 소음을 측정한 결과, 가동 시는 90 dB(A)였으나, 가동중지 상태에서는 85 dB(A)였다. 이 송풍기의 실제 소음도는 얼마인가?

① 86.2 dB(A) ② 87.4 dB(A) ③ 88.3 dB(A) ④ 90.1 dB(A)

64 반면형 마스크를 착용하기 위해서 작업장의 석탄 분진(허용농도 2 mg/m^3)에 대한 최대허용농도는 얼마인가?

① 10 mg/m^3 ② 20 mg/m^3 ③ 30 mg/m^3 ④ 40 mg/m^3

65 먼지와 흄의 차이를 정확히 설명한 것은?

① 먼지의 직경이 흄의 직경보다 크다
② 일반적으로 먼지의 독성이 흄의 독성보다 강하다
③ 먼지와 흄은 모두 고체물질의 충격이나 파쇄에 의하여 발생한다.
④ 먼지는 공기 중에서 쉽게 산화된다.

66 공기 중 유해물질의 농도표시를 할 때 ppm 단위를 사용할 수 없는 물질은?

① 미스트 ② 증기 ③ 가스 ④ 휘발성 유기물

67 다음 중 유해물질의 독성을 나타내는 설명으로 잘못된 것은?

① LD_{50}은 일정기간 동안에 실험동물군의 50%가 죽는 치사량을 의미한다.
② LD_{50}을 일반적으로 표현하는 것은 단위체중당으로 표시(mg/kg)한다.
③ 유해물질의 독성은 물리화학적 성상에 따라 변한다.
④ 유해물질의 독성은 인체의 침입경로에 따라 변한다.

68 화학물질 중에서 산(Acid)류가 인체에 미치는 영향을 잘못 설명한 것은?

① 자극성 피부염 유발 ② 마취작용
③ 호흡기 자극 ④ 비중격 천공 유발

69 다음 중 연 중독이 조혈기능에 미치는 영향을 맞게 설명한 것은?

① 적혈구 내 프로토폴피린 증가 ② 혈색소량 증가
③ 적혈구 수 증가 ④ 혈청 내 철 감소

70 다음 중 소음의 물리적 특성을 잘못 설명한 것은?

① 음의 높낮이는 음의 강도로 결정된다.
② 건강한 사람의 가청 주파수는 20~20,000 Hz이다.
③ 120 dB(A)이상이면 통증을 느낀다.
④ 회화음의 주파수는 250~3,000 Hz이다.

71 다음 중 전신 진동에 의한 장애가 아닌 것은?

① 산소 소비량 증가
② 전신진동은 100 Hz 까지가 문제이다.
③ 60～90 Hz에서 안구가 함께 공명현상이 나타나 시력장애 발생
④ 전신진동의 강도가 증가하면 대뇌 혈류량 증가

72 다음 중 고온의 영향으로 나타나는 일차적 생리작용은?

① 심혈관 장해 ② 수분과 염분부족 ③ 피부기능 변화 ④ 피부혈관 확장

73 다음 중 자외선의 특징으로 잘못 설명된 것은?

① X-선과 가시광선 사이의 파장이다.
② 아크용접 작업장에는 자외선이 인공적으로 발생될 수 있다.
③ 자외선은 피하지방층까지는 투과하지 못한다.
④ 자외선이 조직에 흡수되면 운동에너지를 증가시켜 신체 조직의 온도가 상승한다.

74 다음 중 진폐증 발생에 관여하는 요인을 잘못 설명한 것은?

① 섬유성 분진은 두께가 클수록 유해하다.
② 작업강도가 높게 되면 흡입 분진 량이 증가한다.
③ 노출기간이 길면 진폐증 발병 위험이 커진다.
④ 복식보다 흉식 호흡이 흡입 분진량을 증가시킨다.

75 암모니아나 염산이 상기도에 심한 자극을 유발하는 물리화학적 이유는?

① 비극성 ② 높은 수용성 ③ 낮은 증기압 ④ 높은 휘발성

76 다음 중 유기용제의 증발에 관한 올바른 설명은?

① 비점이 낮은 물질일수록 증발이 잘 된다.
② 증기압이 낮은 물질일수록 증발이 잘 된다.
③ 증기의 발생속도는 온도상승에 큰 영향을 받지 않는다.
④ 일반적으로 혼합유기용제(예, 시너)의 경우 증기 조성은 용제의 조성과 유사하다.

77 다음은 분진작업장의 관리방법을 설명한 것이다. 바르지 못한 설명은?

① 습식으로 작업한다.
② 발진원(source)에 대한 밀폐와 동시에 국소배기장치를 가동한다.
③ 샌드블래스팅(sand blasting) 작업 시에는 모래 대신 철을 사용한다.
④ 모래를 반드시 사용해야 하는 작업장에서는 유리규산(SiO_2)의 함량이 높은 모래를 사용한다.

78 유기용제를 사용하는 도장작업에 대한 관리방법이다. 바르지 못한 설명은?

① 흡연 및 화기사용을 절대 금지시킨다.
② MSDS의 비치와 안전보건교육을 실시한다.
③ 천연고무(latex)로 된 보호 장갑을 착용한다.
④ 스프레이 도장작업에서는 방진 및 방독 겸용 마스크를 착용한다.

79 다음 중 용접작업 시 주로 발생하는 유해가스들로 묶여진 것은?

① 오존, 이산화질소, 일산화탄소
② 오존, 아황산가스, 황화수소
③ 일산화탄소, 아황산가스, 황화수소
④ 이산화질소, 일산화탄소, 암모니아

80 현재 총 흡음량이 1,000 sabins인 작업장이 있다. 천장과 벽에 9,000 abins의 흡음물질로 처리하였다면 소음감소 효과는 얼마이겠는가?

① 5 dB(A) ② 10 dB(A) ③ 15 dB(A) ④ 20 dB(A)

81 작업장 내 고열부하에 대한 관리대책이다. 올바른 것은?

① 습도와 기류의 속도를 높인다.
② 일반 작업복보다는 증발방지복(vapor-barrier)이 적합하다.
③ 기온이 35℃이상이면 피부에 닿는 기류를 줄이고 옷을 입어야 한다.
④ 노출시간을 짧게 자주하는 것보다 한 번에 길게 하고 휴식하는 것이 바람직하다.

82 다음은 밀폐공간에서 작업할 때의 관리대책이다. 바르지 못한 것은?

① 작업지휘자를 선임하여 작업을 지휘토록 한다.
② 환기는 급기량보다 배기량이 많도록 조절한다.
③ 작업 전에 외부와 연결된 밸브나 전기를 먼저 차단한다.
④ 작업 전에 폭발성 가스농도는 폭발하한치(LEL)의 10% 이하가 되는지 확인한다.

83 다음은 개인 보호구에 관한 설명이다. 올바른 것은?

① 천연고무(latex)는 극성과 비극성 화합물에 모두 효과적이다.
② 눈 보호구의 차광도 번호(shade number)는 클수록 빛의 차단효과는 작다.
③ 미국 EPA에서 정한 차음 평가수 NRR은 그 숫자만큼 차음효과를 갖는다.
④ 산소결핍장소에서는 반드시 송기마스크(SCBA나 에어라인)를 착용해야 한다.

84 우리나라 방진마스크에 관한 설명이다. 올바른 것은?

① 등급은 특급, 1급, 2급, 3급의 4종류로 구분된다.
② 특급은 포집효율이 가장 좋고 호흡저항은 가장 낮다.
③ 안면부 여과식에 배기밸브가 있는 것은 특급, 1급이다.
④ 용접흄이 발생되는 작업장에서는 포집효율이 2급 이상인 마스크를 착용해야 한다.

85 작업환경 내 전리방사선의 폭로관리에 대한 대책으로 거리가 가장 먼 사항은 어느 것인가?

① 폭로시간 단축　② 폭로거리 확장
③ 흡수물질로 차폐　④ 호흡용 보호구의 착용

86 고온작업환경에서 열중증의 예방대책을 가장 적절하게 나열한 것은?

㉠ 열원의 차폐	㉡ 근로시간 및 작업강도의 조절
㉢ 보호구의 착용	㉣ 수분 및 염분의 공급

① ㉠, ㉡, ㉢　② ㉠, ㉡　③ ㉡, ㉢　④ ㉠, ㉡, ㉢, ㉣

87 다음의 온열지수 중 기류가 고려되지 않은 것끼리 연결된 것은?

㉠ 감각온도	㉡ 불쾌지수	㉢ WBGT지수	㉣ Kata냉각력

① ㉠ 감각온도, ㉡ 불쾌지수　② ㉡ 불쾌지수, ㉢ WBGT지수
③ ㉠ 감각온도, ㉣ Kata냉각력　④ ㉡ 불쾌지수, ㉣ Kata냉각력

88 다음 중 소음에 대해 적합한 작업환경관리 방법이 아닌 것은?

① 밀폐가 가능한 부분을 밀폐한다.
② 소음발생 형태, 주파수경로, 형태에 따른 적정흡음재를 선택하여 흡음시설을 한다.

③ 설비기계·기구의 진동을 감소하기 위해 제진 구조를 한다.
④ 작업에 지장을 초래하지 않는 범위에서 소음수준이 높은 부서에 차단벽등 차폐시설을 강구한다.

89 제철공장의 작업환경에서 3대의 프레스기가 동시에 가동되고 있다. A프레스기의 소음은 85 dB(A), B프레스기는 90 dB(A), C프레스기는 95 dB(A)일 때 이 공장의 소음은 몇 dB(A)이겠는가?

① 95 dB(A) ② 90 dB(A) ③ 95.3 dB(A) ④ 96.5 dB(A)

90 소음의 음폐 효과(Masking Effect)에 대한 설명이다. 다음 중 관계가 없는 내용은 어느 것인가?

① 작업장에서 음폐 현상이 발생하면 작업능률이 증가한다.
② 같은 주파수의 음은 맥이 생겨 음폐 효과를 감소시킨다.
③ 저음은 고음을 음폐하는 데 효과가 있다.
④ 비슷한 주파수의 두음은 음폐 효과를 크게 할 수 있다.

91 작업장 내부의 온도가 25℃ 일 때 공기 중으로 전달되는 음파의 속도는?

① 340 m/초 ② 350 m/초 ③ 331.5 m/초 ④ 346.5 m/초

92 모 작업공정에서 발생되는 소음의 음압수준이 110 dB(A)이고 근로자는 귀덮개(NRR=20)를 착용하고 있다. 차음효과 및 근로자에 노출되는 음압수준이 알맞게 연결된 것은 다음 중 어느 것인가?

① 차음효과 : 6.5 dB(A), 근로자 노출 음압 수준 : 103.5 dB(A)
② 차음효과 : 2.5 dB(A), 근로자 노출 음압 수준 : 107.5 dB(A)
③ 차음효과 : 10.5 dB(A), 근로자 노출 음압 수준 : 99.5 dB(A)
④ 차음효과 : 5.0 dB(A), 근로자 노출 음압 수준 : 105.0 dB(A)

93 다음 중 소음의 종류별 발생작업 공정이 잘못 연결된 것은 어느 것인가?

① 연속음 - 자동프레스 작업 ② 단속음 - 수동프레스 작업
③ 충격음 - 연마기 작업 ④ 불규칙음 - 도로 교통

94 작업환경 내에서 발생되는 분진을 최소화하기 위한 방지 대책 중에서 방법이 다른 것은 어느 것인가?

① 사용재료의 변경 ② 습식화 작업에 의한 분진의 억제
③ 작업공정의 밀폐 ④ 원재료의 변경

95 분진노출에 따른 진폐증을 유발하는 데 직접적 요인으로 작용하지 않는 것은?

① 노출농도 ② 노출기간 ③ 작업강도 ④ 개인의 감수성

96 눈, 호흡기, 소화기, 점막 및 피부를 자극하여 염증이나 궤양을 형성하는 자극성 분진이 아닌 것은 다음 중 어느 것인가

① 산류 ② 알카리류 ③ 세레늄 ④ 불화물류

97 작업환경 개선대책 중 격리(isolation)에 대한 설명으로 틀린 것은?

① 작업자와 유해요인 사이에 물체에 의한 장벽 이용
② 작업자와 유해요인 사이에 거리에 의한 장벽 이용
③ 작업자와 유해요인 사이에 시간에 의한 장벽 이용
④ 작업자와 유해요인 사이에 환기에 의한 장벽 이용

98 유해물질을 발산하는 공정에서 작업자가 수동 작업을 하는 경우 해당공정에 가장 현실적인 작업환경관리 대책은?

① 밀폐 ② 격리 ③ 환기 ④ 교육

99 소음계는 세 가지 특성에서 음압을 측정할 수 있도록 보정되어 있다. A특성치는 ( )phon의 등감곡선, B특성치는 ( )phon의 등감곡선, C특성치는 ( )phon의 등감곡선과 비슷하게 보정하여 측정한 값을 말한다. ( )의 순서에 맞게 나열된 것은?

	A	B	C
①	20	50	80
②	30	60	90
③	40	70	100
④	50	80	110

100 8시간 동안 어떤 근로자가 노출된 소음의 음력수준이 $10^{-2.8}$ watt이었다. 아래 조건을 참조하여 노출수준을 평가하시오.(단, 기준음력은 10^{-12} watt로 한다.)

① 90 dB ② 91 dB ③ 92 dB ④ 93 dB

101 음압이 2 N/m^2일 때 음압수준(dB)을 계산하시오.

① 90 dB ② 95 dB ③ 100 dB ④ 105 dB

102 다음 중 입자상 물질에 대한 설명으로 바르지 못한 것은?

① 일반적으로 입자상 물질은 0.001～100 μm의 크기를 갖고 있으나 이것보다 더 큰 1,000 μm까지 입자상 물질로 간주하기도 한다.
② 흄은 먼지나 미스트보다 크기가 작아서 폐포로 들어오기가 쉽다.
③ 입자상 물질은 그 크기가 작을수록 채취하기 힘들다.
④ 아황산가스는 먼지가 많은 작업장에서는 기관지에 흡수되지 않고, 입자상 물질에 붙어서 세기관을 지나 폐포까지 들어올 수 있다.

103 화학적 인자와 건강상의 영향을 연결한 것이다. 틀린 것은?

① 니켈 : 폐암
② 6가 크롬 : 비중격천공
③ 카드뮴 : 신장장해
④ 수은 : 폐암

104 진동의 폭로한계는 피로-능력감퇴 한계의 몇 배 값으로 정하고 있는가?

① 2배 ② 4배 ③ 6배 ④ 8배

105 다음 중 소음성 난청에 영향을 미치는 인자와 거리가 먼 것은?

① 작업자 연령
② 개인 감수성
③ 노출시간 분포정도
④ 작업환경의 음압수준

106 입자상 물질의 호흡기 내 침착 메카니즘에서 먼지의 운동속도가 낮은 미세기관지나 폐포에서의 침착 메카니즘은 다음 중 어느 것인가?

① 간섭 ② 중력 침강 ③ 확산 ④ 정전기 침강

107 고열이 발생되는 옥외 작업장에서 습구흑구온도계로 측정한 온도에 영향을 주는 요소는 다음 보기 중에서 어떤 것인가?

㉠ 기류 ㉡ 기습 ㉢ 기압 ㉣ 기온 ㉤ 복사열

① ㉠, ㉢, ㉤ ② ㉠, ㉡, ㉣ ③ ㉡, ㉢, ㉣ ④ ㉡, ㉣, ㉤

04 산업안전보건관리 체계 확립

학습문제 정답

01 ① 02 ④ 03 ④ 04 ② 05 ② 06 ④ 07 ③ 08 ② 09 ④ 10 ④ 11 ① 12 ① 13 ① 14 ④ 15 ②
16 ③ 17 ④ 18 ③

05 작업환경관리의 기본

학습문제 정답

01 ① 02 ② 03 ② 04 ④ 05 ① 06 ④ 07 ① 08 ④ 09 ① 10 ② 11 ③ 12 ④ 13 ② 14 ③ 15 ①
16 ④ 17 ④ 18 ③ 19 ② 20 ④ 21 ④ 22 ④ 23 ① 24 ② 25 ① 26 ① 27 ④ 28 ④ 29 ① 30 ②
31 ② 32 ③ 33 ③ 34 ④ 35 ④ 36 ① 37 ④ 38 ③ 39 ② 40 ④ 41 ④

과년도 출제 및 예상문제 정답

01 ③ 02 ② 03 ② 04 ④ 05 ③ 06 ② 07 ③ 08 ④ 09 ④ 10 ② 11 ①

06 산업안전보건법상의 작업환경관리

학습문제 정답

01 ① 02 ③ 03 ③ 04 ② 05 ② 06 ④ 07 ③ 08 ② 09 ② 10 ③ 11 ② 12 ③ 13 ④ 14 ④ 15 ④

과년도 출제 및 예상문제 정답

01 ③ 02 ② 03 ④

07 입자상 물질의 관리

학습문제 정답

01 ④ 02 ③ 03 ③ 04 ④ 05 ④ 06 ③ 07 ③ 08 ③ 09 ④ 10 ① 11 ② 12 ① 13 ② 14 ① 15 ③
16 ④ 17 ③ 18 ④ 19 ③ 20 ③ 21 ② 22 ③ 23 ③ 24 ③ 25 ④ 26 ③ 27 ③ 28 ② 29 ③ 30 ③
31 ④ 32 ④ 33 ③ 34 ③ 35 ③

석면 관련 연습문제 정답

01 ③ 02 ① 03 ④ 04 ① 05 ② 06 ③ 07 ① 08 ④ 09 ② 10 ① 11 ④ 12 ④ 13 ② 14 ② 15 ③
16 ③ 17 ② 18 ④ 19 ① 20 ① 21 ② 22 ④ 23 ① 24 ④ 25 ③

과년도 출제 및 예상문제 정답

01 ④ 02 ② 03 ① 04 ② 05 ③ 06 ② 07 ① 08 ① 09 ② 10 ③ 11 ④ 12 ③ 13 ① 14 ② 15 ④
16 ③ 17 ④ 18 ① 19 ① 20 ① 21 ② 22 ① 23 ③ 24 ② 25 ① 26 ④ 27 ③

08 소음의 관리

학습문제 정답

01 ③ 02 ② 03 ④ 04 ① 05 ④ 06 ③ 07 ① 08 ④ 09 ② 10 ② 11 ③ 12 ④ 13 ④ 14 ② 15 ②
16 ① 17 ② 18 ③ 19 ① 20 ① 21 ② 22 ① 23 ① 24 ④ 25 ② 26 ④ 27 ④ 28 ④ 29 ② 30 ④
31 ④ 32 ④ 33 ④ 34 ① 35 ④ 36 ③ 37 ③ 38 ① 39 ③ 40 ④ 41 ① 42 ②

과년도 출제 및 예상문제 정답

01 ④ 02 ④ 03 ③ 04 ③ 05 ④ 06 ② 07 ① 08 ④ 09 ③ 10 ② 11 ④ 12 ① 13 ③ 14 ③ 15 ③
16 ② 17 ④ 18 ① 19 ① 20 ③ 21 ② 22 ② 23 ② 24 ② 25 ② 26 ③ 27 ② 28 ① 29 ② 30 ②
31 ② 32 ③ 33 ③

09 진동의 관리

학습문제 정답

01 ③ 02 ④ 03 ② 04 ① 05 ④ 06 ① 07 ③ 08 ① 09 ④ 10 ③ 11 ④ 12 ④ 13 ③ 14 ③ 15 ②
16 ② 17 ② 18 ④ 19 ④ 20 ④ 21 ② 22 ② 23 ① 24 ③ 25 ③ 26 ④ 27 ①

과년도 출제 및 예상문제 정답

01 ③ 02 ① 03 ③ 04 ④ 05 ④ 06 ② 07 ③ 08 ④ 09 ① 10 ① 11 ① 12 ① 13 ② 14 ② 15 ②
16 ④ 17 ③ 18 ① 19 ② 20 ① 21 ① 22 ② 23 ① 24 ③ 25 ④ 26 ② 27 ③ 28 ③ 29 ② 30 ③

10 고열과 한랭의 관리

학습문제 정답

01 ① 02 ④ 03 ④ 04 ④ 05 ④ 06 ① 07 ② 08 ④ 09 ③ 10 ④ 11 ④ 12 ① 13 ④ 14 ③ 15 ①
16 ② 17 ② 18 ① 19 ① 20 ④ 21 ① 22 ③ 23 ② 24 ② 25 ① 26 ④ 27 ② 28 ③ 29 ② 30 ②

31 ④ 32 ③ 33 ④ 34 ④ 35 ③ 36 ④ 37 ④ 38 ④ 39 ① 40 ③ 41 ④ 42 ③ 43 ③ 44 ④ 45 ②
46 ④ 47 ④ 48 ③ 49 ① 50 ① 51 ④ 52 ① 53 ④ 54 ③ 55 ② 56 ④ 57 ④ 58 ③ 59 ③ 60 ①
61 ③ 62 ③ 63 ② 64 ④ 65 ① 66 ④ 67 ③ 68 ② 69 ③ 70 ③ 71 ② 72 ③ 73 ④ 74 ① 75 ④
76 ① 77 ② 78 ③ 79 ① 80 ② 81 ④ 82 ② 83 ②

과년도 출제 및 예상문제 정답

01 ① 02 ④ 03 ③ 04 ② 05 ② 06 ④ 07 ④ 08 ② 09 ① 10 ② 11 ① 12 ③ 13 ① 14 ① 15 ②
16 ④ 17 ② 18 ② 19 ③ 20 ④ 21 ① 22 ② 23 ③ 24 ② 25 ④ 26 ① 27 ② 28 ④ 29 ① 30 ③
31 ② 32 ① 33 ② 34 ④ 35 ④

11 이상기압의 관리

학습문제 정답

01 ① 02 ④ 03 ④ 04 ③ 05 ③ 06 ④ 07 ④ 08 ② 09 ③ 10 ③ 11 ② 12 ② 13 ④ 14 ① 15 ①
16 ③ 17 ① 18 ① 19 ④ 20 ④ 21 ② 22 ② 23 ④ 24 ① 25 ① 26 ④ 27 ④ 28 ③ 29 ① 30 ④
31 ④ 32 ④

과년도 출제 및 예상문제 정답

01 ② 02 ② 03 ① 04 ② 05 ④ 06 ① 07 ④ 08 ③ 09 ③ 10 ④ 11 ① 12 ① 13 ④ 14 ③ 15 ②
16 ② 17 ② 18 ④ 19 ② 20 ④ 21 ③ 22 ④ 23 ④ 24 ④ 25 ④ 26 ④ 27 ③ 28 ④ 29 ③ 30 ①
31 ① 32 ②

12 방사선의 관리

학습문제 정답

01 ④ 02 ① 03 ④ 04 ② 05 ② 06 ② 07 ④ 08 ① 09 ③ 10 ④ 11 ① 12 ④ 13 ② 14 ④ 15 ③
16 ④ 17 ④ 18 ② 19 ② 20 ① 21 ② 22 ② 23 ① 24 ① 25 ② 26 ④ 27 ① 28 ③ 29 ① 30 ②
31 ④ 32 ② 33 ② 34 ② 35 ① 36 ④ 37 ① 38 ② 39 ④ 40 ③ 41 ④ 42 ④

과년도 출제 및 예상문제 정답

01 ② 02 ① 03 ② 04 ③ 05 ① 06 ② 07 ① 08 ① 09 ④ 10 ② 11 ① 12 ③ 13 ④ 14 ③ 15 ④
16 ④ 17 ③ 18 ② 19 ① 20 ④ 21 ④ 22 ① 23 ③ 24 ③ 25 ① 26 ② 27 ④ 28 ④ 29 ④ 30 ③
31 ① 32 ② 33 ③ 34 ② 35 ③ 36 ③ 37 ① 38 ③ 39 ③ 40 ① 41 ③ 42 ④ 43 ④ 44 ④ 45 ④
46 ③

13 VDT 및 전자파의 관리

학습문제 정답

01 ② 02 ③ 03 ② 04 ④ 05 ② 06 ③ 07 ②

14 채광 및 조명의 관리

학습문제 정답

01 ② 02 ② 03 ① 04 ③ 05 ④ 06 ④ 07 ③ 08 ③ 09 ① 10 ② 11 ① 12 ② 13 ④ 14 ② 15 ④
16 ② 17 ① 18 ③ 19 ③ 20 ② 21 ② 22 ② 23 ②

과년도 출제 및 예상문제 정답

01 ③ 02 ④ 03 ③ 04 ④ 05 ③ 06 ② 07 ① 08 ① 09 ① 10 ① 11 ② 12 ② 13 ② 14 ④ 15 ③
16 ③ 17 ③

15 화학물질과 독성

학습문제 정답

01 ② 02 ③ 03 ① 04 ① 05 ③ 06 ③ 07 ① 08 ④ 09 ① 10 ④ 11 ② 12 ③ 13 ③ 14 ③ 15 ③
16 ③ 17 ① 18 ③ 19 ③ 20 ③ 21 ② 22 ② 23 ④ 24 ④ 25 ④ 26 ④ 27 ③ 28 ④ 29 ④ 30 ④
31 ② 32 ① 33 ③ 34 ③ 35 ④ 36 ② 37 ④ 38 ① 39 ① 40 ① 41 ④ 42 ① 43 ④ 44 ③ 45 ①
46 ① 47 ① 48 ④

과년도 출제 및 예상문제 정답

01 ① 02 ② 03 ④ 04 ① 05 ① 06 ④ 07 ④ 08 ② 09 ② 10 ① 11 ② 12 ② 13 ④ 14 ② 15 ④
16 ② 17 ③ 18 ① 19 ① 20 ① 21 ① 22 ④ 23 ① 24 ③ 25 ① 26 ④ 27 ④ 28 ② 29 ① 30 ②
31 ④ 32 ① 33 ② 34 ④ 35 ④ 36 ① 37 ② 38 ② 39 ③ 40 ③ 41 ① 42 ③ 43 ④ 44 ② 45 ④
46 ① 47 ④ 48 ④ 49 ②

16 유기화합물의 관리

학습문제 정답

01 ② 02 ① 03 ② 04 ④ 05 ② 06 ③ 07 ③ 08 ④ 09 ③ 10 ④ 11 ② 12 ① 13 ④ 14 ③ 15 ②
16 ④ 17 ④ 18 ④ 19 ③ 20 ① 21 ① 22 ④ 23 ① 24 ③ 25 ② 26 ④ 27 ② 28 ② 29 ④ 30 ②
31 ① 32 ① 33 ① 34 ③ 35 ③ 36 ③ 37 ④ 38 ① 39 ④ 40 ③ 41 ② 42 ③ 43 ① 44 ③ 45 ①
46 ② 47 ④ 48 ② 49 ① 50 ④ 51 ③

과년도 출제 및 예상문제 정답

01 ② 02 ③ 03 ③ 04 ① 05 ② 06 ③ 07 ② 08 ③ 09 ① 10 ③ 11 ④ 12 ③ 13 ② 14 ③ 15 ④
16 ① 17 ② 18 ④ 19 ② 20 ① 21 ③ 22 ④ 23 ④ 24 ② 25 ④ 26 ④ 27 ② 28 ③ 29 ③ 30 ①
31 ② 32 ② 33 ②

17 금속의 관리

학습문제 정답

01 ③ 02 ① 03 ② 04 ④ 05 ③ 06 ① 07 ④ 08 ① 09 ② 10 ① 11 ④ 12 ③ 13 ① 14 ④ 15 ③
16 ③ 17 ① 18 ④ 19 ① 20 ④ 21 ③ 22 ① 23 ① 24 ② 25 ② 26 ② 27 ③ 28 ② 29 ③ 30 ③
31 ④ 32 ① 33 ④ 34 ③ 35 ① 36 ④ 37 ② 38 ① 39 ④ 40 ③ 41 ④ 42 ④ 43 ② 44 ③ 45 ①

과년도 출제 및 예상문제 정답

01 ④ 02 ① 03 ① 04 ④ 05 ① 06 ④ 07 ① 08 ④ 09 ① 10 ③ 11 ② 12 ③ 13 ② 14 ② 15 ④
16 ③ 17 ① 18 ③ 19 ④ 20 ③ 21 ④ 22 ② 23 ① 24 ④ 25 ③ 26 ① 27 ② 28 ② 29 ④ 30 ②
31 ② 32 ④ 33 ② 34 ② 35 ① 36 ③ 37 ④

18 직업성 피부질환의 예방

학습문제 정답

01 ① 02 ③ 03 ① 04 ③ 05 ④ 06 ③ 07 ① 08 ③ 09 ① 10 ③ 11 ④ 12 ④ 13 ① 14 ④

과년도 출제 및 예상문제 정답

01 ② 02 ② 03 ③ 04 ③ 05 ② 06 ③ 07 ④ 08 ② 09 ③ 10 ④ 11 ① 12 ① 13 ③ 14 ③

19 산업위생 보호구

학습문제 정답

01 ① 02 ③ 03 ③ 04 ② 05 ② 06 ① 07 ④ 08 ② 09 ② 10 ③ 11 ④ 12 ④ 13 ① 14 ① 15 ③
16 ② 17 ② 18 ② 19 ③ 20 ② 21 ④ 22 ③

과년도 출제 및 예상문제 정답

01 ④ 02 ① 03 ④ 04 ④ 05 ② 06 ② 07 ① 08 ① 09 ① 10 ③ 11 ① 12 ③ 13 ② 14 ③ 15 ④
16 ① 17 ④ 18 ③ 19 ④ 20 ① 21 ③ 22 ③ 23 ① 24 ① 25 ④ 26 ④ 27 ② 28 ③ 29 ④ 30 ④

31 ① 32 ③ 33 ② 34 ② 35 ③ 36 ③

20 기사시험 대비 실전문제

작업환경관리 총정리 문제

01 ② 02 ④ 03 ① 04 ③ 05 ② 06 ④ 07 ① 08 ① 09 ④ 10 ① 11 ① 12 ① 13 ② 14 ④ 15 ④
16 ③ 17 ③ 18 ④ 19 ① 20 ④ 21 ④ 22 ③ 23 ② 24 ① 25 ② 26 ④ 27 ③ 28 ① 29 ② 30 ④
31 ④ 32 ② 33 ① 34 ① 35 ② 36 ③ 37 ① 38 ② 39 ② 40 ① 41 ① 42 ② 43 ① 44 ① 45 ①
46 ④ 47 ④ 48 ② 49 ① 50 ④ 51 ① 52 ③ 53 ④ 54 ③ 55 ② 56 ③ 57 ① 58 ④ 59 ③ 60 ③
61 ② 62 ③ 63 ③ 64 ② 65 ① 66 ① 67 ② 68 ② 69 ① 70 ① 71 ④ 72 ④ 73 ④ 74 ① 75 ②
76 ① 77 ④ 78 ③ 79 ① 80 ② 81 ③ 82 ② 83 ④ 84 ③ 85 ④ 86 ④ 87 ② 88 ③ 89 ④ 90 ①
91 ④ 92 ① 93 ③ 94 ③ 95 ④ 96 ③ 97 ④ 98 ③ 99 ③ 100 ③ 101 ③ 102 ③ 103 ④ 104 ① 105 ①
106 ② 107 ④

참고문헌

1. 고용노동부, 2010년 작업환경관리 현황, 2011.
2. 고용노동부, 작업환경측정 및 지정측정기관 평가 등에 관한 규정, 고용노동부고시 제 2012-31호, 2012.
3. 고용노동부, 화학물질 및 물리적인자의 노출기준, 고용노동부고시 제2012-31호, 2012.
4. 한국산업안전공단, 작업환경측정 장비 메뉴얼(I), 1991.
5. 작업환경측정기술협의회, 작업환경측정 검사기기 총론, 1995.
6. 김광종 등, 산업위생, 신광출판사, 2004.
7. 노재훈 등, 작업장 노출 평가와 관리, 군자출판사, 2001.
8. 박동욱 등, 산업위생학, 한국방송통신대학교출판부, 2001.
9. 박동욱 등, 작업환경측정, 한국방송통신대학교출판부, 2002.
10. 백남원 등, 산업위생학 개론, 신광출판사, 1995.
11. 백남원 등, 작업환경측정 및 평가, 신광출판사, 1997.
12. 이주상 등, 환경오염측정기술, 충청북도립 옥천전문대학, 1999.
13. 원정일 등, 산업위생관리기사·산업기사, 동화기술, 2003.
14. 원정일 등, 작업환경측정실습, 충북도립대학 환경생명과학과, 2007.
15. 한돈희 등, 최신산업위생관리, 신광문화사, 2007.
16. ACGIH, Air sampling instruments, 1989.
17. Shirley A. Ness, Air monitoring for toxic exposures, 1991.
18. Hinds, Aerosol Technology, 신광문화사, 1995.
19. 위기탈출 재해예방, 안전보건 매뉴얼 100선, 고용노동부, 2015.
20. 산업위생핸드북, 원진직업병관리재단 노동환경건강연구소, 2000.
21. 산업안전보건과 작업조건들, 대한산업보건협회, 1991.

저 / 자 / 소 / 개

■ 원 정 일

(사)한국산업보건학회 부회장
산업위생관리 기술사
현) 충북도립대학교 환경보건학과 교수

■ 이 승 길

고려대학교 환경보건학 박사
전) 고려대학교 환경의학연구소 연구교수
순천제일대학교 산업안전과 교수
현) 장안대학교 환경보건과 교수

■ 송 영 호

충북대학교 안전공학과 공학박사
현) 과학기술정보통신부 연구실사고 조사위원
대전과학기술대학교 소방안전관리과 교수

❙ 작업환경관리 실무 ❙

1판 1쇄 발행 2019년 8월 30일
1판 2쇄 발행 2021년 5월 30일

저　　자 ❙ 원정일 이승길 송영호
발 행 인 ❙ 서철종
발 행 처 ❙ 도서출판 지우북스
주　　소 ❙ 경기도 파주시 문발로 115 세종출판벤처타운 209호
전　　화 ❙ 031-915-6670(代)
팩　　스 ❙ 031-915-6671
이 메 일 ❙ jwbooks@nate.com
홈페이지 ❙ www.jwbooks.co.kr
출판등록 ❙ 제406-25100-2017-000032호

ISBN 979-11-88673-39-1 (93530)

정가 25,000원